住房城乡建设部土建类学科专业“十三五”规划教材
全国住房和城乡建设职业教育教学指导委员会规划推荐教材

建筑力学

(第四版)

(土建类专业适用)

本教材编审委员会组织编写
于　英　主　编
王培兴　副主编
石立安　主　审

中国建筑工业出版社

图书在版编目（CIP）数据

建筑力学/于英主编．—4版．—北京：中国建筑工业出版社，2017.3（2024.6重印）
住房城乡建设部土建类学科专业“十三五”规划教材．全国住房和城乡建设职业教育教学指导委员会规划推荐教材（土建类专业适用）
ISBN 978-7-112-20247-8

Ⅰ．①建… Ⅱ．①于… Ⅲ．①建筑科学-力学-高等职业教育-教材 Ⅳ．①TU311

中国版本图书馆CIP数据核字（2017）第004845号

本教材为MOOC全媒体教材，共分17个教学单元，内容包括绪论、静力学的基本概念、平面汇交力系、力矩·平面力偶系、平面一般力系、材料力学的基本概念、轴向拉伸和压缩、剪切与扭转、平面图形的几何性质、梁的弯曲、组合变形、压杆稳定、平面体系的几何组成分析、静定结构的内力分析、静定结构的位移计算、力法、位移法、力矩分配法等，每个教学单元后有复习思考题、习题，并附有习题答案。

本教材配备的网络资源包括平面动画、三维、知识点视频、MOOC教学视频、云题库、案例库等，读者通过手机及平板等移动端扫二维码或登录松大MOOC平台网站均可获得网络系统资源。

本教材既可作为高职高专院校土建类专业的建筑力学和工程力学等课程教材，也可作为土建工程技术人员的参考用书。

为更好地支持本课程的教学，我们向使用本书的教师免费提供教学课件，有需要者请与出版社联系，邮箱：jckj@cabp.com.cn，电话010-58337285，建工书院网址：http://edu.cabplink.com。

责任编辑：朱首明 刘平平
责任校对：李欣慰 张 颖

住房城乡建设部土建类学科专业“十三五”规划教材
全国住房和城乡建设职业教育教学指导委员会规划推荐教材
建筑力学
（第四版）
（土建类专业适用）
本教材编审委员会组织编写
于 英 主 编
王培兴 副主编
石立安 主 审
*
中国建筑工业出版社出版、发行（北京海淀三里河路9号）
各地新华书店、建筑书店经销
霸州市顺浩图文科技发展有限公司制版
北京同文印刷有限责任公司印刷
*
开本：787×1092毫米 1/16 印张：20¾ 字数：474千字
2017年8月第四版 2024年6月第四十五次印刷
定价：**44.00**元（赠教师课件）
ISBN 978-7-112-20247-8
（29724）

修订版教材编审委员会名单

本教材编审委员会名单

修订版序言

PREFACE

本套教材第一版于2003年由建设部土建学科高职高专教学指导委员会本着“研究、指导、咨询、服务”的工作宗旨，从为院校教育提供优质教学资源出发，在对建筑工程技术专业人才的培养目标、定位、知识与技能内涵进行认真研究论证，整合国内优秀编者团队，并对教材体系进行整体设计的基础上组织编写的，于2004年首批出版了11门主干课程的教材。教材面世以来，应用面广、发行量大，为高职建筑工程技术专业和其他相关专业的教学与培训提供了有效的支撑和服务，得到了广大应用院校师生的普遍欢迎和好评。结合专业建设、课程建设的需求及有关标准规范的出台与修订，本着“动态修订、及时填充、持续养护、常用常新”的宗旨，本套教材于2006年（第二版）、2012年（第三版）又进行了两次系统的修订。由于教材的整体性强、质量高、影响大，本套教材全部被评为住房和城乡建设部“十一五”、“十二五”、“十三五”规划教材，大多数教材被评为“十一五”、“十二五”国家规划教材，数部教材被评为国家精品教材。

目前，本套教材的总量已达25部，内容涵盖高职建筑工程技术专业的基础课程、专业课程、岗位课程、实训教学等全领域，并引入了现代木结构建筑施工等新的选题。结合我国建筑业转型升级的要求，当前正在组织装配式建筑技术相关教材的编写。

本次修订是本套教材的第三次系统修订，目的是为了适应我国建筑业转型发展对高职建筑工程技术专业人才培养的新形势、建筑技术进步对高职建筑工程技术专业人才知识和技能内涵的新要求、管理创新对高职建筑工程技术专业人才管理能力充实的新内涵、教育技术进步对教学手段及教学资源改革的新挑战、标准规范更新对教材内容的新规定。

应当着重指出的是，从2015年起，经过认真的论证，主编团队在有关技术企业的支持下，对本套教材中的《建筑识图与构造》、《建筑力学》、《建筑结构》、《建筑施工技术》、《建筑施工组织》进行了系统的信息化建设，开发出了与教材紧密配合的MOOC教学系统，其目的是为了适应当前信息化技术广泛参与院校教学的大形势，探索与创新适应职业教育特色的新型教学资源建设途径，积极构建“人人皆学、时时能学、处处可学”的学习氛围，进一步发挥教学辅助资源对人才培养的积极作用。我们将密切关注上述5部教材及配套MOOC教学资源的应用情况，并不断地进行优化。同时还要继续大力加强与教材配套的信息化资源建设，在总结经验的基础上，选择合适的教材进行信息化资源的立体开发，最终实现“以纸质教材为载体，以信息化技术为支撑，二者相辅相成，为师生提供一流服务，为人才培养提供一流教学资源”的目的。

今后，还要继续坚持“保持先进、动态发展、强调服务、不断完善”的教材建设思路，不简单追求本套教材版次上的整齐划一，而是要根据专业定位、课程建设、标准规范、建筑技术、管理模式的发展实际，及时对具备修订条件的教材进行优化和完善，不断补充适应建筑业对高职建筑工程技术专业人才培养需求的新选题，保证本套教材的活力、生命力和服务能力的延续，为院校提供“更好、更新、更适用”的优质教学资源。

住房和城乡建设职业教育教学指导委员会
土建施工类专业教学指导委员会
2017年6月

序 言 PREFACE

高等学校土建学科教学指导委员会高等职业教育专业委员会(以下简称土建学科高等职业教育专业委员会)是受教育部委托并接受其指导，由建设部聘任和管理的专家机构。其主要工作任务是，研究如何适应建设事业发展的需要设置高等职业教育专业，明确建设类高等职业教育人才的培养标准和规格，构建理论与实践紧密结合的教学内容体系，构筑“校企合作、产学结合”的人才培养模式，为我国建设事业的健康发展提供智力支持。在建设部人事教育司的领导下，2002年，土建学科高等职业教育专业委员会的工作取得了多项成果，编制了土建学科高等职业教育指导性专业目录；在“建筑工程技术”、“工程造价”“建筑装饰技术”、“建筑电气技术”等重点专业的专业定位、人才培养方案、教学内容体系、主干课程内容等方面取得了共识；制定了建设类高等职业教育专业教材编审原则；启动了建设类高等职业教育人才培养模式的研究工作。

近年来，在我国建设类高等职业教育事业迅猛发展的同时，土建学科高等职业教育的教学改革工作亦在不断深化之中，对教育定位、教育规格的认识逐步提高；对高等职业教育与普通本科教育、传统专科教育和中等专业教育在类型、层次上的区别逐步明晰；对必须背靠行业、背靠企业，走校企合作之路，逐步加深了认识。但由于各地区的发展不尽平衡，既有理论又能实践的“双师型”教师队伍尚在建设之中等原因，高等职业教育的教材建设对于保证教育标准与规格，规范教育行为与过程，突出高等职业教育特色等都有着非常重要的现实意义。

“建筑工程技术”专业(原“工业与民用建筑”专业)是建设行业对高等职业教育人才需求量最大的专业，也是目前建设类高职院校中在校生人数最多的专业。改革开放以来，面对建筑市场的逐步建立和规范，面对建筑产品生产过程科技含量的迅速提高，在建设部人事教育司和中国建设教育协会的领导下，对该专业进行了持续多年的改革。改革的重点集中在实现三个转变，变“工程设计型”为“工程施工型”，变“粗坯型”为“成品型”，变“知识型”为“岗位职业能力型”。在反复论证人才培养方案的基础上，中国建设教育协会组织全国各有关院校编写了高等职业教育“建筑施工”专业系列教材，于2000年12月由中国建筑工业出版社出版发行，受到全国同行的普遍好评，其中《建筑构造》、《建筑结构》和《建筑施工技术》被教育部评为普通高等教育“十五”国家级规划教材。土建学科高等职业教育专业委员会成立之后，根据当前建设类高职院校对“建筑工程技术”专业教材的迫切需要；根据新材料、新技术、新规范急需进入教学内容的现实需求，积极组织全国建设类高职院和建筑施工企业的专家，在对该专业课程内容体系充分研讨论证之后，在原高等职业教育“建筑施工专业”系列教材的基础上，组织编写了《建筑识图与构造》、《建筑力学》、《建筑结构》（第二版）、《地基与基础》、《建筑材料》、《建筑施工技术》（第二版）、《建筑施工组织》、《建筑工程计量与计价》、《建筑工程测量》、《高层建筑施工》、《工程项目招投标与合同管理》等11门主干课程教材。

教学改革是一个不断深化的过程，教材建设是一个不断推陈出新的过程，希望这套教材能对进一步开展建设类高等职业教育的教学改革发挥积极的推进作用。

土建学科高等职业教育专业委员会

2003年7月

修订版前言 PREFACE

本教材是住房城乡建设部土建类学科专业“十三五”规划教材，是依据全国住房和城乡建设职业教育教学指导委员会土建施工类专业指导委员会、中国建筑工业出版社、深圳市松大科技有限公司签署的《土建施工类专业 MOOC 教学系统联合开发协议书》的精神改编修订的全媒体教材，并结合互联网在高职教学中的应用进行了改革和创新，开发了《建筑力学（第四版）》“高职土建施工类专业 MOOC 全媒体教材”。

本教材符合高等学校土建学科高等职业教育教学大纲的要求。它既可作为高职高专院校、各类成人教育院校土建施工类专业的教学用书，也可作为工程监理、道路桥梁工程、古建筑、工程造价及工程管理等专业的教学用书。

本教材在修订过程中，编者结合长期教学实践的经验，以培养技术应用能力为主线，应用为目的，够用为度的原则，注意体现高等职业教育教学改革的特点，突出实用性和应用性，内容简明扼要，通俗易懂，注重基本概念和基本方法，并尽力做到与工程实际相结合。书中和 MOOC 全媒体资源中编入了适量的例题和习题供读者选用，书后附有习题答案供学生参考。并以 MOOC 全媒体教材为载体，读者通过图形二维码识别可随时随地查看教材中知识点对应的多媒体资源。本教材涵盖多媒体资源主要包括平面动画、三维、知识点视频、MOOC 教学视频、云题库、案例库等，用户可通过登录松大 MOOC 平台网站或在手机及平板等移动端扫码均可获取系统资源。

本教材参考课时为 90～120 学时，各院校可根据实际情况进行取舍。

本教材由黑龙江建筑职业技术学院于英教授担任主编，并对第三版做了全面的修订，编写了本教材的绪论、教学单元 5、6、8、9 等内容；江苏建筑职业技术学院王培兴担任副主编，编写了教学单元 1、2、10、11；广东建设职业技术学院赵琼梅编写了教学单元 15、16、17，甘肃建筑职业技术学院杨丽君编写了教学单元 12、13、14，海南科技职业学院乔晨旭编写了教学单元 3、4，中国建筑一局（集团）有限公司于志鹏编写了教学单元 7。教材中 MOOC 全媒体资源主要由黑龙江建筑职业技术学院于英、海南科技职业技术学院乔晨旭和深圳市松大科技有限公司付欢凯等编写制作；黑龙江建筑职业技术学院李晓枫、马修辉、王晶莹、叶飞等参与了部分教材的修订和全媒体资源的编写等工作。

本教材由浙江建设职业技术学院石立安主审。

编者对审稿人和给予大力支持的深圳市松大科技有限公司张彦礼董事长及相关人员，表示衷心地感谢。

由于编者水平有限，时间仓促，教材和全媒体资源中可能存在不妥之处，敬请广大读者和同行专家给予批评指正，以便今后改进提高。

编者

2016 年 12 月

前◉言

PREFACE

本书根据高等学校土建学科教学指导委员会2003年7月审定的“建筑力学教学大纲”编写的。本书可作为高职高专建筑工程技术、工程建设监理、建筑工程项目管理、道路与桥梁工程技术、隧道与地下工程技术等专业的教材，也可作为土建类工程技术人员的参考用书。

在编写本书时，注意了以下原则：体现高等职业教育教学改革的特点，突出针对性、适用性和实用性；吸取有关教材长处，结合编者的教学经验；重视由浅入深和理论联系实际；内容简明扼要，通俗易懂，图文配合紧密。全书各章均附有思考题和习题。

参加本书编写工作的有：广西建设职业技术学院葛若东(绪论、第三、四、五、六章)、徐州建筑职业技术学院王培兴(第一、二、十、十一章)、广东建设职业技术学院赵琼梅(第十五、十六、十七、十八章)、甘肃建筑职业技术学院杨丽君(第十二、十三、十四章)、黑龙江建筑职业技术学院于英(第七、八、九章)。全书由葛若东担任主编，王培兴担任副主编。

本书由山西建筑职业技术学院杨力彬、浙江建设职业技术学院石立安主审。

编者对审稿人及为本书作了各方面工作的同行，表示衷心地感谢。

鉴于编者水平有限，本书难免有不足之处，敬请读者批评指正。

2004年1月

MOOC 全媒体教材使用说明

MOOC 全媒体教材，以全媒体资源库为载体，平台应用服务为依托，通过移动 APP 端扫描二维码和 AR 图形的方式，连接云端的全媒体资源，方便有效地辅助师生课前、课中和课后的教学过程，真正实现助教、助学、助练、助考的理念。

在应用平台上，教师可以根据教学实际需求，通过云课堂灵活检索、查看、调用全媒体资源，对系统提供的 PPT 课件进行个性化修改，或重新自由编排课堂内容，轻松高效的备课，并可以在离线方式下播放于课堂。还可以在课前或课后将 PPT 课件推送到学生的手机上，方便学生预习或复习。学生也可通过全媒体教材扫码方式在手机、平板等多终端获取各类多媒体资源，MOOC 教学视频、云题与案例，实现随时随地直观的学习。打造“线上＋线下的混合式课堂”，真正服务于教师和学生。

教材内页的二维码中，有多媒体资源的属性标识。其中

- 为 MOOC 教学视频
- 为平面动画
- 为知识点视频
- 为三维
- 为云题
- 为案例

扫教材封面上的“课程介绍”二维码，可视频了解课程整体内容。通过“多媒体知识点索引”可以快速检索本教材内多媒体知识点所在位置。扫描内页二维码可以观看相关知识点多媒体资源。

本教材配套的作业系统、教学 PPT（不含资源）等为全免费应用内容。在教材中单线黑框的二维码为免费资源，双线黑框二维码为收费资源，请读者知悉。

本教材的 MOOC 全媒体资源库及应用平台，由深圳市松大科技有限公司开发，并由松大 MOOC 学院出品，相关应用帮助视频请扫描本页中的“教材使用帮助”二维码。

目◎录 CONTENTS

目 录

目 录

绪　论

【教学目标】　通过本单元的学习，使学生了解建筑力学的研究对象、内容及任务；了解建筑力学与其他课程的关系、地位和作用。

1. 建筑力学的任务

任何建筑物在施工过程中和建成后的使用过程中，都要受到各种各样力的作用。例如，建筑物各部分的自重、人和设备的重力、风力等等，这些直接施加在结构上的力在工程上统称为**荷载**。

在建筑物中承受和传递荷载而起骨架作用的部分称为**结构**。组成结构的每一个部件称为**构件**。图 0-1 是一个单层工业厂房承重骨架的示意图，它由屋面板、屋架、吊车梁、柱子及基础等构件组成，每一个构件都起着承受和传递荷载的作用。如屋面板承受着屋面上的荷载并通过屋架传给柱子，吊车荷载通过吊车梁传给柱子，柱子将其受到的各种荷载传给基础，最后传给地基。

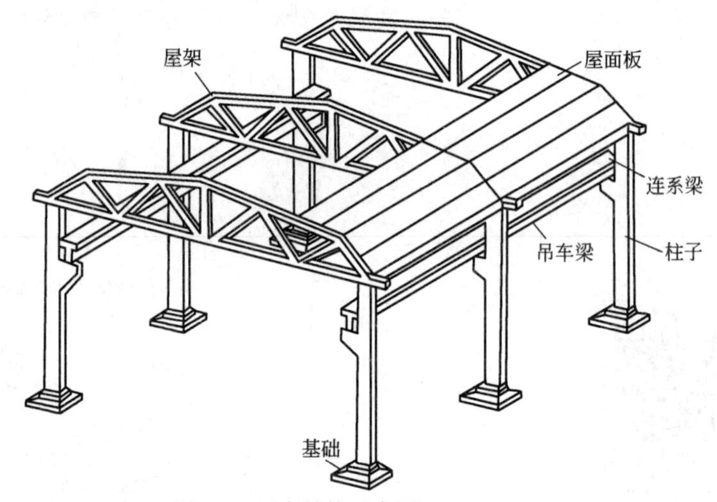

图 0-1　厂房结构示意图

无论是工业厂房或是民用建筑、公共建筑，它们的结构及组成结构的各构件都相对于地面保持着静止状态，这种状态在工程上称为**平衡状态**。

当结构承受和传递荷载时，各构件都必须能够正常工作，这样才能保证整个结构的正常使用。为此，首先要求构件在承受荷载作用时不发生破坏。如当吊车起吊重物时荷载过大，会使吊车梁发生弯曲断裂。但只是不发生破坏并不能保证构件的正常工作，例如，吊车梁的变形如果超过一定的限度，吊车就不能正常的行驶；楼板变形过大，其上的抹灰层就会脱落。此外，有一些构件在荷载作用下，其原来形状的平衡可能丧失稳定性。例如，细长的轴心受压柱子，当压力超过某一限定值时，会突然地改变原来的直线平衡状态而发生弯曲，以致结构倒塌，这种现象称为“失稳”。由此可见，要保证构件的正常工作必须同时满足三个要求：

（1）在荷载作用下构件不发生破坏，即应具有足够的强度；

（2）在荷载作用下构件所产生的变形在工程的允许范围内，即应具有足够的刚度；

（3）承受荷载作用时，构件在其原有形状下的平衡应保持稳定的平衡，即应具有足够的稳定性。

结构或构件的强度、刚度和稳定性统称为**承载能力或抗力**。其高低与构件的材料性质、截面的几何形状及尺寸、受力性质、工作条件及构造情况等因素有关。在结构设计中，如果把构件截面设计得过小，构件会因刚度不足导致变形过大而影响正常使用，或因强度不足而迅速破坏；如果构件截面设计得过大，其能承受的荷载过分大于所受的荷载，则又会不经济，造成人力、物力上的浪费。因此，结构和构件的安全性与经济性是矛盾的。建筑力学的任务就在于力求合理地解决这种矛盾。即：**研究和分析作用在结构（或构件）上力与平衡的关系，结构（或构件）的内力、应力、变形的计算方法以及构件的强度、刚度和稳定条件，为保证结构（或构件）既安全可靠又经济合理提供计算理论依据。**

2. 建筑力学的研究对象

工程中构件的形状是多种多样的。根据构件的几何特征，可以将各种各样的构件归纳为以下四类：

（1）杆　如图 0-2（a）所示，它的几何特征是细而长，即 $l \gg h$，$l \gg b$。杆又可分为直杆和曲杆。

（2）板和壳　如图 0-2（b）所示，它的几何特征是宽而薄，即 $a \gg t$，$b \gg t$。平面形状的称为板，曲面形状称为壳。

（3）块体　如图 0-2（c）所示，它的几何特征是三个方向的尺寸都是同数量级的。

（4）薄壁杆　如图 0-2（d）所示的槽形钢材就是一个例子。它的几何特征是长、宽、厚三个尺寸都相差很悬殊，即 $l \gg b \gg t$。

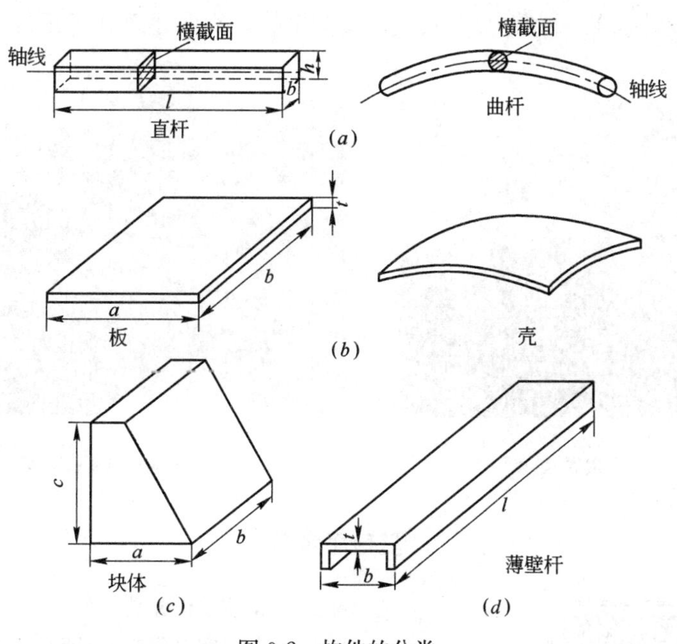

图 0-2　构件的分类

由杆件组成的结构称为**杆系结构**，如图 0-1 的吊车梁和柱子。杆系结构是建筑工程中应用最广的一种结构，**本书所研究的主要对象就是杆件或由杆件组成的杆系结构。**

3. 建筑力学的研究内容

建筑力学的研究内容可分为四部分：本书第一章至第四章为静力学部分，研究物体受力的分析方法和物体在力系作用下的平衡问题；第五章至第十一章为材料力学部分，研究构件的强度、刚度和稳定性计算问题；第十二章至第十七章为结构力学部分，研究杆系结构的几何组成规律及结构的反力、内力和位移等计算方法。

4. 建筑力学与其他课程的关系及学习意义

建筑力学是研究建筑结构的力学计算理论和方法的一门科学。它是建筑结构、建筑施工技术、地基与基础等课程的基础，它将为读者打开进入结构设计和解决施工现场许多受力问题的大门。显然作为结构设计人员必须掌握建筑力学知识，才能正确的对结构进行受力分析和力学计算，保证所设计的结构既安全可靠又经济合理。

作为施工技术及施工管理人员，也要掌握建筑力学知识，知道结构和构件的受力情况，什么位置是危险截面，各种力的传递途径以及结构和构件在这些力的作用下会发生怎样的破坏等等。这样才能很好理解设计图纸的意图及要求，科学的组织施工，制定出合理的安全和质量保证措施；在施工过程中，要将设计图变成实际建筑物，往往要搭设一些临时设施和机具，确定施工方案、施工方法和施工技术组织措施。如对一些重要的梁板结构施工时，为了保证梁板的形状、尺寸和位置的正确性，对安装的模板及其支架系统必须要进行设计或验算，如图 0-3 所示；进行深基坑（槽）开挖时，如采用土壁支撑的施工方法防止土壁塌落，对支撑特别是大型支撑和特殊的支撑必须进行设计和计算，如图 0-4 所示，这些工作都是由施工技术人员来完成。因此，只有懂得力学知识才能很好地完成设计任务，避免发生质量和安全事故，确保建筑施工正常进行。

图 0-3　模板及支架

图 0-4　深基坑支护

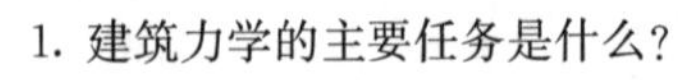

复习思考题

00.00.002

云 题

00.00.003

案 例

1. 建筑力学的主要任务是什么？
2. 建筑力学的研究对象都有哪些？
3. 根据绪论所了解的内容，请结合案例谈谈建筑力学的学习意义。

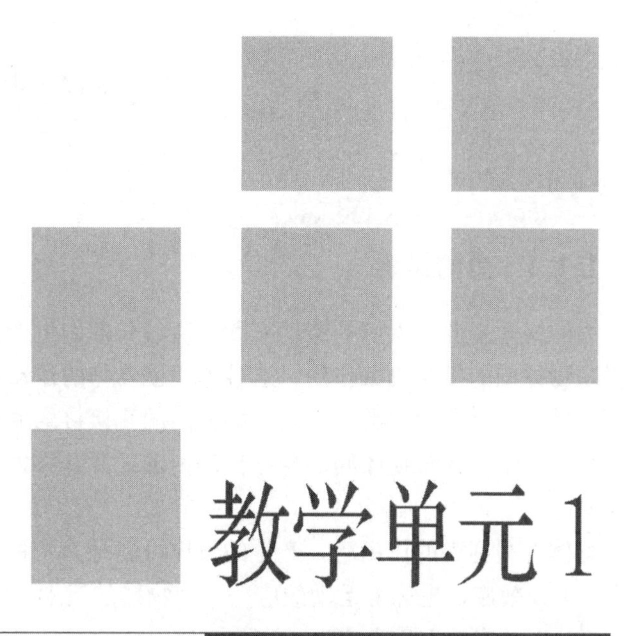

教学单元1

静力学的基本概念

【教学目标】 通过本单元的学习，使学生熟练掌握力、刚体和平衡的概念，了解力系、平衡力系和力系的平衡条件等概念；熟悉静力学的基本公理；熟悉各种常见约束的特点及约束反力的形式，能熟练地对物体及物体系统进行受力分析，画出其受力图；了解计算简图的概念，能绘制结构的计算简图；了解结构及荷载的分类。

1.1 力和平衡的概念

1.1.1 力的概念

力的概念来源于人们的劳动实践。通过长期的生产劳动和科学实践，人们逐渐认识到**力是物体间的相互机械作用，这种作用使物体的运动状态或形状发生改变**。物体间的相互机械作用可分为两类：一类是物体间的直接接触的相互作用，另外一类是场和物体间的相互作用。尽管物体间的相互作用力的来源和物理本质不同，但它们所产生的效应是相同的。

物体在受到力的作用后，产生的效应可以分为两种：

(1) **外效应**，也称为运动效应——使物体的运动状态发生改变；

(2) **内效应**，也称为变形效应——使物体的形状发生变化。

静力学研究物体的外效应，材料力学研究物体的内效应。

实践表明，力对物体作用的效应决定于力的三个要素：力的大小、方向和作用点。

力的大小反映物体之间相互机械作用的强弱程度。力的单位是牛顿（N）或千牛顿（kN）；力的方向包含力的作用线在空间的方位和指向，如水平向右、铅直向下等。

力的作用点是指力在物体的作用位置。实际上，两个物体之间相互作用时，其接触的部位总是占有一定的面积，力总是按照各种不同的方式分布于物体接触面的各点上。当接触面面积很小时，则可以将微小面积抽象为一个点，这个点称为**力的作用点**，该作用力称为**集中力**；反之，如果接触面积较大而不能忽略时，则力在整个接触面上分布作用，此时的作用力称为**分布力**。分布力的大小用单位面积上的力的大小来度量，称为**荷载集度**，用 p（N/m^2）来表示。

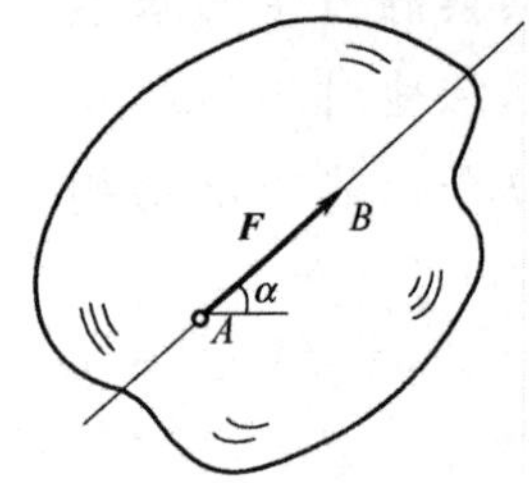

图 1-1 力的矢量图示法

力是矢量，记作 $\boldsymbol{F}$（图 1-1），用一段带有箭头的直线（AB）来表示：其中线段（AB）的长度按一定的比例尺表示力的大小；线段的方位和箭头的指向表示力的方向；线段的起点 A 或终点 B（应在受力物体上）表示力的作用点。线段所沿的直线称为力的作用线。在印刷体中用黑体大写英文字母表示力的矢量，浅体字母表示力的大小；手写时在大写英文字母上加单箭头线或短横线表示力的矢量，例如 $\vec{F}$、$\overline{F}$。

1.1.2 刚体的概念

实践表明，任何物体受力作用后，总会产生一些变形。但在通常情况下，绝大多数构件或零件的变形都是很微小的。研究证明，在很多情况下，这种微小的变形对物体的外效应影响甚微，可以忽略不计，即认为物体在力作用下大小和形状保持不变。我们把这种在力作用下**不产生变形的物体称为刚体**。刚体是对实际物体经过科学的抽象和简化而得到的一种理想模型。而当变形在所研究的问题中成为主要因素时（如在材料力学中研究变形杆件），一般就不能再把物体看作是刚体了。

1.1.3　平衡及力系的概念

在一般工程问题中，**平衡是指物体相对于地球保持静止或作匀速直线运动的状态**。显然，平衡是机械运动的特殊形态，因为静止是暂时的、相对的，而运动才是永恒的、绝对的。

我们将作用在物体上的一群力，称为**力系**。按照力系中各力作用线分布形式的不同，将力系分为：

（1）**汇交力系**　力系中各力作用线汇交于一点；

（2）**力偶系**　力系中各力可以组成若干力偶或力系由若干力偶组成；

（3）**平行力系**　力系中各力作用线相互平行；

（4）**一般力系**　力系中各力作用线既不完全交于一点，也不完全相互平行。

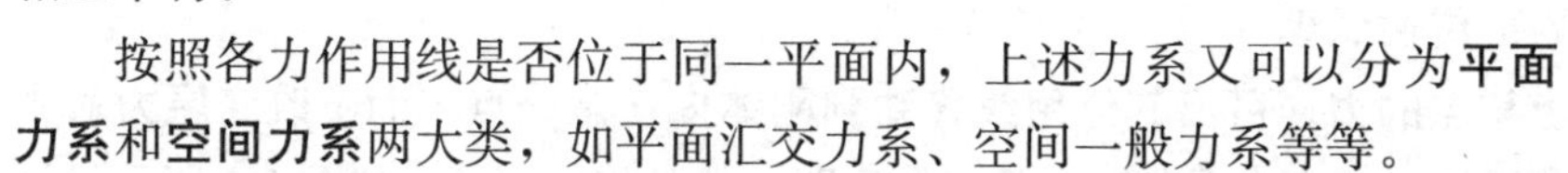

按照各力作用线是否位于同一平面内，上述力系又可以分为**平面力系**和**空间力系**两大类，如平面汇交力系、空间一般力系等等。

如果某一力系对物体产生的效应，可以用另外一个力系来代替，则这两个力系称为**等效力系**。当一个力与一个力系等效时，则称该力为此力系的**合力**；而该力系中的每一个力称为这个力系的**分力**。把力系中的各个分力代换成合力的过程，称为力系的**合成**；反过来，把合力代换成若干分力的过程，称为力的**分解**。

若刚体在某力系作用下保持平衡，则该力系称为**平衡力系**。使刚体保持平衡时力系所需要满足的条件称为力系的**平衡条件**，这种条件有时是一个，有时是几个，它们是建筑力学分析的基础。

1.2　静力学基本公理

静力学公理是人们从实践中总结出的最基本的力学规律，这些规律的正确性已为实践反复证明，是符合客观实际的。

公理一：二力平衡公理

作用于刚体上的两个力使刚体处于平衡的充分与必要条件是这两个力大小相等、方向相反、作用线在一条直线上。

如图1-2所示直杆，在杆的两端施加一对大小相等的拉力（$\boldsymbol{F}_1$、$\boldsymbol{F}_2$）或压力（$\boldsymbol{F}_2$、

F_1），均可使杆平衡。

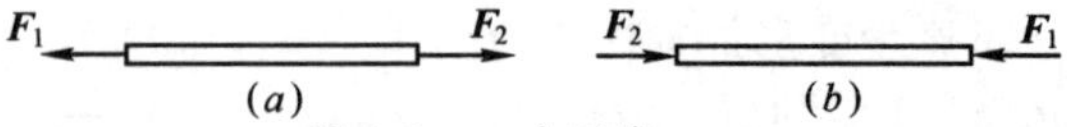

01.02.001

力的平行四边形法则及推论

(a) (b)

图 1-2　二力平衡

应当指出，该条件对于刚体来说是充分而且必要的；而对于变形体，该条件只是必要的而不是充分的。如柔索当受到两个等值、反向、共线的压力作用时就不能平衡。

在两个力作用下处于平衡的物体称为二力构件；若为杆件，则称为二力杆。根据二力平衡公理可知，作用在二力构件上的两个力，它们必通过两个力作用点的连线（与杆件的形状无关），且等值、反向，如图 1-3 所示。

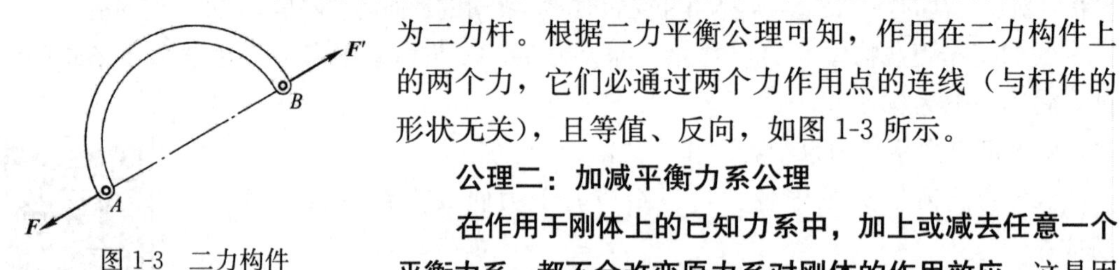

图 1-3　二力构件

公理二：加减平衡力系公理

在作用于刚体上的已知力系中，加上或减去任意一个平衡力系，都不会改变原力系对刚体的作用效应。这是因为平衡力系中，诸力对刚体的作用效应相互抵消，力系对刚体的效应等于零。根据这个原理，可以进行力系的等效变换。

推论一：力的可传性原理

作用于刚体上某点的力，可沿其作用线移动到刚体内任意一点，而不改变原力对刚体的作用效应。利用加减平衡力系公理，很容易证明力的可传性原理。如图 1-4 所示，设力 $\boldsymbol{F}$ 作用于刚体上的 A 点。现在其作用线上的任意一点 B 加上一对平衡力系 $\boldsymbol{F}_1$、$\boldsymbol{F}_2$，并且使 $\boldsymbol{F}_1=-\boldsymbol{F}_2=\boldsymbol{F}$，根据加减平衡力系公理可知，这样做不会改变原力 $\boldsymbol{F}$ 对刚体的作用效应，再根据二力平衡条件可知，$\boldsymbol{F}_2$ 和 $\boldsymbol{F}$ 亦为平衡力系，可以撤去。所以，剩下的力 $\boldsymbol{F}_1$ 与原力 $\boldsymbol{F}$ 等效。力 $\boldsymbol{F}_1$ 即可看成为力 $\boldsymbol{F}$ 沿其作用线由 A 点移至 B 点的结果。

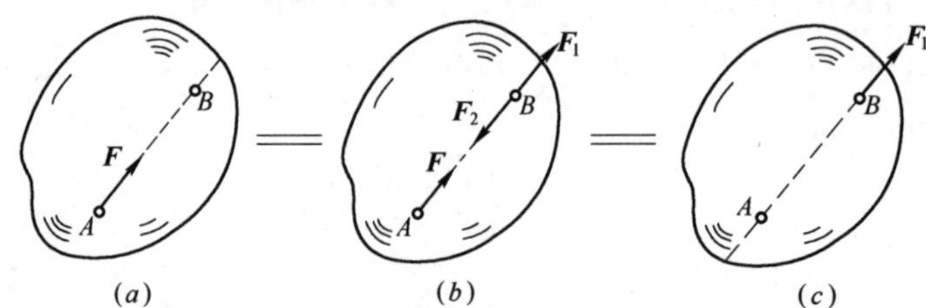

图 1-4　力的可传性原理

同样必须指出，力的可传性原理也只适用于刚体而不适用于变形体。

公理三：力的平行四边形法则

作用于物体上同一点的两个力，可以合成为一个合力，合力也作用于该点，其大小和方向由以两个分力为邻边所构成的平行四边形的对角线来表示。如图 1-5 所示，其矢量表达式为：

$$\boldsymbol{F}_1+\boldsymbol{F}_2=\boldsymbol{F} \tag{1-1}$$

在求两共点力的合力时，为了作图方便，只需画出平行四边形的一半，即三角形便可。其方法是自任意点 O 开始，先画出一矢量 $\boldsymbol{F}_1$，然后再由 $\boldsymbol{F}_1$ 的终点画另一矢量 $\boldsymbol{F}_2$，

最后由 O 点至力矢 $\boldsymbol{F}_2$ 的终点作一矢量 $\boldsymbol{F}$，它就代表 $\boldsymbol{F}_1$、$\boldsymbol{F}_2$ 的合力矢。合力的作用点仍为 $\boldsymbol{F}_1$、$\boldsymbol{F}_2$ 的汇交点 A。这种作图法称为力的**三角形法则**。显然，若改变 $\boldsymbol{F}_1$、$\boldsymbol{F}_2$ 的顺序，其结果不变，如图 1-6 所示。

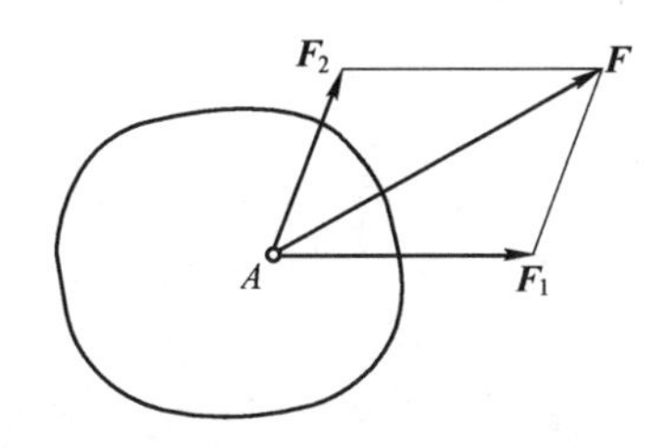

图 1-5　平行四边形法则

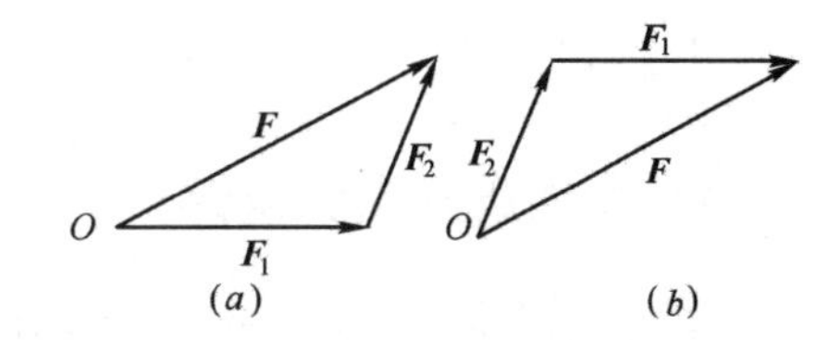

图 1-6　三角形法则

利用力的平行四边形法则，也可以把作用在物体上的一个力，分解为相交的两个分力，分力与合力作用于同一点。实际计算中，常把一个力分解为方向已知的两个分力，如图 1-7 即为把一个任意力分解为方向已知且相互垂直的两个分力。

推论二：三力平衡汇交定理

一刚体受共面不平行的三个力作用而平衡时，此三个力的作用线必汇交于一点。

如图 1-8 所示，设在刚体上的 A、B、C 三点，分别作用共面不平行的三个相互平衡的力 $\boldsymbol{F}_1$、$\boldsymbol{F}_2$、$\boldsymbol{F}_3$。根据力的可传性原理，将力 $\boldsymbol{F}_1$、$\boldsymbol{F}_2$ 移到其汇交点 O，然后根据力的平行四边形法则，得合力 $\boldsymbol{F}_{12}$。则力 $\boldsymbol{F}_3$ 应与 $\boldsymbol{F}_{12}$ 平衡。由二力平衡公理知，$\boldsymbol{F}_3$ 与 $\boldsymbol{F}_{12}$ 必共线。因此，力 $\boldsymbol{F}_3$ 的作用线必通过 O 点。

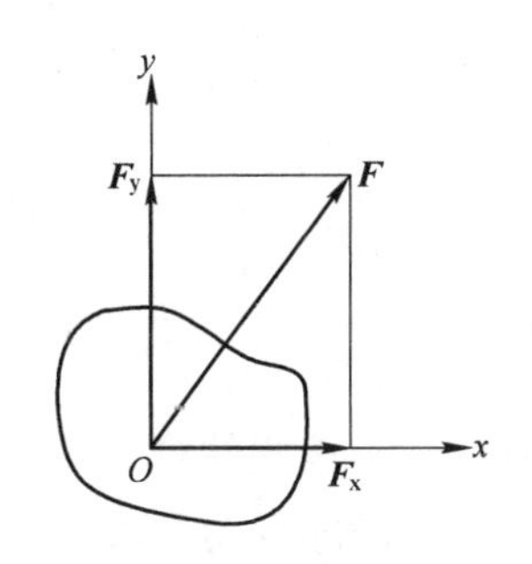

图 1-7　力的分解

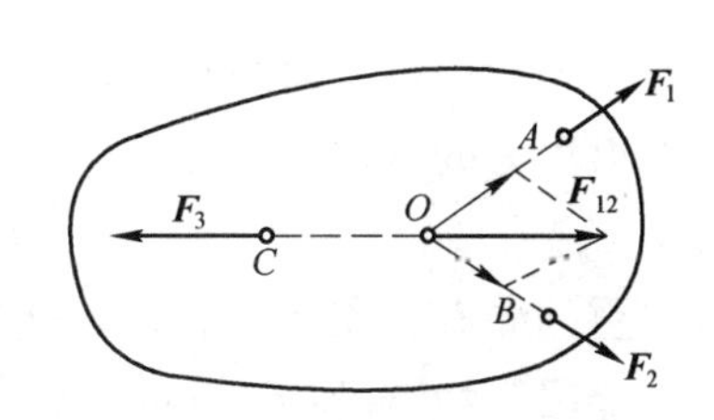

图 1-8　三力平衡汇交定理

作用力与反作用力公理

应当指出，三力平衡汇交定理只说明了不平行的三力平衡的必要条件，而不是充分条件。它常用来确定刚体在不平行三力作用下平衡时，其中某一未知力的作用线。

公理四：作用力与反作用力公理

两个物体间的作用力与反作用力，总是大小相等、方向相反、作用在同一条直线上，并分别而且同时作用在这两个物体上。

这个公理概括了任何两个物体间相互作用的关系。有作用力，必定有反作用力。两者总是同时存在，又同时消失。因此，力总是成对地出现在两相互作用的物体上的。

这里，要注意二力平衡公理和作用力与反作用力公理是不同的，前者是对一个物体而言，而后者则是对物体之间而言。

1.3 约束与约束反力

1.3.1 约束与约束反力的概念

凡是在空间能自由运动的物体，都称为**自由体**，例如航行的飞机、飞行的炮弹等。如果物体的运动受到一定的限制，使其在某些方向的运动成为不可能，则这种物体称为**非自由体**。例如，用绳索悬挂的重物，搁置在墙上的梁，沿轨道运行的火车等，都是非自由体。

阻碍物体运动的限制条件称为约束。约束总是通过物体之间的直接接触形成的。例如上述绳索是重物的约束，墙是梁的约束，轨道是火车的约束。它们分别限制了各相应物体在约束所能限制的方向上的运动。

既然约束限制着物体的运动，因此，约束对该物体必然作用一定的力，这种力称为**约束反力**或**约束力**，简称**反力**。**约束反力的方向总是与约束所能限制物体的运动或运动趋势的方向相反，作用点就在约束与被约束物体的接触点。**

凡是能主动引起物体运动或使物体有运动趋势的力，称为**主动力**。如重力、风压力、水压力等。作用在工程结构上的主动力又称为**荷载**。通常情况下，主动力是已知的，而约束反力是未知的。

1.3.2 几种常见的约束及其约束反力

由于约束的类型不同，约束反力的作用方式也各不相同。下面介绍在工程中常见的几种约束类型及其约束反力的特性。

1. 柔索约束

由柔软而不计自重的绳索、胶带、链条等构成的约束统称为**柔索约束**，如图 1-9 所示。由于柔索约束只能限制物体沿着柔索的中心线离开柔索方向的运动，而不能限制物体在其他方向的运动，所以**柔索约束的约束反力为拉力，通过接触点沿着柔索的中心线背离所约束的物体**，用符号 $\boldsymbol{F}_{T}$ 表示，如图 1-9（*b*）、（*c*）所示。

2. 光滑接触面约束

物体间光滑接触时，不论接触面的形状如何，这种约束只能限制物体沿着接触面在接触点的公法线方向且指向约束物体的运动，而不能限制物体的其他运动。因此，**光滑接触面约束的反力为压力，通过接触点，方向沿着接触面的公法线指向被约束的物体，**通常用 $\boldsymbol{F}_{N}$ 表示，如图 1-10 所示。

3. 圆柱铰链约束

两个物体分别被钻上直径相同的圆孔并用销钉连接起来，如果不计销钉与销钉孔壁之间的摩擦，则这种约束称为**光滑圆柱铰链约束**，简称**铰链约束**，如图 1-11（*a*）、(*b*)所

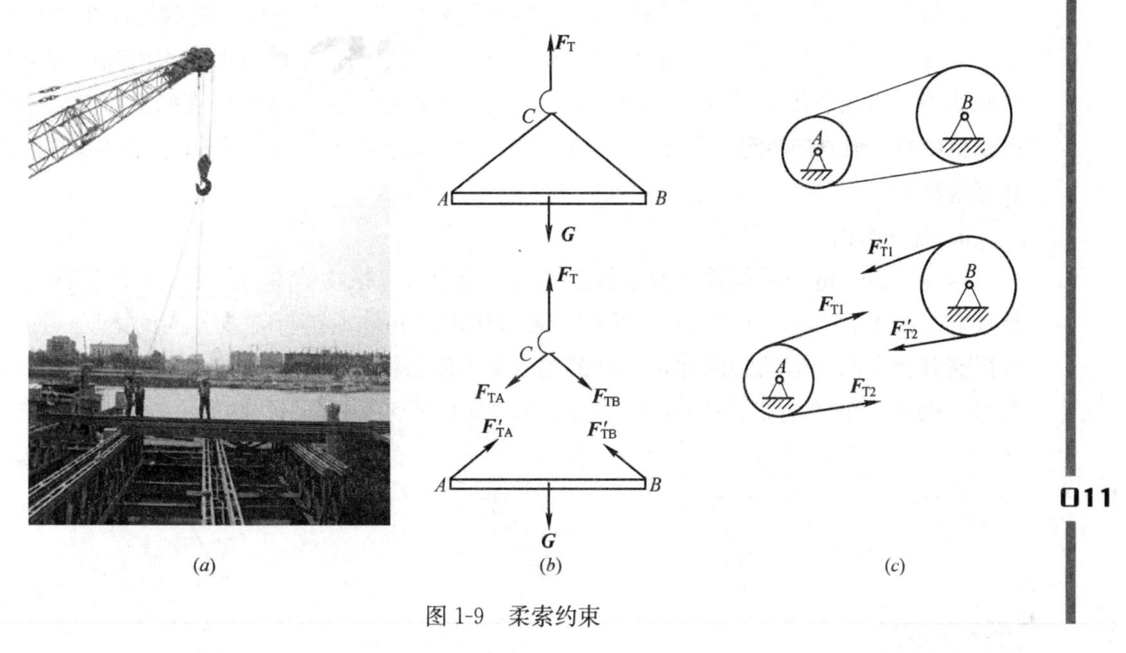

图 1-9　柔索约束

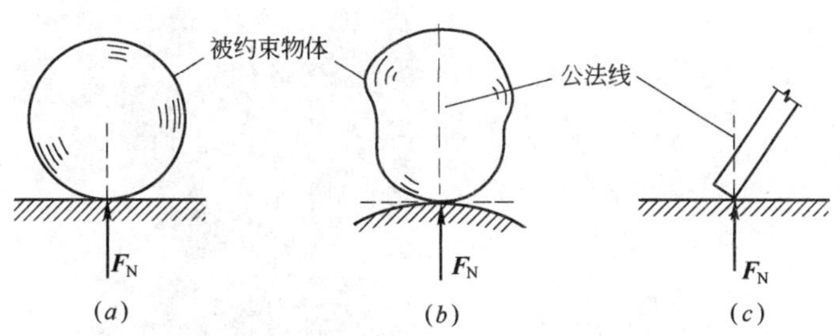

图 1-10　光滑接触面约束

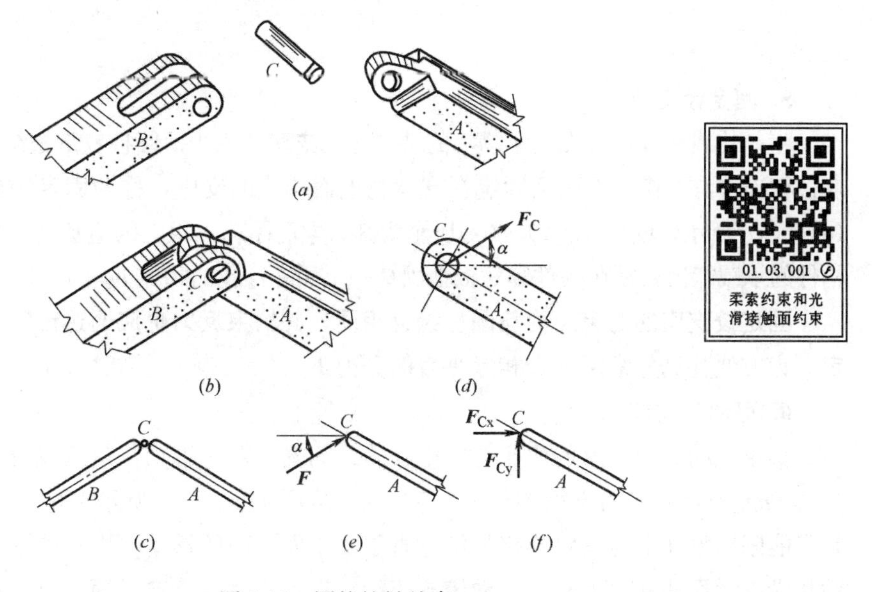

图 1-11　圆柱铰链约束

示。这种约束可以用1-11（*c*）所示的力学简图表示，其特点是只限制两物体在垂直于销钉轴线的平面内沿任意方向的相对移动，而不能限制物体绕销钉轴线的相对转动和沿其轴线方向的相对滑动。因此，**铰链的约束反力作用在与销钉轴线垂直的平面内，并通过销钉中心，但方向待定**，如图1-11（*d*）、（*e*）所示的$\boldsymbol{F}_{C}$。工程中常用通过铰链中心的相互垂直的两个分力$\boldsymbol{F}_{Cx}$、$\boldsymbol{F}_{Cy}$表示，如图1-11（*f*）所示。

4. 链杆约束

两端各以铰链与其他物体相连接且中间不受力（包括物体本身的自重）的直杆称为链杆，如图1-12（*a*）、(*e*)所示。这种约束只能限制物体沿链杆轴线方向的运动，而不能限制其他方向的运动。因此，链杆的约束反力**沿着链杆的轴线方向，指向不定**，常用符号$\boldsymbol{F}$表示，如图1-12（*c*）、（*d*）所示。图1-12（*b*）中的杆AB即为链杆的力学简图。

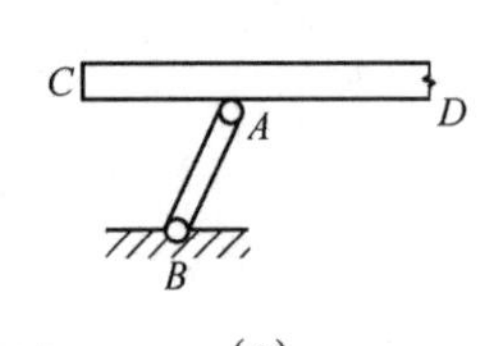

（*a*）

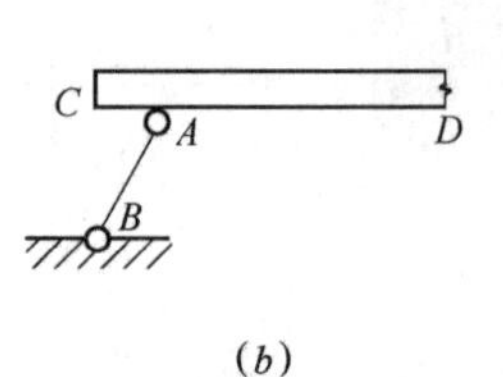

（*b*）

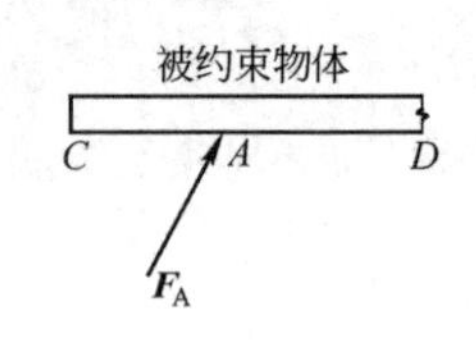

（*c*）

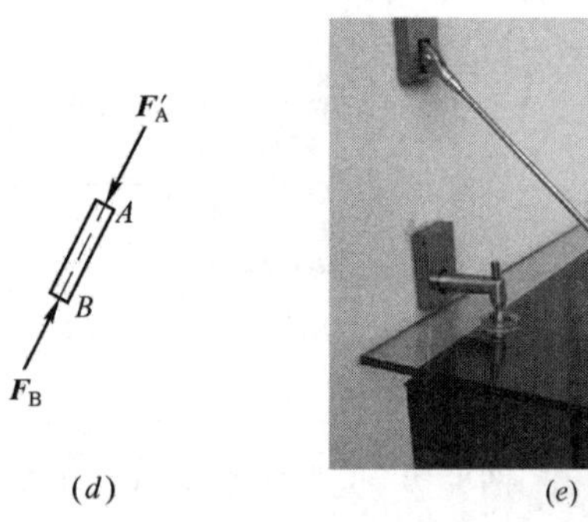

（*d*）　（*e*）

图1-12　链杆约束

5. 固定铰支座

将结构或构件连接在支承物上的装置称为**支座**。用光滑圆柱铰链把结构或构件与支承底板相连接，并将支承底板固定在支承物上而构成的支座，称为**固定铰支座**。如图1-13（*a*）、（*b*）所示。图1-13（*c*）、(*f*)所示为其力学简图。工程上为避免在构件上打孔而削弱构件的承载能力，常在构件和底板上固结一个用来穿孔的物体如图1-13（*d*）所示。

固定铰支座的约束反力与圆柱铰链相同，其约束反力也应通过铰链中心，但方向不定。为方便起见，常用两个相互垂直的分力$\boldsymbol{F}_{Ax}$、$\boldsymbol{F}_{Ay}$表示，如图1-13（*e*）所示。

6. 可动铰支座

如果在固定铰支座的底座与固定物体之间安装若干辊轴，就构成**可动铰支座**，如图1-14（*a*）所示，其力学简图如图1-14（*b*）或图1-14（*c*）所示。这种支座的约束特点是只能限制物体上与销钉连接处沿垂直于支承面方向的移动，而不能限制物体绕销轴转动和沿支承面移动。因此，**可动铰支座的约束反力垂直于支承面，且通过铰链中心，但**

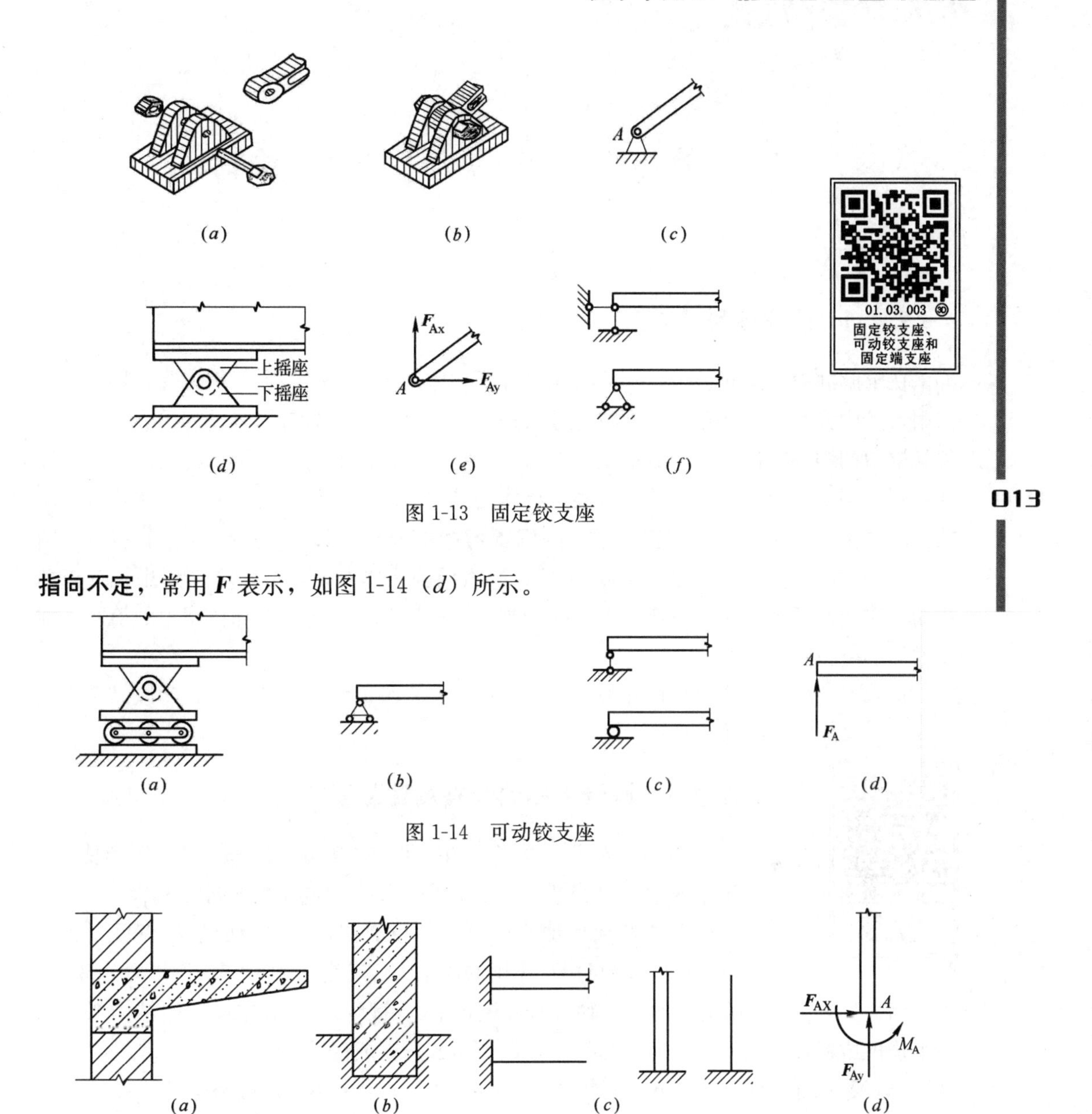

图 1-13　固定铰支座

指向不定，常用 $\boldsymbol{F}$ 表示，如图 1-14（d）所示。

图 1-14　可动铰支座

图 1-15　固定端支座

7. 固定端支座

工程上，如果结构或构件的一端牢牢地插入到支承物里面，如房屋的雨篷嵌入墙内，基础与地基整浇在一起等，如图 1-15（a）、（b）所示，就构成固定端支座。这种约束的特点是连接处有很大的刚性，不允许被约束物体与约束之间发生任何相对移动和转动，即被约束物体在约束端是完全固定的。固定端支座的力学简图如图 1-15（c）所示，其约束反力一般用三个反力分量来表示，即两个相互垂直的分力 $\boldsymbol{F}_{Ax}$、$\boldsymbol{F}_{Ay}$ 和反力偶 $\boldsymbol{M}_{A}$，如图 1-15（d）所示。

1.4 物体的受力分析与受力图的绘制

1.4.1 脱离体和受力图

在求解静力平衡问题时，一般首先要分析物体的受力情况，了解物体受到哪些力的作用，其中哪些力是已知的，哪些力是未知的，这个过程称为对物体进行受力分析。工程结构中的构件或杆件，一般都是非自由体，它们与周围的物体（包括约束）相互连接在一起，用来承受荷载。为了分析某一物体的受力情况，往往需要**解除限制该物体运动的全部约束，把该物体从与它相联系的周围物体中分离出来**，单独画出这个物体的图形，称之为脱离体（或研究对象）。然后，再**将周围物体对该物体的全部作用力（包括主动力和约束反力）画在脱离体上**。这种画有脱离体及其所受的全部作用力的简图，称为物体的受力图。

正确对物体进行受力分析并画出其受力图，是求解力学问题的关键。所以，必须熟练掌握。

1.4.2 画受力图的步骤及注意事项

(1) 将研究对象从其联系的周围物体中分离出来，即取脱离体。

(2) 根据已知条件，画出作用在研究对象上的全部主动力。

(3) 根据脱离体原来受到的约束类型，画出相应的约束反力。应注意两个物体之间相互作用的约束力应符合作用力与反作用力公理。

(4) 要熟练地使用常用的字母和符号标注各个约束反力。注意要按照原结构图上每一个构件或杆件的尺寸和几何特征作图，以免引起错误或误差。

(5) 受力图上只画脱离体的简图及其所受的全部外力，不画已被解除的约束。

(6) 当以系统为研究对象时，受力图上只画该系统（研究对象）所受的主动力和约束反力，而不画系统内各物体之间的相互作用力（称为内力）。

(7) 正确判断二力杆，二力杆中的两个力的作用线沿力作用点的连线，且等值、反向。

下面举例说明如何画物体的受力图。

【例 1-1】 重量为 $\boldsymbol{G}$ 的梯子 AB，放置在光滑的水平地面上并靠在铅直墙上，在 D 点用一根水平绳索与墙相连，如图 1-16(a) 所示。试画出梯子的受力图。

【解】 将梯子从周围的物体中分离出来，作为研究对象画出其脱离体。先画上主动力即梯子的重力 $\boldsymbol{G}$，作用于梯子的重心（几何中心），方向铅直向下；再画墙和地面对梯子的约束反力。根据光滑接触面约束的特点，A、B 处的约束反力 $\boldsymbol{F}_{NA}$、$\boldsymbol{F}_{NB}$ 分别与墙面、地面垂直并指向梯子；绳索的约束反力$\boldsymbol{F}_{\mathrm{D}}$应沿着绳索的方向离开梯子为拉力。图1-16（*b*）即为梯子的受力图。

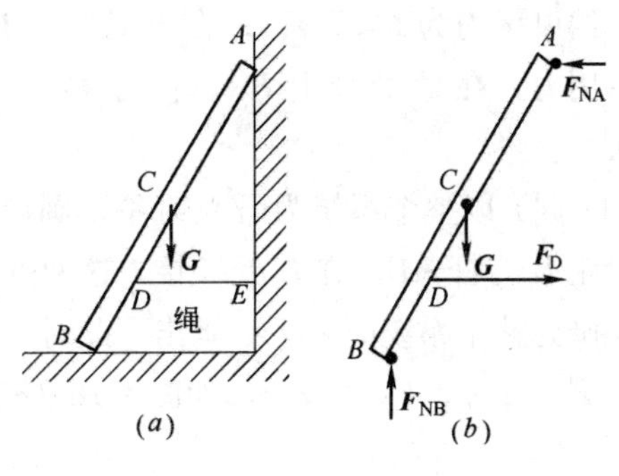

图1-16　例1-1图

【例1-2】　如图1-17（*a*）所示，简支梁*AB*，跨中受到集中力$\boldsymbol{F}$作用，*A*端为固定铰支座约束，*B*端为可动铰支座约束。试画出梁的受力图。

【解】　（1）取*AB*梁为研究对象，解除*A*、*B*两处的约束，画出其脱离体简图。

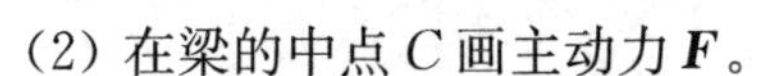

（2）在梁的中点*C*画主动力$\boldsymbol{F}$。

（3）在受约束的*A*处和*B*处，根据约束类型画出约束反力。*B*处为可动铰支座约束，其反力通过铰链中心且垂直于支承面，其指向假定如图1-17（*b*）所示；*A*处为固定铰支座约束，其反力可用通过铰链中心*A*并以相互垂直的分力$\boldsymbol{F}_{\mathrm{Ax}}$、$\boldsymbol{F}_{\mathrm{Ay}}$表示。受力图如图1-17（*b*）所示。

此外，注意到梁只在*A*、*B*、*C*三点受到互不平行的三个力作用而处于平衡，因此，也可以根据三力平衡汇交定理进行受力分析。已知$\boldsymbol{F}$、$\boldsymbol{F}_{\mathrm{B}}$相交于*D*点，则*A*处的约束反力$\boldsymbol{F}_{\mathrm{A}}$也应通过*D*点，从而可确定$\boldsymbol{F}_{\mathrm{A}}$必通过沿*A*、*D*两点的连线，可画出如图1-17（*c*）所示的受力图。

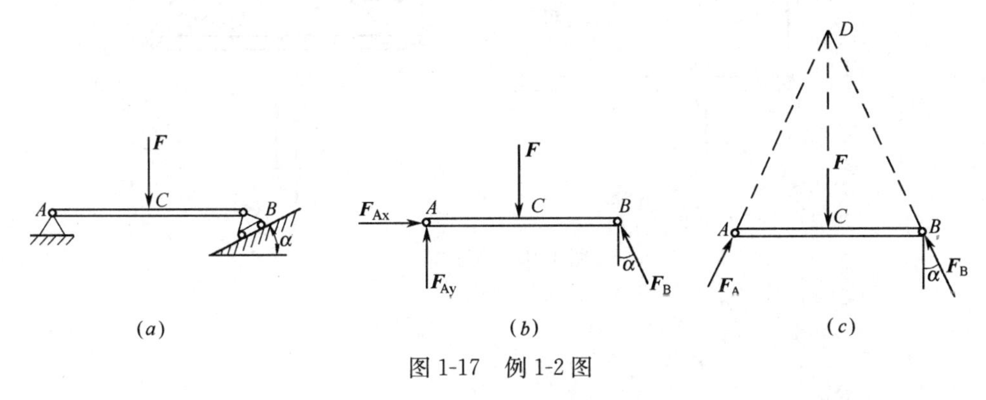

图1-17　例1-2图

【例1-3】　图1-18（*a*）所示的结构由杆*ABC*、*CD*与滑轮*B*铰接组成。物体重$\boldsymbol{W}$，用绳子挂在滑轮上。设杆、滑轮及绳子的自重不计，并不考虑各处的摩擦，试分别画出滑轮*B*（包括绳子）、杆*CD*、杆*ABC*及整个系统的受力图。

【解】　（1）以滑轮及绳子为研究对象，画出脱离体图。*B*处为光滑铰链约束，杆*ABC*上的铰链销钉对轮孔的约束反力为$\boldsymbol{F}_{\mathrm{Bx}}$、$\boldsymbol{F}_{\mathrm{By}}$；在*E*、*H*处有绳子的拉力$\boldsymbol{F}_{\mathrm{TE}}$、$\boldsymbol{F}_{\mathrm{TH}}$，如图1-18（*b*）所示。在这里，$\boldsymbol{F}_{\mathrm{TE}}=\boldsymbol{F}_{\mathrm{TH}}=\boldsymbol{W}$。

（2）杆*CD*为二力杆，所以首先对其进行分析。取杆*CD*为研究对象，画出脱离体如图1-18（*c*）所示。设*CD*杆受拉，在*C*、*D*处画上拉力$\boldsymbol{F}_{\mathrm{C}}$、$\boldsymbol{F}_{\mathrm{D}}$，且有$\boldsymbol{F}_{\mathrm{C}}=-\boldsymbol{F}_{\mathrm{D}}$。其受力图如图1-18（*c*）所示。

（3）以杆*ABC*（包括销钉）为研究对象，画出脱离体图。其中*A*处为固定铰支座，

其约束反力为 $\boldsymbol{F}_{Ax}$、$\boldsymbol{F}_{Ay}$；在 B 处画上 $\boldsymbol{F}'_{Bx}$、$\boldsymbol{F}'_{By}$，它们分别与 $\boldsymbol{F}_{Bx}$、$\boldsymbol{F}_{By}$ 互为作用力与反作用力；在 C 处画上 $\boldsymbol{F}'_{C}$，它与 $\boldsymbol{F}_{C}$ 互为作用力与反作用力，其受力图如图 1-18(d)所示。

(4) 以整个系统为研究对象，画出脱离体图。此时杆 ABC 与杆 CD 在 C 处铰接，滑轮 B 与杆 ABC 在 B 处铰接，这两处的约束反力都为作用力与反作用力，成对出现，在研究整个系统时，不必画出。此时，系统所受的力为：主动力（物体重）$\boldsymbol{W}$，约束反力 $\boldsymbol{F}_{D}$、$\boldsymbol{F}_{TE}$、$\boldsymbol{F}_{Ax}$ 及 $\boldsymbol{F}_{Ay}$，如图 1-18（e）所示。

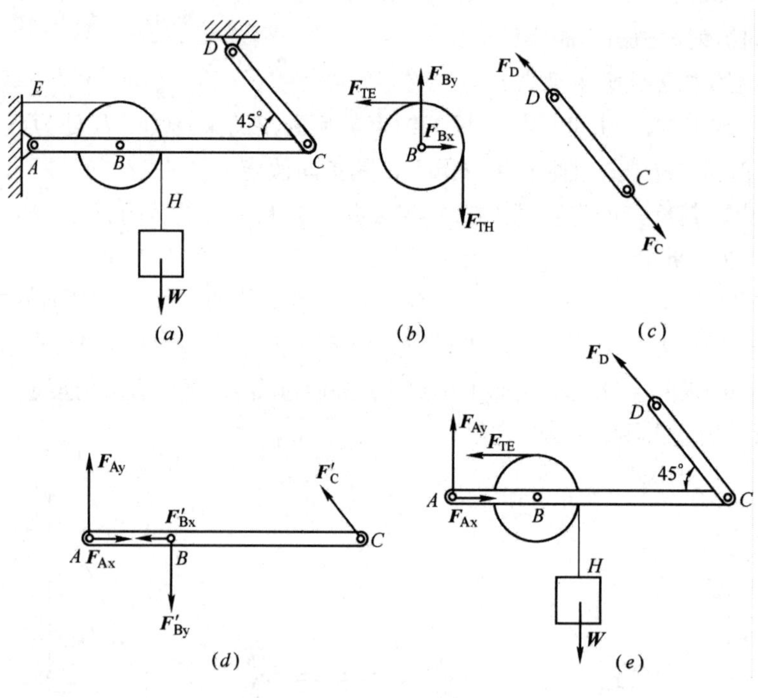

图 1-18　例 1-3 图

1.5　结构的计算简图及分类

1.5.1　结构的计算简图

1. 结构的计算简图的概念

在工程实际中的建筑物（或者构筑物），其结构、构造以及作用在其上的荷载，往往是比较复杂的。结构设计时，如果完全严格地按照结构的实际情况进行力学分析和计算，会使问题非常复杂甚至无法求解。因此在对实际结构进行力学分析和计算时，有必要采用简化的图形来代替实际的工程结构，这种简化了的图形称为结构的**计算简图**。

由于在建筑力学中，我们是以计算简图作为力学计算的主要对象。因此，在结构设计中，如果计算简图选取不合理，就会使结构的设计不合理，造成差错，严重的甚至造成工程事故。所以合理选取结构的计算简图是一项十分重要的工作，必须引起足够的重视。一般说，在选取结构的计算简图时，应当遵循如下两个原则：

（1）尽可能正确地反映结构的主要受力情况，使计算的结果接近实际情况，有足够的精确性；

（2）要忽略对结构的受力情况影响不大的次要因素，使计算工作尽量简化。

2. 计算简图简化的内容

可以从体系的简化、节点的简化、支座的简化以及荷载的简化四个方面来进行。

（1）体系的简化

实际的工程结构，一般都是若干构件或杆件按照某种方式组成的空间结构。因此，首先要把这种空间形式的结构，根据其实际的受力情况，简化为平面状态；而对于构件或杆件，由于它们的截面尺寸通常要比其长度小得多，因此，在计算简图中，是用其纵向轴线（画成粗实线）来表示。

（2）节点的简化

在结构中，杆件与杆件相互连接处称为**节点**。尽管各杆之间连接的形式是多种多样的，特别是材料不同会使得连接的方式有较大的差异，但是，在计算简图中，只简化为两种理想的连接方式，即铰节点和刚节点，或者两种节点的组合形式（不完全铰节点）。

铰节点是指杆件与杆件之间用圆柱铰链约束连接方式，连接后杆件之间可以绕节点中心自由地作相对转动而不能产生相对移动。在工程实际中，完全用理想铰来连接杆件的实例是非常少见的。但是，从节点的构造来分析，把它们近似地看成铰节点所造成的误差并不显著。如图 1-19（*a*）所示的木屋架节点，一般认为各杆之间可以产生比较微小的转动，所以，其杆与杆之间的连接方式，在计算简图中常简化成如图 1-19（*b*）所示的铰节点。又如图 1-20 所示为组合结构中的不完全铰节点，也称为半铰或复合铰节点。

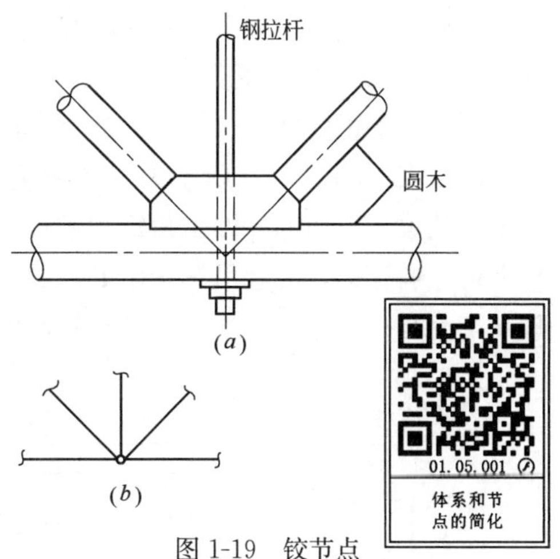

图 1-19　铰节点

刚节点是指构件之间的连接是采用焊接（如钢结构的连接）或者现浇（如钢筋混凝土梁与柱现浇在一起）这些连接方式，则构件之间相互连接后，在连接处的任何相对运动都受到限制，既不能产生相对移动，也不能产生相对转动，即使结构在荷载作用下发生了变形，在节点处各杆端之间的夹角仍然保持不变。如图 1-21（*a*）所示，其中节点 A 的钢筋布置如图 1-21（*b*）所示。此时，A 节点处各杆端之间的夹角保持不变，故可简化为刚节点。

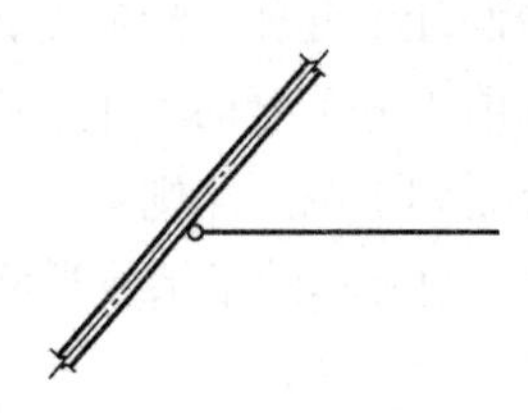

图 1-20　不完全铰节点

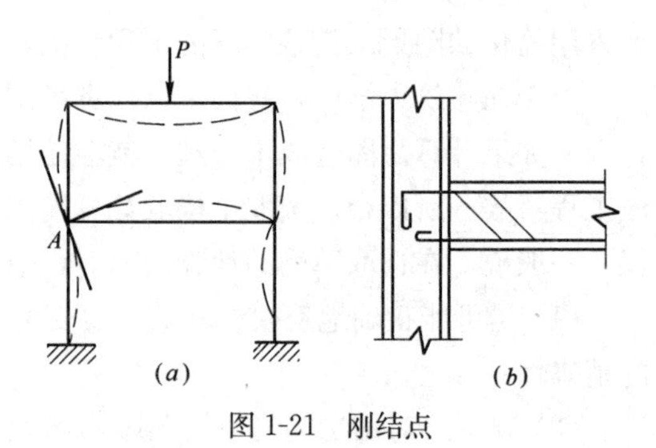

图 1-21　刚结点

(3) 支座的简化

在实际的工程结构中，各种支撑的装置随着结构形式或者材料的差异而各不相同。在选取其计算简图时，可根据实际构造和约束情况，对照第三节所述内容进行恰当的简化。

(4) 荷载的简化

前面已经介绍，荷载是作用在结构或构件上的主动力，其分类将在后面介绍。实际结构受到的荷载，一般是作用在构件内各处的体荷载（如自重），以及作用在某一面积上的面荷载（如风压力）。在计算简图中，常把它们简化为作用在构件纵向轴线上线荷载、集中力和集中力偶。

下面举例说明如何选取结构的计算简图。

图 1-22 (*a*)、(*b*) 所示为工业建筑厂房内的组合式吊车梁，上弦为钢筋混凝土 T 形截面的梁，下面的杆件由角钢和钢板组成，节点处为焊接。梁上铺设钢轨，吊车在钢轨上可左右移动，最大吊车轮压 $\boldsymbol{P}_1=\boldsymbol{P}_2$，吊车梁两端由柱子上的牛腿支撑。对该结构，现从下面几个方面来考虑选取其计算简图。

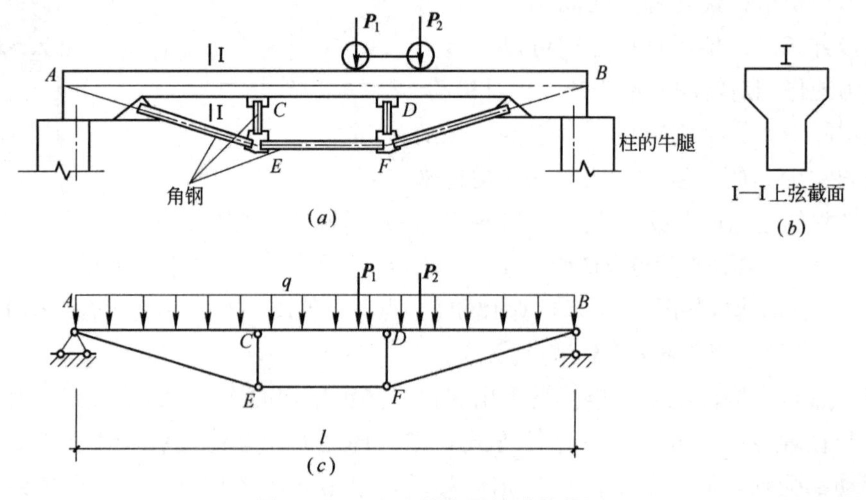

图 1-22　组合式吊车梁的计算简图

(1) 体系、杆件及其相互连接的简化

首先假设组成结构的各杆其轴线都是直线并且位于同一平面内，将各杆都用其轴线来表示，由于上弦为整体的钢筋混凝土梁，其截面较大，因此，将 AB 简化为一根连续梁；而其他杆与 AB 杆相比，基本上只受到轴力，所以都视为二力杆（即链杆）。AE、BF、EF、CE 和 DF 各杆之间的连接，都简化为铰节点或复合铰节点，其中 C、D 铰链在 AB 梁的下方。

（2）支座的简化

整个吊车梁搁置在柱的牛腿上，梁与牛腿相互之间仅由较短的焊缝连接，吊车梁既不能上下移动，也不能水平移动，但是，梁在受到荷载作用后，其两端仍然可以作微小的转动。此外，当温度发生变化时，梁还可以发生自由伸缩。为便于计算，同时又考虑到支座的约束反力情况，将支座简化成一端为固定铰支座，另一端为可动铰支座。由于吊车梁的两端搁置在柱的牛腿上其支撑接触面的长度较小，所以，可取梁两端与柱子牛腿接触面中心的间距，即两支座间的水平距离作为梁的计算跨度 l。

（3）荷载的简化

作用在整个吊车梁上的荷载有恒载和活荷载。恒载包括钢轨、梁自重，可简化为作用在沿梁纵向轴线上的均布荷载 q；活荷载是吊车的轮压 $\boldsymbol{P}_1$ 和 $\boldsymbol{P}_2$，由于吊车轮子与钢轨的接触面积很小，可简化为分别作用于梁上两点的集中荷载。

综上所述，吊车梁的计算简图如图 1-22（*c*）所示。

恰当地选取实际结构的计算简图，是结构设计中十分重要的问题。为此，不仅要掌握上面所述的两个基本原则，还要有丰富的实践经验。对于一些新型结构往往还要通过反复试验和实践，才能获得比较合理的计算简图。必须指出，由于结构的重要性、设计进行的阶段、计算问题的性质以及计算工具等因素的不同，即使是同样一个结构也可以取得不同的计算简图。对于重要的结构，应该选取比较精确的计算简图；在初步设计阶段可选取比较粗略的计算简图，而在技术设计阶段选取比较精确的计算简图；对结构进行静力计算时，应该选取比较复杂的计算简图，而对结构进行动力稳定计算时，由于问题比较复杂，则可以选取比较简单的计算简图；当计算工具比较先进时，应选取比较精确的计算简图等等。

01.05.003

恒载和活荷载及其取值方法

1.5.2 荷载的分类及计算

在工程实际中，作用在结构上的荷载是多种多样的。为了便于力学分析，需要从不同的角度，将它们进行分类。

1. 荷载按其作用在结构上的时间久暂分为恒载和活荷载（永久荷载和可变荷载）

（1）恒载是指作用在结构上的不变荷载，即在结构建成以后，其大小和作用位置都不再发生变化的荷载。例如，构件的自重、土压力等等。构件的自重可根据结构尺寸和材料的重力密度（即每 $1m^3$ 体积的重量，单位为 N/m^3）进行计算。例如，截面为 20cm×50cm 的钢筋混凝土梁，总长 6m，已知钢筋混凝土重力密度为 $24000N/m^3$，则该梁的自重为：$G=24000\times0.2\times0.5\times6=14400N$。

如果将总重除以长度，则得到该梁每米长度的重量，单位为 N/m，用符号 q 表示，

即 $q=14400/6=2400\text{N/m}$。

建筑工程上，对于楼板的自重，一般是以 1m² 面积的重量来表示。例如，10cm 厚的钢筋混凝土楼板，其重量为 $24000\times0.1=2400\text{N/m}^2$。就是说，10cm 厚的钢筋混凝土楼板每 1m² 的重量为 2400N。

重量的单位也可以用“kN”来表示，1kN＝1000N。例如，上面钢筋混凝土的重力密度可表示为 24kN/m^3。

(2) 活荷载是指在施工或建成后使用期间可能作用在结构上的可变荷载，这种荷载有时存在，有时不存在，它们的作用位置和作用范围可能是固定的（如风荷载、雪荷载、会议室的人群荷载等），也可能是移动的（如吊车荷载、桥梁上行驶的汽车荷载等）。不同类型的房屋建筑，因其使用情况的不同，活荷载的大小也就不同。在现行《建筑结构荷载规范》（GB 50009—2012）中，各种常用的活荷载，都有详细的规定。例如，住宅、办公楼、托儿所、医院病房等一类民用建筑的楼面活荷载，目前规定为 2.0kN/m^2；而教室、食堂的活荷载，则规定为 2.5kN/m^2。

2. 荷载按其作用在结构上的分布情况分为分布荷载和集中荷载

(1) 分布荷载是指满布在结构某一表面上的荷载，根据其具体作用情况还可以分为均布荷载和非均布荷载。如果分布荷载在一定的范围内连续作用且其大小在各处都相同，这种荷载称为均布荷载。例如，上面所述梁的自重按每米长度均匀分布，为线均布荷载；又如上面所述的楼面荷载，按每单位面积均匀分布，为面均布荷载。反过来，如果分布荷载不是均布荷载，则称为非均布荷载，如水压力，其大小与水的深度有关（成正比），荷载为按照三角形规律变化的分布荷载，即荷载虽然连续作用，但其各处大小不同。

(2) 集中荷载是指作用在结构上的荷载，其分布的面积远远小于结构的尺寸，则将此荷载认为是作用在结构的某点上，称为集中荷载。上面所述的吊车轮压，即认为是集中荷载。其单位一般用“N”或“kN”表示。

3. 荷载按作用在结构上的性质分为静力荷载和动力荷载

(1) 当荷载从零开始，逐渐缓慢地、连续均匀地增加到最后的确定数值后，其大小、作用位置以及方向都不再随时间而变化，这种荷载称为静力荷载。例如，结构的自重，一般的活荷载等。静力荷载的特点是，该荷载作用在结构上时，不会引起结构振动。

(2) 如果荷载的大小、作用位置、方向随时间而急剧变化，这种荷载称为动力荷载。例如，动力机械产生的荷载、地震力等。这种荷载的特点是，该荷载作用在结构上时，会产生惯性力，从而引起结构显著振动或冲击。

1.5.3 平面杆系结构的分类

杆系结构是指由若干杆件所组成的结构，也称为杆件结构。按照空间观点，杆系结构又可以分为平面杆系结构和空间杆系结构。凡是组成结构的所有杆件的轴线和作用在结构上的荷载都位于同一平面内，这种结构称为**平面杆系结构**；反之，如果组成结构的所有杆件的轴线或作用在结构上的荷载不在同一平面内，这种结构即为**空间杆系结构**。

本书主要研究和讨论平面杆系结构，其常见的形式可以分为以下几种：

1. 梁

梁是一种最常见的结构，其轴线常为直线，有单跨以及多跨连续等形式，如图1-23所示。

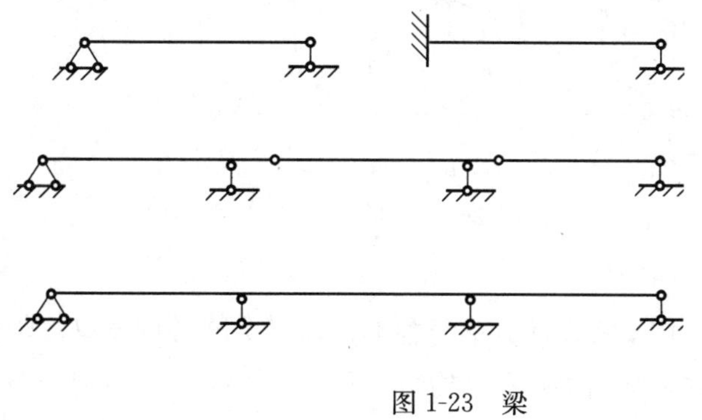

图1-23 梁

2. 刚架

刚架是由直杆组成，各杆主要受弯曲变形，节点大多数是刚性节点，也可以有部分铰节点，如图1-24所示。

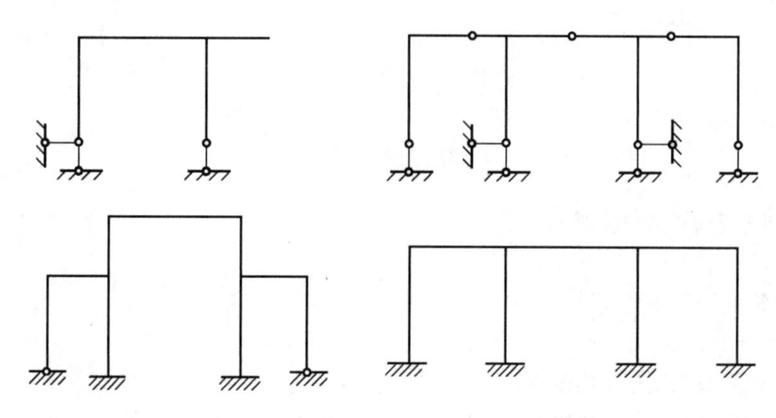

图1-24 刚架

3. 拱

拱的轴线是曲线，这种结构在竖向荷载作用下，不仅产生竖向反力，还产生水平反力。在一定的条件下，拱能够实现以压缩变形为主，各截面主要产生轴力，如图1-25所示。

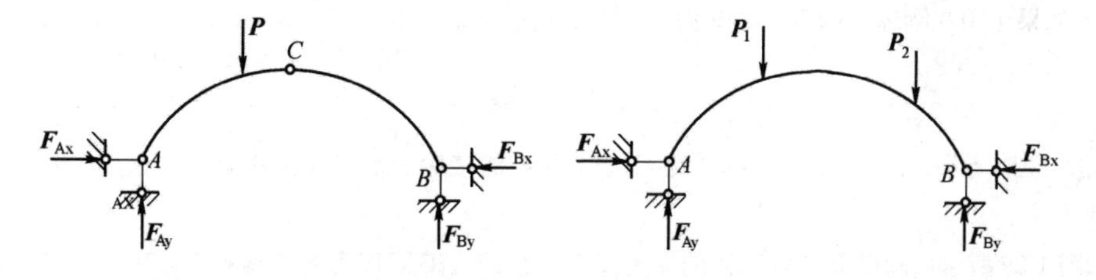

图1-25 拱

4. 桁架

桁架由直杆组成，各节点都假设为理想的铰节点，荷载作用在节点上，各杆只产生轴力。如图 1-26 即为一个三角形桁架。

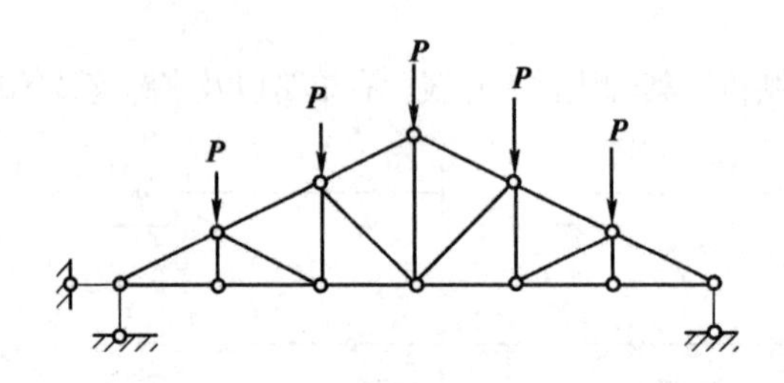

图 1-26　桁架

5. 组合结构

这种结构中，一部分是桁架式杆件只承受轴力，而另一部分则是梁或刚架式杆件，即受弯杆件，也就是说，这种结构由两种结构组合而成，如图 1-27 所示。

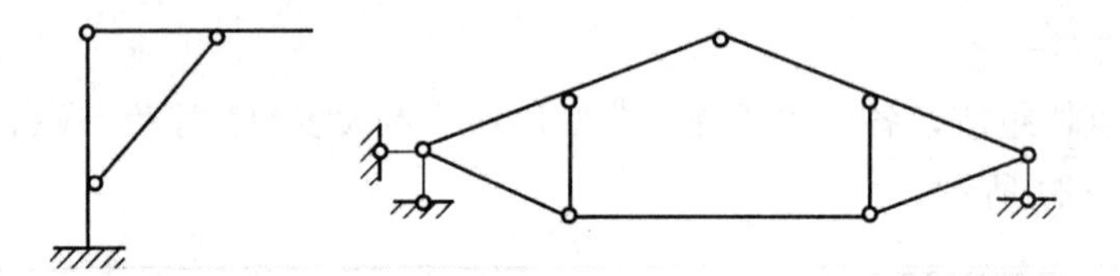

图 1-27　组合结构

复习思考题

1. 试说明下列式子的意义和区别。

   (1) $\boldsymbol{F}_1=\boldsymbol{F}_2$；

   (2) $F_1=F_2$；

   (3) 力 $\boldsymbol{F}_1$ 等于 $\boldsymbol{F}_2$。

2. 哪几条公理或推理只适用于刚体？

3. 二力平衡公理和作用力与反作用力定理中，都说是二力等值、反向、共线，其区别在哪里？

4. 判断下列说法是否正确，为什么？

   (1) 刚体是指在外力作用下变形很小的物体；

   (2) 凡是两端用铰链连接的直杆都是二力杆；

   (3) 如果作用在刚体上的三个力共面且汇交于一点，则刚体一定平衡；

   (4) 如果作用在刚体上的三个力共面，但不汇交于一点，则刚体不能平衡。

习　　题

1-1　如图 1-28 所示，画出下列各物体的受力图。所有的接触面都为光滑接触面，未注明者，自重均不计。

1-2　如图 1-29 所示，画出下列各物体的受力图。所有的接触面都为光滑接触面，未注明者，自重均不计。

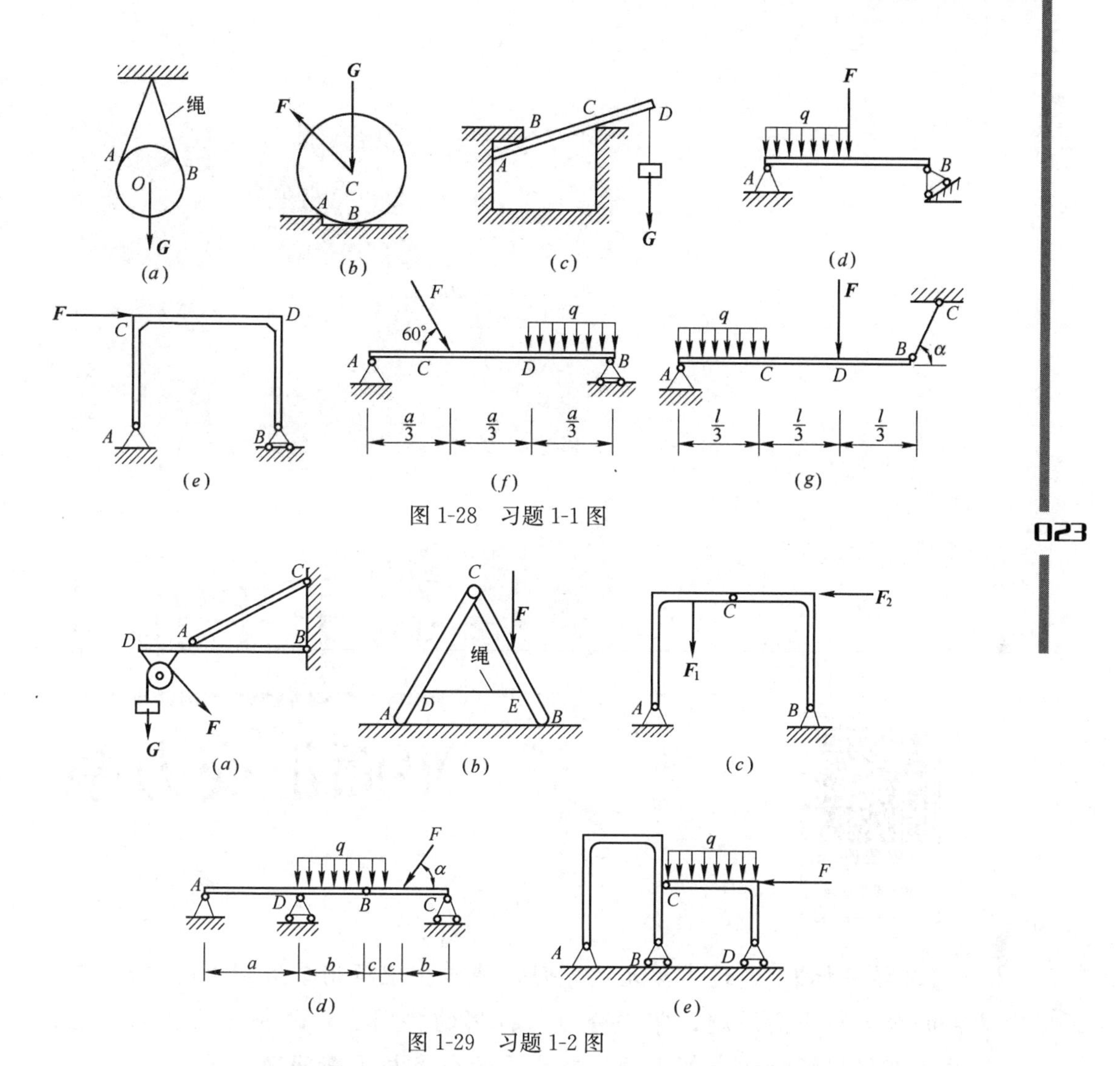

图 1-28　习题 1-1 图

图 1-29　习题 1-2 图

(*a*) *AC* 杆、*BD* 杆连同滑轮、整体；(*b*) *AC* 杆、*BC* 杆、整体；(*c*) *AC* 杆、*BC* 杆、整体；(*d*) *AB* 杆、*BC* 杆、整体；(*e*) *AB*、*CD*、整体

教学单元2

平面汇交力系

【教学目标】 通过本单元的学习，使学生理解用多边形求解平面汇交力系的合力与平衡问题；掌握分力与投影的异同点，掌握合力投影定理；能熟练掌握用解析法求解平面汇交力系的合成与平衡问题。

平面汇交力系的合成方法可以分为几何法和解析法。其中几何法是以力的平行四边形法则（或力的三角形法则）为基础，用几何作图的方法，求出力系的合力；而解析法则是用解析的方法，求出力系的合力。

2.1　平面汇交力系合成与平衡的几何法

2.1.1　合成的几何法

1. 两个汇交力的合成

如图 2-1（*a*），设在物体上作用有汇交于 *O* 点的两个力 $\boldsymbol{F}_1$ 和 $\boldsymbol{F}_2$，根据力的平行四边形法则或力的三角形法则求合力如图 2-1 所示。

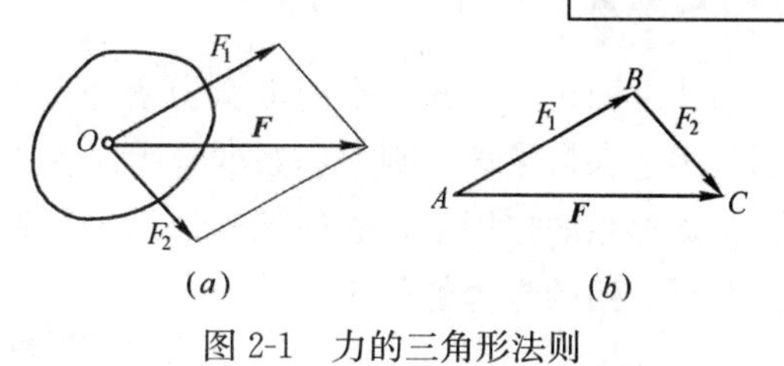

图 2-1　力的三角形法则

2. 多个汇交力的合成

设作用于物体上 *A* 点的力 $\boldsymbol{F}_1$、$\boldsymbol{F}_2$、$\boldsymbol{F}_3$、$\boldsymbol{F}_4$ 组成平面汇交力系，现求其合力，如图 2-2（*a*）所示。应用力的三角形法则，首先将 $\boldsymbol{F}_1$ 与 $\boldsymbol{F}_2$ 合成得 $\boldsymbol{F}'_1$，然后把 $\boldsymbol{F}'_1$ 与 $\boldsymbol{F}_3$ 合成得 $\boldsymbol{F}'_2$，最后将 $\boldsymbol{F}'_2$ 与 $\boldsymbol{F}_4$ 合成得 $\boldsymbol{F}$，力 $\boldsymbol{F}$ 就是原汇交力系 $\boldsymbol{F}_1$、$\boldsymbol{F}_2$、$\boldsymbol{F}_3$、$\boldsymbol{F}_4$ 的合力，图 2-2（*b*）所示即是此汇交力系合成的几何示意图，矢量关系的数学表达式为

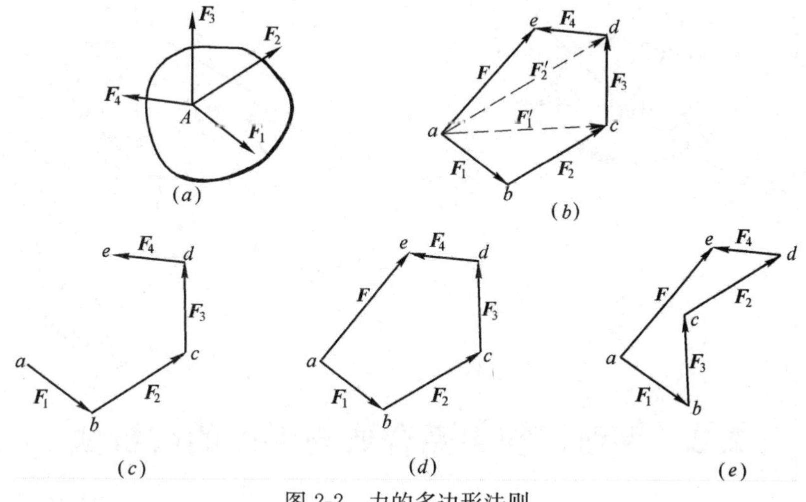

图 2-2　力的多边形法则

$$\boldsymbol{F}=\boldsymbol{F}_1+\boldsymbol{F}_2+\boldsymbol{F}_3+\boldsymbol{F}_4 \tag{2-1}$$

实际作图时，可以不必画出图中虚线所示的中间合力 $\boldsymbol{F}'_1$ 和 $\boldsymbol{F}'_2$，只要按照一定的比例尺将表达各力矢的有向线段首尾相接，形成一个不封闭的多边形，如图 2-2（*c*）所示。然后再

画一条从起点指向终点的矢量 $\boldsymbol{F}$，即为原汇交力系的合力，如图 2-2（d）所示。这种由各分力和合力构成的多边形 $abcde$ 称为**力多边形**。按照与各分力同样的比例，封闭边的长度表示合力的大小，合力的方位与封闭边的方位一致，指向则由力多边形的起点至终点，合力的作用线通过汇交点。这种求合力矢的几何作图法称为**力多边形法**。

从图 2-2（e）还可以看出，在作力多边形时，按不同顺序画各分力，只会影响力多边形的形状，但不会影响合成的最后结果。

将这一作法推广到由 n 个力组成的平面汇交力系，可得结论：**平面汇交力系合成的最终结果是一个合力，合力的大小和方向等于力系中各分力的矢量和**，可由力多边形的封闭边确定，合力的作用线通过力系的汇交点。矢量关系式为：

$$\boldsymbol{F}=\boldsymbol{F}_1+\boldsymbol{F}_2+\boldsymbol{F}_3+\cdots\cdots+\boldsymbol{F}_n=\Sigma\boldsymbol{F} \tag{2-2}$$

2.1.2 平衡的几何条件

从上面讨论可知，平面汇交力系合成的结果是一个合力。显然物体在平面汇交力系的作用下保持平衡，则该力系的合力应等于零；反之，如果该力系的合力等于零，则物体在该力系的作用下，必然处于平衡。所以，**平面汇交力系平衡的必要和充分条件是平面汇交力系的合力等于零**，即：

$$\boldsymbol{F}=\Sigma\boldsymbol{F}=0 \tag{2-3}$$

设有平面汇交力系 $\boldsymbol{F}_1$、$\boldsymbol{F}_2$、$\boldsymbol{F}_3$、……$\boldsymbol{F}_n$，如图 2-3 所示，当用几何法求合力其最后一个力的终点与第一个力的起点相重合时，则表示该力系的力多边形的封闭边变为一点，即合力等于零。此时构成一个封闭的力多边形。因此，**平面汇交力系平衡的必要与充分的几何条件是：力多边形自行闭合。**应用平衡的几何条件，可求解两个未知量。

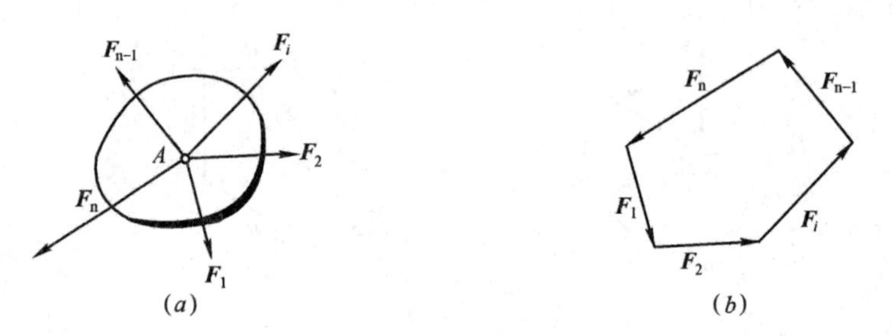

图 2-3　平衡的几何条件

2.2 平面汇交力系合成与平衡的解析法

求解平面汇交力系合成的另一种方法是解析法。这种方法是以力在坐标轴上的投影为基础进行计算的。

2.2.1　力在平面直角坐标轴上的投影

如图 2-4 所示设力 $\boldsymbol{F}$ 用矢量 $\overrightarrow{AB}$ 表示。取直角坐标系 oxy，使力 $\boldsymbol{F}$ 在 oxy 平面内。过力矢的两端点 A 和 B 分别向 x、y 轴作垂线，得垂足 a、b 及 a'、b'，则线段 ab 与 $a'b'$ 的长度加以正负号分别称为力 $\boldsymbol{F}$ 在 x、y 轴上的投影，记作 F_x、F_y。并规定：**当力的始端的投影到终端的投影的方向与投影轴的正向一致时，力的投影取正值；反之，当力的始端的投影到终端的投影的方向与投影轴的正向相反时，力的投影取负值。**

设力 $\boldsymbol{F}$ 与 x 轴的夹角为 α，则从图 2-4 可知：

$$\begin{aligned} F_x &= F\cos\alpha \\ F_y &= -F\sin\alpha \end{aligned} \tag{2-4}$$

一般情况下，若已知力 $\boldsymbol{F}$ 与 x 和 y 轴所夹的锐角分别为 α、β，则该力在 x、y 轴上的投影分别为：

$$\left.\begin{aligned} F_x &= \pm F\cos\alpha \\ F_y &= \pm F\cos\beta \end{aligned}\right\} \tag{2-5}$$

即力在坐标轴上的投影，等于力的大小与力和该轴所夹锐角余弦的乘积。当力与轴垂直时，力在该轴上的投影为零；力与轴平行时，力在该轴上的投影大小的绝对值等于该力的大小。

反过来，若已知力 $\boldsymbol{F}$ 在坐标轴上的投影 F_x、F_y，亦可求出该力的大小和方向：

$$\left.\begin{aligned} F &= \sqrt{F_x^2+F_y^2} \\ \tan\alpha &= \left|\frac{F_y}{F_x}\right| \end{aligned}\right\} \tag{2-6}$$

式中　α——力 $\boldsymbol{F}$ 与 x 轴所夹的锐角，其所在的象限由 F_x、F_y 的正负号来确定。

在图 2-4 中，若将力沿 x、y 轴进行分解，可得分力 $\boldsymbol{F}_x$ 和 $\boldsymbol{F}_y$。应当注意，力的投影和分力是两个不同的概念：力的投影是标量，它只有大小和正负；而力的分力是矢量，有大小和方向。从图 2-4 可见在直角坐标系中，分力的大小和力在对应坐标轴上投影的绝对值是相同的。

力在平面直角坐标轴上的投影计算，在力学计算中应用非常普遍，必须熟练掌握。

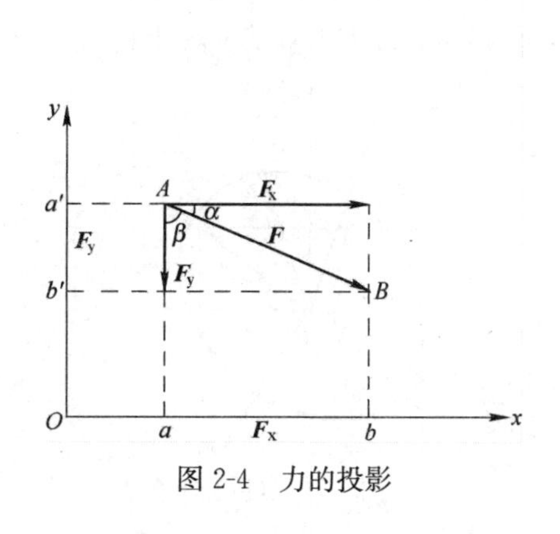

图 2-4　力的投影

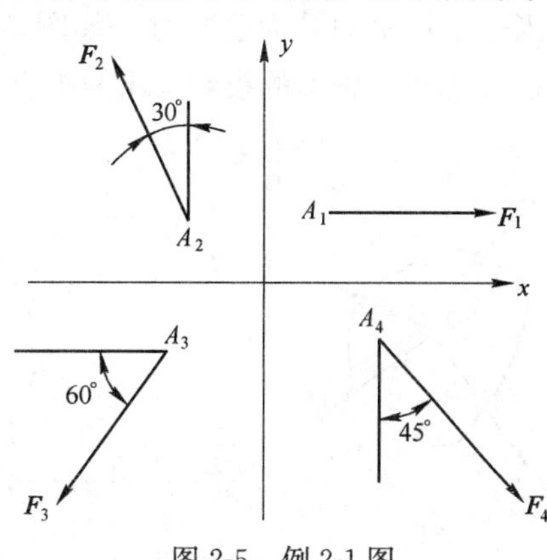

图 2-5　例 2-1 图

【例 2-1】 如图 2-5 所示，已知 $F_1=100N$，$F_2=200N$，$F_3=300N$，$F_4=400N$，各力的方向如图，试分别求各力在 x 轴和 y 轴上的投影。

【解】 根据式 (2-5)，列表计算见表 2-1。

表 2-1

力	力在 x 轴上的投影 ($\pm F\cos\alpha$)	力在 y 轴上的投影 ($\pm F\sin\alpha$)
F_1	$100\times\cos0°=100N$	$100\times\sin0°=0$
F_2	$-200\times\cos60°=-100N$	$200\times\sin60°=100\sqrt{3}N$
F_3	$-300\times\cos60°=-150N$	$-300\times\sin60°=-150\sqrt{3}N$
F_4	$400\times\cos45°=200\sqrt{2}N$	$-400\times\sin45°=-200\sqrt{2}N$

2.2.2 合力投影定理

如图 2-6 所示，设有一平面汇交力系 $\boldsymbol{F}_1$、$\boldsymbol{F}_2$、$\boldsymbol{F}_3$ 作用在物体的 O 点（图 2-6a）。从任一点 A 作力多边形 $ABCD$，如图 2-6（b）所示。则矢量 $\overrightarrow{AD}$ 就表示该力系的合力 $\boldsymbol{F}$ 的大小和方向。取任一轴 x 如图 2-6（b）所示，把各力都投影在 x 轴上，并且令 F_{1x}、F_{2x}、F_{3x} 和 F_x 分别表示各分力 $\boldsymbol{F}_1$、$\boldsymbol{F}_2$、$\boldsymbol{F}_3$ 和合力 $\boldsymbol{F}$ 在 x 轴上的投影，由图 2-6（b）可见：

$$F_{1x}=ab，F_{2x}=bc，F_{3x}=-cd，F_x=ad$$

而

$$ad=ab+bc-cd$$

因此可得：

$$F_x=F_{1x}+F_{2x}+F_{3x}$$

这一关系可推广到任意一个汇交力的情形，即：

$$\left.\begin{array}{l}F_x=F_{1x}+F_{2x}+F_{3x}+\cdots+F_{nx}=\Sigma F_x\\F_y=F_{1y}+F_{2y}+F_{3y}+\cdots+F_{ny}=\Sigma F_y\end{array}\right\}\tag{2-7}$$

由此可见，**合力在任一轴上的投影，等于力系中各分力在同一轴上投影的代数和。这就是合力投影定理。**

2.2.3 用解析法求平面汇交力系的合力

当平面汇交力系为已知时，如图 2-7 所示，我们可选直角坐标系，先求出力系中各力在 x 轴和 y 轴上的投影，再根据合力投影定理求得合力 $\boldsymbol{F}$ 在 x、y 轴上的投影 $\boldsymbol{F}_x$、

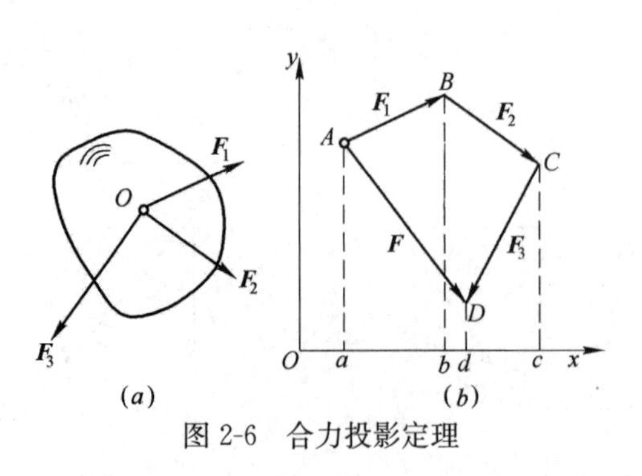

图 2-6　合力投影定理

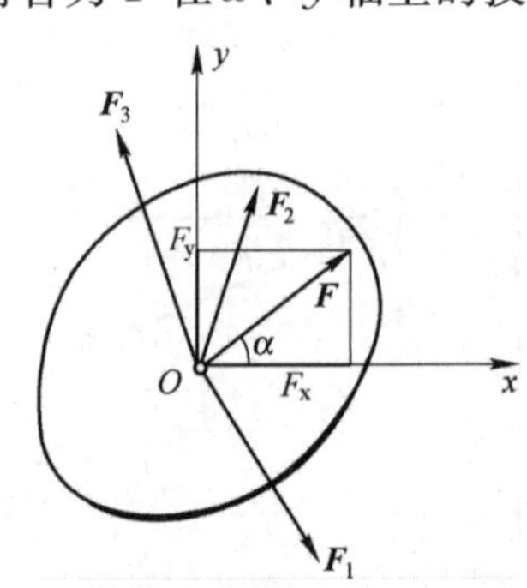

图 2-7　解析法求合力

F_y，从图2-7中的几何关系，可见合力 F 的大小和方向由下式确定：

$$\left.\begin{aligned} F&=\sqrt{F_x^2+F_y^2}=\sqrt{(\Sigma F_x)^2+(\Sigma F_y)^2} \\ \tan\alpha&=\frac{|F_y|}{|F_x|}=\frac{|\Sigma F_y|}{|\Sigma F_x|} \end{aligned}\right\} \quad (2\text{-}8)$$

式中　α——合力 F 与 x 轴所夹的锐角。

F——在哪个象限由 ΣF_x 和 ΣF_y 的正负号来确定，如图2-8所示。合力的作用线通过力系的汇交点 O。

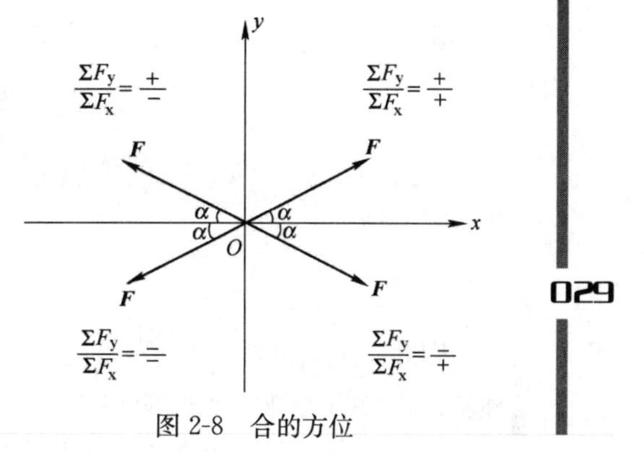

图2-8　合的方位

【例2-2】　如图2-9（a）所示，固定的圆环上作用着共面的三个力，已知 $F_1=10\text{kN}$，$F_2=20\text{kN}$，$F_3=25\text{kN}$，三力均通过圆心 O。试分别用几何法和解析法求此力系合力的大小和方向。

【解】　运用两种方法求解合力。

（1）几何法

取比例尺为：1cm代表10kN，画力多边形如图2-9（b）所示，其中 $ab=|F_1|$，$bc=|F_2|$，$cd=|F_3|$。从起点 a 向终点 d 作矢量 $\overrightarrow{ad}$，即得合力 F。由图上量得，$ad=4.4\text{cm}$，根据比例尺可得，$F=44\text{kN}$；合力 F 与水平线之间的夹角用量角器量得 $\alpha=22°$。

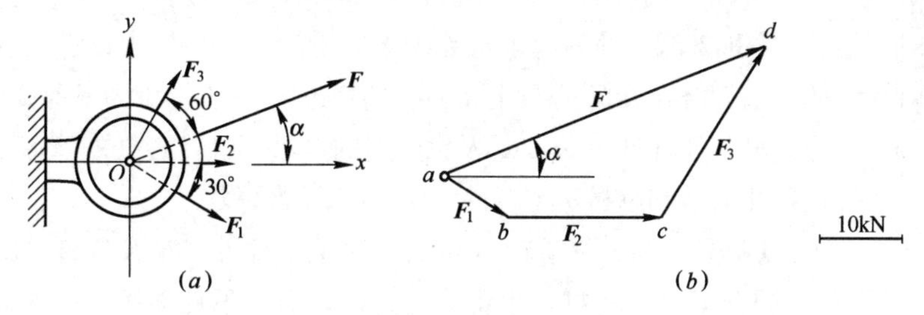

图2-9　例2-2图

（2）解析法

取如图2-9（a）所示的直角坐标系 O_{xy}，则合力的投影分别为：

$$F_x=\Sigma F_x=F_1\cos30°+F_2+F_3\cos60°=41.16\text{kN}$$

$$F_y=\Sigma F_y=-F_1\sin30°+F_3\sin60°=16.65\text{kN}$$

则合力 F 的大小为：

$$F=\sqrt{F_x^2+F_y^2}=\sqrt{41.16^2+16.65^2}=44.40\text{kN}$$

合力 F 的方向为：

$$\tan\alpha=\frac{|F_y|}{|F_x|}=\frac{16.65}{41.16}$$

$$\alpha=\arctan\frac{|F_y|}{|F_x|}=\arctan\frac{16.65}{41.16}=21.79°$$

由于 $F_x>0$，$F_y>0$，故 α 在第一象限，而合力 $\boldsymbol{F}$ 的作用线通过汇交力系的汇交点 O。

2.2.4 平衡的解析条件

由式（2-8）可知，合力的大小为：

$$F=\sqrt{F_x^2+F_y^2}=\sqrt{(\Sigma F_x)^2+(\Sigma F_y)^2}$$

上式中 $(\Sigma F_x)^2$ 和 $(\Sigma F_y)^2$ 恒为正值，所以，要使 $\boldsymbol{F}=0$，ΣF_x 和 ΣF_y 就必须同时等于零。即

$$\left.\begin{array}{l}\Sigma F_x=0\\ \Sigma F_y=0\end{array}\right\} \qquad (2\text{-}9)$$

因此，平面汇交力系平衡的必要与充分的解析条件是：**力系中各分力在任意两个坐标轴上投影的代数和分别等于零**。式（2-9）称为平面汇交力系的平衡方程。它们相互独立，应用这两个独立的平衡方程可求解两个未知量。

解题时未知力指向有时可以预先假设，若计算结果为正值，表示假设力的指向就是实际的指向；若计算结果为负值，表示假设力的指向与实际指向相反。在实际计算中，适当地选取投影轴，可使计算简化。

下面举例说明平面汇交力系平衡条件的应用。

【例 2-3】 简易起重机如图 2-10 所示。B、C 为铰链支座。钢丝绳的一端缠绕在卷扬机 D 上，另一端绕过滑轮 A 将重为 $W=20$kN 的重物匀速吊起。杆件 AB、AC 及钢丝绳的自重不计，各处的摩擦不计。试分别用几何法和解析法求杆件 AB、AC 所受的力。

【解】 （1）取滑轮 A 为研究对象。杆件 AB 及杆件 AC 仅在其两端受力且处于平衡，因此都是二力杆，设都为受拉杆；由于不计摩擦，钢丝绳两端的拉力应相等，都等于物体的重量 W。如果不考虑滑轮的尺寸，则滑轮的受力图如图 2-10（b）所示。

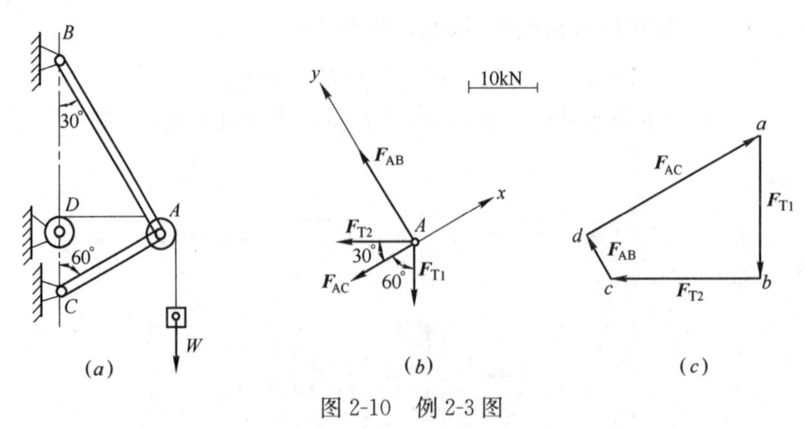

图 2-10　例 2-3 图

（2）用几何法求解

作力多边形，求未知力。取比例尺 1cm 表示 10kN，再任选取一点 a，作 ab 平行于 T_1，且 $ab=\boldsymbol{W}$；过 b 点作 bc 平行于 $\boldsymbol{F}_{T2}$，且 $bc=\boldsymbol{W}$；然后再从 a 点与 c 点分别作直线平行于力 $\boldsymbol{F}_{AC}$和 $\boldsymbol{F}_{AB}$，此两直线相交于 d 点。于是得到封闭的力四边形 $abcd$，如图 2-10（c）所示。根据力多边形首尾相接的矢量规则，即可确定出力 $\boldsymbol{F}_{AB}$和 $\boldsymbol{F}_{AC}$的指向。从图中按比例尺量得：

$$F_{AB}=7.3\text{kN}，F_{AC}=-27\text{kN}$$

由于力多边形上各力的指向表示其实际的受力方向，因此，杆件 AC 为受压杆；AB 杆为受拉杆。

（3）用解析法求解

取坐标轴 A_{xy}如图 2-10（b）所示，利用平衡方程，得：

$$\Sigma F_x=0，-F_{AC}-T_1\cos60°-T_2\cos30°=0$$

由于 $F_{T1}=F_{T2}=W=20\text{kN}$，代入上式即得：

$$F_{AC}=-27.32\text{kN}$$

$\boldsymbol{F}_{AC}$为负值，说明 AC 杆实际力方向与假设方向相反，AC 杆为受压力。

$$\Sigma F_y=0，F_{AB}+F_{T2}\sin30°-F_{T1}\sin60°=0$$

解得：

$$F_{AB}=7.321\text{kN}$$

$\boldsymbol{F}_{AB}$为正值，说明 AB 杆实际力方向与假设方向相同，AB 杆为受拉力。

从上面计算过程可以看出，用几何法求解的特点是简单、直观，但不如用解析法计算精确。

复习思考题

1. 分力与投影有什么不同？

2. 用几何法研究力的合成与平衡时，其不同点在何处？图 2-11 有什么区别？

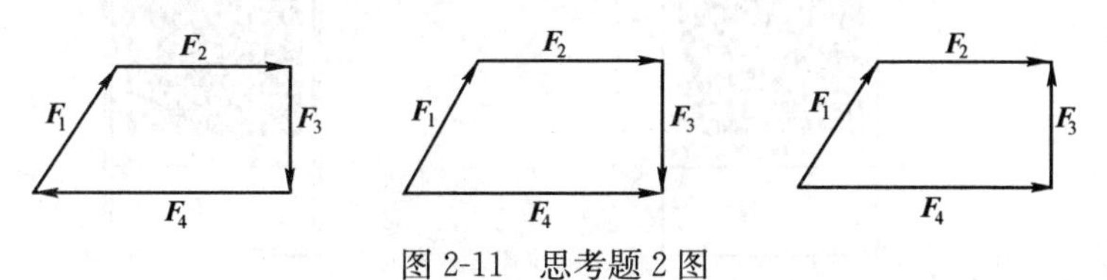

图 2-11 思考题 2 图

3. 如果平面汇交力系的各力在任意两个互不平行的坐标轴上投影的代数和等于零，该力系是否平衡？

习 题

2-1 如图 2-12 所示，四个力作用于 O 点，设 $F_1=50\text{N}$，$F_2=30\text{N}$，$F_3=60\text{N}$，$F_4=100\text{N}$。试分别用几何法和解析法求其合力。

2-2 如图 2-13 所示，拖动汽车需要用力 $\boldsymbol{F}=5\text{kN}$，若现在改用两个力 $\boldsymbol{F}_1$ 和 $\boldsymbol{F}_2$，已知 $\boldsymbol{F}_1$ 与汽车前进方向的夹角 $\alpha=20°$，分别用几何法和解析法求解：

（1）若已知另外一个作用力 $\boldsymbol{F}_2$ 与汽车前进方向的夹角 $\beta=30°$，试确定 $\boldsymbol{F}_1$ 和 $\boldsymbol{F}_2$ 的大小；

(2) 欲使 $\boldsymbol{F}_2$ 为最小，试确定夹角 β 及力 $\boldsymbol{F}_1$、$\boldsymbol{F}_2$ 的大小。

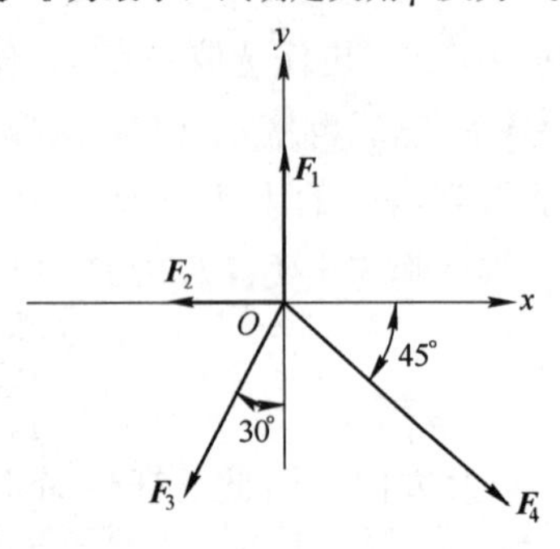

图 2-12　习题 2-1 图

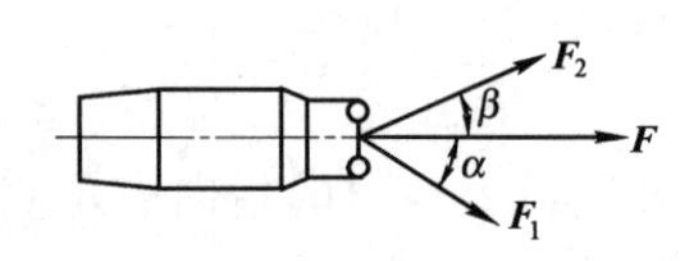

图 2-13　习题 2-2 图

2-3　支架由杆 AB、AC 构成，A、B、C 三处都是铰链约束。在 A 点作用有铅垂力 $\boldsymbol{W}$，用几何法和解析法求在图 2-14 所示两种情况下杆 AB、AC 所受的力，并说明所受的力是拉力还是压力。

2-4　简易起重机如图 2-15 所示，重物 $W=100\text{N}$，设各杆、滑轮、钢丝绳自重不计，摩擦不计，A、B、C 三处均为铰链连接。求杆件 AB、AC 受到的力。

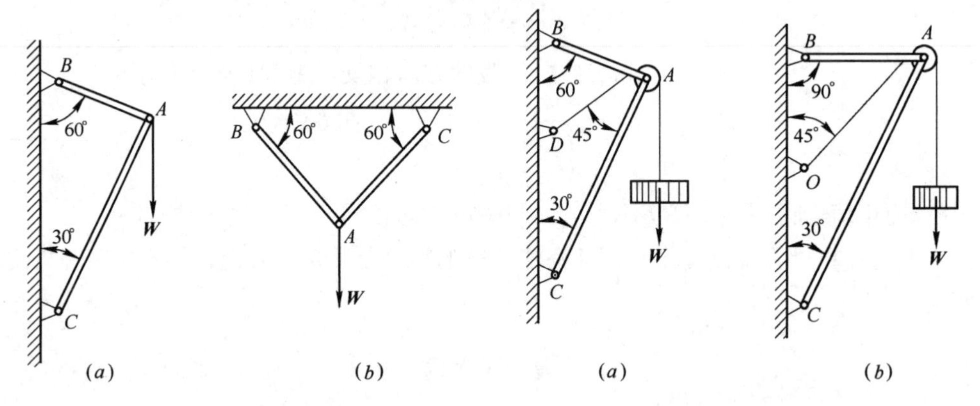

图 2-14　习题 2-3 图　　　　图 2-15　习题 2-4 图

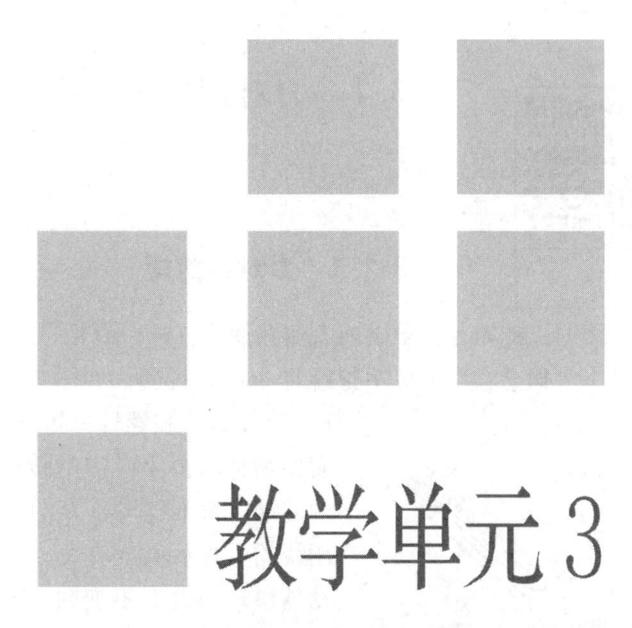

教学单元3

力矩·平面力偶系

【教学目标】 通过本单元的学习，使学生理解力矩的定义，掌握合力矩定理，理解力偶的定义及力偶矩的概念；掌握力偶的性质及推论；熟练掌握平面力偶系的合成及平衡条件的应用。

3.1 力对点之矩·合力矩定理

3.1.1 力对点的矩

力对点的矩是很早以前人们在使用杠杆、滑轮、绞盘等机械搬运或提升重物时所形成的一个概念。现以扳手拧螺母为例来说明。如图 3-1 所示，在扳手的 A 点施加一力 $\boldsymbol{F}$，将使扳手和螺母一起绕螺钉中心 O 转动，这就是说，力有使物体（扳手）产生转动的效应。实践经验表明，扳手的转动效果不仅与力 $\boldsymbol{F}$ 的大小有关，而且还与 O 点到力作用线的垂直距离 d 有关。当 d 保持不变时，力 $\boldsymbol{F}$ 越大，转动越快。当力 $\boldsymbol{F}$ 不变时，d 值越大，转动也越快。若改变力的作用方向，则扳手的转动方向就会发生改变，因此，我们用 F 与 d 的乘积再冠以适当的正负号来表示力 $\boldsymbol{F}$ 使物体绕 O 点转动的效应，并称为**力 $\boldsymbol{F}$ 对 O 点之矩**，简称**力矩**，以符号 M_O（$\boldsymbol{F}$）表示，即：

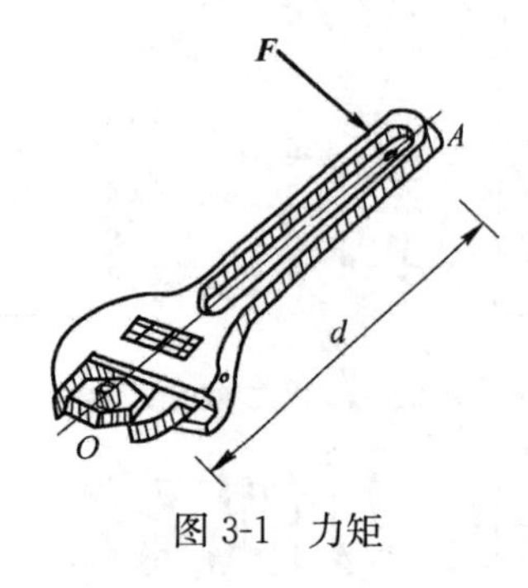

图 3-1　力矩

$$M_O(\boldsymbol{F}) = \pm F \cdot d \tag{3-1}$$

O 点称为转动中心，简称矩心。矩心 O 到力作用线的垂直距离 d 称为力臂。

式中的正负号表示力矩的转向。通常规定：力使物体绕矩心产生逆时针方向转动时，力矩为正；反之为负。在平面力系中，力矩或为正值，或为负值，因此，力矩可视为代数量。

显然，力矩在下列两种情况下等于零：①力等于零；②力臂等于零，就是力的作用线通过矩心。

力矩的单位是牛顿·米（N·m）或千牛顿·米（kN·m）。

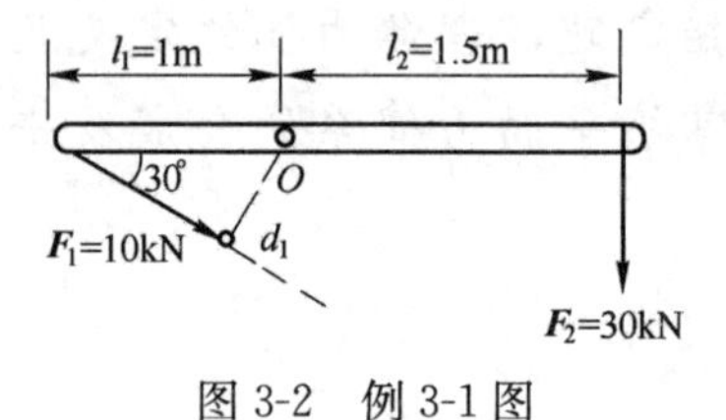

图 3-2　例 3-1 图

【例 3-1】 分别计算图 3-2 所示的 $\boldsymbol{F}_1$、$\boldsymbol{F}_2$ 对 O 点的力矩。

【解】 由式（3-1），有：

$$M_O(\boldsymbol{F}_1) = F_1 d_1 = 10 \times 1 \times \sin 30° = 5\text{kN} \cdot \text{m}$$

$$M_O(\boldsymbol{F}_2) = -F_2 d_2 = -30 \times 1.5 = -45\text{kN} \cdot \text{m}$$

3.1.2 合力矩定理

我们知道平面汇交力系对物体的作用效应可以用它的合力 $\boldsymbol{F}$ 来代替。这里的作用效应包括物体绕某点转动的效应，而力使物体绕某点的转动效应由力对该点之矩来度量。因此，**平面汇交力系的合力对平面内任一点之矩等于该力系中的各分力对同一点之矩的代数和。**这称为合力矩定理。用式子可表示为：

$$M_O(\boldsymbol{F})=M_O(\boldsymbol{F}_1)+M_O(\boldsymbol{F}_2)+\cdots+M_O(\boldsymbol{F}_n)=\Sigma M_O(\boldsymbol{F}) \tag{3-2}$$

03.01.002

合力矩定理

合力矩定理是力学中应用十分广泛的一个重要定理。

【例3-2】 图3-3所示每1m长挡土墙所受土压力的合力为 $\boldsymbol{F}$，其大小 $F=200\text{kN}$，求土压力 $\boldsymbol{F}$ 使墙倾覆的力矩。

【解】 土压力 $\boldsymbol{F}$ 可使挡土墙绕 A 点倾覆，求 F 使墙倾覆的力矩，就是求它对 A 点的力矩。由于 $\boldsymbol{F}$ 的力臂求解较麻烦，但如果将 $\boldsymbol{F}$ 分解为两个分力 $\boldsymbol{F}_1$ 和 $\boldsymbol{F}_2$，而两分力的力臂是已知的。因此，根据合力矩定理，合力 $\boldsymbol{F}$ 对 A 点之矩等于 $\boldsymbol{F}_1$、$\boldsymbol{F}_2$ 对 A 点之矩的代数和。则：

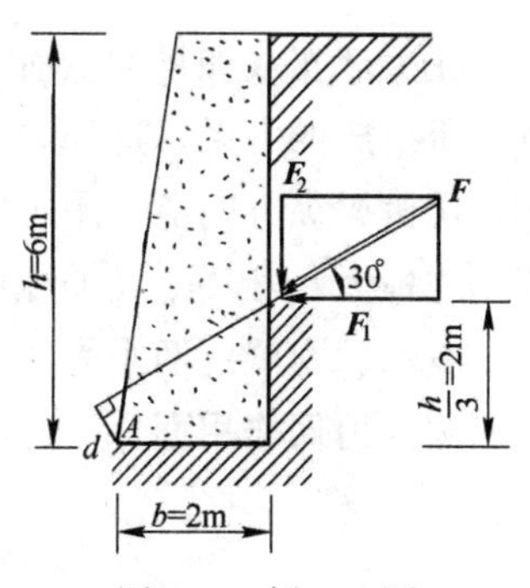

图3-3　例3-2图

$$M_A(\boldsymbol{F})=M_A(\boldsymbol{F}_1)+M_A(\boldsymbol{F}_2)=F_1\cdot\frac{h}{3}-F_2\cdot b$$

$$=200\cos30^\circ\times2-200\sin30^\circ\times2$$

$$=146.4\text{kN}\cdot\text{m}$$

【例3-3】 求图3-4所示各分布荷载对 A 点的矩。

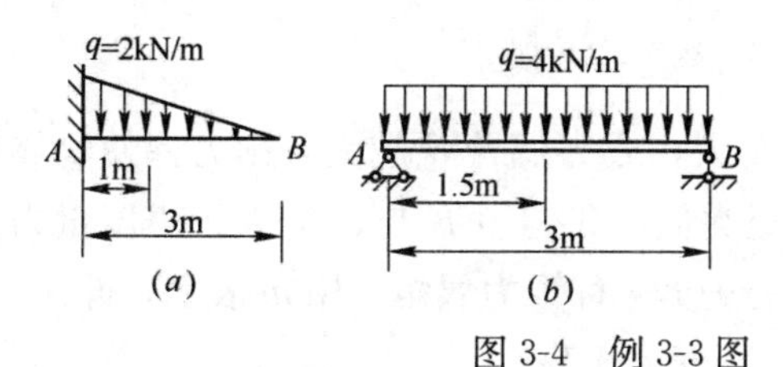

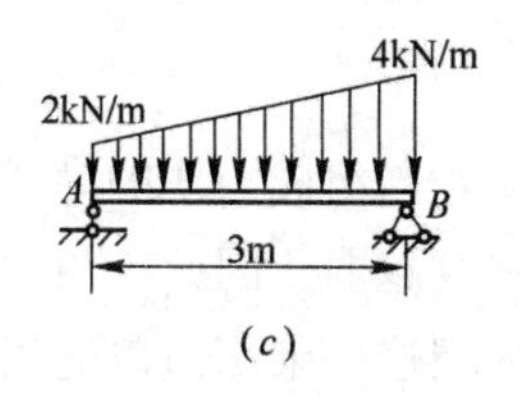

图3-4　例3-3图

【解】 沿直线平行分布的线荷载可以合成为一个合力。合力的方向与分布荷载的方向相同，合力作用线通过荷载图的重心，其合力的大小等于荷载图的面积。

根据合力矩定理可知，分布荷载对某点之矩就等于其合力对该点之矩。

(1) 计算图3-4 (a) 三角形分布荷载对 A 点的力矩。合力距 A 点1m。

$$M_A(q)=-\frac{1}{2}\times2\times3\times1=-3\text{kN}\cdot\text{m}$$

(2) 计算图3-4 (b) 均布荷载对 A 点的力矩为：

$$M_A(q)=-4\times3\times1.5=-18\text{kN}\cdot\text{m}$$

(3) 计算图3-4 (c) 梯形分布荷载对 A 点之矩。此时为避免求梯形形心，可将梯形分布荷载分解为均布荷载和三角形分布荷载，其合力分别为 $\boldsymbol{F}_1$ 和 $\boldsymbol{F}_2$，则有：

$$M_A(q)=-2\times3\times1.5-\frac{1}{2}\times2\times3\times2=-15\text{kN}\cdot\text{m}$$

3.2 力偶及其基本性质

3.2.1 力偶及力偶矩

在生产实践和日常生活中，经常遇到大小相等、方向相反、作用线不重合的两个平行力所组成的力系。这种力系只能使物体产生转动效应而不能使物体产生移动效应。例如，司机操纵方向盘（图 3-5a），木工钻孔（图 3-5b）以及开关自来水龙头或拧钢笔套等。这种大小相等、方向相反、作用线不重合的两个平行力称为**力偶**，用符号（$\boldsymbol{F}$，$\boldsymbol{F}'$）表示。力偶的两个力作用线间的垂直距离 d 称为**力偶臂**，力偶的两个力所构成的平面称为**力偶作用面**。

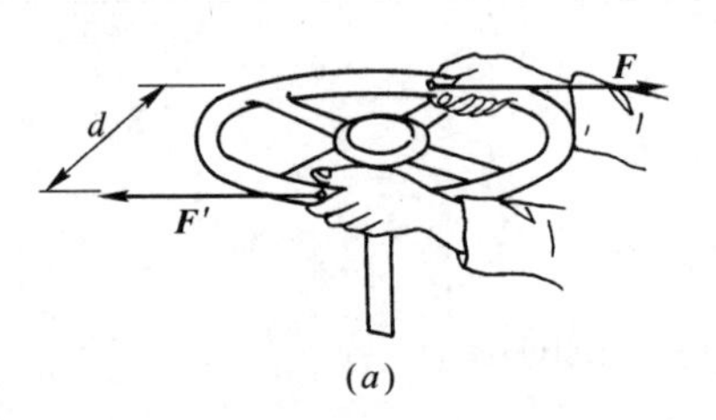

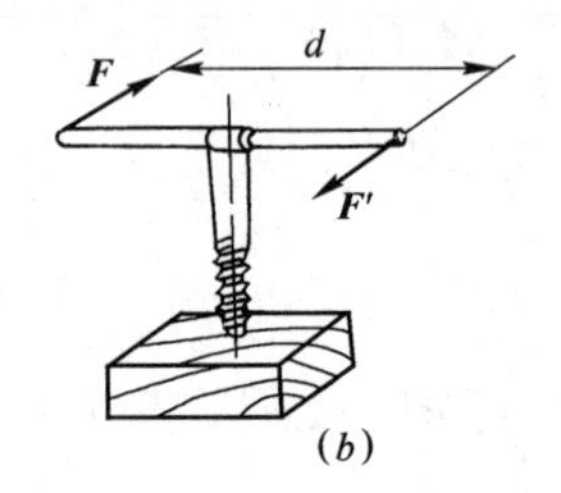

图 3-5　力偶

实践表明，当组成力偶的力 $\boldsymbol{F}$ 越大，或力偶臂 d 越大，则力偶使物体的转动效应就越强；反之就越弱。因此，与力矩类似，我们用 F 与 d 的乘积来度量力偶对物体的转动效应，并把这一乘积冠以适当的正负号称为**力偶矩**，用 $\boldsymbol{m}$ 表示，即：

$$m=\pm Fd \tag{3-3}$$

式中正负号表示力偶矩的转向。通常规定：**若力偶使物体作逆时针方向转动时，力偶矩为正；反之为负**。在平面力系中，力偶矩是代数量。力偶矩的单位与力矩相同。

03.02.001

力偶的基本性质

3.2.2 力偶的基本性质

力偶不同于力，它具有一些特殊的性质，现分述如下：

性质一：力偶没有合力，不能用一个力来代替。

由于力偶中的两个力大小相等、方向相反、作用线平行，如果求它们在任一轴 x 上的投影，如图 3-6 所示。设力与轴 x 的夹角为 α，由图 3-6 可得

$$\Sigma F_{x}=F\cos\alpha-F'\cos\alpha=0$$

这说明，**力偶在任一轴上的投影都等于零。**

既然力偶在轴上的投影为零，所以力偶对物体只能产生转动效应，而一个力在一般情况下，对物体可产生移动和转动两种效应。

力偶和力对物体的作用效应不同，说明**力偶不能用一个力来代替，即力偶不能简化为一个力，因而力偶也不能和一个力平衡，力偶只能与力偶平衡。**

性质二：力偶对其作用面内任一点之矩都等于力偶矩，而与矩心位置无关。

力偶的作用是使物体产生转动效应，所以力偶对物体的转动效应可以用力偶的两个力对其作用面某一点的力矩的代数和来度量。图 3-7 所示力偶（$\boldsymbol{F}$，$\boldsymbol{F}'$），力偶臂为 d，逆时针转向，其力偶矩为 $m=Fd$，在该力偶作用面内任选一点 O 为矩心，设矩心与 $\boldsymbol{F}'$ 的垂直距离为 x。显然力偶对 O 点的力矩为：

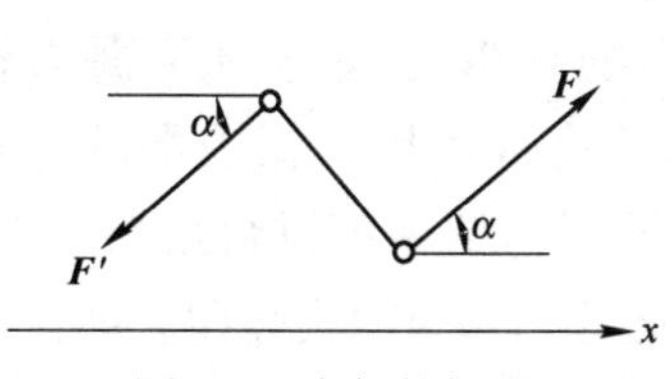

图 3-6　力偶的投影

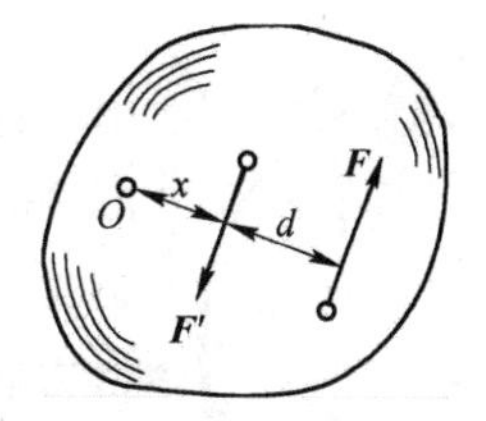

图 3-7　力偶对任意点之矩

$$M_O(\boldsymbol{F},\boldsymbol{F}')=F(d+x)-F'\cdot x=Fd=m$$

这说明**力偶对其作用面内任一点的矩恒等于力偶矩，而与矩心的位置无关。**

性质三：同一平面内的两个力偶，如果它们的力偶矩大小相等、转向相同，则这两个力偶等效，称为力偶的等效性（其证明从略）

从以上性质还可得出两个推论：

推论一：在保持力偶矩的大小和转向不变的条件下，力偶可在其作用面内任意移动，而不会改变力偶对物体的转动效应。例如图 3-8（a）作用在方向盘上的两个力偶（$\boldsymbol{P}_1$，$\boldsymbol{P}_1'$）与（$\boldsymbol{P}_2$，$\boldsymbol{P}_2'$）只要它们的力偶矩大小相等，转向相同，作用位置虽不同，但转动效应是相同的。

推论二：在保持力偶矩的大小和转向不变的条件下，可以任意改变力偶中力的大小和力偶臂的长短，而不改变力偶对物体的转动效应。例如图 3-8（b）所示，在攻螺纹时，作用在纹杆上的（$\boldsymbol{F}_1$，$\boldsymbol{F}_1'$）或（$\boldsymbol{F}_2$，$\boldsymbol{F}_2'$）虽然 d_1 和 d_2 不相等，但只要调整力的大小，使力偶矩$F_1d_1=F_2d_2$，则两力偶的作用效果是相同的。

由以上分析可知，力偶对于物体的转动效应完全取决于**力偶矩的大小、力偶的转向及力偶作用面，即力偶的三要素。**因此，在力学计算中，有时也用一带箭头的弧线表示力偶，如图 3-9 所示，其中箭头表示力偶的转向，m 表示力偶矩的大小。

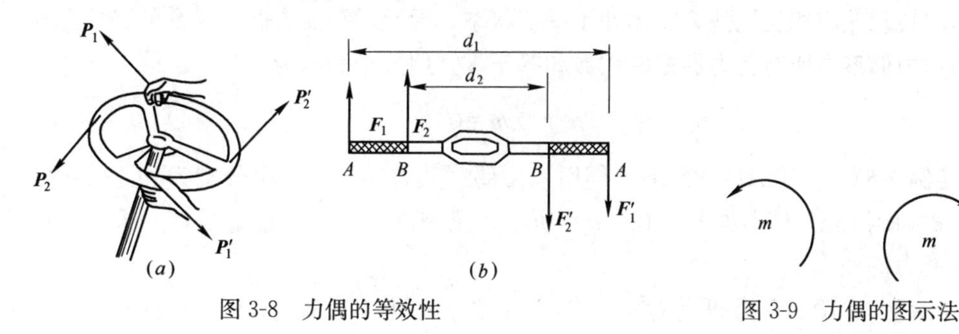

图 3-8　力偶的等效性

图 3-9　力偶的图示法

3.3 平面力偶系的合成与平衡

3.3.1 平面力偶系的合成

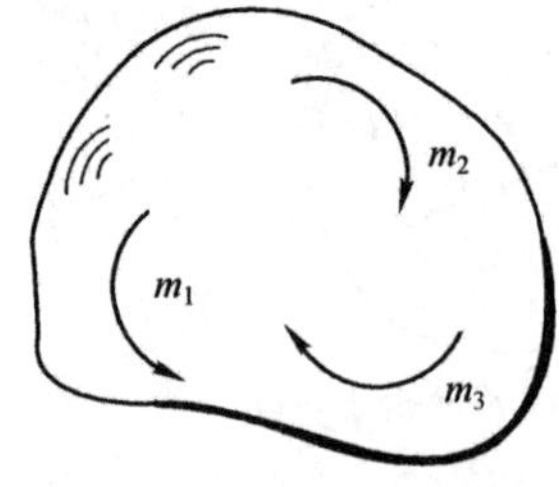

图 3-10 平面力偶系

作用在同一平面内的一群力偶称为**平面力偶系**，如图 3-10所示。平面力偶系合成可以根据力偶的等效性来进行。其合成的结果是：**平面力偶系可以合成为一个合力偶，合力偶矩等于力偶系中各分力偶矩的代数和。**即：

$$M=m_1+m_2+\cdots+m_n=\Sigma m \tag{3-4}$$

【例 3-4】 如图 3-11 所示，在物体同一平面内受到三个力偶的作用，设 $F_1=200\text{N}$，$F_2=400\text{N}$，$m=150\text{N}\cdot\text{m}$，求其合成的结果。

【解】 三个共面力偶合成的结果是一个合力偶，各分力偶矩为：

$$m_1=F_1d_1=200\times1=200\text{N}\cdot\text{m}$$

$$m_2=F_2d_2=400\times\frac{0.25}{\sin30^\circ}=200\text{N}\cdot\text{m}$$

$$m_3=-m=-150\text{N}\cdot\text{m}$$

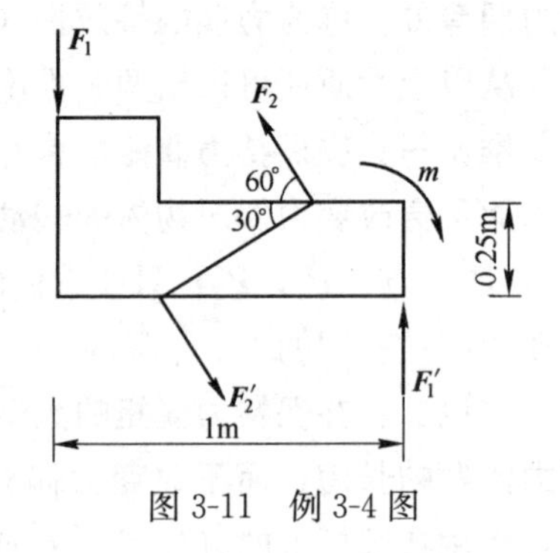

图 3-11 例 3-4 图

由式（3-4）得合力偶为：

$$\begin{aligned}M&=\Sigma m=m_1+m_2+m_3\\&=200+200-150\\&=250\text{N}\cdot\text{m}\end{aligned}$$

即合力偶矩的大小等于 250N·m，转向为逆时针方向，作用在原力偶系的平面内。

3.3.2 平面力偶系的平衡条件

平面力偶系可以合成为一个合力偶，当合力偶矩等于零时，则力偶系中的各力偶对物体的转动效应相互抵消，物体处于平衡状态。因此，平面力偶系平衡的必要和充分条件是：**力偶系中所有各力偶矩的代数和等于零**。用式子表示为：

$$\Sigma m=0 \tag{3-5}$$

【例 3-5】 在梁 AB 的两端各作用一力偶，其力偶矩的大小分别为 $m_1=120\text{kN}\cdot\text{m}$，$m_2=360\text{kN}\cdot\text{m}$，转向如图 3-12（$a$）所示。梁跨度 $l=6\text{m}$，重量不计。求 A、B 处的支座反力。

【解】 取梁 AB 为研究对象，作用在梁上的力有：两个已知力偶 m_1、m_2 和支

座 A、B 的反力 $\boldsymbol{F}_A$、$\boldsymbol{F}_B$。如图 3-12（b）所示，B 处为可动铰支座，其反力 $\boldsymbol{F}_B$ 的方位铅垂，指向假定向上。A 处为固定铰支座，其反力 $\boldsymbol{F}_A$ 的方向本属未能确定的，但因梁上只受力偶作用，故 $\boldsymbol{F}_A$ 必须与 $\boldsymbol{F}_B$ 组成一个力偶才能与梁上的力偶平衡，所以 $\boldsymbol{F}_A$ 的方向亦为铅垂，指向假定向下。由式（3-5）得：

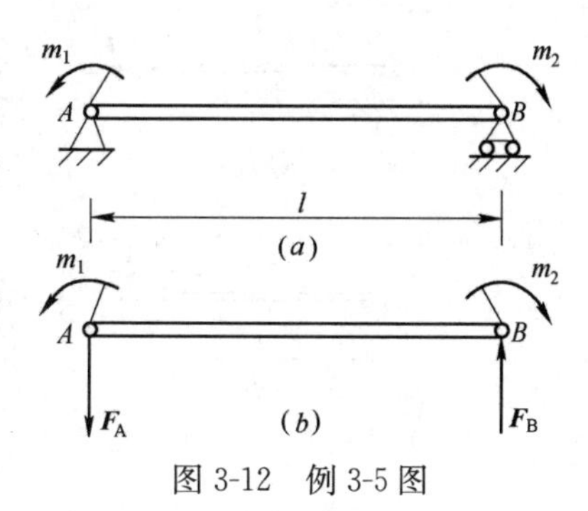

图 3-12　例 3-5 图

$$\Sigma m=0 \qquad m_1-m_2+F_A\cdot l=0$$

故

$$F_A=\frac{m_2-m_1}{l}=\frac{360-120}{6}=40\text{kN}（\downarrow）$$

$$F_B=40\text{kN}（\uparrow）$$

求得的结果为正值，说明原假设 $\boldsymbol{F}_A$ 和 $\boldsymbol{F}_B$ 的指向就是力的实际指向。

复习思考题

1. 试比较力矩和力偶矩的异同点。
2. 图 3-13 中轮子在力偶（$\boldsymbol{F}$，$\boldsymbol{F}'$）和力 $\boldsymbol{P}$ 的作用下处于平衡。能否说力偶（$\boldsymbol{F}$，$\boldsymbol{F}'$）被力 $\boldsymbol{P}$ 所平衡？为什么？
3. 组成力偶的两个力在任一轴上的投影之和为什么必等于零？
4. 如图 3-14 所示，在物体上作用两力偶（$\boldsymbol{F}_1$，$\boldsymbol{F}_1'$）和（$\boldsymbol{F}_2$，$\boldsymbol{F}_2'$），其力多边形闭合，此时物体是否平衡？为什么？

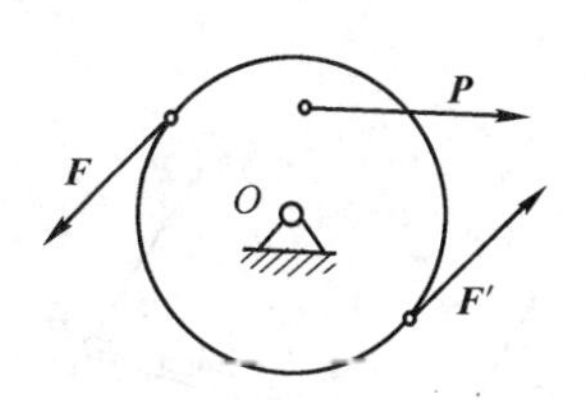

图 3-13　思考题 2 图

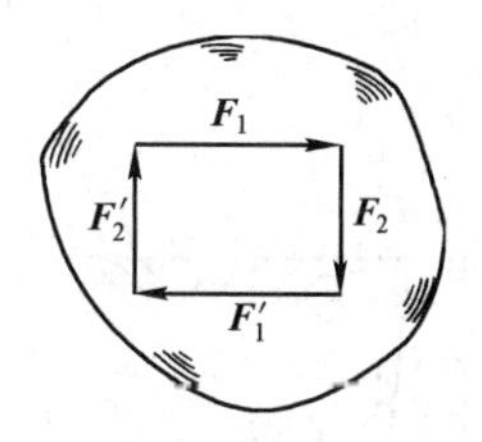

图 3-14　思考题 4 图

5. 怎样的力偶才是等效力偶？等效力偶是否是组成两个力偶的力和力臂都应该分别相等？

习　　题

3-1　计算图 3-15 中 $\boldsymbol{F}$ 对 O 点之矩。

3-2　求图 3-16 所示梁上分布荷载对 B 点之矩。

3-3　求图 3-17 所示各梁的支座反力。

3-4　如图 3-18 所示，已知挡土墙重 $G_1=90$kN，垂直土压力 $G_2=140$kN，水平压力 $P=100$kN，试验算此挡土墙是否会倾覆？

3-5　如图 3-19 所示，工人启闭闸门时，为了省力，常将一根杆穿入手轮中，并在杆的一端 C 加力，以转动手轮。设杆长 $l=1.4$m，手轮直径 $D=0.6$m。若在 C 端加力 $P=100$N 能将闸门开启，问不用杆而直接在手轮 A、B 处施加力偶（$\boldsymbol{F}$，$\boldsymbol{F}'$），则力 F 至少多大才能开启闸门？

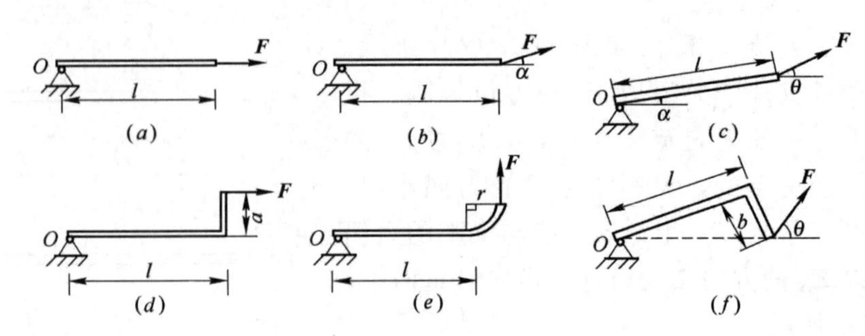

图 3-15　习题 3-1 图

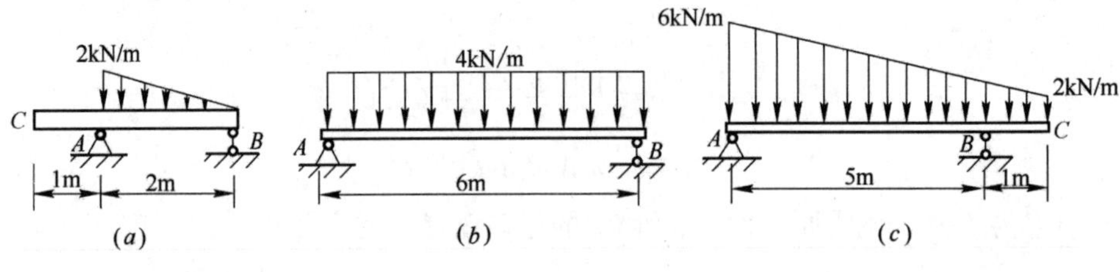

图 3-16　习题 3-2 图

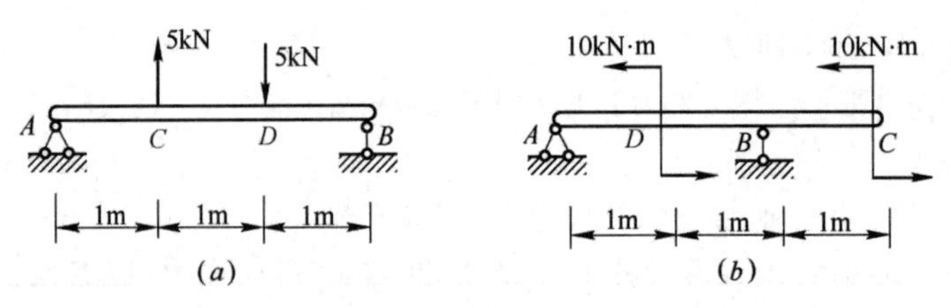

图 3-17　习题 3-3 图

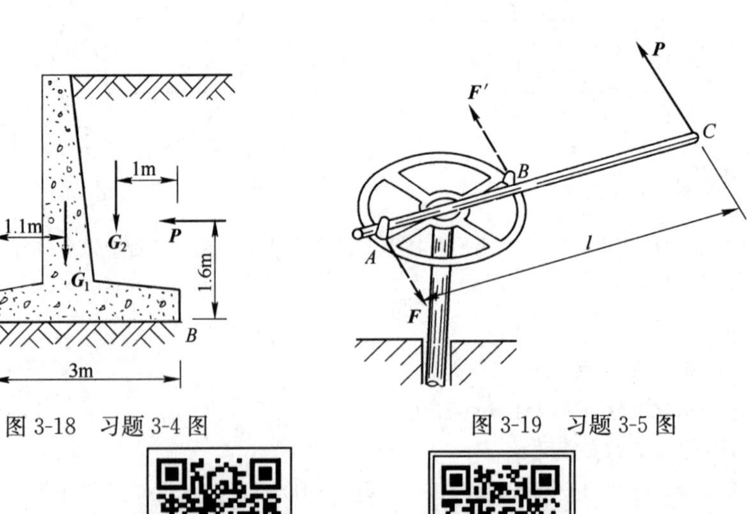

图 3-18　习题 3-4 图　　图 3-19　习题 3-5 图

教学单元4

平面一般力系

【教学目标】 通过本单元的学习，使学生掌握力的平移定理及平面一般力系的简化方法；掌握主矢和主矩等的概念及计算；熟练掌握平面一般力系的平衡条件及平衡方程式的应用；理解平面一般力系的合力矩定理；掌握物体系统平衡问题的解题方法；了解静定问题和超静定问题的概念。

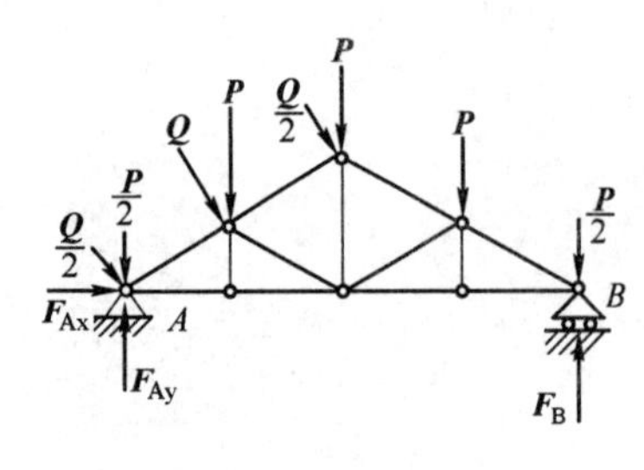

图 4-1 屋架受平面一般力系作用

平面一般力系是指各力的作用线位于同一平面内任意分布的力系。平面一般力系是工程上最常见的力系，很多实际问题都可简化成平面一般力系问题处理。例如，图 4-1 所示的三角形屋架，它承受屋面传来的竖向荷载 $\boldsymbol{P}$，风荷载 $\boldsymbol{Q}$ 以及两端支座的约束反力 $\boldsymbol{F}_{Ax}$、$\boldsymbol{F}_{Ay}$、$\boldsymbol{F}_{B}$，这些力组成平面一般力系。

在工程中，有些结构构件所受的力，本来不是平面力系，但这些结构（包括支撑和荷载）都对称于某一个平面。这时，作用在构件上的力系就可以简化为在这个对称面内的平面力系。例如，图 4-2（a）所示的重力水坝，它的纵向较长，横截面相同，且长度相等的各段受力情况也相同，对其进行受力分析时，往往取 1m 的堤段来考虑，它所受到的重力、水压力和地基反力也可简化到 1m 长坝身的对称面上而组成平面力系，如图 4-2（b）所示。

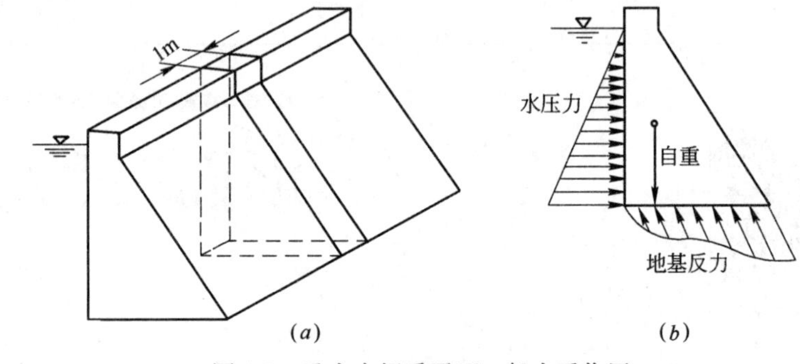

图 4-2 重力水坝受平面一般力系作用

4.1 力的平移定理

前面教学单元中已经研究了平面汇交力系与平面力偶系的合成与平衡问题。为了将平面一般力系简化为这两种力系，首先必须解决力的作用线如何平行移动的问题。

设刚体的 A 点作用着一个力 $\boldsymbol{F}$（图 4-3a），在此刚体上任取一点 O。现在来讨论怎样才能把力 $\boldsymbol{F}$ 平移到 O 点，而不改变其原来的作用效应？为此，可在 O 点加上两个大小相等、方向相反，与 $\boldsymbol{F}$ 平行的力 $\boldsymbol{F}'$ 和 $\boldsymbol{F}''$，且 $\boldsymbol{F}'=\boldsymbol{F}''=\boldsymbol{F}$（图 4-3$b$）根据加减平衡力系公理，$\boldsymbol{F}$、$\boldsymbol{F}'$ 和 $\boldsymbol{F}''$ 与图 4-3（a）的 $\boldsymbol{F}$ 对刚体的作用效应相同。显然 $\boldsymbol{F}''$ 和 $\boldsymbol{F}$ 组成一个力偶，其力偶矩为：

$$m=Fd=M_O(\boldsymbol{F})$$

这三个力可转换为作用在 O 点的一个力和一个力偶（图 4-3c）。由此可得**力的平移**

定理：作用在刚体上 A 点的力 F，可以平移到同一刚体上的任一点 O，但必须附加一个力偶，其力偶矩等于原力 F 对新作用点 O 之矩。

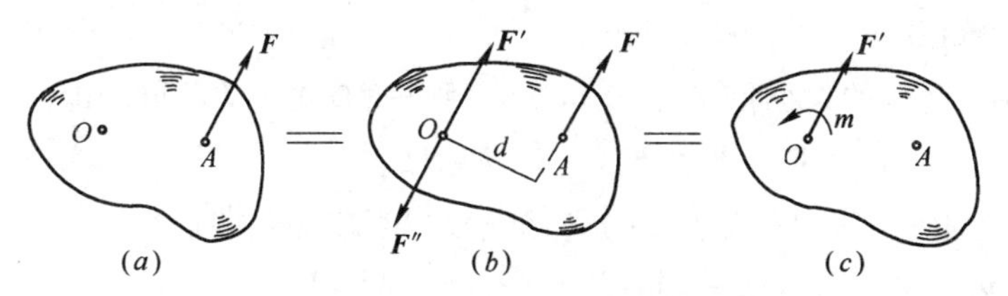

图 4-3 力的平移定理

顺便指出，根据上述力的平移的逆过程，还可将共面的一个力和一个力偶合成为一个力，该力的大小和方向与原力相同，其作用线间的垂直距离为：

$$d=\frac{|m|}{F'}$$

力的平移定理是一般力系向一点简化的理论依据，也是分析力对物体作用效应的一个重要方法。例如，图 4-4（a）所示的厂房柱子受到吊车梁传来的荷载 $\boldsymbol{F}$ 的作用，为分析 $\boldsymbol{F}$ 的作用效应，可将力 $\boldsymbol{F}$ 平移到柱的轴线上的 O 点上，根据力的平移定理得一个力 $\boldsymbol{F}'$，同时还必须附加一个力偶（图 4-4b）。力 $\boldsymbol{F}$ 经平移后，它对柱子的变形效果就可以很明显地看出，力 $\boldsymbol{F}'$ 使柱子轴向受压，力偶使柱弯曲。

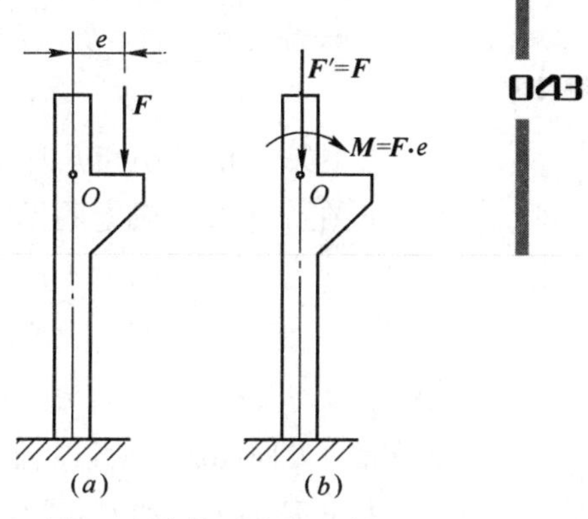

图 4-4 力的平移定理应用

4.2 平面一般力系向作用面内任一点简化

04.02.001
平面一般力系向作用面内任一点简化方法

4.2.1 简化方法和结果

设在物体上作用有平面一般力系 $\boldsymbol{F}_1$，$\boldsymbol{F}_2$，…，$\boldsymbol{F}_n$，如图 4-5（a）

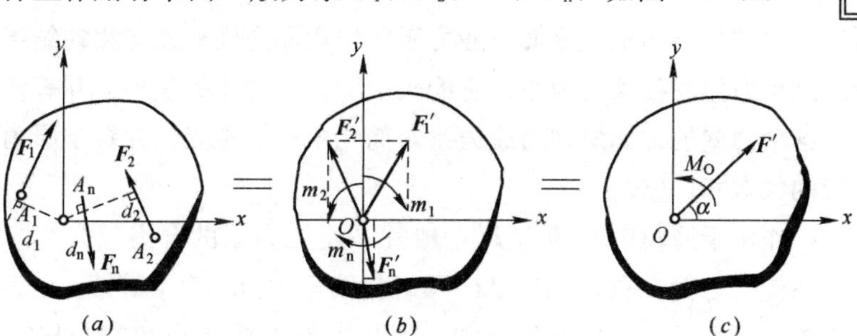

图 4-5 平面一般力系向 O 点简化

所示。为将该力系简化，首先在该力系的作用面内任选一点 O 作为**简化中心**，根据力的平移定理，将各力全部平移到 O 点（图 4-5b），得到一个平面汇交力系 $\boldsymbol{F}_1'$，$\boldsymbol{F}_2'$，…，$\boldsymbol{F}_n'$和一个附加的平面力偶系 m_1，m_2…，m_n。

其中平面汇交力系中各力的大小和方向分别与原力系中对应的各力相同，即：

$$\boldsymbol{F}_1'=\boldsymbol{F}_1,\ \boldsymbol{F}_2'=\boldsymbol{F}_2,\ \cdots,\ \boldsymbol{F}_n'=\boldsymbol{F}_n$$

各附加的力偶矩分别等于原力系中各力对简化中心 O 点之矩，即：

$$m_1=M_O(\boldsymbol{F}_1),m_2=M_O(\boldsymbol{F}_2),\cdots,m_n=M_O(\boldsymbol{F}_n)$$

4.2.2 主矢和主矩

由平面汇交力系合成的理论可知，F_1'，F_2'，…，F_n'可合成为一个作用于 O 点的力 F'，并称为原力系的主矢（图 4-5c），即：

$$\boldsymbol{F}'=\boldsymbol{F}_1'+\boldsymbol{F}_2'+\cdots+\boldsymbol{F}_n'=\boldsymbol{F}_1+\boldsymbol{F}_2+\cdots+\boldsymbol{F}_n=\Sigma\boldsymbol{F} \tag{4-1}$$

求主矢 $\boldsymbol{F}'$的大小和方向，可应用解析法。过 O 点取直角坐标系 oxy，如图4-5所示。主矢 $\boldsymbol{F}'$在 x 轴和 y 轴上的投影为

$$F_{1x}'+F_{2x}'+F_{3x}'+\cdots+F_{nx}'=F_{1x}+F_{2x}+F_{3x}+\cdots+F_{nx}=\Sigma F_x$$

$$F_{1y}'+F_{2y}'+F_{3y}'+\cdots+F_{ny}'=F_{1y}+F_{2y}+F_{3y}+\cdots+F_{ny}=\Sigma F_y$$

式中 F_{ix}'、F_{iy}'和 F_{ix}、F_{iy}分别是力 $\boldsymbol{F}_i'$和 $\boldsymbol{F}_i$ 在坐标轴 x 和 y 轴上的投影。由于 $\boldsymbol{F}_i'$和 $\boldsymbol{F}_i$ 大小相等、方向相同，所以它们在同一轴上的投影相等。

主矢 $\boldsymbol{F}'$的大小和方向为：

$$F'=\sqrt{(F_x')^2+(F_y')^2}=\sqrt{(\Sigma F_x)^2+(\Sigma F_y)^2} \tag{4-2}$$

$$\tan\alpha=\frac{|F_y'|}{|F_x'|}=\frac{|\Sigma F_y|}{|\Sigma F_x|} \tag{4-3}$$

α 为 $\boldsymbol{F}'$与 x 轴所夹的锐角，$\boldsymbol{F}'$的指向由 $\Sigma\boldsymbol{F}_x$ 和 $\Sigma\boldsymbol{F}_y$ 的正负号确定。

由平面力偶系合成的理论可知，m_1，m_2，…，m_n 可合成为一个力偶（如图 4-5c），其合力偶矩 M。称为原力系对简化中心 O 的**主矩**，即

$$\begin{aligned}M_O&=m_1+m_2+\cdots+m_n\\&=M_O(\boldsymbol{F}_1)+M_O(\boldsymbol{F}_2)+\cdots+M_O(\boldsymbol{F}_n)\end{aligned}$$

$$M_O=\Sigma M_O(\boldsymbol{F}) \tag{4-4}$$

综上所述，得到如下结论：**平面一般力系向作用面内任一点简化的结果，是一个力和一个力偶。这个力作用在简化中心，它的矢量称为原力系的主矢，并等于原力系中各力的矢量和；这个力偶的力偶矩称为原力系对简化中心的主矩，并等于原力系中各力对简化中心之矩的代数和。**

应当注意，作用于简化中心的力 $\boldsymbol{F}'$一般并不是原力系的合力，力偶矩为 M_O 的力偶也不是原力系的合力偶，只有 $\boldsymbol{F}'$与 $\boldsymbol{M}_O$ 两者相结合才与原力系等效。

由于主矢等于原力系中各力的矢量和，因此**主矢 $\boldsymbol{F}$ 的大小和方向与简化中心的位置无关。**而主矩等于原力系中各力对简化中心之矩的代数和，取不同的点作为简化中

心，各力的力臂都要发生变化，则各力对简化中心的力矩也会改变。因而，**主矩一般随着简化中心的位置不同而改变。**

4.2.3 简化结果的讨论

平面一般力系向一点简化，一般可得到一个力和一个力偶，但这并不是最后的简化结果。根据主矢与主矩是否存在，可能出现下列几种情况：

(1) 若 $\boldsymbol{F}'=0$，$\boldsymbol{M}_O \neq 0$，说明原力系与一个力偶等效，而这个力偶的力偶矩就是主矩。

由于力偶对平面内任意一点之矩都相同，因此当力系简化为一个力偶时，主矩与简化中心的位置无关，无论向哪一点简化，所得的主矩都相同，即：$\boldsymbol{M}=\boldsymbol{M}_O$。

(2) 若 $\boldsymbol{F}' \neq 0$，$\boldsymbol{M}_O=0$，则作用于简化中心的力 $\boldsymbol{F}'$ 就是原力系的合力，作用线通过简化中心，即：$\boldsymbol{F}=\boldsymbol{F}'$。

(3) 若 $\boldsymbol{F}' \neq 0$，$\boldsymbol{M}_O \neq 0$，这时根据力的平移定理的逆过程，可以进一步合成为合力 $\boldsymbol{F}$，如图 4-6 所示。

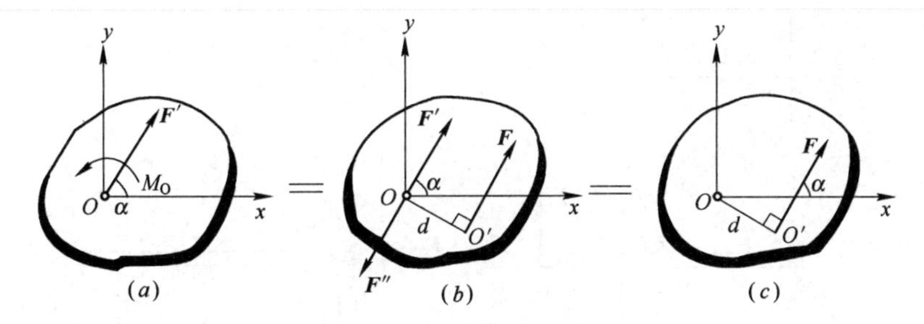

图 4-6 合力作用线的位置

将力偶矩为 $\boldsymbol{M}_O$ 的力偶用两个反向平行力 $\boldsymbol{F}$、$\boldsymbol{F}''$ 表示，并使 $\boldsymbol{F}'$ 和 $\boldsymbol{F}''$ 等值、共线，使它们构成一平衡力，如图 4-6 (*b*)，为保持 M_O 不变，只要取力臂 d 为：

$$d=\frac{|M_O|}{F'}=\frac{|M_O|}{F}$$

将 $\boldsymbol{F}''$ 和 $\boldsymbol{F}'$ 这一平衡力系去掉，这样就只剩下 $\boldsymbol{F}$ 力与原力系等效（图 4-6*c*）。合力 $\boldsymbol{F}$ 在 O 点的哪一侧，由 $\boldsymbol{F}$ 对 O 点的矩的转向应与主矩 M_O 的转向相一致来确定。

(4) $\boldsymbol{F}'=0$，$M_O=0$，此时力系处于平衡状态。

4.2.4 平面一般力系的合力矩定理

由上面分析可知，当 $\boldsymbol{F}' \neq 0$，$M_O \neq 0$ 时，还可进一步简化为一合力 $\boldsymbol{F}$，如图4-6所示，合力对 O 点的矩是：

$$M_O(\boldsymbol{F})=F \cdot d$$

而

$$F \cdot d=M_O \qquad\qquad M_O=\Sigma M_O(\boldsymbol{F})$$

所以

$$M_O(\boldsymbol{F})=\sum M_O(\boldsymbol{F}) \tag{4-5}$$

由于简化中心 O 是任意选取的，故上式有普遍的意义。于是可得到平面一般力系的合力矩定理：**平面一般力系的合力对其作用面内任一点之矩等于力系中各力对同一点之矩的代数和。**

【例 4-1】 如图 4-7（a）所示，梁 AB 的 A 端是固定端支座，试用力系向某点简化的方法说明固定端支座的反力情况。

【解】 梁的 A 端嵌入墙内成为固定端，固定端约束的特点是使梁的端部既不能移动也不能转动。在主动力作用下，梁插入部分与墙接触的各点都受到大小和方向都不同的约束反力作用（图 4-7b），这些约束反力就构成一个平面一般力系，将该力系向梁上 A 点简化就得到一个力 $\boldsymbol{F}_A$ 和一个力偶矩为 $\boldsymbol{M}_A$ 的力偶(图 4-7c)，为了便于计算，一般可将约束反力 $\boldsymbol{F}_A$ 用它的水平分力 $\boldsymbol{F}_{Ax}$ 和竖直分力 $\boldsymbol{F}_{Ay}$ 来代替。因此，在平面力系情况下，固定端支座的约束反力包括三个；即阻止梁端向任何方向移动的水平反力 $\boldsymbol{F}_{Ax}$ 和竖向反力 $\boldsymbol{F}_{Ay}$，以及阻止物体转动的反力偶 M_A。它们的指向都是假定的（图 4-7d）。

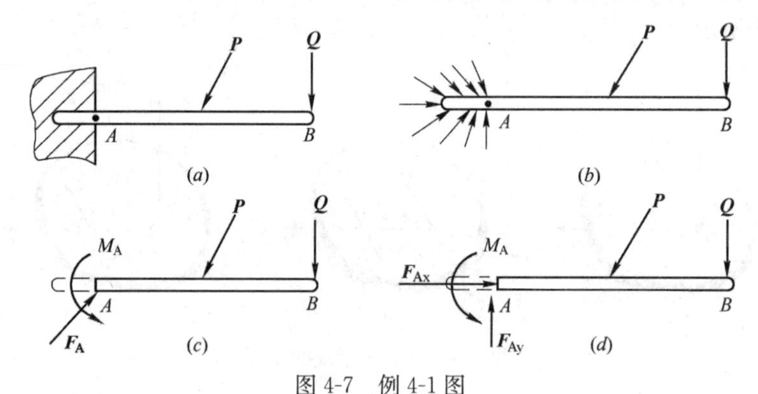

图 4-7　例 4-1 图

【例 4-2】 挡土墙受力情况如图 4-8(a) 所示。已知自重 $G=420\text{kN}$，土压力 $P=300\text{kN}$，水压力 $Q=180\text{kN}$。试将这三个力向底面中心 O 点简化，并求最后的简化结果。

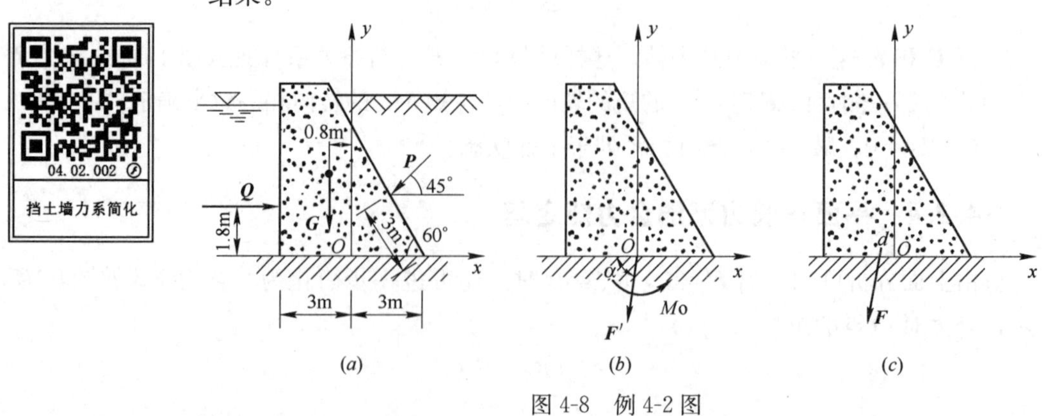

图 4-8　例 4-2 图

【解】（1）先将力系向 O 点简化，取坐标系如图 4-8（b）所示。由式(4-2)、式(4-3)可求得主矢 $\boldsymbol{F}'$ 的大小和方向。由于

$$F_x' = \Sigma F_x = Q - P\cos45° = 180 - 300 \times 0.707 = -32.1\text{kN}$$

$$F_y' = \Sigma F_y = -P\sin45° - G = -300 \times 0.707 - 420 = -632.1\text{kN}$$

所以

$$F' = \sqrt{(\Sigma F_x)^2 + (\Sigma F_y)^2} = \sqrt{(-32.1)^2 + (-632.1)^2} = 632.9\text{kN}$$

$$\tan\alpha = \frac{|\Sigma F_y|}{|\Sigma F_x|} = \frac{|-632.1|}{|-32.1|} = 19.7 \quad \alpha = 87°5'$$

因为 ΣF_x 和 ΣF_y 都是负值，故 $\boldsymbol{F}'$ 指向第三象限与 x 轴的夹角为 α。

再由式(4-4)可求得主矩

$$\begin{aligned} M_O &= \Sigma M_O(\boldsymbol{F}) \\ &= -Q \times 1.8 + P\cos45° \times 3 \times \sin60° - P\sin45° \times (3 - 3\cos60°) + G \times 0.8 \\ &= -180 \times 1.8 + 300 \times 0.707 \times 3 \times 0.866 - 300 \times 0.707 \times (3 - 3 \times 0.5) + 420 \times 0.8 \\ &= 244.9\text{kN} \cdot \text{m} \ (\curvearrowleft) \end{aligned}$$

计算结果为正值，表示主矩 M_O 是逆时针转向。

（2）求最后的简化结果

因为主矢 $\boldsymbol{F}' \neq 0$，主矩 $M_O \neq 0$，如图 4-8（b）所示，所以还可以进一步合成为一个合力 $\boldsymbol{F}$。$\boldsymbol{F}$ 的大小和方向与 $\boldsymbol{F}'$ 相同，它的作用线与 O 点距离为

$$d = \frac{|M_O|}{F'} = \frac{244.9}{632.9} = 0.387\text{m}$$

故 $M_O(\boldsymbol{F})$ 也为正，即合力 $\boldsymbol{F}$ 应在 O 点左侧，如图 4-8(c)所示。

4.3　平面一般力系的平衡条件及其应用

4.3.1　平面一般力系的平衡条件

平面一般力系向平面内任一点简化，若主矢 $\boldsymbol{F}'$ 和主矩 M_O 同时等于零，表明作用于简化中心 O 点的平面汇交力系和附加力平面力偶系都自成平衡，则原力系一定是平衡力系；反之，如果主矢 $\boldsymbol{F}'$ 和主矩 M_O 中有一个不等于零或两个都不等于零时，则平面一般力系就可以简化为一个合力或一个力偶，原力系就不能平衡。因此，**平面一般力系平衡的必要与充分条件是，力系的主矢和力系对平面内任一点的主矩都等于零。**即

$$\boldsymbol{F}' = 0 \quad M_O = 0$$

1. 平衡方程的基本形式

由于

$$F'=\sqrt{(\Sigma F_x)^2+(\Sigma F_y)^2}=0, \quad M_O=\Sigma M_O(\boldsymbol{F})=\Sigma M_O=0$$

于是平面一般力系的平衡条件为

$$\left.\begin{aligned}\Sigma F_x=0\\ \Sigma F_y=0\\ \Sigma M_O=0\end{aligned}\right\} \tag{4-6}$$

由此得出结论，**平面一般力系平衡的必要与充分的解析条件是：力系中所有各力在任意选取的两个坐标轴上投影的代数和分别等于零；力系中所有各力对平面内任一点之矩的代数和等于零。**式(4-6)中包含两个投影方程和一个力矩方程，是**平面一般力系平衡方程的基本形式。**这三个方程是彼此独立的，可求出三个未知量。

2. 平衡方程的其他形式

前面我们通过平面一般力系的平衡条件导出了平面一般力系平衡方程的基本形式，除此之外，还可以将平衡方程改写成二矩式和三矩式的形式。

(1) 二矩式

三个平衡方程中有一个为投影方程，两个为力矩方程，即

$$\left.\begin{aligned}\Sigma F_x=0\\ \Sigma M_A=0\\ \Sigma M_B=0\end{aligned}\right\} \tag{4-7}$$

式中 x 轴不能与 A、B 两点的连线垂直。

可以证明，式(4-7)也是平面一般力系的平衡方程。因为，如果力系对点 A 的主矩等于零，则这个力系不可能简化为一个力偶，但可能有两种情况：这个力系或者是简化为经过点 A 的一个力 $\boldsymbol{F}$，或者平衡；如果力系对另外一点 B 的主矩也同时为零，则这个力系或简化为一个沿 A、B 两点连线的合力 $\boldsymbol{F}$(图 4-9)，或者平衡；如果再满足 $\Sigma F_x=0$，且 x 轴不与 A、B 两点连线垂直，则力系也不能合成为一个合力，若有合力，合力在 x 轴上就必然有投影。因此力系必然平衡。

(2) 三矩式

三个平衡方程都为力矩方程，即

$$\left.\begin{aligned}\Sigma M_A=0\\ \Sigma M_B=0\\ \Sigma M_C=0\end{aligned}\right\} \tag{4-8}$$

式中 A、B、C 三点不共线。

同样可以证明，式(4-8)也是平面一般力系的平衡方程。因为，如果力系对 A、B 两点的主矩同时等于零，则力系或者是简化为经过点 A、B 两点的一个力 $\boldsymbol{F}$(图 4-10)，或者平衡；如果力系对另外一 C 点的主矩也同时为零，且 C 点不在 A、B 两点的连线上，则力系就不可能合成为一个力，因为一个力不可能同时通过不在一直线上的三点。因此力系必然平衡。

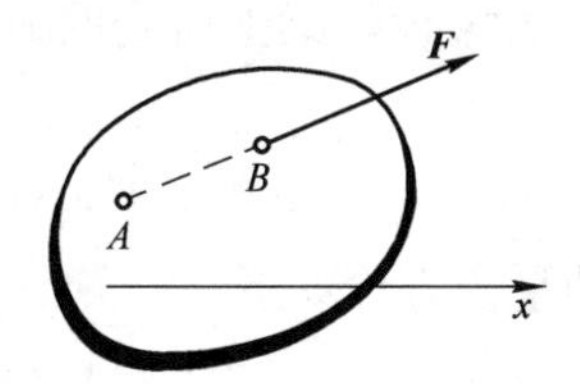

图 4-9 二矩式附加条件

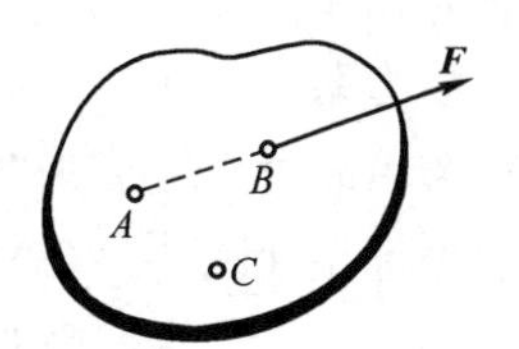

图 4-10 三矩式附加条件

上述三组方程都可以用来解决平面一般力系的平衡问题。究竟选取哪一组方程，需根据具体条件确定。对于受平面一般力系作用的单个物体的平衡问题，只可以写出三个独立的平衡方程，求解三个未知量。任何第四个方程都是不独立的，我们可以利用不独立的方程来校核计算的结果。

4.3.2 平面平行力系的平衡方程

平面平行力系是平面一般力系的一种特殊情况。

如图 4-11 所示，设物体受平面平行力系 $\boldsymbol{F}_1$、$\boldsymbol{F}_2\cdots\boldsymbol{F}_n$ 的作用。如选取 x 轴与各力垂直，则不论力系是否平衡，每一个力在 x 轴上的投影恒等于零，即 $\Sigma F_x\equiv0$。于是，平面平行力系只有两个独立的平衡方程，即

$$\left.\begin{aligned}\Sigma F_y=0\\\Sigma M_O=0\end{aligned}\right\}\qquad(4\text{-}9)$$

平面平行力系的平衡方程，也可以写成二矩式的形式，即

$$\left.\begin{aligned}\Sigma M_A=0\\\Sigma M_B=0\end{aligned}\right\}\qquad(4\text{-}10)$$

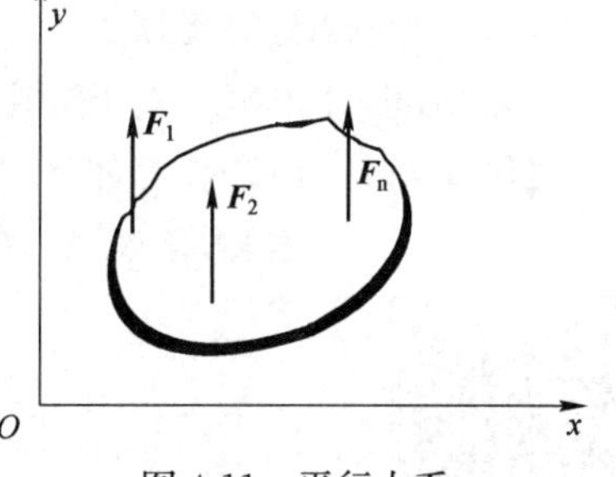

图 4-11 平行力系

式中 **$\boldsymbol{A}$、$\boldsymbol{B}$ 两点的连线不与力线平行。**

利用平面平行力系的平衡方程，可求解两个未知量。

4.3.3 平面一般力系平衡方程在工程中的应用

现举例说明，应用平面一般力系的平衡条件，来求解工程实际中物体平衡问题的步骤和方法。

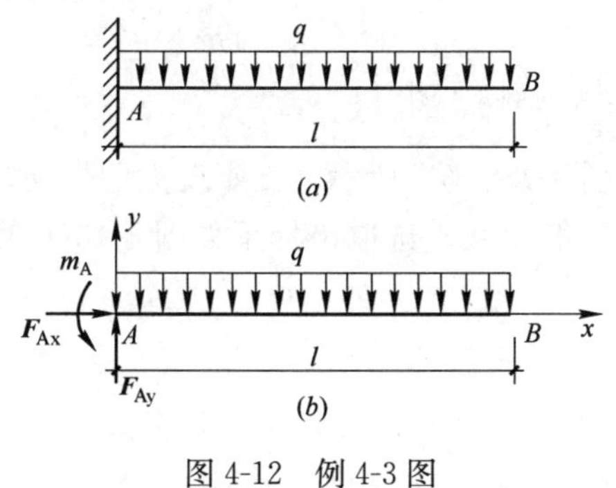

图 4-12 例 4-3 图

【例 4-3】 悬臂梁 AB 受荷载作用如图 4-12(a)所示。一端为固定端支座约束，另一端为自由端的梁，称为悬臂梁。已知线分布荷载集度为 q，梁长为 l，梁的自重不计。求固定端支座 A 处的约束反力。

【解】 取梁 AB 为研究对

象，受力分析如图 4-12(b)所示，支座反力的指向均为假设，梁上所受的荷载与支座反力组成平面一般力系。

梁上的均布荷载可先合成为合力 Q，其大小 $Q=ql$，方向铅垂向下，作用在 AB 梁的中点。选取坐标系如图 4-12(b)所示，列一矩式的平衡方程如下：

$$\Sigma F_x=0 \quad F_{Ax}=0$$
$$\Sigma F_y=0 \quad F_{Ay}-ql=0$$
$$\Sigma M_A=0 \quad m_A-ql\times\frac{l}{2}=0$$

解得

$$F_{Ax}=0$$
$$F_{Ay}=ql\ (\uparrow)$$
$$m_A=\frac{ql^2}{2}\ (\circlearrowleft)$$

求得结果为正值，说明假设约束反力的指向与实际相同。

校核 $$\Sigma M_B=m_A-F_{Ay}l+ql\times\frac{l}{2}=\frac{ql^2}{2}-ql^2+\frac{ql^2}{2}=0$$

可见，F_{Ay} 和 m_A 计算无误。

由此例可得出**结论：对于悬臂梁和悬臂刚架均适合于采用一矩式平衡方程求解支座反力。**

【例 4-4】 简支刚架如图 4-13（a）所示。已知 $P=15\text{kN}$，$m=6\text{kN}\cdot\text{m}$，$Q=20\text{kN}$，求 A、B 处的支座反力。

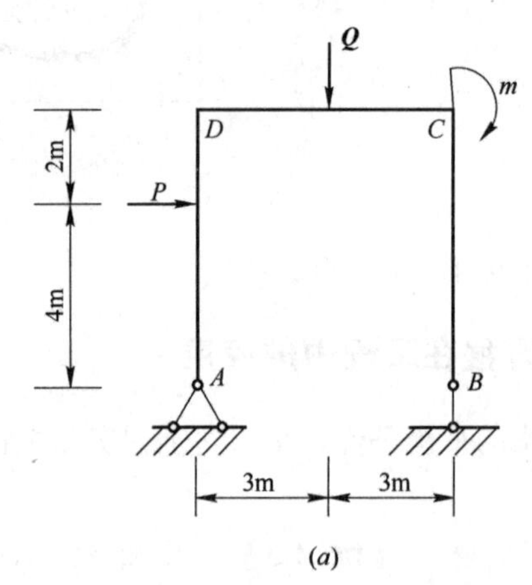

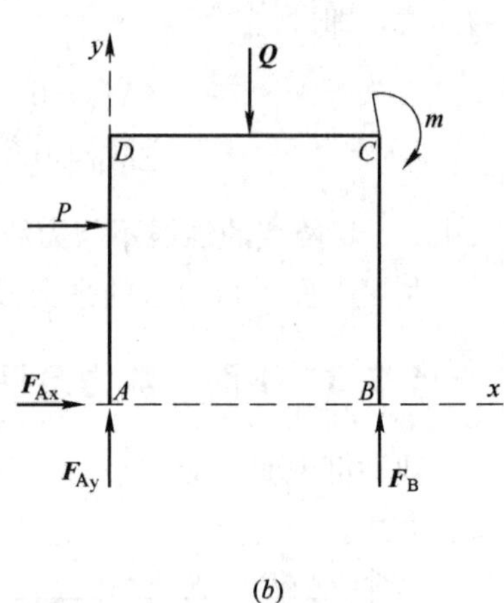

图 4-13 例 4-4 图

【解】 取刚架整体为研究对象，受力分析如图 4-13（b）所示，支座反力的指向均为假设，刚架上所受的荷载与支座反力组成平面一般力系。选取坐标系如图 4-13(b)所示，列二矩式的平衡方程如下：

$$\Sigma F_x=0 \qquad F_{Ax}+P=0$$
$$\Sigma M_A=0 \qquad F_B\times6-m-Q\times3-P\times4=0$$
$$\Sigma M_B=0 \qquad -F_{Ay}\times6-m+Q\times3-P\times4=0$$

解得

$$F_{Ax}=-P=-15\text{kN}\ (\leftarrow)$$

$$F_{Ay}=\frac{1}{6}\ (-m+3Q-4P)\ =-\frac{1}{6}(-6+3\times20-4\times15)=-1\text{kN}\ (\downarrow)$$

$$F_{B}=\frac{1}{6}\ (m+3Q+4P)\ =\frac{1}{6}\ (6+3\times20+4\times15)\ =21\text{kN}\ (\uparrow)$$

求得结果 F_{Ax}、F_{Ay} 为负值，说明假设的指向与实际相反；F_{B} 为正值，说明假设约束反力的指向与实际相同。

校核　　　　$\Sigma F_{y}=F_{Ay}+F_{B}-Q=-1+21-20=0$

说明计算无误。

由此例可得出**结论：对于简支梁、简支刚架均适合于采用二矩式平衡方程求解支座反力。**

【例 4-5】 悬臂式起重机尺寸及受荷载如图 4-14（a）所示，A、B、C 处都是铰链连接。已知梁 AB 自重 $G=6\text{kN}$，提升重量 $P=15\text{kN}$。求铰链 A 的约束反力及拉杆 BC 所受的力。

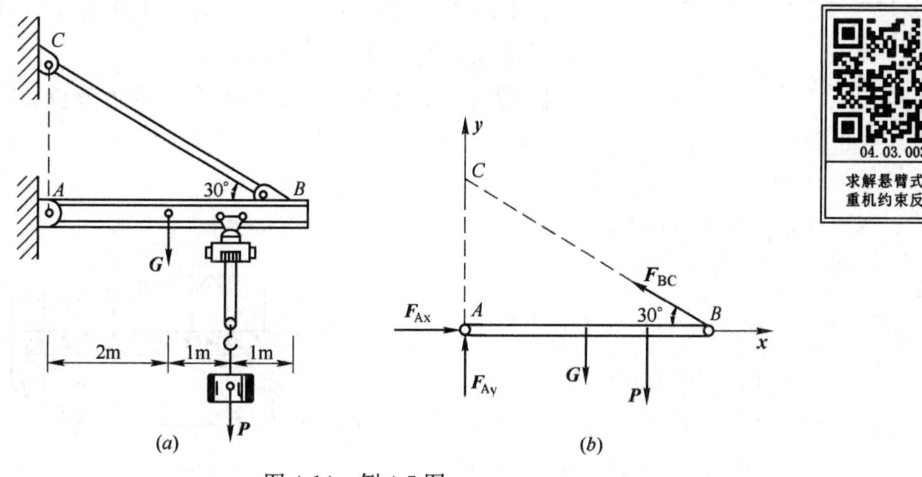

04.03.003
求解悬臂式起重机约束反力

图 4-14　例 4-5 图

【解】（1）选取梁 AB 与重物与一起为研究对象。

（2）受力分析如图 4-14（b）所示。在梁上受已知力：$\boldsymbol{P}$ 和 $\boldsymbol{G}$ 作用；未知力：二力杆 BC 的拉力 $\boldsymbol{F}_{BC}$、铰链 A 的约束反力 $\boldsymbol{F}_{Ax}$ 和 $\boldsymbol{F}_{Ay}$。这些力的作用线在同一平面内组成平面一般力系。

（3）列平衡方程。由于梁 AB 处于平衡状态，因此力系满足平面一般力系的平衡条件。取坐标轴如图 4-14(b)所示，列三矩式的平衡方程如下：

$$\Sigma M_{A}=0\qquad F_{BC}\times4\sin30^{\circ}-G\times2-P\times3=0$$

$$\Sigma M_{B}=0\qquad -F_{Ay}\times4+G\times2+P\times1=0$$

$$\Sigma M_{C}=0\qquad F_{Ax}\times4\tan30^{\circ}-G\times2-P\times3=0$$

（4）求解未知量

$$F_{BC}=28.50\text{kN}\ (\nwarrow)$$
$$F_{Ax}=24.68\text{kN}\ (\rightarrow)$$
$$F_{Ay}=6.75\text{kN}(\uparrow)$$

求出结果均为正值，说明假设反力的指向与实际方向相同。

（5）校核

$$\Sigma F_x=F_{Ax}-F_{BC}\cos30°=24.68-28.50\times0.866=0$$
$$\Sigma F_y=F_{Ay}-G-P+F_{BC}\sin30°=6.75-6-15+28.50\times0.5=0$$

计算无误。

由此例可得出结论：**对于三角支架适合于采用三矩式平衡方程求解约束反力。**

从上述例题可见，选取适当的坐标轴和矩心，可以减少每个平衡方程中的未知量的数目。在平面一般力系情况下，矩心应取在两未知力的交点上，而投影轴尽量与多个未知力垂直。

图 4-15 例 4-6 图

【例 4-6】 如图 4-15 所示，均布荷载沿水平方向分布，求此梁支座 A 和 B 处的支反力。

【解】 取整体 ABC 为研究对象。受力分析如图 4-15 所示，则此梁受平面平行力系作用，列出二矩式的平衡方程如下：

$$\Sigma M_A=0 \qquad F_B\times4.2-5\times4.2-2\times1.2\times3.6-3\times3\times1.5=0$$
$$\Sigma M_B=0 \qquad -F_A\times4.2+3\times3\times2.7+2\times1.2\times0.6=0$$

解得

$$F_A=6.13\text{kN}(\uparrow)$$
$$F_B=10.27\text{kN}(\uparrow)$$

校核 $\Sigma F_y=F_A+F_B-3\times3-2\times1.2-5$

$$=6.13+10.27-9-2.4-5=0$$

计算无误。

【例 4-7】 某房屋中的梁 AB 两端支承在墙内，构造及尺寸如图 4-16(a)所示。该梁简化为简支梁如图 4-16(b)所示，不计梁的自重。求墙壁对梁 A、B 端的约束反力。

【解】（1）取简支梁 AB 为研究对象。

（2）受力分析如图4-16(c)所示。约束反力 $\boldsymbol{F}_{Ax}$、$\boldsymbol{F}_{Ay}$ 和 $\boldsymbol{F}_B$ 的指向均为假设，梁受平面一般力系的作用。

（3）取如图 4-16(c)所示坐标系，列二矩式的平

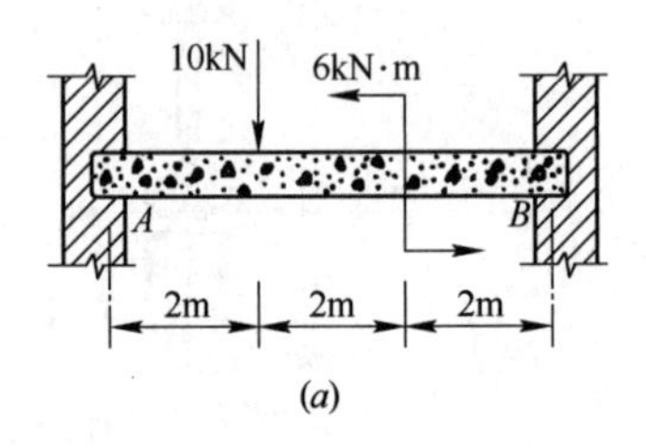

(a)

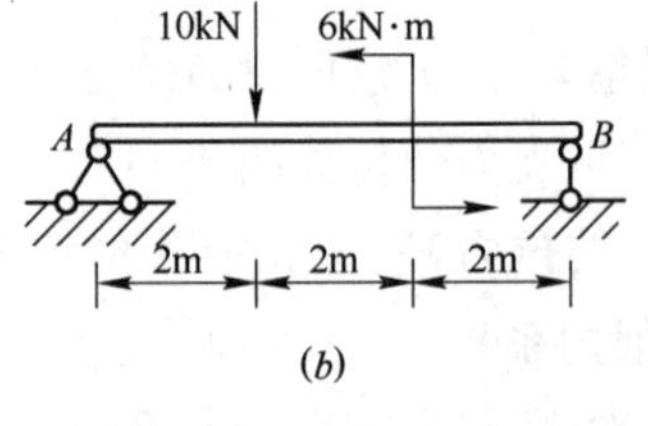

(b)

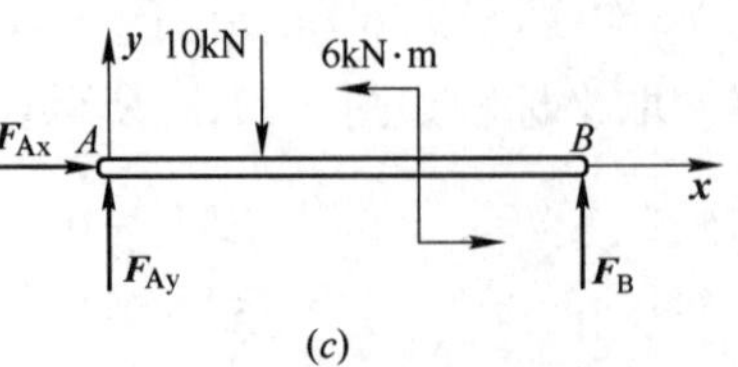

(c)

图 4-16 例 4-7 图

衡方程如下：

$$\Sigma F_x=0 \qquad F_{Ax}=0$$
$$\Sigma M_A=0 \qquad F_B\times6+6-10\times2=0$$
$$\Sigma M_B=0 \qquad -F_{Ay}\times6+10\times4+6=0$$

（4）求解未知量，得

$$F_{Ax}=0$$
$$F_{Ay}=7.67\text{kN}(\uparrow)$$
$$F_B=2.33\text{kN}(\uparrow)$$

（5）校核

$$\Sigma F_y=F_{Ay}+F_B-10=7.67+2.33-10=0$$

说明计算无误。

【例 4-8】 某房屋的外伸梁构造及尺寸如图 4-17（*a*）所示。该梁的力学简图如图 4-17（*b*）所示。已知 $q_1=20\text{kN/m}$，$q_2=25\text{kN/m}$。求 *A*、*B* 支座的反力。

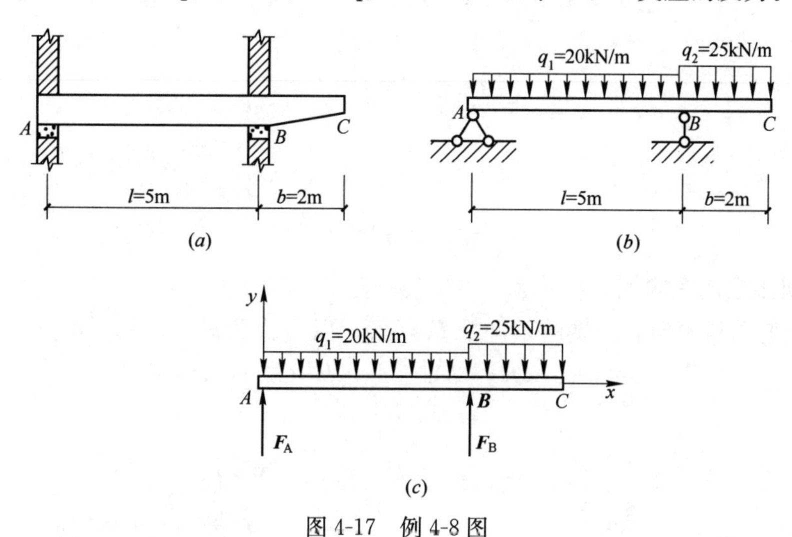

图 4-17　例 4-8 图

【解】（1）取外伸梁 *AC* 为研究对象。

（2）受力分析如图 4-17(*c*)所示。约束反力 $\boldsymbol{F}_A$ 和 $\boldsymbol{F}_B$ 假设向上，梁受平面平行力系的作用。

（3）取如图 4-17(*c*)所示坐标系，列二矩式的平衡方程如下：

$$\Sigma M_A=0 \qquad F_B\times5-20\times5\times2.5-25\times2\times6=0$$
$$\Sigma M_B=0 \qquad -F_A\times5+20\times5\times2.5-25\times2\times1=0$$

（4）求解未知量，得

$$F_A=40\text{kN}\ (\uparrow)$$
$$F_B=110\text{kN}\ (\uparrow)$$

（5）校核

$$\Sigma F_y=F_A+F_B-20\times5-25\times2=40+110-100-50=0$$

说明计算无误。

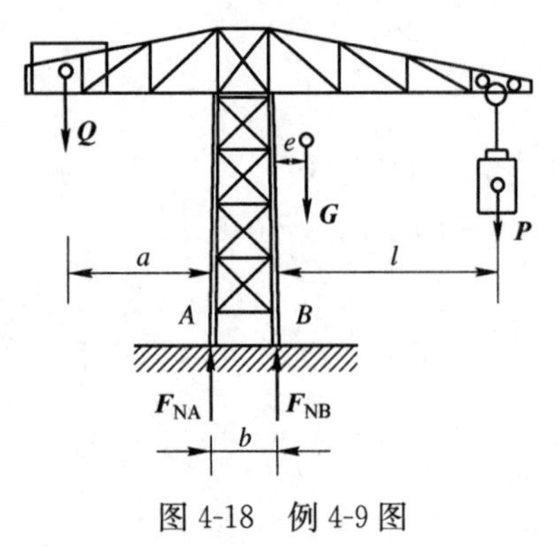

图 4-18　例 4-9 图

【例 4-9】 图 4-18 所示为塔式起重机。已知轨距 $b=4\text{m}$，机身重 $G=240\text{kN}$，其作用线到右轨的距离 $e=1.5\text{m}$，起重机的平衡重 $Q=120\text{kN}$，其作用线到左轨的距离 $a=6\text{m}$，荷载 P 的作用线到右轨的距离 $l=12\text{m}$。试问①当空载 $P=0$ 时，起重机是否会向左倾倒？②起重机不向右倾倒的最大起重荷载 P 为多少？

【解】 (1) 取起重机为研究对象。受力分析如图 4-18 所示，作用于起重机上的主动力有 $\boldsymbol{G}$、$\boldsymbol{P}$、$\boldsymbol{Q}$，约束反力有 $\boldsymbol{F}_{NA}$ 和 $\boldsymbol{F}_{NB}$，$\boldsymbol{F}_{NA}$ 和 $\boldsymbol{F}_{NB}$ 均铅垂向上，以上各力组成平面平行力系。

(2) 当空载 $P=0$ 时，起重机不向左倾倒的条件是 $F_{NB}\geqslant 0$。以 A 点为矩心，列平衡方程

$$\Sigma M_A=0 \qquad Q\cdot a+F_{NB}\cdot b-G\ (e+b)\ =0$$

解得

$$\begin{aligned}F_{NB}&=\frac{1}{b}[G\ (e+b)\ -Q\cdot a]\\&=\frac{1}{4}[240(1.5+4)-120\times 6]\\&=150\text{kN}>0\end{aligned}$$

所以起重机不会向左倾倒。

(3) 使起重机不向右倾倒的条件是 $F_{NA}\geqslant 0$。以 B 点为矩心，列平衡方程

$$\Sigma M_B=0 \qquad Q(a+b)-F_{NA}\cdot b-G\cdot e-P\cdot l=0$$

解得

$$F_{NA}=\frac{1}{b}[Q(a+b)-G\cdot e-P\cdot l]$$

要使 $F_{NA}\geqslant 0$，则需

$$Q(a+b)-G\cdot e-P\cdot l\geqslant 0$$

$$P\leqslant\frac{1}{l}[Q(a+b)-G\cdot e]=\frac{1}{12}[120(6+4)-240\times 1.5]=70\text{kN}$$

当荷载 $P\leqslant 70\text{kN}$ 时，起重机不会向右倾倒。

4.4　物体系统的平衡

在工程中，常常遇到由几个物体通过一定的约束联系在一起的系统，这种系统称为**物体系统**。如图 4-19 (a) 所示的组合梁、图 4-20(a)所示的三铰刚架等都是由几个物

体组成的物体系统。

研究物体系统的平衡时，不仅要求解支座反力，而且还需要计算系统内各物体之间的相互作用力。我们将**作用在物体上的力分为内力和外力。**所谓外力，就是系统以外的其他物体作用在这个系统上的力；所谓内力，就是系统内各物体之间相互作用的力。如图4-19(*b*)所示，荷载及*A*、*C*支座处的反力就是组合梁的外力，而在铰*B*处左右两段梁之间的相互作用力就是组合梁的内力。应当注意，内力和外力是相对的概念，也就是相对所取的研究对象而言。例如图4-19(*b*)所示组合梁在铰*B*处的约束反力，对组合梁的整体而言，就是内力；而对图4-19(*c*)、图4-19(*d*)所示的左、右两段梁来说，*B*点处的约束反力被暴露出来，就成为外力了。

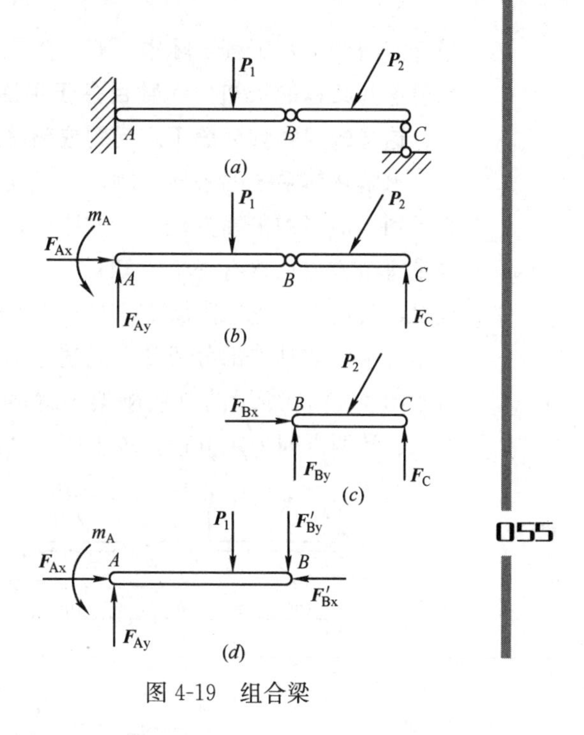

图4-19　组合梁

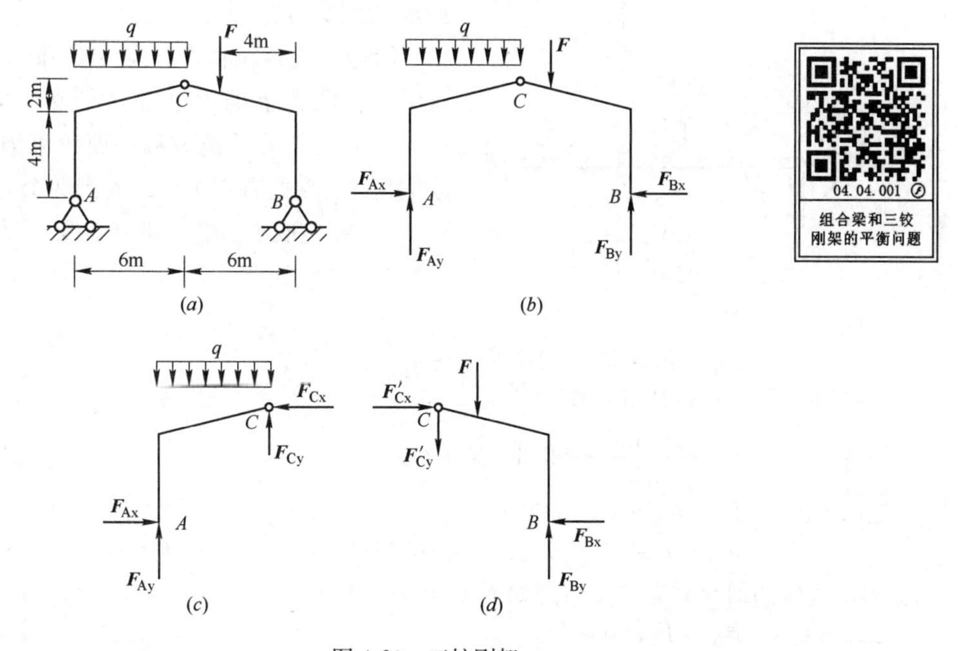

图4-20　三铰刚架

当物体系平衡时，组成该系统的每一个物体也都处于平衡状态，因此对于每一个受平面一般力系作用的物体，均可写出三个平衡方程。**若由*n*个物体组成的物体系统，则共有3*n*个独立的平衡方程。**如系统中有的物体受平面汇交力系或平面平行力系作用时，则系统的平衡方程数目相应减少。**当系统中的未知力数目等于独立平衡方程的数目时，则所有未知力都能由平衡方程求出，这样的问题称为静定问题。**显然前面列举的各例都是静定问题。在工程实际中，有时为了提高结构的承载能力，常常增加多余的约束，因而使这些**结构的未知力的数目多于平衡方程的数目，未知量就不能全部由平衡方程求出，这样的问题称为静不定问题或超静定问题。**这里只研究静定问题。

求解物体系统的平衡问题，关键在于恰当地选取研究对象，正确地选取投影轴和矩心，列出适当的平衡方程。总的原则是：尽可能地减少每一个平衡方程中的未知量，最好是每个方程只含有一个未知量，以避免求解联立方程。例如，对于图 4-19 所示的连续梁，就适合于先取附属 BC 部分作为研究对象，列出平衡方程，解出部分未知量；再从系统中选取基本部分或整个系统作为研究对象，列出平衡方程，求出其余的未知量。对于图 4-20(a)所示的三铰刚架，就适合于先取整体为研究对象，如图 4-20(b)所示，对 A、B 两点列力矩方程，求出两个竖向反力 F_{Ay}、F_{Ax}后，再取 AC 或 CB 部分刚架为研究对象，如图4-20(c)、(d)所示，求出其余约束反力。下面举例说明求解物体系统平衡问题的方法。

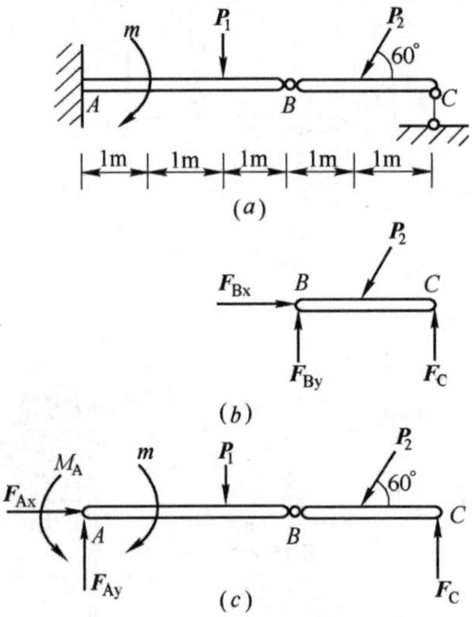

图 4-21　例 4-10 图

【例 4-10】 组合梁受荷载如图 4-21（a）所示。已知 $P_1=16\text{kN}$，$P_2=20\text{kN}$，$m=8\text{kN}\cdot\text{m}$梁自重不计，求支座 A、C 的反力及铰 B 约束反力。

【解】 组合梁由两段梁 AB 和 BC 组成，作用于每段梁上的力系都是平面一般力系，共有 6 个独立的平衡方程；而约束力的未知数也是 6（A 处有三个，B 处有两个，C 处有一个）。首先取 BC 梁为研究对象，受力图如图 4-21（b）所示。

$\Sigma F_x=0$　　$F_{Bx}-P_2\cos60°=0$

$$F_{Bx}=P_2\cos60°=10\text{kN}\ (\rightarrow)$$

$\Sigma M_B=0$　　$2F_C-P_2\sin60°\times1=0$

$$F_C=\frac{P_2\sin60°}{2}=8.66\text{kN}\ (\uparrow)$$

$\Sigma F_y=0$　　$F_C+F_{By}-P_2\sin60°=0$

$$F_{By}=-F_C+P_2\sin60°=8.66\text{kN}\ (\uparrow)$$

再取整体为研究对象，受力图如图 4-20（c）所示。

$\Sigma F_x=0$　　$F_{Ax}-P_2\cos60°=0$

$$F_{Ax}=P_2\cos60°=10\text{kN}\ (\rightarrow)$$

$\Sigma M_A=0$　　$5F_C-4P_2\sin60°-P_1\times2-m+M_A=0$

$$M_A=4P_2\sin60°+2P_1-5F_C+m=65.98\text{kN}\cdot\text{m}$$

$\Sigma F_y=0$　　$F_{Ay}+F_C-P_1-P_2\sin60°=0$

$$F_{Ay}=P_1+P_2\sin60°-F_C=24.66\text{kN}$$

校核：对整个组合梁，列出：

$$\begin{aligned}\Sigma M_B &= M_A - 3F_{Ay} + P_1 \times 1 - 1 \times P_2 \sin 60° + 2F_C - m \\ &= 65.98 - 3 \times 24.66 + 16 \times 1 - 1 \times 20 \times 0.866 + 2 \times 8.66 - 8 \\ &= 0\end{aligned}$$

可见计算无误。

说明：此题还可以先取 BC 梁为研究对象，再取 AB 梁为研究对象，求解全部支座反力和约束力后，最后取整体为研究对象进行校核。

复习思考题

1. 平面一般力系向简化中心简化时，可能产生几种结果？
2. 为什么说平面汇交力系、平面平行力系已包括在平面一般力系中？
3. 不平行的平面力系，已知该力系在 Y 轴上投影的代数和等于零，且对平面内某一点之矩的代数和等于零，问此力系的简化结果是什么？
4. 一平面力系向 A、B 两点简化的结果相同，且主矢和主矩都不为零，问有否可能？
5. 对于原力系的最后简化结果为一力偶的情形，主矩与简化中心的位置无关，为什么？
6. 平面一般力系的平衡方程有几种形式？应用时有什么限制条件？
7. 图 4-22 所示的物体系统处于平衡状态，如要计算各支座的约束反力，应怎样选取研究对象？

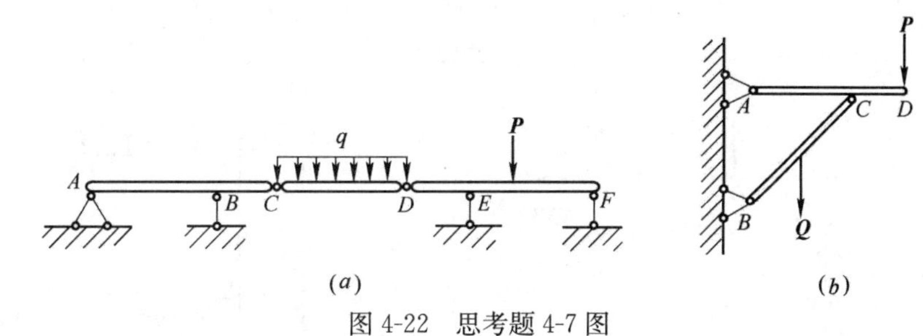

图 4-22　思考题 4-7 图

8. 对于由 n 个物体组成的物体系统，便可列出 $3n$ 个独立的平衡方程。这种说法对吗？

习　题

4-1　重力坝受力情况如图 4-23 所示，设坝的自重分别为，$G_1=9600\text{kN}$，$G_2=21600\text{kN}$，上游水压力 $P=10120\text{kN}$，试将力系向坝底 O 点简化，并求其最后的简化结果。

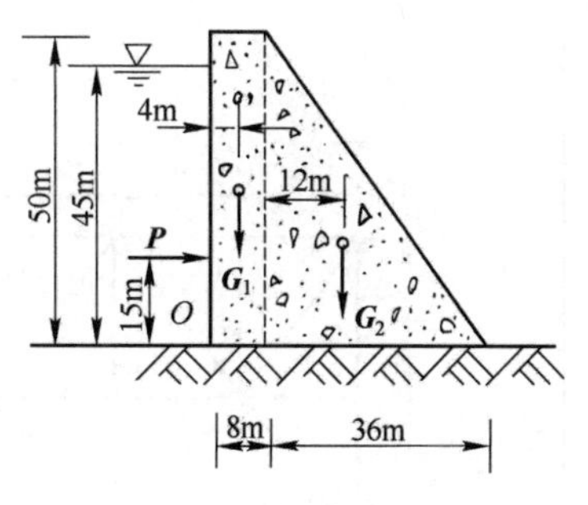

图 4-23　习题 4-1 图

4-2　求图 4-24 所示各梁的支座反力。

4-3　求图 4-25 所示各梁的支座反力。

4-4　楼梯的两端支在两个楼梯梁上（图 4-26a），上端 B 可视为光滑接触，下端 A 可视为铰连接，所受的荷载连同楼梯自重可视为沿楼梯的长度均匀分布，设荷载的集度 $q=7\text{kN/m}$，试求楼梯两端 A、B 的约束反力。

4-5　求图 4-27 所示刚架的支座反力。

4-6　试求图 4-28 所示桁架的支座反力。

4-7　某厂房柱，高 9m，柱的上段 BC 重 $G_1=10\text{kN}$，下段 CA 重 $G_2=40\text{kN}$，风力 $q=2.5\text{kN/m}$，柱顶水平力 $Q=6\text{kN}$，各力作用位置如图 4-29 所示，求固定端支座 A 的反力。

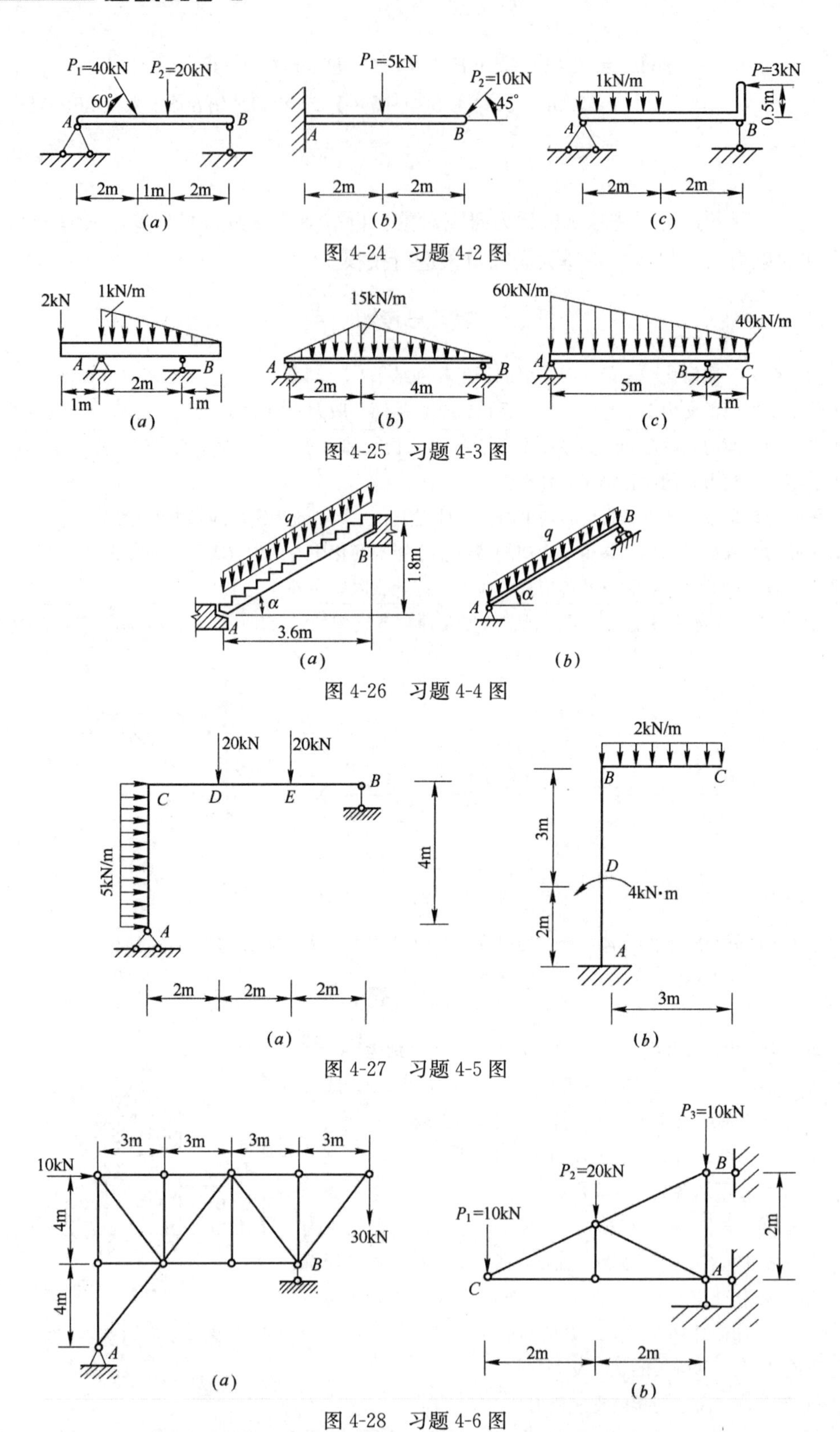

图 4-24 习题 4-2 图

图 4-25 习题 4-3 图

图 4-26 习题 4-4 图

图 4-27 习题 4-5 图

图 4-28 习题 4-6 图

4-8 塔式起重机，重 G=500kN（不包括平衡锤重量 Q），如图 4-30 所示。跑车 E 的最大起重量

$P=250\text{kN}$，离 B 轨的最远距离 $l=10\text{m}$，为了防止起重机左右翻倒，需在 D 点加一平衡锤，要使跑车在空载和满载时，起重机在任何位置不致翻倒，求平衡锤的最小重量和平衡锤到左轨 A 的最大距离。跑车自重不计，且 $e=1.5\text{m}$，$b=3\text{m}$。

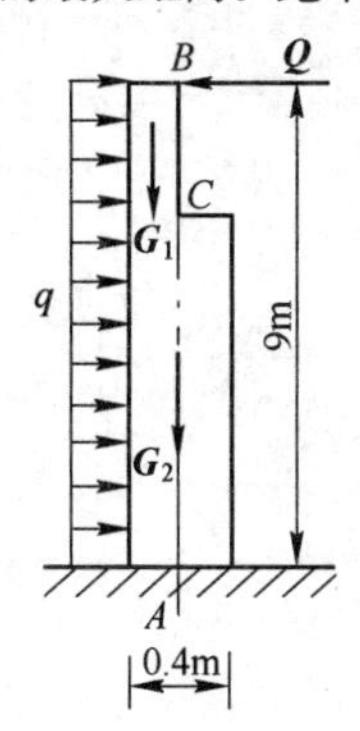

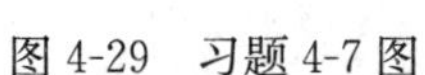

图 4-29　习题 4-7 图

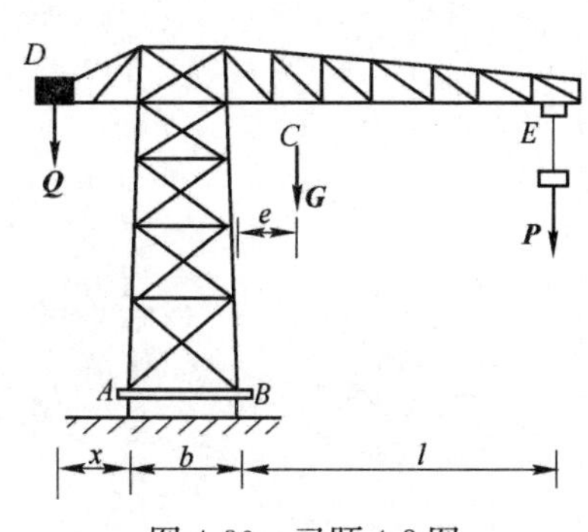

图 4-30　习题 4-8 图

4-9　求图 4-31 所示多跨静定梁的支座反力。

4-10　求图 4-32 所示两跨静定刚架的支座反力。

4-11　剪断钢筋的设备如图 4-33 所示。欲使钢筋 E 受到 12kN 的压力，加在 A 点的力应为多大？图中尺寸单位为厘米。

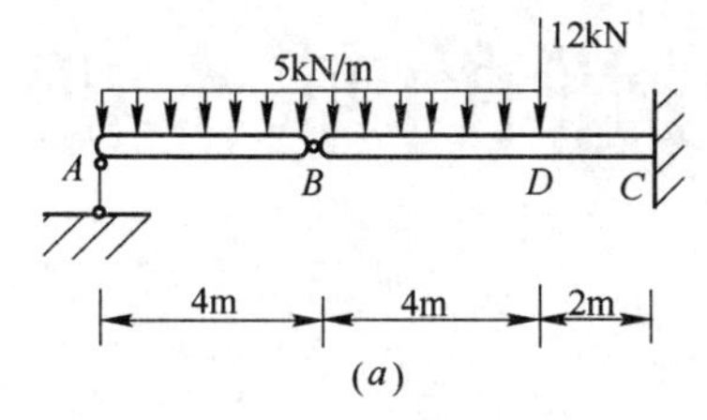

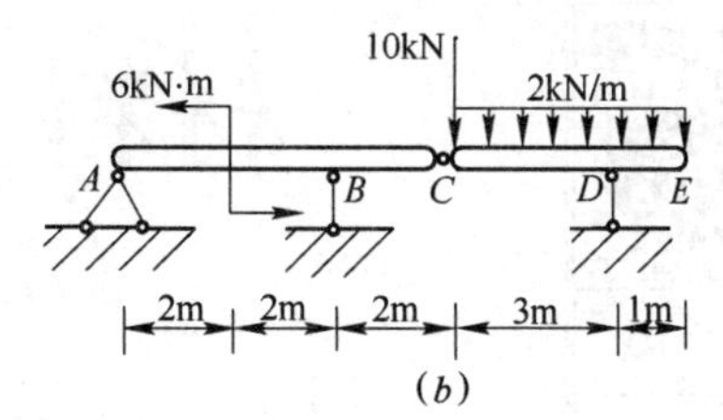

图 4-31　习题 4-9 图

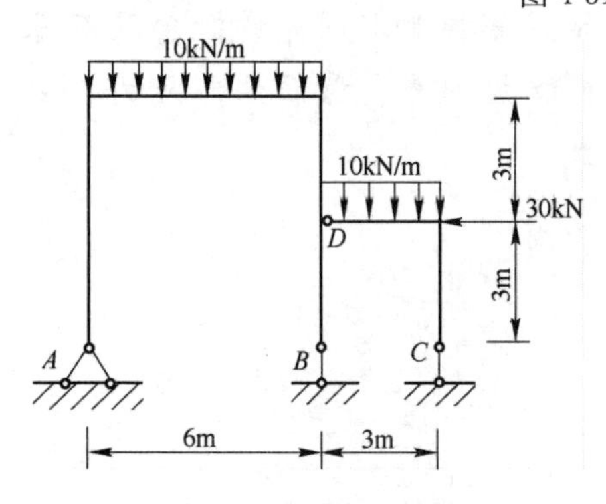

图 4-32　习题 4-10 图

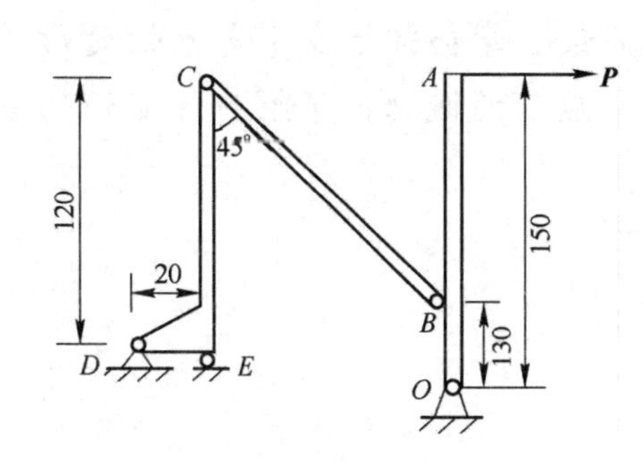

图 4-33　习题 4-11 图

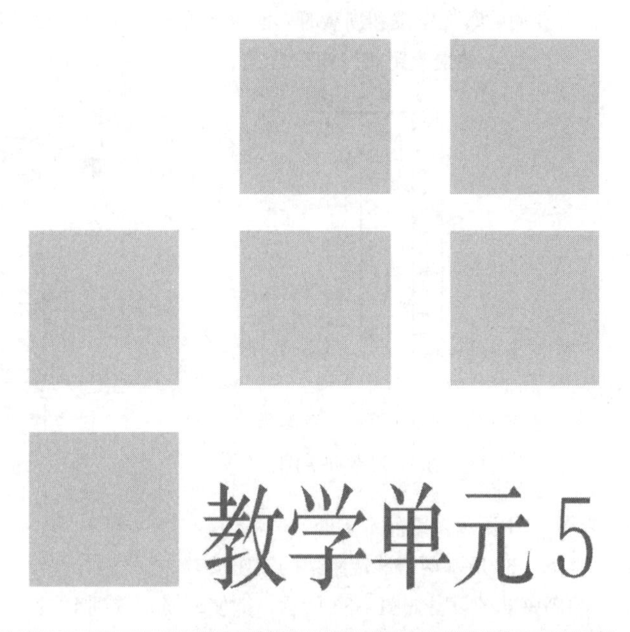

教学单元5

材料力学的基本概念

【教学目标】 通过本单元的学习，使学生掌握变形固体的概念及其基本假设、掌握弹性变形与塑性变形的概念；掌握内力、截面法、应力、变形和应变的概念；了解杆件变形的基本形式。

5.1　变形固体及其基本假设

5.1.1　变形固体

工程中构件和零件都是由固体材料制成，如铸铁、钢、木材、混凝土等。这些固体材料在外力作用下都会或多或少的产生变形，我们将这些固体材料称为**变形固体**。

变形固体在外力作用下会产生两种不同性质的变形：一种是当外力消除时，变形也随着消失，这种变形称为**弹性变形**；另一种是外力消除后，变形不能全部消失而留有残余，这种不能消失的残余变形称为**塑性变形**。一般情况下，物体受力后，既有弹性变形，又有塑性变形。但工程中常用的材料，在所受外力不超过一定范围时，塑性变形很小，可忽略不计，认为材料只产生弹性变形而不产生塑性变形。这种只有弹性变形的物体称为**理想弹性体**。只产生弹性变形的外力范围称为**弹性范围**。本书将只限于给出材料在弹性范围内的变形、内力及应力等计算方法和计算公式。

工程中大多数构件在外力作用下产生变形后，其几何尺寸的改变量与构件原始尺寸相比，常是极其微小的，我们称这类变形为**小变形**。材料力学研究的内容将限于小变形范围。由于变形很微小，我们在研究构件的平衡问题时，就可采用构件变形前的原始尺寸进行计算。

5.1.2　变形固体的基本假设

为了使计算简便，在材料力学的研究中，对变形固体作了如下的基本假设：

(1) **均匀连续假设**　假设变形固体在其整个体积内毫无空隙地充满了物质。而且各点处材料的力学性能完全相同。

(2) **各向同性假设**　假设材料在各个方向具有相同的力学性能。

常用的工程材料如钢材、玻璃等都可认为是各向同性材料。如果材料沿各个方向具有不同的力学性能，则称为各向异性材料。

综上所述，材料力学的研究对象，是由均匀连续、各向同性的变形固体材料制成的构件，且限于小变形范围。

5.2 杆件变形的基本形式

5.2.1 杆件

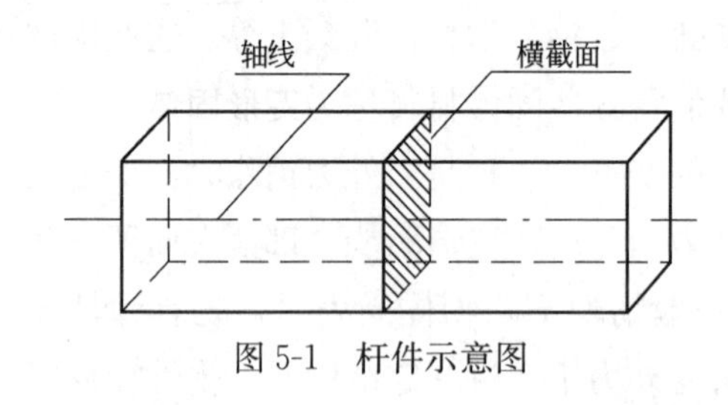

图 5-1 杆件示意图

材料力学中的主要研究对象是**杆件**。所谓杆件，是指长度远大于其他两个方向尺寸的构件。杆件的几何特点可由**横截面**和**轴线**来描述。横截面是与杆长方向垂直的截面，而轴线是各截面形心的连线（图 5-1）。杆各截面相同且轴线为直线的杆，称为**等截面直杆**。

05.02.001

杆件变形的基本形式

5.2.2 杆件变形的基本形式

杆件在不同形式的外力作用下，将发生不同形式的变形。但杆件变形的基本形式有以下四种：

（1）**轴向拉伸和压缩**（图 5-2*a*、图 5-2*b*） 在一对大小相等、方向相反、作用线与杆轴线相重合的外力作用下，杆件将发生长度的改变（伸长或缩短）。

（2）**剪切**（图 5-2*c*） 在一对相距很近、大小相等、方向相反的横向外力作用下，杆件的横截面将沿外力方向发生错动。

（3）**扭转**（图 5-2*d*） 在一对大小相等、方向相反、位于垂直于杆轴线的两平面内的力偶作用下，杆的任意两横截面将绕轴线发生相对转动。

（4）**弯曲**（图 5-2*e*） 在一对大小相等、方向相反、位于杆的纵向平面内的力偶作用下，杆件的轴线由直线弯成曲线。

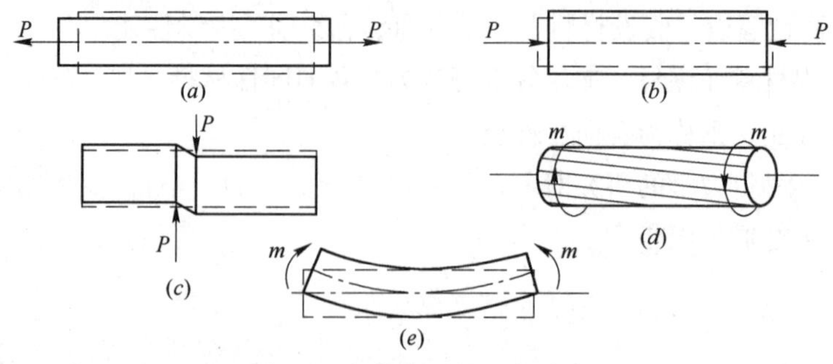

图 5-2 杆件变形的基本形式

工程实际中的杆件，可能同时承受不同形式的外力而发生复杂的变形，但都可以看作是上述基本变形的组合。由两种或两种以上基本变形组成的复杂变形称为**组合变形**。

在以下几章中，将分别讨论上述各种基本变形和组合变形。

5.3　内力、截面法、应力

5.3.1　内力的概念

杆件在外力作用下产生变形，从而杆件内部各部分之间就产生相互作用力，这种由**外力引起的杆件内部之间的相互作用力，称为内力**。

5.3.2　截面法

研究杆件内力常用的方法是**截面法**。截面法是假想地用一平面将杆件在需求内力的截面处截开，将杆件分为两部分（图 5-3*a*）；取其中一部分作为研究对象，此时，截面上的内力被显示出来，变成研究对象上的外力（图 5-3*b*）；再由平衡条件求出内力。

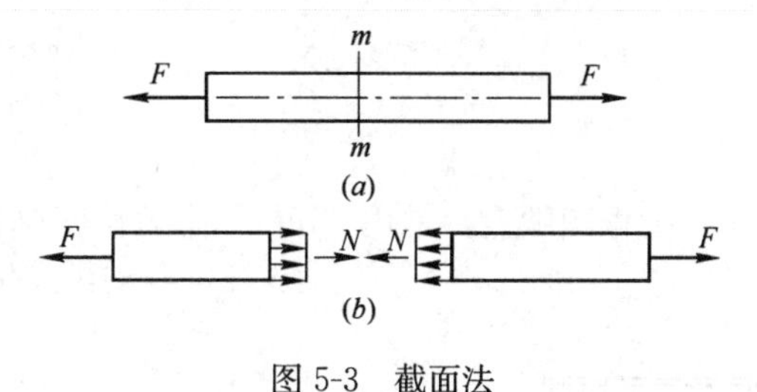

图 5-3　截面法

截面法可归纳为如下三个步骤：

（1）**截开**　用一假想平面将杆件在所求内力截面处截开，分为两部分；

（2）**代替**　取出其中任一部分为研究对象，以内力代替弃掉部分对所取部分的作用，画出受力图；

（3）**平衡**　列出研究对象上的静力平衡方程，求解内力。

5.3.3　应力

由于杆件是假设由均匀连续材料制成的，所以内力连续分布在整个截面上。由截面法求得的内力是截面上分布内力的合内力。只知道合内力，还不能判断杆件是否会因强度不足而破坏。例如图 5-4 所示两根材料相同而截面不同的受拉杆，在相同的拉力 F 作用下，两杆横截面上的内力相同，但两杆的危险程度不同，显然细杆比粗杆危险，容易被拉断，因为细杆的内力分布密集程度比粗杆的大。因此，为了解决强度问题，还必须知道内力在横截面上分布的**密集程度**（简称**集度**）。

我们将内力在一点处的分布集度，称为**应力**。

为了分析图 5-5（*a*）所示截面上任意一点 E 处的应力，围绕 E 点取一微小面积 ΔA，作用在微小面积 ΔA 上的合内力记为 ΔP，则比值

$$p_{\mathrm{m}}=\frac{\Delta P}{\Delta A}$$

称为 ΔA 上的**平均应力**。平均应力 p_m 不能精确地表示 E 点处的内力分布集度当 ΔA 无限趋近于零时，平均应力 p_m 的极限值 p 才能表示 E 点处的内力集度，即

$$p=\lim_{\Delta A\to 0}\frac{\Delta P}{\Delta A}=\frac{\mathrm{d}P}{\mathrm{d}A}$$

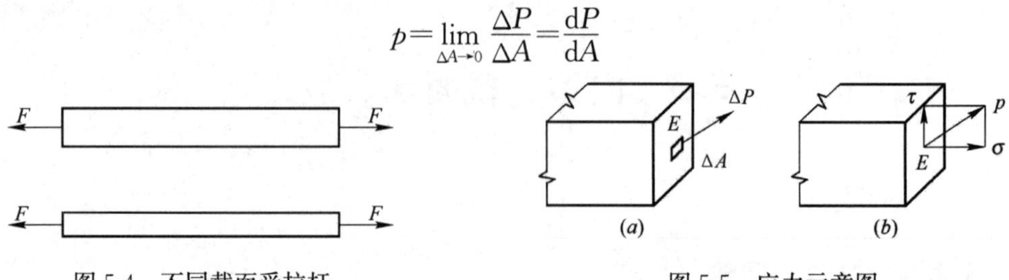

图 5-4　不同截面受拉杆　　　　图 5-5　应力示意图

上式中 p 称为 E 点处的应力。

一般情况下，应力 p 的方向与截面既不垂直也不相切。通常将应力 p 分解为与截面垂直的法向分量 σ 和与截面相切的切向分量 τ（图 5-5b）。垂直于截面的应力分量 σ 称为**正应力**或**法向应力**；相切于截面的应力分量 τ 称为**切应力**或**切向应力（剪应力）**。

应力的单位为 Pa，常用单位是 MPa 或 GPa。

$$1\mathrm{Pa}=1\mathrm{N/m^2}$$
$$1\mathrm{kPa}=10^3\mathrm{Pa}$$
$$1\mathrm{MPa}=10^6\mathrm{Pa}=1\mathrm{N/mm^2}$$
$$1\mathrm{GPa}=10^9\mathrm{Pa}$$

工程图纸上，常用“mm”作为长度单位，则

$$1\mathrm{N/mm^2}=10^6\mathrm{N/m^2}=10^6\mathrm{Pa}=1\mathrm{MPa}$$

5.4　变形和应变

杆件受外力作用后，其几何形状和尺寸一般都要发生改变，这种改变量称为**变形**。变形的大小是用**位移**和**应变**这两个量来度量。

位移是指位置改变量的大小，分为线位移和角位移。应变是指变形程度的大小，分为线应变和切应变。

图 5-6（a）所示微小正六面体，棱边边长的改变量 Δu 称为线变形（图 5-6b），Δu 与 Δx 的比值 ε 称为**线应变**。线应变是无量纲的。

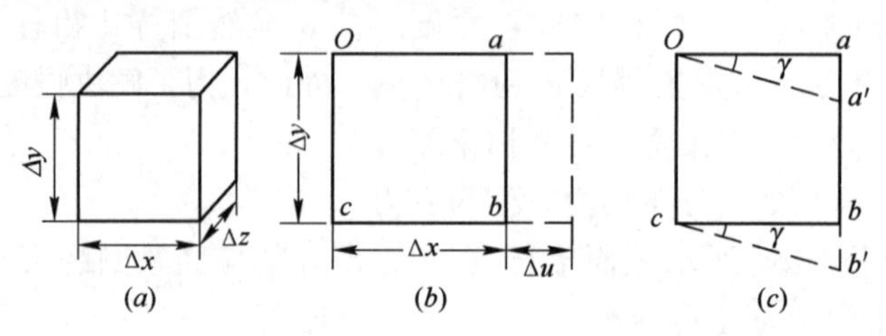

图 5-6　应变示意图

$$\varepsilon=\frac{\Delta u}{\Delta x}$$

上述微小正六面体的各边缩小为无穷小时，通常称为**单元体**。单元体中相互垂直棱边夹角的改变量 γ（图 5-6c），称为**切应变或角应变**（**剪应变**）。角应变用弧度来度量，它也是无量纲的。

习　　题

5-1　何谓弹性变形？何谓塑性变形？

5-2　材料力学的基本假设是什么？

5-3　材料力学的研究对象是由什么样材质制成的构件？

5-4　杆件的轴线与横截面之间有何关系？

5-5　杆件的基本变形形式有哪几种？并说出它们的受力和变形特点，请举出相应变形的工程实例。

5-6　什么是组合变形？

5-7　什么是内力？

5-8　截面法的三个步骤是什么？

5-9　何谓应力？什么是正应力？什么是切（剪）应力？

5-10　应力的基本单位是什么？工程中常用的单位是什么？

5-11　什么是变形？什么是位移？位移分为哪两种？

5-12　什么是应变？应变分为哪两种？用什么符号表示？

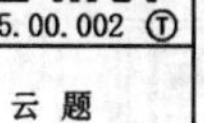
05.00.002

云题

05.00.003

案例

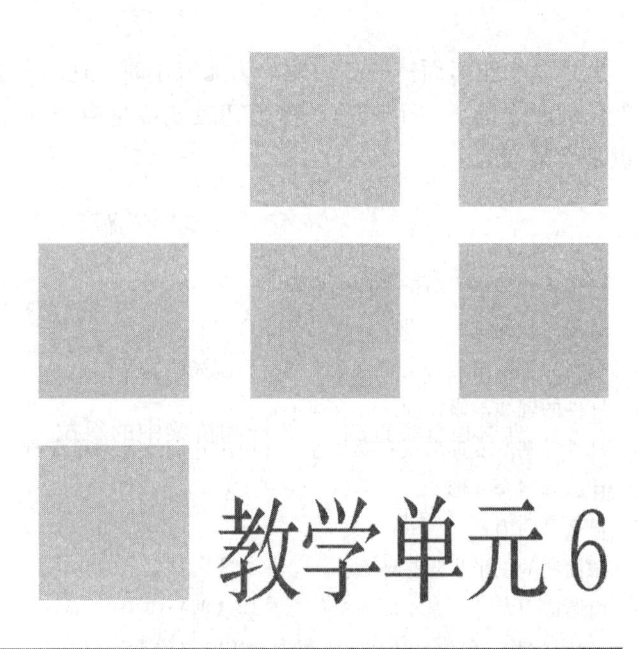

教学单元6

轴向拉伸和压缩

【教学目标】 通过本单元的学习，使学生熟练掌握运用截面法计算轴力及画轴力图的方法；掌握拉（压）杆横截面上及斜截面上的应力计算；掌握轴向变形的计算、胡克定律的适用范围；熟练掌握杆件的强度计算；了解材料的力学性能，理解极限应力、许用应力、安全系数的概念。

6.1　轴向拉伸和压缩时的内力——轴力

6.1.1　轴向拉伸和压缩的概念

在工程中，经常会遇到轴向拉伸或压缩的杆件，例如图6-1所示的桁架的竖杆、斜杆和上下弦杆，图6-2所示起重装置的1、2杆和桥梁中的斜拉杆。作用在这些杆上外力的合力作用线与杆轴线重合。在这种受力情况下，杆所产生的变形主要是纵向伸长或缩短。产生轴向拉伸或压缩的杆件称为拉杆或压杆。

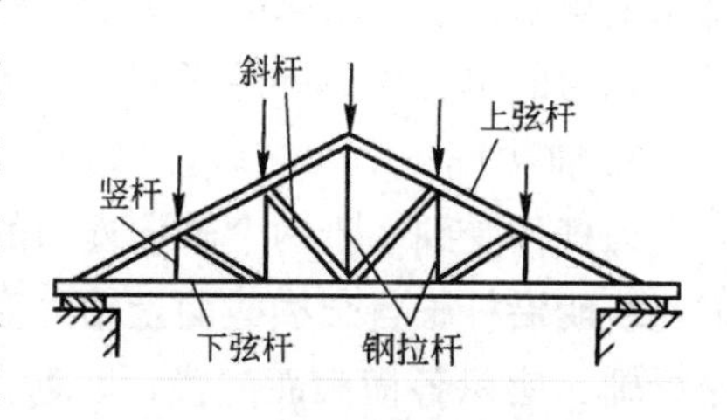

图6-1　桁架

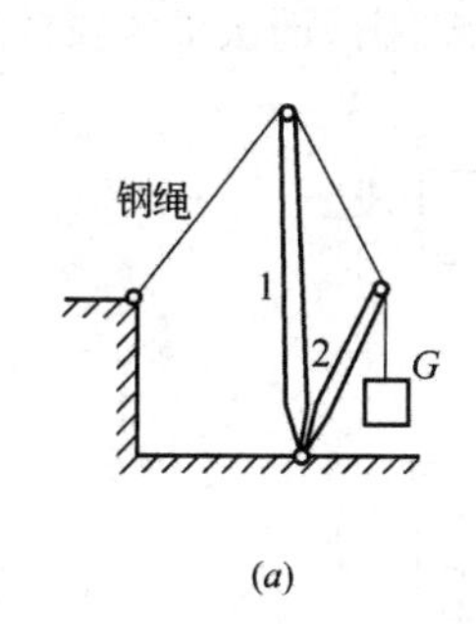

(a)

(b)

图6-2　起重装置和桥梁

6.1.2　轴向拉压杆的内力——轴力

1. 轴向拉伸和压缩时杆件的内力——轴力

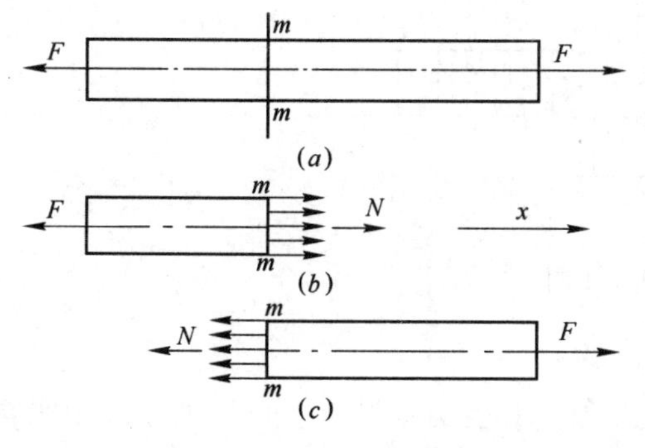

图6-3　截面法计算轴力

如图6-3（*a*）所示为一等截面直杆受轴向外力作用，产生轴向拉伸变形。现用截面法分析*m*-*m*截面上的内力。用假想的横截面将杆在*m*-*m*截面处截开分为左、右两部分，取左部分为研究对象如图6-3（*b*）所示，左右两段杆在横截面上相互作用的内力是一个分布力系，其合力为N。由于整个杆件是处于平衡状态，所以左段杆也应保持平衡，由平衡条件$\Sigma F_x=0$可知，

m-m横截面上分布内力的合力 N 必然是一个与杆轴相重合的内力，且 $N=F$，其指向背离截面。同理，若取右段为研究对象如图 6-3（c）所示，可得出相同的结果。

对于压杆，也可通过上述方法求得其任一横截面上的内力 N，但其指向为指向截面。

我们将作用线与杆件轴线相重合的内力，称为**轴力**，用符号 N 表示。背离截面的轴力，称为**拉力**；而指向截面的轴力，称为**压力**。

2. 轴力的正负号规定

轴向拉力为正号，轴向压力为负号。在求轴力时，通常将轴力假设为拉力方向，这样由平衡条件求出结果的正负号，就可直接代表轴力本身的正负号。

轴力的单位为 N 或 kN。

3. 轴力图

当杆件受到多于两个轴向外力的作用时，在杆件的不同横截面上轴力不尽相同。我们将**表明沿杆长各个横截面上轴力变化规律的图形，称为轴力图**。以平行于杆轴线的横坐标轴 x 表示各横截面位置，以垂直于杆轴线的纵坐标 N 表示各横截面上轴力的大小，将各截面上的轴力按一定比例画在坐标系中并连线，就得到轴力图。画轴力图时，将正的轴力画在轴线上方，负的轴力画在轴线下方。

【例 6-1】 一直杆受轴向外力作用如图 6-4（a）所示，试用截面法求各段杆的轴力。

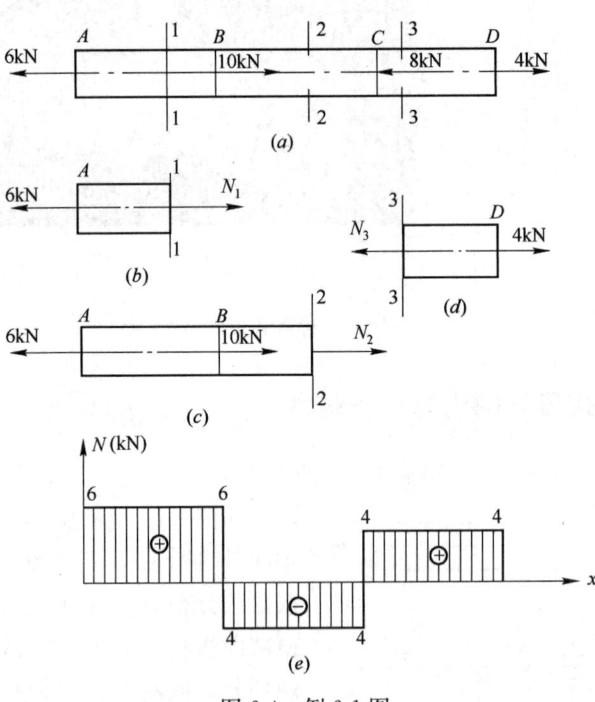

图 6-4 例 6-1 图

【解】 (1) 用截面法求各段杆横截面上的轴力

AB 段 取 1—1 截面左部分杆件为研究对象，其受力如图 6-4（b）所示，由平衡条件

$$\Sigma F_x=0 \qquad N_1-6=0$$

得
$$N_1=6\text{kN} \quad (拉)$$

*BC*段　取2—2截面左部分杆件为研究对象，其受力如图6-4（*c*）所示，由平衡条件

$$\Sigma F_x=0 \qquad N_2+10-6=0$$

得
$$N_2=-4\text{kN} \quad (压)$$

*CD*段　取3—3截面右部分杆为研究对象，其受力如图6-4（*d*）所示，由平衡条件

$$\Sigma F_x=0 \qquad 4-N_3=0$$

得
$$N_3=4\text{kN} \quad (拉)$$

（2）画轴力图

根据上面求出各段杆轴力的大小及其正负号画出轴力图，如图6-4（*e*）所示。

【例6-2】　试画出图6-5（*a*）所示阶梯柱的轴力图，已知 $F=40\text{kN}$。

【解】　（1）求各段柱的轴力

$$N_{AB}=-F=-40\text{kN} \quad (压)$$

$$N_{BC}=-3F=-120\text{kN} \quad (压)$$

（2）画轴力图

根据上面求出各段柱的轴力画出阶梯柱的轴力图，如图6-5（*b*）所示。

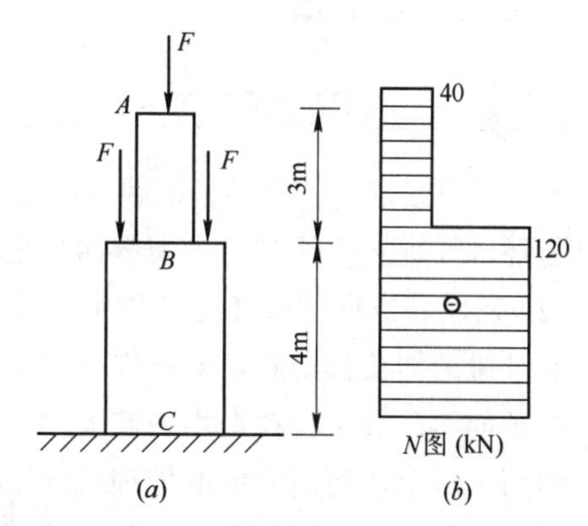

图6-5　例6-2图

值得注意的是：①在采用截面法之前，外力不能沿其作用线移动。因为将外力移动后就改变了杆件的变形性质，内力也就随之改变。②轴力图、受力图应与原图各截面对齐。当杆水平放置时，正值应画在与杆件轴线平行的横坐标轴的上方，而负值则画在下方，并必须标出正号或负号，如图6-4所示；当杆件竖直放置时正、负值可分别画在杆轴线两侧并标出正号或负号。轴力图上必须标明横截面的轴力值、图名及其单位，还应适当地画一些与杆件轴线垂直的直线。当熟练时，可以不画各段杆的受力图，直接画出轴力图，横坐标轴 x 和纵坐标轴 N 也可以省略不画，如图6-5（*b*）所示。

6.2　杆件在轴向拉伸和压缩时的应力

6.2.1　横截面的应力

要解决轴向拉压杆的强度问题，不但要知道杆件的内力，还必须

知道内力在截面上的分布规律。应力在截面上的分布不能直接观察到，但内力与变形有关。因此要找出内力在截面上的分布规律，通常采用的方法是先做实验。根据由实验观察到的杆件在外力作用下的变形现象，做出一些假设，然后才能推导出应力计算公式。下面我们就用这种方法推导轴向拉压杆的应力计算公式。

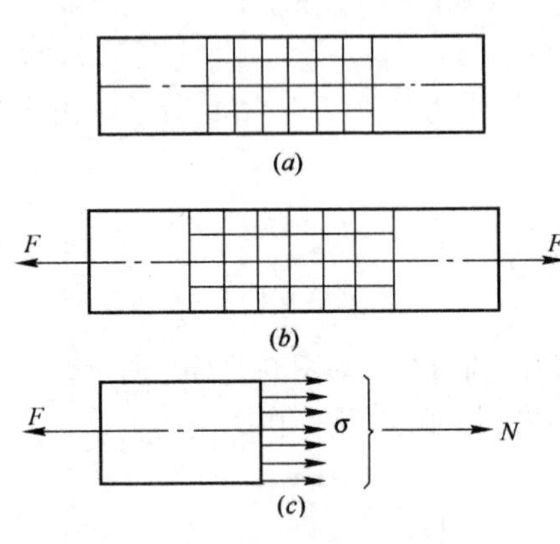

图 6-6　横截面上的正应力

取一根等直杆（图 6-6*a*），为了便于通过实验观察轴向受拉杆所发生的变形现象，受力前在杆件表面均匀地画上若干与杆轴线平行的纵线及与轴线垂直的横线，使杆表面形成许多大小相同的方格。然后在杆的两端施加一对轴向拉力 F（图 6-6*b*），可以观察到，所有的纵线仍保持为直线，各纵线都伸长了，但仍互相平行，小方格变成长方格。所有的横线仍保持为直线，且仍垂直于杆轴，只是相对距离增大了。

根据上述现象，可作如下假设：

(1) 平面假设　若将各条横线看作是一个横截面，则杆件横截面在变形以后仍为平面且与杆轴线垂直，任意两个横截面只是作相对平移。

(2) 若将各纵向线看作是杆件由许多纤维组成，根据平面假设，任意两横截面之间的所有纤维的伸长都相同，即杆件横截面上各点处的变形都相同。

由于前面已假设材料是均匀连续的，而杆件的分布内力集度又与杆件的变形程度有关，因而，从上述均匀变形的推理可知，轴向拉杆横截面上的内力是均匀分布的，也就是横截面上各点的应力相等。由于拉压杆的轴力是垂直于横截面的，故与它相应的分布内力也必然垂直于横截面，由此可知，轴向拉杆横截面上只有正应力，而没有剪应力。由此可得结论：**轴向拉伸时，杆件横截面上各点处只产生正应力，且大小相等**（图 6-6*c*），即：

$$\sigma=\frac{N}{A} \tag{6-1}$$

式中　N——杆件横截面上的轴力；

　　　A——杆件的横截面面积。

当杆件受轴向压缩时，上式同样适用。由于前面已规定了轴力的正负号，由式（6-1）可知，正应力也随轴力 N 而有正负之分，即**拉应力为正，压应力为负**。

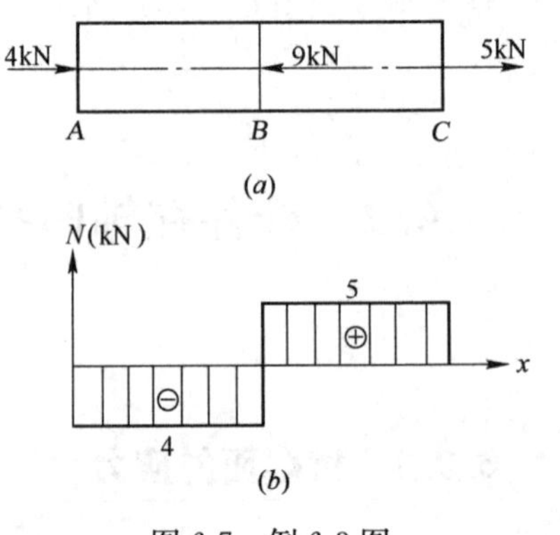

图 6-7　例 6-3 图

【例 6-3】 图 6-7（*a*）所示的等直杆，当截面为 50mm×50mm 正方形时，试求杆中各段横截面上的应力。

【解】 杆的横截面面积

$$A=50\times50=25\times10^2\,\text{mm}^2$$

绘出杆的轴力图如图 6-7（b），由正应力计算公式 $\sigma=\dfrac{N}{A}$ 可得：

AB 段内任一横截面上的应力：

$$\sigma_{AB}=\frac{N_1}{A}=\frac{-4\times10^3}{25\times10^2}=-1.6\text{MPa}$$

BC 段内任一横截面上的应力：

$$\sigma_{BC}=\frac{N_2}{A}=\frac{5\times10^3}{25\times10^2}=2\text{MPa}$$

6.2.2　斜截面上的应力

上面已分析了拉压杆横截面上的正应力。但是，横截面只是一个特殊方位的截面。为了全面了解拉压杆各点处的应力情况，现研究任一斜截面上的应力。

设有一等直杆，在两端分别受到一个大小相等的轴向外力 F 的作用（图 6-8a），现分析任意斜截面 m-n 上的应力，截面 m-n 的方位用它的外法线 on 与 x 轴的夹角 α 表示，并规定 α 从 x 轴算起，逆时针转向为正。

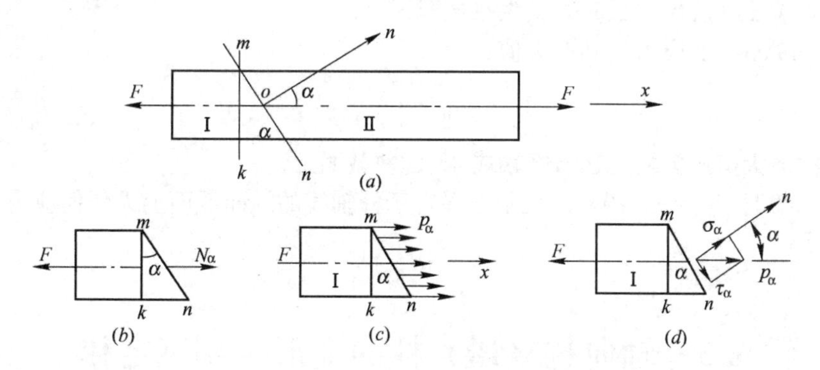

图 6-8　斜截面上的应力

将杆件在 m-n 截面处截开，取左段为研究对象（图 6-8b），由静力平衡方程 $\Sigma F_x=0$，可求得 α 截面上的内力：

$$N_\alpha=F=N$$

式中　N——横截面 m—k 上的轴力。

若以 p_α 表示 α 截面上任一点的总应力，按照上面所述横截面上正应力变化规律的分析过程，同样可得到斜截面上各点处的总应力相等的结论（图 6-8c），于是可得：

$$p_\alpha=\frac{N_\alpha}{A_\alpha}=\frac{N}{A_\alpha}$$

式中　A_α——斜截面面积，从几何关系可知 $A_\alpha=\dfrac{A}{\cos\alpha}$，将它代入式（$b$）式得：

$$p_\alpha=\frac{N}{A}\cos\alpha$$

式中 $\frac{N}{A}$——横截面上的正应力 σ，故得：

$$p_{\alpha}=\sigma\cos\alpha$$

p_{α} 是斜截面任一点处的总应力，为研究方便，通常将 p_{α} 分解为垂直于斜截面的正应力 σ_{α} 和相切于斜截面的剪应力 τ_{α}（图 6-8d），则：

$$\sigma_{\alpha}=p_{\alpha}\cdot\cos\alpha=\sigma\cos^{2}\alpha \tag{6-2}$$

$$\tau_{\alpha}=p_{\alpha}\sin\alpha=\sigma\cos\alpha\sin\alpha=\frac{1}{2}\sigma\sin2\alpha \tag{6-3}$$

式（6-2）、式（6-3）表示出轴向受拉杆斜截面上任一点的 σ_{α} 和 τ_{α} 的数值随斜截面位置 α 角而变化的规律。同样它们也适用于轴向受压杆。

σ_{α} 和 τ_{α} 的正负号规定如下：正应力 σ_{α} 以拉应力为正，压应力为负；剪应力 τ_{α} 以它使研究对象绕其中任意一点有顺时针转动趋势时为正，反之为负。

由式（6-2）、式（6-3）可见，轴向拉压杆在斜截面上有正应力和剪应力，它们的大小随截面的方位 α 角的变化而变化。

当 $\alpha=0°$时，正应力达到最大值：

$$\sigma_{\max}=\sigma$$

由此可见，**拉压杆的最大正应力发生在横截面上。**

当 $\alpha=45°$时，剪应力达到最大值：

$$\tau_{\max}=\frac{\sigma}{2}$$

即拉压杆的最大剪应力发生在与杆轴成 45°的斜截面上。

当 $\alpha=90°$时，$\sigma_{\alpha}=\tau_{\alpha}=0$，这表示在平行于杆轴线的纵向截面上无任何应力。

6.3 轴向拉（压）杆的变形·胡克定律

6.3.1 轴向拉（压）杆的变形

06.03.001

轴向拉压杆的变形和泊松比

当杆件受到轴向力作用时，使杆件沿轴线方向产生伸长（或缩短）的变形，称为纵向变形；同时杆在垂直于轴线方向的横向尺寸将产生减小（或增大）的变形，称为横向变形。下面结合轴向受拉杆件的变形情况，介绍一些有关的基本概念。

图 6-9　轴向拉杆的变形

1. 纵向变形及线应变

如图 6-9 所示，设有一原长为 l 的杆件，受到一对轴向拉力 F 的作用后，其长度为 l_1，则杆的纵向变形为：

$$\Delta l = l_1 - l$$

它只反映杆件的总变形量，而无法说明变形程度。由于杆的各段是均匀伸长的，所以可用单位长度的变形量来反映杆件的变形程度。我们将**单位长度的纵向变形量称为纵向线应变**。用 ε 表示，即：

$$\varepsilon = \frac{\Delta l}{l} \tag{6-4}$$

2. 横向变形及横向线应变

设拉杆原横向尺寸为 d，受力后缩小到 d_1(图 6-9)，则其横向变形为：

$$\Delta d = d_1 - d$$

与之相应的横向线应变 ε' 为：

$$\varepsilon' = \frac{\Delta d}{d} \tag{6-5}$$

以上的一些概念同样适用于压杆。

显然，ε 和 ε' 都是无量纲的量，其正负号分别与 Δl 和 Δd 的正负号一致。在拉伸时，ε 为正，ε' 为负；在压缩时，ε 为负，ε' 为正。

6.3.2 横向变形系数或泊松比 μ

实验结果表明，当杆件应力不超过比例极限时，横向线应变 ε' 与纵向线应变 ε 的绝对值之比为一常数，此比值称为横向变形系数或泊松比，用 μ 表示，即：

$$\mu = \left| \frac{\varepsilon'}{\varepsilon} \right| \tag{6-6}$$

μ 为无量纲的量，其数值随材料而异，可通过试验测定。考虑到应变 ε' 和 ε 的正负号总是相反，故有：

$$\varepsilon' = -\mu\varepsilon \tag{6-7}$$

弹性模量 E 和泊松比 μ 都是反映材料弹性性能的物理量。表 6-1 列出了几种材料的 E 和 μ 值。

几种材料的 E、μ 值 **表 6-1**

材料名称	E(10^3MPa)	μ	G(10^3MPa)
碳　钢	196～206	0.24～0.28	78.5～79.4
合金钢	194～206	0.25～0.30	78.5～79.4
灰口铸铁	113～157	0.23～0.27	44.1
白口铸铁	113～157	0.23～0.27	44.1
纯　铜	108～127	0.31～0.34	39.2～48.0
青　铜	113	0.32～0.34	41.2
冷拔黄铜	88.2～97	0.32～0.42	34.4～36.3
硬铝合金	69.6	—	26.5
轧制铝	65.7～67.6	0.26～0.36	25.5～26.5
混凝土	15.2～35.8	0.16～0.18	—
橡　胶	0.00785	0.461	—
木材(顺纹)	9.8～11.8	0.539	—
木材(横纹)	0.49～0.98	—	—

6.3.3 胡克定律

对于工程上常用的材料，如低碳钢、合金钢等所制成的轴向拉（压）杆，由实验证明：当杆的应力未超过某一极限时，纵向变形 Δl 与外力 F、杆长 l 及横截面面积 A 之间存在如下比例关系：

$$\Delta l \propto \frac{Fl}{A}$$

引入比例常数 E，则有：

$$\Delta l = \frac{Fl}{EA}$$

在内力不变的杆段中 $N=F$，可将上式改写成：

$$\Delta l = \frac{Nl}{EA} \tag{6-8}$$

这一比例关系，是1678年首先由英国科学家胡克提出的，故称为胡克定律。式中比例常数 E 称为弹性模量，从式（6-8）知，当其他条件相同时，材料的弹性模量越大，则变形越小，它表示材料抵抗弹性变形的能力。E 的数值随材料而异，是通过试验测定的，其单位与应力单位相同。EA 称为杆件的抗拉（压）刚度，对于长度相等，且受力相同的拉杆，其抗拉（压）刚度越大，则变形就越小。

将式（6-1）及式（6-4）$\varepsilon=\frac{\Delta l}{l}$，$\sigma=\frac{N}{A}$代入式（6-8）可得：

$$\sigma = E \cdot \varepsilon \tag{6-9}$$

式（6-9）是胡克定律的另一表达形式，它表明**当杆件应力不超过某一极限时，应力与应变成正比。**

上述的应力极限值，称为材料的比例极限，用 σ_p 表示（详见下节）。

【例 6-4】 为了测定钢材的弹性模量 E 值，将钢材加工成直径 $d=10$mm 的试件，放在实验机上拉伸，当拉力 F 达到 15kN 时，测得纵向线应变 $\varepsilon=0.00096$，求这一钢材的弹性模量。

【解】 当 P 达到 15kN 时，正应力为：

$$\sigma = \frac{F}{A} = \frac{15\times10^3}{\frac{1}{4}\pi\times10^2} = 191.08\text{MPa}$$

由胡克定律 $\sigma=E\cdot\varepsilon$ 得：

$$E = \frac{\sigma}{\varepsilon} = \frac{191.08}{0.00096} = 1.99\times10^5\text{MPa}$$
$$=199\text{GPa}$$

【例 6-5】 图 6-10 为一方形截面砖柱，上段柱边长为 240mm，下段柱边长为 370mm。荷载 $F=40$kN，不计自重，材料的弹性模量 $E=0.03\times10^5$MPa，试求砖柱顶面 A 的位移。

【解】 绘出砖柱的轴力图，如图 6-10（b）所示，设砖柱顶面 A 下降的位移为 Δl，显然它的位移就等于全柱的总缩短量。由于上、下两段柱的截面面积及轴力都不相等，故应分别求出两段柱的变形，然后求其总和，即：

$$\Delta l=\Delta l_{AB}+\Delta l_{BC}=\frac{N_{AB}l_{AB}}{EA_{AB}}+\frac{N_{BC}l_{BC}}{EA_{BC}}$$

$$=\frac{(-40\times10^3)\times3\times10^3}{0.03\times10^5\times240^2}+\frac{(-120\times10^3)\times4\times10^3}{0.03\times10^5\times370^2}$$

$$=-1.86\text{mm}\quad(\text{向下})$$

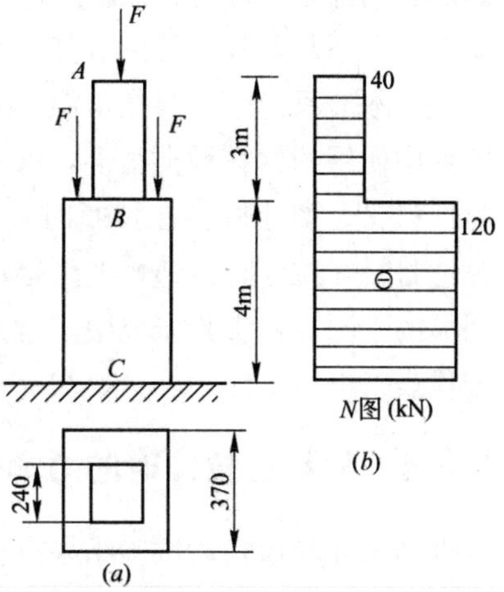

图 6-10　例 6-5 图

【例 6-6】 计算图示 6-11（a）结构杆①及杆②的变形。已知杆①为钢杆，$A_1=8\text{cm}^2$，$E_1=200\text{GPa}$；杆②为木杆，$A_2=400\text{cm}^2$，$E_2=12\text{GPa}$，$P=120\text{kN}$。

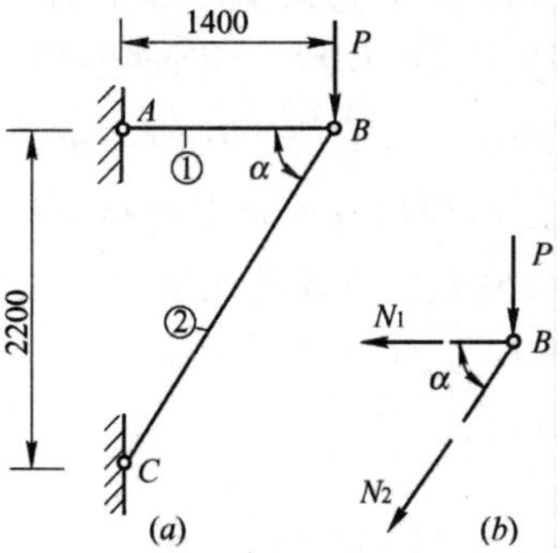

图 6-11　例 6-6 图

【解】 (1) 求各杆的轴力。

取 B 节点为研究对象（图 6-11b），列平衡方程得：

$$\Sigma F_y=0\qquad -P-N_2\sin\alpha=0\qquad(1)$$

$$\Sigma F_x=0\qquad -N_1-N_2\cos\alpha=0\qquad(2)$$

因 $\tan\alpha=\dfrac{2200}{1400}=1.57$，故 $\alpha=57.53°$，$\sin\alpha=0.843$，$\cos\alpha=0.537$，代入式（1）、（2）解得：

$N_1=76.4\text{kN}$　（拉杆）　　$N_2=-142.3\text{kN}$　（压杆）

(2) 计算杆的变形

$$\Delta l_1=\frac{N_1l_1}{E_1A_1}=\frac{76.4\times10^3\times1400}{200\times10^9\times8\times10^2}=6.69\times10^{-4}\text{m}=0.669\text{mm}$$

$$\Delta l_2=\frac{N_2l_2}{E_2A_2}=\frac{-142.3\times10^3\times\dfrac{2200}{\sin\alpha}}{12\times10^9\times400\times10^2}=-0.774\text{mm}$$

6.4　材料在拉伸和压缩时的力学性能

前面所讨论的拉（压）杆的计算中，曾涉及材料在轴向拉（压）时的一些物理量，如弹性模量和比例极限等。材料在受力过程中所反映的各种物理性质的量称为**材料的力**

学性能。它们都是通过材料试验来测定的。实验证明，材料的力学性能不仅与材料自身的性质有关，还与荷载的类别（静荷载、动荷载），温度条件（高温、常温、低温）等因素有关。本节只讨论材料在常温、静载下的力学性能。

工程中使用的材料种类很多，可根据试件在拉断时塑性变形的大小，区分为塑性材料和脆性材料。塑性材料在拉断时具有较大的塑性变形，如低碳钢、合金钢、铅、铝等；脆性材料在拉断时，塑性变形很小，如铸铁、砖、混凝土等。这两类材料的力学性能有明显的不同。在实验研究中，常把工程上用途较广泛的低碳钢和铸铁作为两类材料的典型代表来进行试验。

6.4.1 材料在拉伸时的力学性能

试件的尺寸和形状对试验结果有很大的影响，为了便于比较不同材料的试验结果，在做试验时，应该将材料做成国家金属试验标准中统一规定的标准试件，如图 6-12 所示。试件的中间部分较细，两端加粗，便于将试件安装在试验机的夹具中。在中间等直部分上标出一段作为工作段，用来测量变形，其长度称为标距 l。为了便于比较不同粗细试件工作段的变形程度，通常对圆截面标准试件的标距 l 与横截面直径的比例加以规定：$l=10d$ 和 $l=5d$；矩形截面试件标距和截面面积 A 之间的关系规定为：

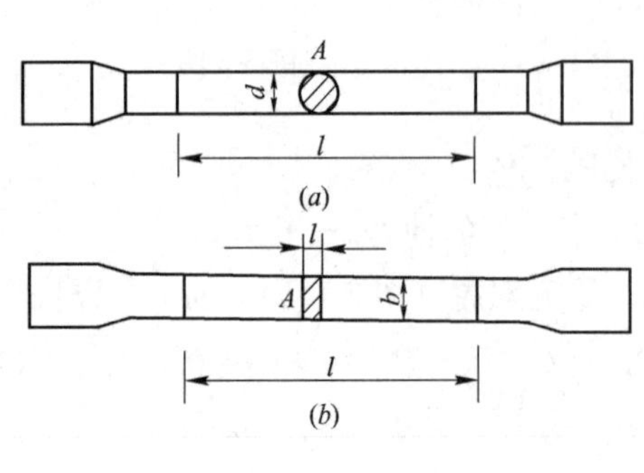

图 6-12　拉伸试件

$$l=11.3\sqrt{A} \text{和} l=5.65\sqrt{A}$$

前者为长试件，后者为短试件。

1. 低碳钢在拉伸时的力学性能

（1）拉伸图、应力应变曲线

将低碳钢的标准试件夹在试验机上，然后开动试验机，缓慢加力，从零开始直至拉断为止。在试验过程中，注意观察出现的各种现象和记录一系列拉力 F 与试件标距对应伸长 Δl 的数据。以拉力 F 为纵坐标，Δl 为横坐标，将 F 与 Δl 的关系按一定比例绘制成曲线，这条曲线就称为材料的**拉伸图**。如图 6-13 所示。一般试验机上均有自动绘图装置，试件拉伸过程中能自动绘出拉伸图。

由于 Δl 与试件的标距及横截面面积 A 有关，因此，即使是同一种材料，当试件尺寸不同时，其拉伸图也不同。为了消除试件尺寸的影响，使实验结果反映材料的力学性能，常对拉伸图的纵坐标即 F 除以试件横截面的原面积 A，用应力 $\sigma=\dfrac{F}{A}$ 表示；将其横坐标 Δl 除以试件工作段的原长 l，用线应变 $\varepsilon=\dfrac{\Delta l}{l}$ 表示。这样得到的一条应力 σ 与应变 ε 之间的关系曲线。此曲线称为应力—应变曲线（σ—ε 图），如图 6-14 所示。

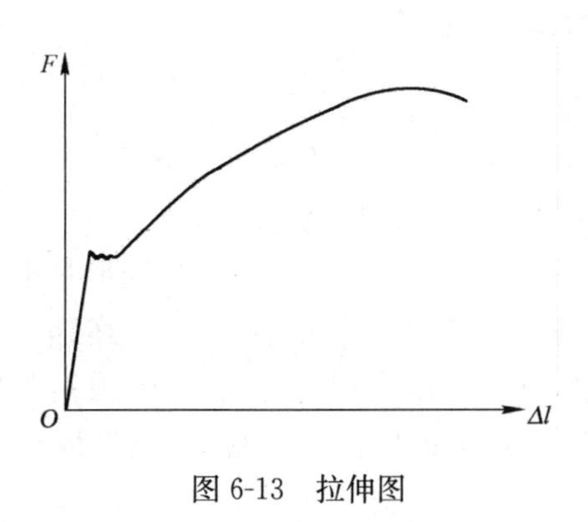

图 6-13　拉伸图

图 6-14　应力—应变曲线

(2) 拉伸过程的四个阶段

根据低碳钢应力——应变曲线特点，可以将低碳钢拉伸过程分为四个阶段。

1) 弹性阶段（图 6-14 中 Ob 段）

在试件的应力不超过 b 点所对应的应力时，材料的变形全部是弹性的，即卸除荷载时，试件的变形可全部消失。与这段图线的最高点 b 相对应的应力值称为材料的**弹性极限**，以 σ_e 表示。

在弹性阶段，拉伸的初始阶段 Oa 为直线，表明 σ 与 ε 成正比。a 点对应的应力称为材料的**比例极限**，用 σ_p 表示。常见的 Q235 低碳钢受拉时的比例极限 σ_p 为 200MPa。

根据胡克定律可知，图中直线 Oa 与横坐标 ε 的夹角 α 的正切就是材料的弹性模量，即

$$E=\frac{\sigma}{\varepsilon}=\tan\alpha \tag{6-10}$$

弹性极限 σ_e 与比例极限 σ_p 二者意义不同，但由试验得出的数值很接近，因此，通常工程上对它们不加严格区分，常近似认为在弹性范围内材料服从胡克定律。

2) 屈服阶段（图 6-14 中的 bc 段）

当应力超过 b 点对应的应力后，应变增加很快，应力仅在一个微小的范围内上下波动，在 σ—ε 图上呈现出一段接近水平的“锯齿”形线段 bc。这种材料的应力几乎不增大，但应变迅速增加的现象称**屈服**（或**流动**）。bc 段称为屈服阶段。在屈服阶段，σ—ε 图中曲线有一段微小的波动，其最高点的应力值称为屈服高限，而最低点的应力值称为屈服低限。实验表明，很多因素对屈服高限的数值有影响，而屈服低限则较为稳定。因此，通常将屈服低限称为材料的**屈服极限或流动极限**，以 σ_s 表示。常见的 Q235 低碳钢的屈服极限 σ_s 为 235MPa。

当材料到达屈服阶段时，如果试件表面光滑，则在试件表面上可以看到许多与试件轴线约成 45°角的条纹，这种条纹就称为滑移线。这是由于在 45°斜截面上存在最大剪应力，造成材料内部晶格之间发生相互滑移所致。一般认为，晶体的相对滑移是产生塑性变形的根本原因。

应力达到屈服时，材料出现了显著的塑性变形，使构件不能正常工作，故在构件设计时，一般应将构件的最大工作应力限制在屈服极限 σ_s 以下，因此，屈服极限是衡量

材料强度的一个重要指标。

3）强化阶段（图 6-14 的 *cd* 段）

经过屈服阶段，材料又恢复了抵抗变形的能力，σ—ε 图中曲线又继续上升，这表明若要使试件继续变形，就必须增加应力，这一阶段称为强化阶段。

由于试件在强化阶段中发生的变形主要是塑性变形，所以试件的变形量要比在弹性阶段内大得多，在此阶段，可以明显地看到整个试件的横向尺寸在缩小。图 6-14 中曲线最高点 d 所对应的应力称为强度极限，以 σ_b 表示。强度极限是材料所能承受的最大应力，它是衡量材料强度的一个重要指标。低碳钢的强度极限约为 400MPa。

4）颈缩阶段（图 6-14 中的 *de* 段）

当应力达到强度极限后，可以看到在试件的某一局部段内，横截面出现显著的收缩现象，如图 6-15 所示，这一现象称为“颈缩”。由于颈缩处截面面积迅速缩小，试件继续变形所需的拉力 P 反而下降，图 6-14 中的 σ—ε 曲线开始下降，曲线出现 de 段的形状，最后当曲线到达 e 点时，试件被拉断，这一阶段称为“颈缩”阶段。

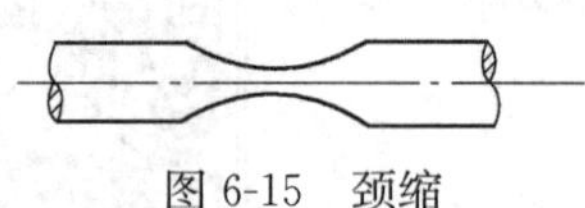

图 6-15　颈缩

对于低碳钢来说，屈服极限 σ_s 和强度极限 σ_b 是衡量材料强度的两个重要指标。

（3）塑性指标

试件断裂后，弹性变形消失了，塑性变形保留了下来。试件断裂后所遗留下来的塑性变形的大小，常用来衡量材料的塑性性能。塑性性能指标有延伸率和截面收缩率。

1）延伸率 δ

图 6-16 所示试件的工作段在拉断后的长度 l_1 与原长 l 之差（即在试件拉断后其工作段总的塑性变形）与 l 的比值，称为材料的延伸率。即：

$$\delta=\frac{l_1-l}{l}\times100\% \tag{6-11}$$

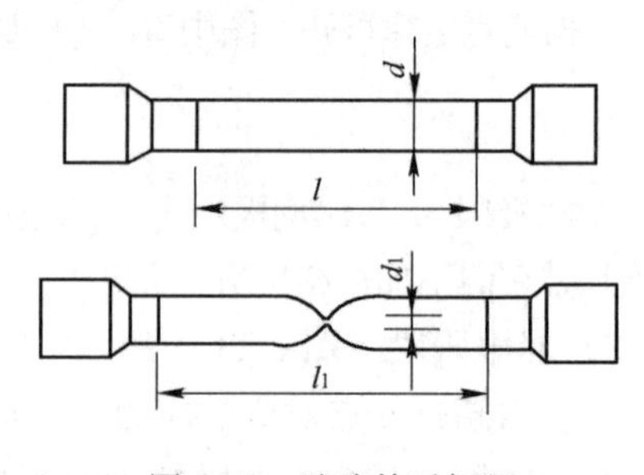

图 6-16　试验前后标距

延伸率是衡量材料塑性的一个重要指标，一般可按延伸率的大小将材料分为两类。将 $\delta\geqslant5\%$ 的材料称为塑性材料，$\delta<5\%$ 的材料称为脆性材料。低碳钢的延伸率约为 20%～30%。

2）截面收缩率 ψ

试件断裂处的最小横截面面积用 A_1 表示，原截面面积为 A，则比值：

$$\psi=\frac{A-A_1}{A}\times100\% \tag{6-12}$$

称为截面收缩率。低碳钢的收缩率约为 60%。

（4）冷作硬化

在试验过程中，如加载到强化阶段某点 f 时（图 6-17），将荷载逐渐减小到零，可以看到，卸载过程中应力与应变仍保持为直线关系，且卸载直线 fo_1 与弹性阶段内的直线 oa

近乎平行。在图 6-17 所示的 $\sigma-\varepsilon$ 曲线中，f 点的横坐标可以看成是 oo_1 与 o_1g 之和，其中 oo_1 是塑性变形 ε_s，o_1g 是弹性变形 ε_e。

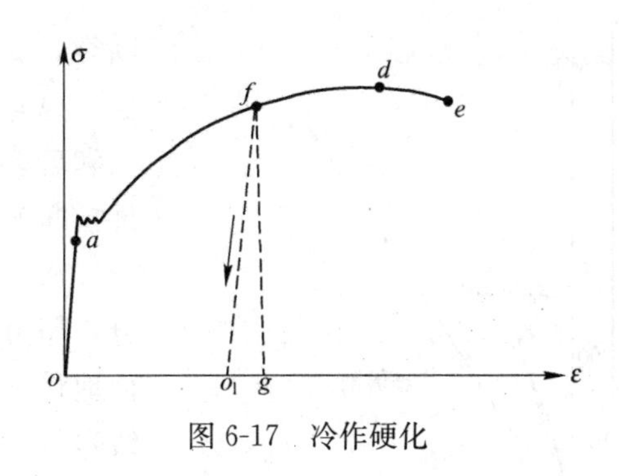

图 6-17　冷作硬化

如果在卸载后又立即重新加载，则应力—应变曲线将沿 o_1f 上升，并且到达 f 点后转向原曲线 fde。最后到达 e 点。这表明，如果将材料预拉到强化阶段，然后卸载，当再加载时，比例极限和屈服极限得到提高，但塑性变形减少。我们把材料的这种特性称为**冷作硬化**。

在工程上常利用钢筋的冷作硬化这一特性来提高钢筋的屈服极限。例如可以通过在常温下将钢筋预先拉长一定数值的方法来提高钢筋的屈服极限。这种方法称为**冷拉**。实践证明，按照规定来冷拉钢筋，一般可以节约钢材 10%～20%。钢筋经过冷拉后，虽然强度有所提高，但减少了塑性，从而增加了脆性。这对于承受冲击和振动荷载是非常不利的。所以，在工程实际中，凡是承受冲击和振动荷载作用的结构部位及结构的重要部位，不应使用冷拉钢筋。另外，钢筋在冷拉后并不能提高抗压强度。

2. 其他塑性材料在拉伸时的力学性能

其他金属材料的拉伸试验和低碳钢拉伸试验作法相同，如图 6-18 分别给出了锰钢、硬铝、退火球墨铸铁、青铜和低碳钢的应力——应变曲线。从图中可见，前三种材料就不像低碳钢那样具有明显的屈服阶段，但这些材料的共同特点是延伸率 δ 均较大，它们和低碳钢一样都属于塑性材料。

对于没有屈服阶段的塑性材料，通常用**名义屈服极限**作为衡量材料强度的指标。将对应于塑性应变为 $\varepsilon_s=0.2\%$时的应力定为名义屈服极限，并以 $\sigma_{0.2}$表示。如图 6-19 所示。图中 CD 直线与弹性阶段内的直线部分平行。

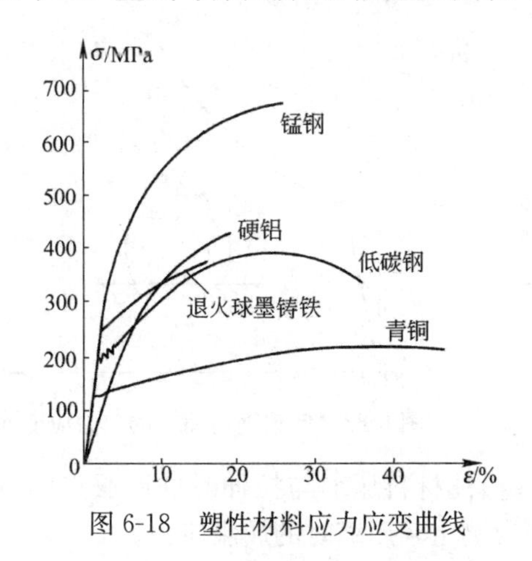

图 6-18　塑性材料应力应变曲线

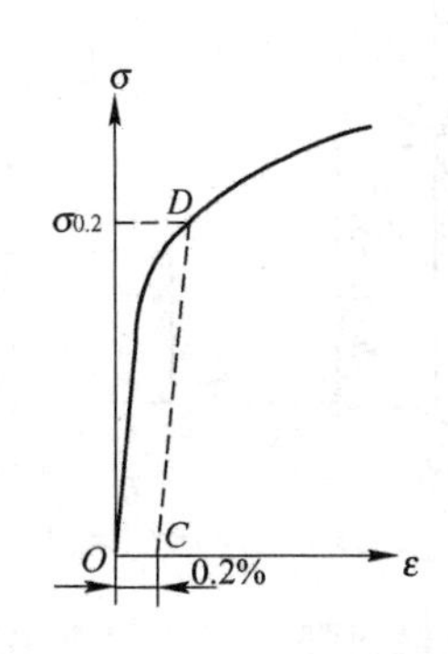

图 6-19　名义屈服极限

3. 脆性材料在拉伸时的力学性能

工程上也常用脆性材料，如铸铁、玻璃钢、混凝土等。这些材料在拉伸时，一直到

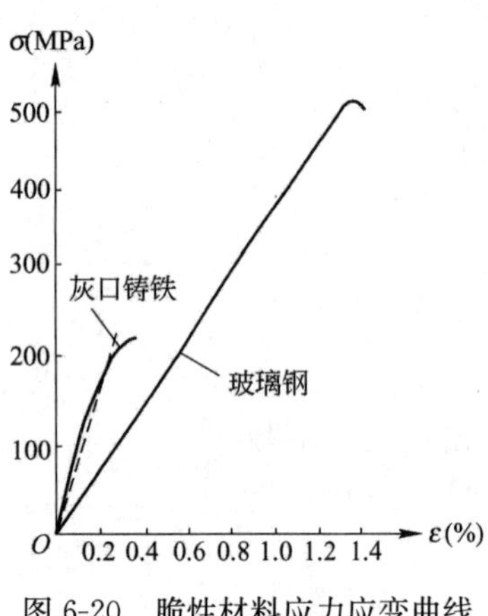

图 6-20　脆性材料应力应变曲线

断裂，变形都不显著，而且没有屈服阶段和颈缩现象，只有断裂时的强度极限 σ_b。图 6-20 所示是灰口铸铁和玻璃钢受拉伸时的 σ—ε 曲线。玻璃钢几乎到试件拉断时都是直线，即弹性阶段一直延续到接近断裂。灰口铸铁的σ—ε全部是曲线，没有显著的直线部分，但由于直到拉断时变形都非常小，因此，一般近似地将 σ—ε 曲线用一条割线来代替（如图 6-20 中虚线），从而确定其弹性模量，称之为割线弹性模量。并认为材料在这一范围内是符合胡克定律的。灰口铸铁通常以产生 0.1％的总应变所对应的曲线的割线条件来表示材料的弹性模量。

衡量脆性材料强度的唯一指标是强度极限 σ_b。

6.4.2　材料在压缩时的力学性能

金属材料（如低碳钢、铸铁等）压缩试验的试件为圆柱形，高约为直径的 1.5～3 倍，高度不能太大，否则受压后容易发生弯曲变形；非金属材料（如混凝土、石料等）试件为立方块（图 6-21）。

1. 低碳钢的压缩试验

如图 6-22 所示，图中虚线表示低碳钢拉伸时的 σ—ε 曲线，实线为压缩时的σ—ε曲线。比较两者，可以看出在屈服阶段以前，两曲线基本上是重合的。低碳钢的比例极限 σ_p，弹性模量 E，屈服极限 σ_s 都与拉伸时相同。当应力超出比例极限后，试件出现显著的塑性变形，试件明显缩短，横截面增大，随着荷载的增加，试件越压越扁，但并不破坏，无法测出强度极限。因此，低碳钢压缩时的一些力学性能指标可通过拉伸试验测定，一般不需做压缩实验。

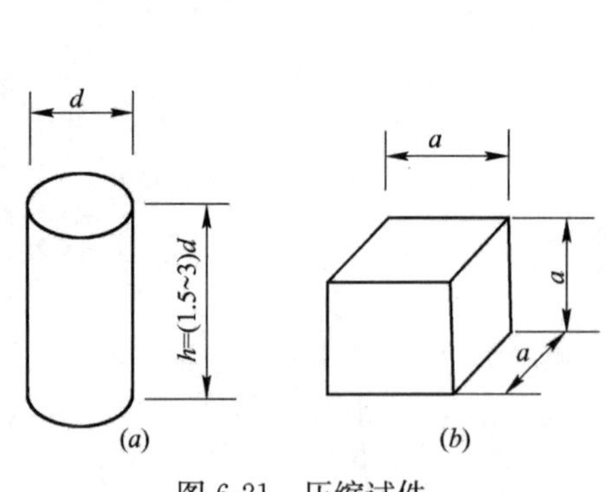

图 6-21　压缩试件

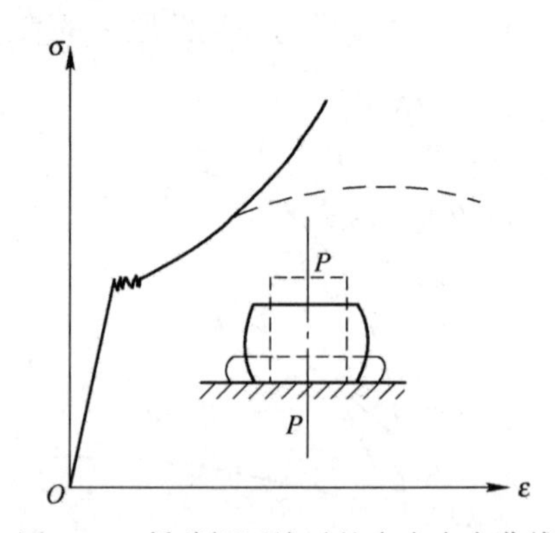

图 6-22　低碳钢压缩时的应力应变曲线

一般塑性材料都存在上述情况。但有些塑性材料压缩与拉伸时的屈服点的应力不同。如铬钢、硅合金钢，因此对这些材料还要测定其压缩时的屈服应力。

2. 铸铁等脆性材料的压缩试验

如图 6-23 所示，图中虚线表示铸铁受拉时的曲线，实线表示受压缩时的 σ—ε 曲线，由图可见，铸铁压缩时的强度极限约为受拉时的2～4倍，延伸率也比拉伸时大。

铸铁试件将沿与轴线成45°的斜截面上发生破坏，即在最大剪应力所在斜截面上破坏。说明铸铁的抗剪强度低于抗拉压强度。

其他脆性材料如混凝土、石料及非金属材料的抗压强度也远高于抗拉强度。

木材是各向异性材料，其力学性能具有方向性，顺纹方向的强度要比横纹方向高得多，而且其抗拉强度高于抗压强度，如图6-24为松木的σ—ε曲线。

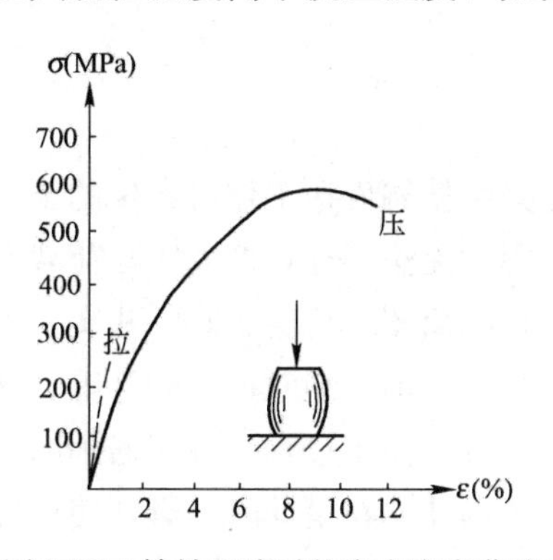

图6-23　铸铁压缩时的应力应变曲线

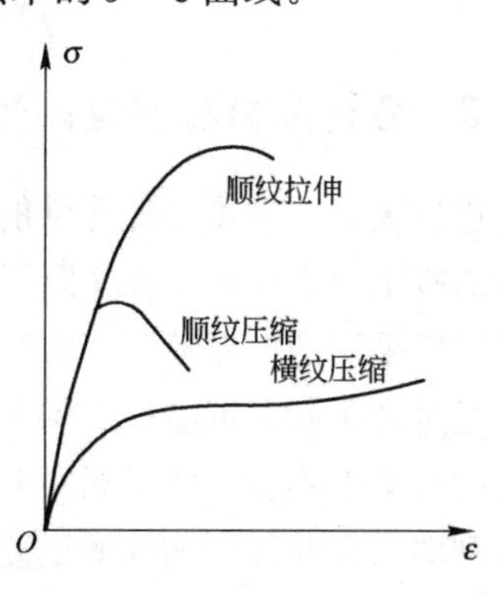

图6-24　松木的应力应变曲线

6.4.3　两类材料力学性能的比较

通过以上试验分析，塑性材料和脆性材料在力学性能上的主要差别是：

1. 强度方面

塑性材料拉伸和压缩时的弹性极限、屈服极限基本相同。脆性材料压缩时的强度极限远比拉伸时大，因此，一般适用于受压构件。塑性材料在应力超过弹性极限后有屈服现象；而脆性材料没有屈服现象，破坏是突然的。

2. 变形方面

塑性材料的δ和ψ值都比较大，构件破坏前有较大的塑性变形，材料的可塑性大，便于加工和安装时的矫正。脆性材料的δ和ψ较小，难以加工，在安装时的矫正中易产生裂纹和损坏。

必须指出，上述关于塑性材料和脆性材料的概念是指常温、静载时的情况。实际上，材料是塑性的还是脆性的并非一成不变，它将随条件而变化。如加载速度、温度高低、受力状态都能使其发生变化。例如，低碳钢在低温时也会变得很脆。

6.5　轴向拉（压）杆的强度条件及强度计算

6.5.1　材料的极限应力

任何一种材料制成的构件都存在一个能承受荷载的固有极限，这个固有极限称为极限应力，用 σ^0 表示。当构件内的工作应力到达此值时，就会破坏。

通过材料的拉伸（或压缩）试验，可以找出材料在拉伸和压缩时的极限应力。对塑性材料，当应力达到屈服极限时，将出现显著的塑性变形，会影响构件的使用。对于脆性材料，破坏前变形很小，当构件达到强度极限时，会引起断裂，所以：

对塑性材料　　$\sigma^0=\sigma_s$

对脆性材料　　$\sigma^0=\sigma_b$

6.5.2 容许应力和安全系数

在理想情况下，为了保证构件能正常工作，必须使构件在工作时产生的工作应力不超过材料的极限应力。由于在实际设计时有许多因素无法预计，例如实际荷载有可能超出在计算中所采用的标准荷载，实际结构取用的计算简图往往会忽略一些次要因素，个别构件在经过加工后有可能比规格上的尺寸小，材料并不是绝对均匀的等等。这些因素都会造成构件偏于不安全的后果。此外，考虑到构件在使用过程中可能遇到的意外事故或其他不利的工作条件、构件的重要性等的影响。因此，在设计时，必须使构件有必要的安全储备。即构件中的最大工作应力不超过某一限值，将极限应力 σ^0 缩小 n 倍，作为衡量材料承载能力的依据，称为**允许应力**（或称为许用应力），用 $[\sigma]$ 表示，即：

$$[\sigma]=\frac{\sigma^0}{n} \tag{6-13}$$

式中　n——一个大于 1 的系数，称为**安全系数**。

安全系数 n 的确定相当重要又比较复杂。选用过大，设计的构件过于安全，用料增多；选用过小，安全储备减少，构件偏于危险。

在静载作用下，脆性材料破坏时没有明显变形的“预告”，破坏是突然的，所以，所取的安全系数要比塑性材料大。一般工程中规定：

脆性材料　　$[\sigma]=\frac{\sigma_b}{n_b}$

$n_b=2.5\sim3.0$

塑性材料　　$[\sigma]=\frac{\sigma_s}{n_s}$ 或 $[\sigma]=\frac{\sigma_{0.2}}{n_s}$

$n_s=1.4\sim1.7$

常用材料的许用应力可见表 6-2。

常用材料的许用应力　　　　**表 6-2**

材料名称	牌　号	应力种类(MPa)		
		$[\sigma]$	$[\sigma_y]$	$[\tau]$
普通碳钢	Q215	137～152	137～152	84～93
普通碳钢	Q235	152～167	152～167	93～98
优质碳钢	45	216～238	216～238	128～142
低碳合金钢	16Mn	211～238	211～238	127～142

续表

材料名称	牌　　号	应力种类(MPa)		
		[σ]	[σ_y]	[τ]
灰铸铁		28～78	118～147	—
铜		29～118	29～118	—
铝		29～78	29～78	—
松木(顺纹)		6.9～9.8	8.8～12	0.98～1.27
混凝土		0.098～0.69	0.98～8.8	—

注：1. [σ] 为许用拉应力，[σ_y] 为许用压应力，[τ] 为许用剪应力。
2. 材料质量好，厚度或直径较小时取上限；材料质量较差，尺寸较大时取下限；其详细规定，可参阅有关设计规范或手册。

6.5.3 轴向拉（压）杆的强度条件及强度计算

由前面讨论可知，拉（压）杆的工作应力为 $\sigma=\frac{N}{A}$，为了保证构件能安全正常的工作，则杆内最大的工作应力不得超过材料的许用应力。即：

$$\sigma_{max}=\frac{N}{A}\leqslant[\sigma] \tag{6-14}$$

式（6-14）称为拉（压）杆的强度条件。

在轴向拉（压）杆中，产生最大正应力的截面称为危险截面。对于轴向拉压的等直杆，其轴力最大的截面就是危险截面。

应用强度条件式（6-14）可以解决轴向拉（压）杆强度计算的三类问题。

（1）强度校核　已知杆的材料、尺寸（已知 [σ] 和 A）和所受的荷载（已知 N）的情况下，可用式（6-14）检查和校核杆的强度。如 $\sigma_{max}\leqslant[\sigma]$，表示杆件的强度是满足要求的，否则不满足强度条件。

根据既要保证安全又要节约材料的原则，构件的工作应力不应该小于材料的许用应力 [σ] 太多，有时工作应力也允许稍微大于 [σ]，但是规定以不超过容许应力的 5% 为限。

（2）截面选择　已知所受的荷载、构件的材料，则构件所需的横截面面积 A，可用下式计算：

$$A\geqslant\frac{N}{[\sigma]}$$

（3）确定许用荷载　已知杆件的尺寸、材料，确定杆件能承受的最大轴力，并由此计算杆件能承受的许用荷载。

$$[N]\leqslant A[\sigma]$$

【例 6-7】 一直杆受力情况如图 6-25（*a*）所示。直杆的横截面面积 $A=10cm^2$，材料的许用应力 $[\sigma]=160MPa$，试校核杆的强度。

【解】 首先绘出直杆的轴力图，如图 6-25（*b*）所示，由于是等直杆，产生最大内

力的 CD 段的截面是危险截面，由强度条件得：

$$\sigma_{\max}=\frac{N_{\max}}{A}=\frac{150\times10^3}{10\times10^2}=150\text{MPa}<[\sigma]=160\text{MPa}$$

所以满足强度条件。

【例 6-8】 图示 6-26（a）的支架，①杆为直径 $d=16\text{mm}$ 的钢圆截面杆，许用应力 $[\sigma]_1=160\text{MPa}$，②杆为边长 $a=12\text{cm}$ 的正方形截面杆，$[\sigma]_2=10\text{MPa}$，在节点 B 处挂一重物 F，求许用荷载 $[F]$。

【解】 (1) 计算杆的轴力。

取节点 B 为研究对象（图 6-26b），列平衡方程：

$$\Sigma F_x=0 \qquad -N_1-N_2\cos\alpha=0$$

$$\Sigma F_y=0 \qquad -F-N_2\sin\alpha=0$$

由几何关系得：$\tan\alpha=\frac{2}{1.5}=\frac{4}{3}$，则 $\sin\alpha=\frac{4}{5}$，$\cos\alpha=\frac{3}{5}$。

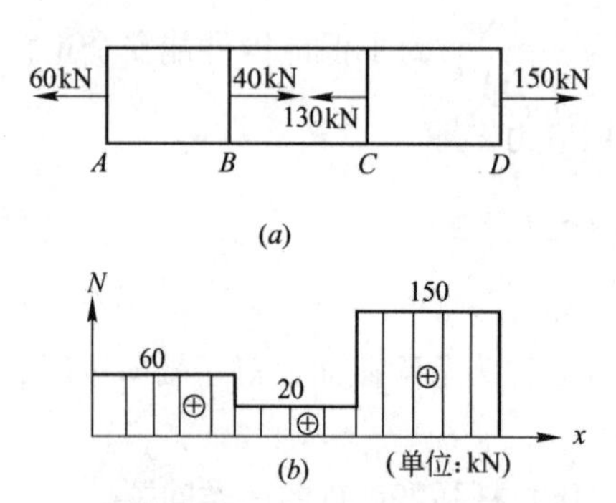

图 6-25　例 6-7 图

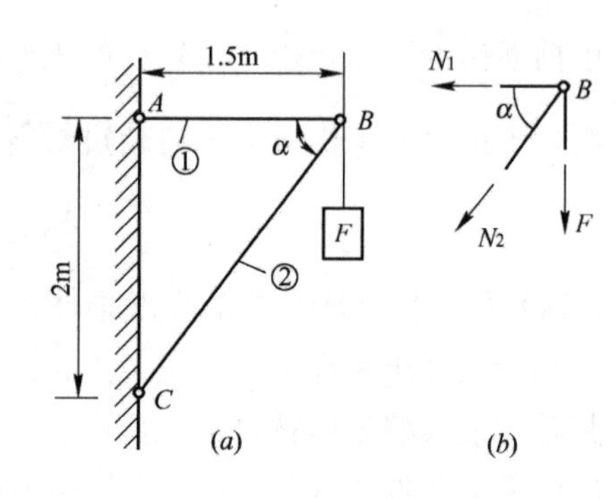

图 6-26　例 6-8 图

轴向拉（压）杆件强度校核

轴向拉（压）杆件截面设计

轴向拉（压）杆件许用荷载确定

解方程得：$N_1=0.75F$　（拉力）

$N_2=-1.25F$　（压力）

(2) 计算许用荷载

先根据①杆的强度条件计算①杆能承受的许用荷载 $[F]$

$$\sigma_1=\frac{N_1}{A_1}=\frac{0.75F}{A_1}\leqslant[\sigma]_1$$

所以

$$[F]\leqslant\frac{A_1[\sigma]_1}{0.75}=\frac{\frac{1}{4}\times3.14\times16^2\times160}{0.75}=4.29\times10^4\text{N}=42.9\text{kN}$$

再根据②杆的强度条件计算②杆能承受的许可荷载 $[F]$

$$\sigma_2=\frac{|N_2|}{A_2}=\frac{1.25F}{A_2}\leqslant[\sigma]_2$$

所以

$$[F]\leqslant\frac{A_2[\sigma]_2}{1.25}=\frac{120^2\times10}{1.25}=11.52\times10^4\text{N}=115.2\text{kN}$$

比较两杆所得的许用荷载，取其中较小者，则支架的许用荷载为 $[F]\leqslant 42.9\text{kN}$。

【例 6-9】 起重机如图 6-27（a）所示，起重机的起重量 $F=35\text{kN}$，绳索 AB 的许用应力 $[\sigma]=45\text{MPa}$，试根据绳索的强度条件选择其直径 d。

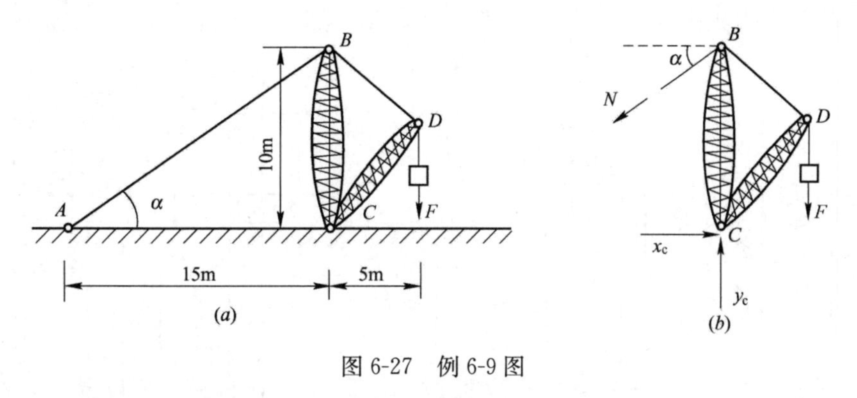

图 6-27　例 6-9 图

【解】 先求绳索 AB 的轴力。取 BCD 为研究对象，受力图如图 6-27（b）所示，列平衡方程：

$$\Sigma M_c=0 \qquad N\cos\alpha\times 10-F\times 5=0$$

因为
$$AB=\sqrt{10^2+15^2}=18.03$$

所以
$$\cos\alpha=\frac{15}{18.03}=0.832$$

解得
$$N=21.03\text{kN}$$

再由强度条件求出绳索的直径

$$\sigma=\frac{N}{A}=\frac{N}{\frac{1}{4}\pi d^2}\leqslant[\sigma]$$

$$d\geqslant\sqrt{\frac{4N}{\pi[\sigma]}}=\sqrt{\frac{4\times 21.03\times 10^3}{3.14\times 45}}=24\text{mm}$$

6.6　应力集中的概念

6.6.1　应力集中的概念

等截面直杆受轴向拉伸和压缩时，横截面上的应力是均匀分布的。但是工程上由于实际的需要，常在一些构件上钻孔、开槽以及制成阶梯形等，以致截面的形状和尺寸发生了较大的改变。由实验和理论研究表明，构件在截面突变处应力并不是均匀分布的。例如图 6-28（a）所示开有圆孔的直杆受到轴向拉伸时，在圆孔附近的局部区域内，应力的数值剧烈增加，而在稍远的地方，应力迅速降低而趋于均匀（图 6-28*b*）。又如图 6-29（*a*）所示具有浅槽的圆截面拉杆，在靠近槽边处应力很大，在开槽的横截面上，其应力分布如图 6-29（*b*）所示。这种由于杆件外形的突然变化而引起局部应力急剧增大的现象，称为应力集中。

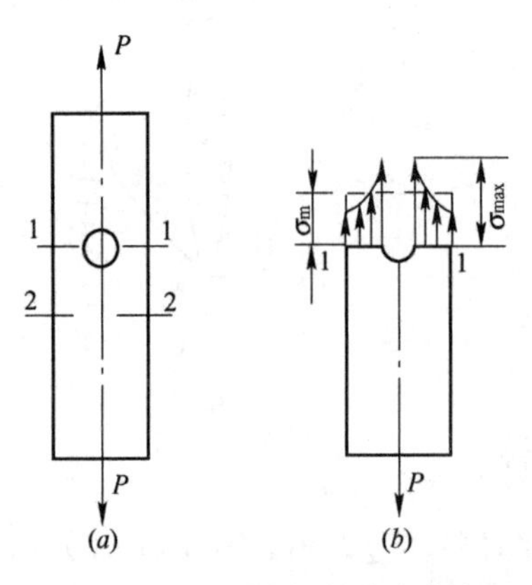

图 6-28　开圆孔杆的应力集中

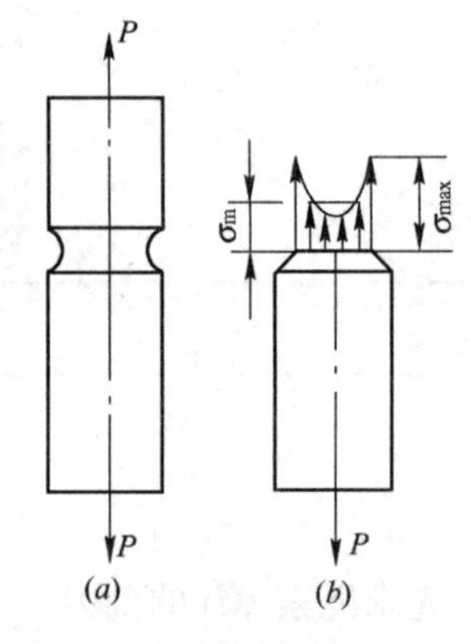

图 6-29　开浅槽圆截面杆的应力集中

6.6.2　应力集中对构件强度的影响

06.06.001 ㉚

应力集中的概念

应力集中对构件强度的影响随构件性能不同而异。当构件截面有突变时会在突变部分发生应力集中现象，截面应力呈不均匀分布（图6-30*a*）。继续增大外力时，塑性材料构件截面上的应力最高点首先到达屈服极限 σ_s（图 6-30*b*）。若再继续增加外力，该点的应力不会增大，只是应变增加，其他点处的应力继续提高，以保持内外力平衡。外力不断加大，截面上到达屈服极限的区域也逐渐扩大（图 6-30*c*、*d*），直至整个截面上各点应力都达到屈服极限，构件才丧失工作能力。因此，对于用塑性材料制成的构件，尽管有应力集中，却并不显著降低它抵抗荷载的能力，所以在强度计算中可以不考虑应力集中的影响。脆性材料没有屈服阶段，当应力集中处的最大应力达到材料的强度极限时，将导致构件的突然断裂，大大降低了构件的承载能力。因此，必须考虑应力集中对其强度的影响。

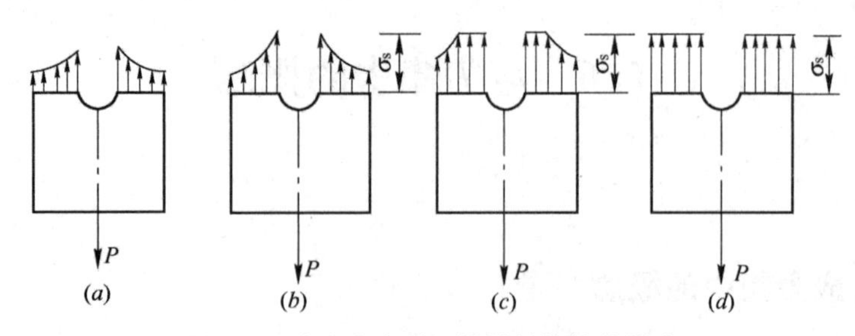

图 6-30　应力集中对塑性材料构件的影响

复习思考题

1. 什么叫内力？为什么轴向拉压杆的内力必定垂直于横截面且沿杆轴方向作用？

2. 指出图 6-31 所列杆件中哪些部位属于轴向拉伸和压缩？

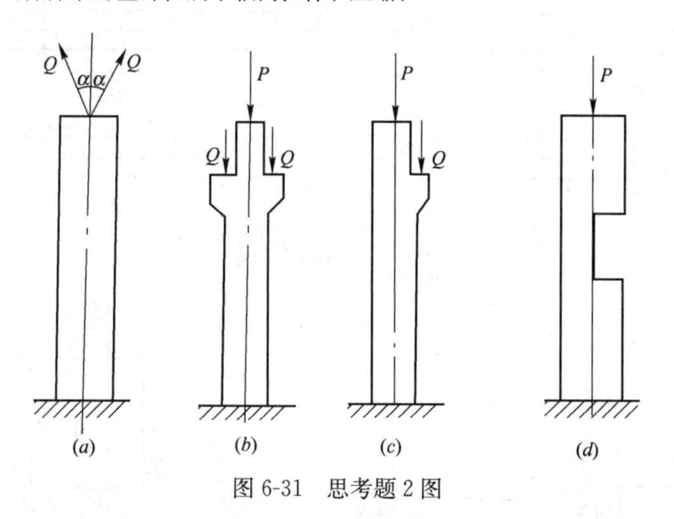

图 6-31　思考题 2 图

3. 两根材料不同，截面面积不同的杆，受同样的轴向拉力作用时，它们的内力是否相同？

4. 轴力和截面面积相等，而材料和截面形状不同的两根拉杆，在应力均匀分布的条件下，它们的应力是否相同？

5. 在拉（压）杆中，轴力最大的截面一定是危险截面，这种说法对吗？为什么？

6. 低碳钢在拉伸试验中表现为几个阶段？有哪几个特征点？怎样从 σ—ε 曲线上求出拉压弹性模量 E 的值？

7. 指出下列概念的区别：

（1）外力和内力；

（2）线应变和延伸率；

（3）工作应力、极限应力和许用应力；

（4）屈服极限和强度极限。

8. 三种材料的应力应变图如图 6-32 所示。问哪一种材料：（1）强度高；（2）刚度大；（3）塑性好。

图 6-32　思考题 8 图

9. 材料的塑性如何衡量？何谓塑性材料？何谓脆性材料？塑性材料和脆性材料的力学特性有哪些主要区别？

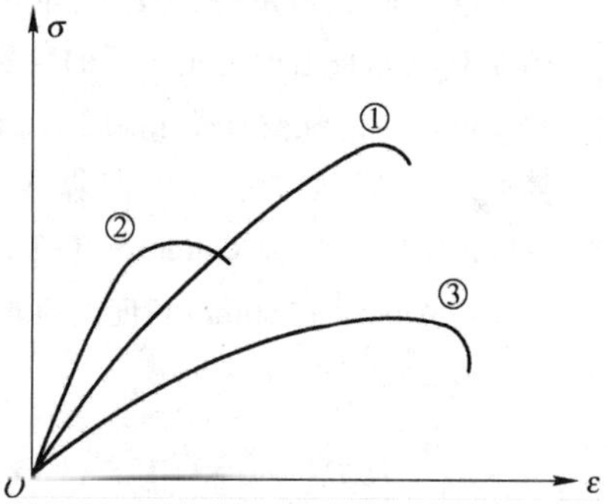

10. 胡克定律有几种表达形式，其应用条件是什么？

11. 一钢筋受拉力 P 作用，已知弹性模量 $E=210\text{GPa}$，比例极限 $\sigma_p=210\text{MPa}$。设测出应变 $\varepsilon=0.003$，问此时可否用胡克定律求它横截面上的应力？

12. 斜截面上一点处的应力可分解为哪两个分量？其正负号是如何规定的？

13. 什么是应力集中？

习　题

6-1　求图 6-33 所示杆各段横截面上的轴力，并作杆的轴力图。

6-2　作图 6-34 所示阶梯状直杆的轴力图，如横截面的面积 $A_1=200\text{mm}^2$，$A_2=300\text{mm}^2$，$A_3=400\text{mm}^2$，求各横截面上的应力。

6-3　图 6-35 所示一高 10m 的石砌桥墩，其横截面尺寸如图中所示。已知轴向压力 $F=800\text{kN}$，材料的容重 $\gamma=23\text{kN/m}^3$，试求桥墩底面上的压应力的大小。

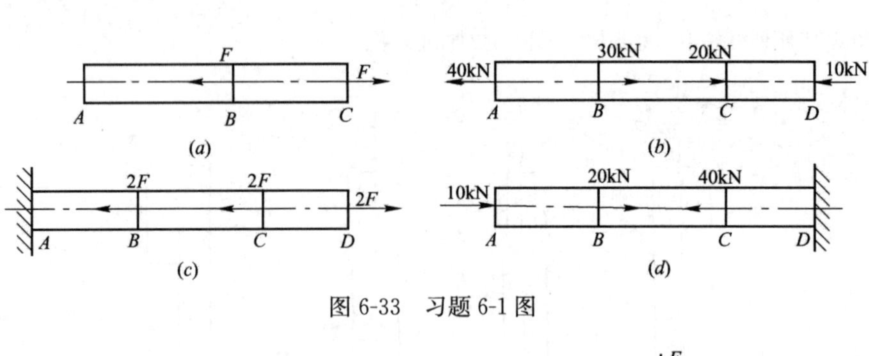

图 6-33　习题 6-1 图

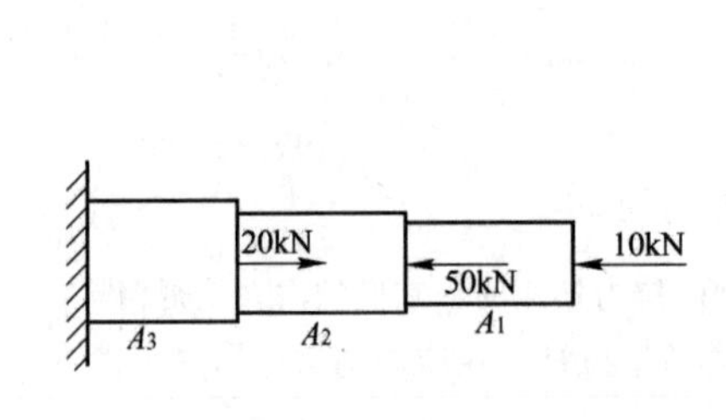

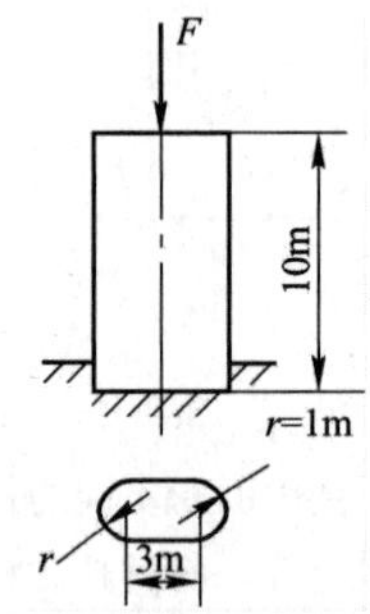

图 6-34　习题 6-2 图

图 6-35　习题 6-3 图

6-4　图 6-36 所示一承受轴向拉力 $F=10\text{kN}$ 的等直杆，已知杆的横截面面积 $A=100\text{mm}^2$，试求 $\alpha=0°$、$30°$、$60°$、$90°$的各斜截面上的正应力和剪应力。

6-5　图 6-37 所示横截面为正方形的阶梯形砖柱承受荷载 $F=40\text{kN}$ 作用，材料的弹性模量 $E=2\times10^5\text{MPa}$，上下柱截面尺寸如图示。试求：(1) 作轴力图；(2) 计算上、下柱的正应力；(3) 计算上、下柱的线应变；(4) 计算 A、B 截面位移。

6-6　一圆形钢杆，长 $l=350\text{mm}$，直径 $d=32\text{mm}$，在轴向拉力 $F=135\text{kN}$ 作用下，测得直径缩减 $\Delta d=0.0062\text{mm}$，在 50mm 长度内的伸长 $\Delta l=0.04\text{mm}$，试求弹性模量 E 和泊松比 μ。

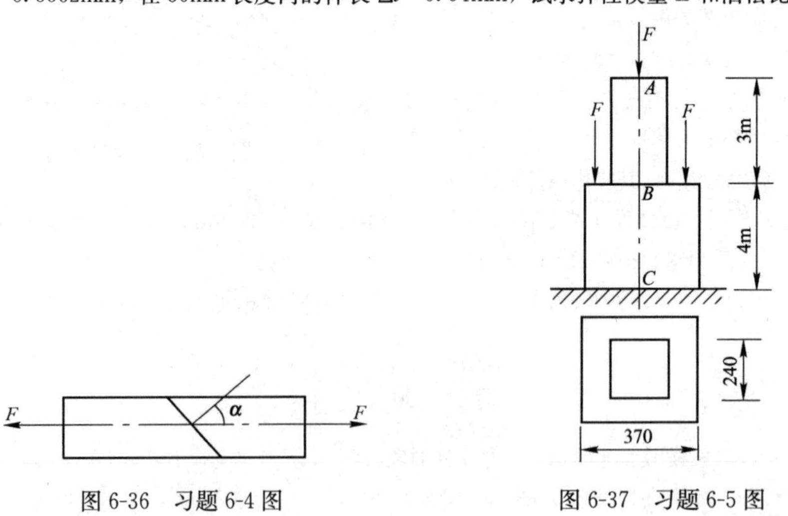

图 6-36　习题 6-4 图

图 6-37　习题 6-5 图

6-7　在如图 6-38 所示结构中，梁 AB 的长度 $l=2\text{m}$，其变形和重量忽略不计，钢杆 1 长 $l_1=1.5\text{m}$，直径 $d_1=18\text{mm}$，$E_1=200\text{GPa}$，钢杆 2 长 $l_2=1\text{m}$，直径 $d_2=30\text{mm}$，$E_2=100\text{GPa}$。试问 (1) 荷

载 F 加在何处才能使 AB 梁保持水平位置？（2）若此时 $F=30\text{kN}$，则两拉杆内的正应力各为多少？

6-8　图 6-39 所示一钢筋混凝土平面闸门，需要的最大启门力 $F=140\text{kN}$。已知提升闸门的钢螺旋杆的直径 $d=40\text{mm}$，许用应力 $[\sigma]=170\text{MPa}$，试校核钢螺旋杆的强度。

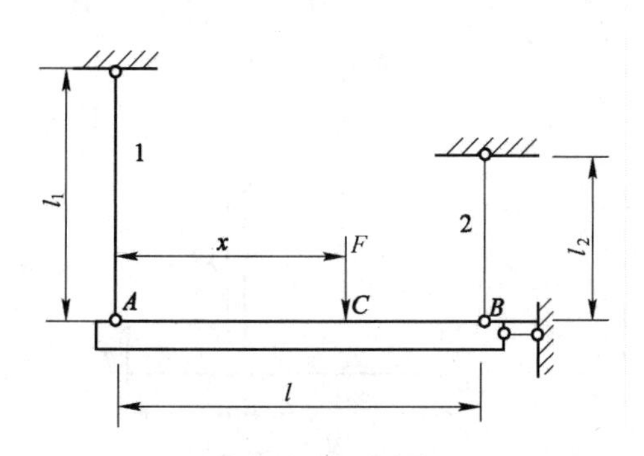

图 6-38　习题 6-7 图

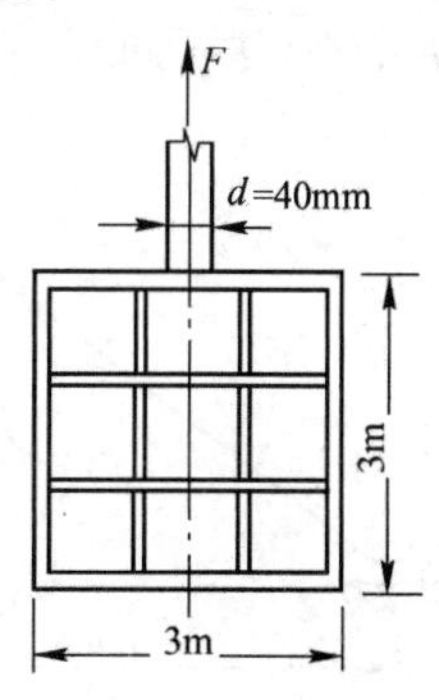

图 6-39　习题 6-8 图

6-9　用绳索吊起重量为 10kN 的箱子，如图 6-40 所示，设绳索的直径 $d=25\text{mm}$，许用应力 $[\sigma]=10\text{MPa}$，试校核绳索的强度。

6-10　图 6-41 所示为一个三角支架，已知：杆 AC 是圆截面钢杆，许用应力 $[\sigma]=170\text{MPa}$，杆 BC 是正方形截面木杆，许用应力 $[\sigma]=12\text{MPa}$，荷载 $F=60\text{kN}$，试选择钢杆的直径 d 和木杆的截面边长 a。

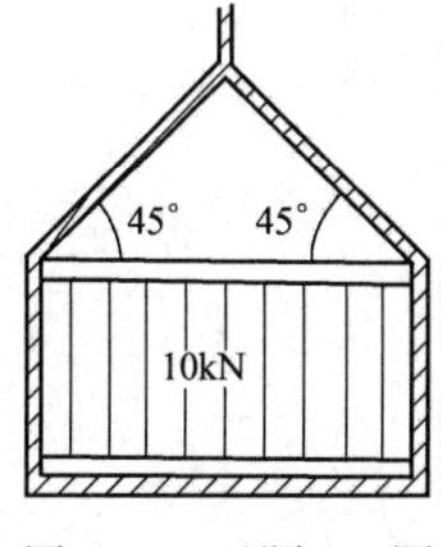

图 6-40　习题 6-9 图

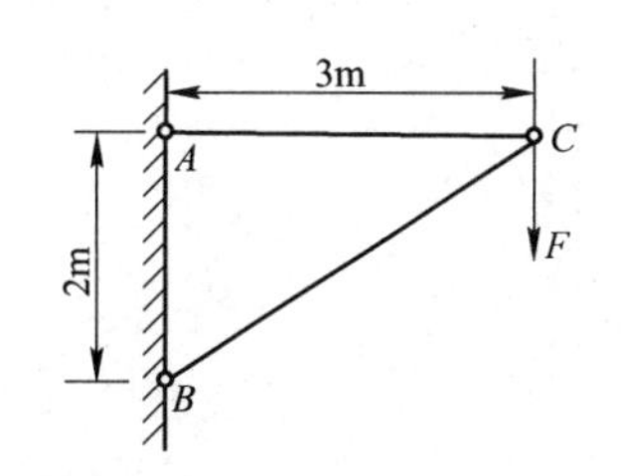

图 6-41　习题 6-10 图

6-11　图 6-42 所示一雨篷的结构计算简图。水平梁 AB 受到均布荷载 $q=10\text{kN/m}$ 的作用，B 端用圆钢杆 BC 拉住，钢杆的许用应力 $[\sigma]=160\text{MPa}$，试选择钢杆的直径。

6-12　悬臂吊车如图 6-43 所示，小车可以 AB 梁上移动，斜杆 AC 的截面为圆形，直径 $d=70\text{mm}$，许用应力 $[\sigma]=170\text{MPa}$，已知小车荷载 $F=200\text{kN}$，试校核杆 AC 的强度。

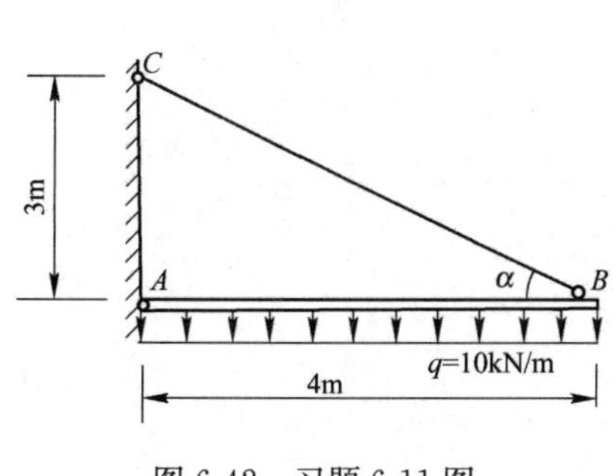

图 6-42　习题 6-11 图

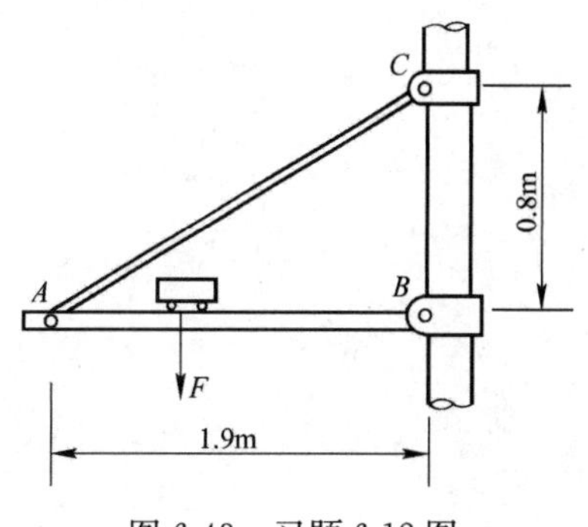

图 6-43　习题 6-12 图

6-13　图 6-44 所示起重架，在 D 点作用荷载 $P=30\text{kN}$，若杆 AD、ED、AC 的许用应力分别为$[\sigma]_1=40\text{MPa}$，$[\sigma]_2=100\text{MPa}$，$[\sigma]_3=100\text{MPa}$，求三根杆所需的面积。

6-14　图 6-45 所示 ACB 刚性梁，用一圆钢杆 CD 悬挂着，B 端作用集中力 $F=25\text{kN}$，已知 CD 杆的直径$d=20\text{mm}$，许用应力 $[\sigma]=160\text{MPa}$，试校核 CD 杆的强度，并求：(1) 结构的许用荷载 $[F]$；(2) $F=60\text{kN}$，设计 CD 杆的直径。

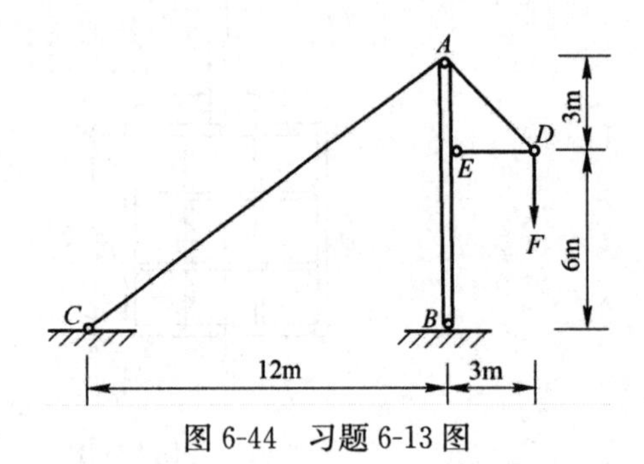

图 6-44　习题 6-13 图

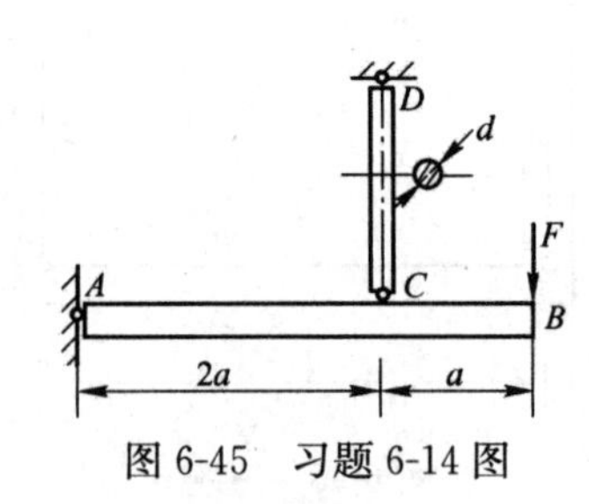

图 6-45　习题 6-14 图

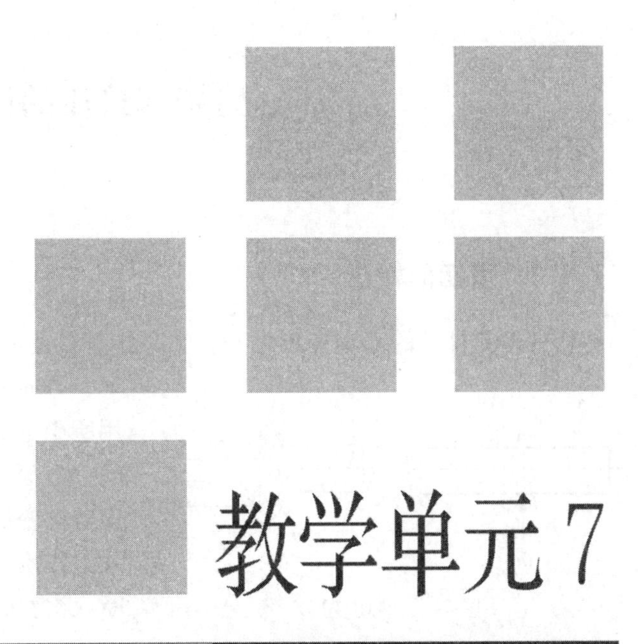

教学单元7

剪切与扭转

【教学目标】 通过本单元的学习，使学生掌握用剪切与挤压的实用计算方法校核连接件的强度；掌握圆周扭转时扭矩的计算、横截面上应力的分布规律及强度条件；理解剪切胡克定律、剪应力互等定理。

7.1 剪切与挤压的概念

7.1.1 剪切的概念

剪切变形是杆件的基本变形之一。它是指杆件受到一对垂直于杆轴方向的大小相等、方向相反、作用线相距很近的外力作用所引起的变形，如图 7-1(a)所示。此时，截面 cd 相对于 ab 将发生相对错动，即剪切变形。若变形过大，杆件将在两个外力作用面之间的某一截面 m—m 处被剪断，被剪断的截面称为剪切面，如图 7-1(b)所示。

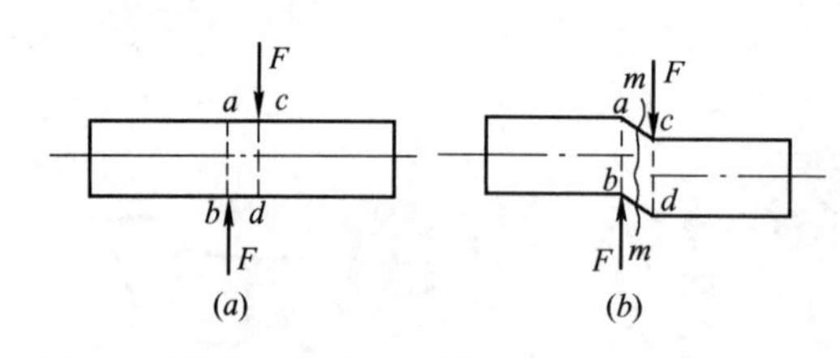

图 7-1 剪切变形

工程中有一些连接件，如铆钉连接中的铆钉（图 7-2a）及销轴连接中的销(图 7-2b)等都是以剪切变形为主的构件。

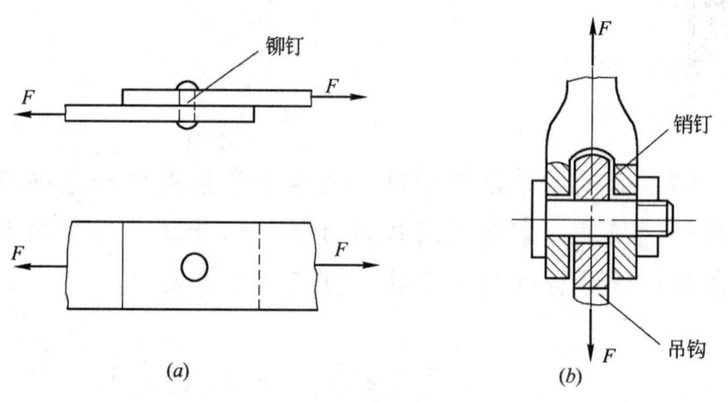

图 7-2 剪切工程实例

7.1.2 挤压的概念

构件在受剪切的同时，在两构件的接触面上，因互相压紧会产生局部受压，称为挤压。如图 7-3 所示的铆钉连接中，作用在钢板上的拉力 F，通过钢板与铆钉的接触面传递给铆钉，接触面上就产生了挤压。两构件的接触面称为挤压面，作用于接触面的压力称挤压力，挤压面上的压应力称挤压应力，当挤压力过大时，孔壁边缘将受压起“皱”（图 7-3a），铆钉局部压“扁”，

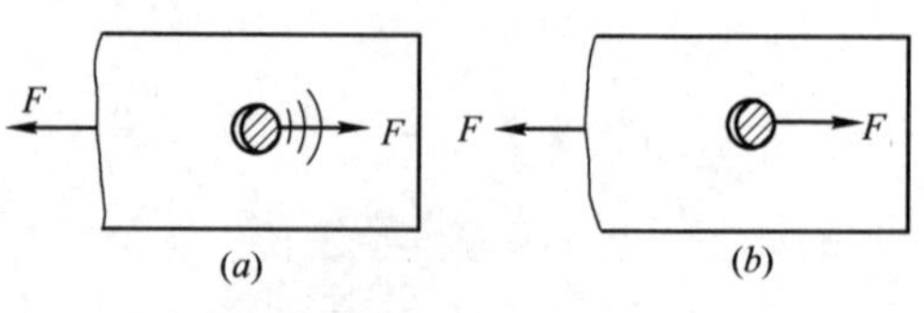

图 7-3 挤压变形

使圆孔变成椭圆，连接松动(图 7-3*b*)，这就是挤压破坏。因此，连接件除剪切强度需计算外，还要进行挤压强度计算。

7.2　剪切与挤压的实用计算

7.2.1　剪切的实用计算

剪切面上的内力可用截面法求得。假想将铆钉沿剪切面截开分为上下两部分，任取其中一部分为研究对象(图 7-4*c*)，由平衡条件可知，剪切面上的内力 V 必然与外力方向相反，大小由 $\Sigma F_x=0$，$F-V=0$，得：

$$V=F$$

这种平行于截面的内力 V 称为剪力。

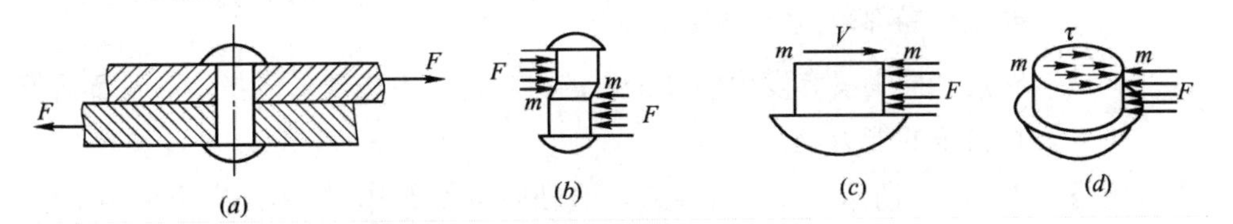

图 7-4　剪应力分布假设

与剪力 V 相应，在剪切面上有剪应力 τ 存在(图 7-4*d*)。剪应力在剪切面上的分布情况十分复杂，工程上通常采用一种以试验及经验为基础的实用计算方法来计算，假定剪切面上的剪应力 τ 是均匀分布的。因此：

$$\tau=\frac{V}{A} \tag{7-1}$$

式中　A——剪切面面积；

　　V——剪切面上的剪力。

为保证构件不发生剪切破坏，就要求剪切面上的平均剪应力不超过材料的许用剪应力，即剪切时的强度条件为：

$$\tau=\frac{V}{A}\leqslant[\tau] \tag{7-2}$$

式中　$[\tau]$——许用剪应力，许用剪应力由剪切试验测定。

各种材料的许用剪应力可在有关手册中查得。

7.2.2　挤压的实用计算

挤压应力在挤压面上的分布也很复杂，如图 7-5(*a*)所示。因此也采用实用计算法，

假定在挤压面上的挤压应力 σ_c 是均匀地分布，因此：

$$\sigma_c=\frac{F_c}{A_c} \tag{7-3}$$

式中 F_c——挤压面上的挤压力；

A_c——挤压面的计算面积。

当接触面为平面时，接触面的面积就是计算挤压面积，当接触面为半圆柱面时，取圆柱体的直径平面作为计算挤压面面积(图 7-5*b*)。这样计算所得的挤压应力和实际最大挤压应力值十分接近。由此可建立挤压强度条件：

$$\sigma_c=\frac{F_c}{A_c}\leqslant[\sigma_c] \tag{7-4}$$

式中 $[\sigma_c]$——材料的许用挤压应力，由试验测得。许用挤压应力 $[\sigma_c]$ 比许用压应力 $[\sigma]$ 大，约为 1.7～2.0 倍，因为挤压时只在局部范围内引起塑性变形，周围没有发生塑性变形的材料将会阻止变形的扩展，从而提高了抗挤压的能力。

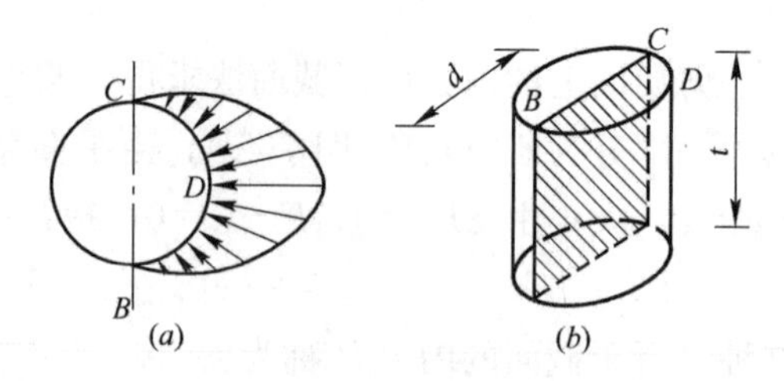

图 7-5 挤压面与计算挤压面

【例 7-1】 图 7-6(*a*)所示一铆钉连接件，受轴向拉力 F 作用。已知：$F=100\text{kN}$，钢板厚 $\delta=8\text{mm}$，宽 $b=100\text{mm}$，铆钉直径 $d=16\text{mm}$，许用剪应力 $[\tau]=140\text{MPa}$，许用挤压应力 $[\sigma_c]=340\text{MPa}$，钢板许用拉应力 $[\sigma]=170\text{MPa}$。试校核该连接件的强度。

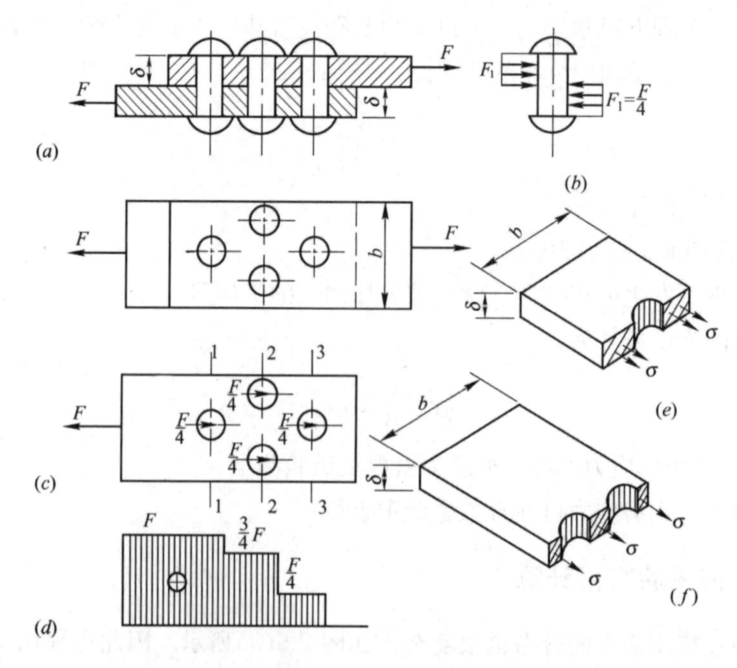

图 7-6 例 7-1 图

【解】 连接件存在三种破坏的可能：①铆钉被剪断；②铆钉或钢板发生挤压破坏；③钢板由于钻孔，断面受到削弱，在削弱截面处被拉断。要使连接件安全可靠，必须同时满足以上三方面的强度条件。

(1) 铆钉的剪切强度条件

连接件有 n 个直径相同的铆钉时，且对称于外力作用线布置，则可设各铆钉所受的力相等：

$$F_i = \frac{F}{n}$$

现取一个铆钉作为计算对象，画出其受力图（图 7-6b），每个铆钉所受的作用力：

$$F_1 = \frac{F}{n} = \frac{F}{4}$$

剪切面上的剪力：

$$V = F_1$$

根据式（7-2），得：

$$\tau = \frac{V}{A} = \frac{F_1}{A} = \frac{F/4}{\pi d^2/4} = \frac{100\times10^3}{\pi\times16^2} = 124\text{MPa} < [\tau] = 140\text{MPa}$$

所以铆钉满足剪切强度条件。

(2) 挤压强度校核

每个铆钉所受的挤压力：

$$F_c = F_1 = \frac{F}{4}$$

根据式（7-4），得：

$$\sigma_c = \frac{F_c}{A_c} = \frac{F/4}{d\delta} = \frac{100\times10^3}{4\times16\times8} = 195\text{MPa} < [\sigma_c] = 340\text{MPa}$$

所以连接件满足挤压强度条件。

(3) 板的抗拉强度校核

两块钢板的受力情况及廾孔情况相同，只要校核其中一块即可。现取下面一块钢板为研究对象，画出其受力图（图 7-6c）和轴力图(7-6d)。

截面 1—1 和 3—3 的净面积相同（图 7-6e），而截面 3—3 的轴力较小，故截面 3—3 不是危险截面。截面 2—2 的轴力虽比截面 1—1 小，但净面积也小（图 7-6f），故需对截面 1—1 和 2—2 进行强度校核。

截面 1—1：

$$\sigma_1 = \frac{N_1}{A_1} = \frac{F}{(b-d)\delta} = \frac{100\times10^3}{(100-16)8} = 149\text{MPa} < [\sigma] = 170\text{MPa}$$

截面 2—2：

$$\sigma_2 = \frac{N_2}{A_2} = \frac{3F/4}{(b-2d)\delta} = \frac{3\times100\times10^3}{4(100-2\times16)8} = 138\text{MPa} < [\sigma] = 170\text{MPa}$$

所以钢板满足抗拉强度条件。

经以上三方面的校核，该连接件满足强度要求。

7.3 剪切胡克定律与剪应力互等定理

7.3.1 剪切胡克定律

杆件发生剪切变形时，杆内与外力平行的截面就会产生相对错动。在杆件受剪部位中的某点取一微小的正六面体（单元体），把它放大，如图 7-7 所示。剪切变形时，在剪应力 τ 作用下，截面发生相对滑动，致使正六面体变为斜平行六面体。原来的直角有了微小的变化，这个直角的改变量称为剪应变，用 γ 表示，它的单位是弧度（rad）。

τ 与 γ 的关系，如同 σ 与 ε 一样。实验证明：当剪应力 τ 不超过材料的比例极限 τ_b 时，剪应力与剪应变成正比，如图 7-8 所示，即：

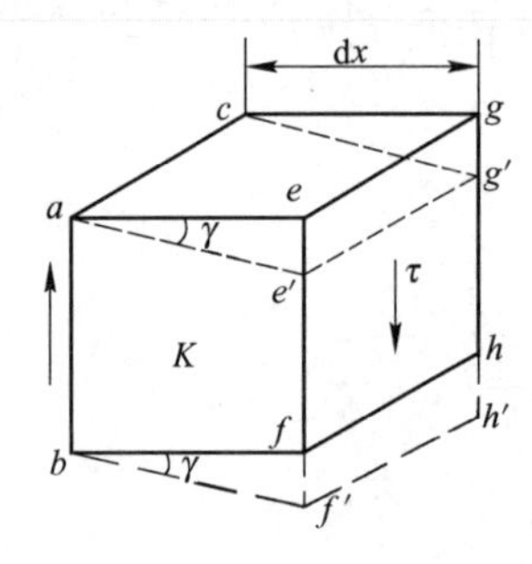

图 7-7　剪应变

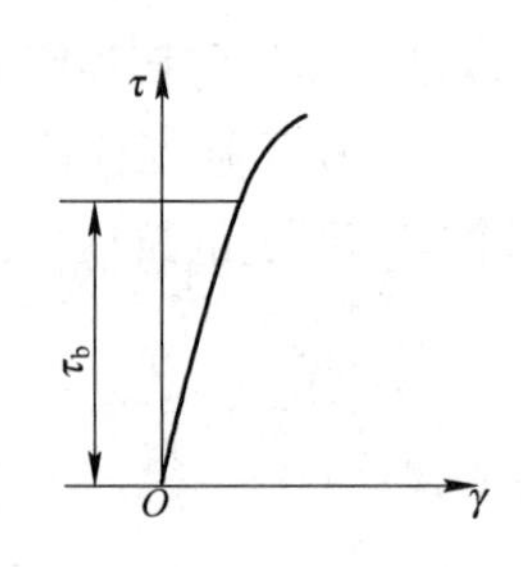

图 7-8　τ—γ 曲线

$$\tau = G\gamma \tag{7-5}$$

式（7-5）称为剪切胡克定律。式中 G 称为材料的剪变模量，它是表示材料抵抗剪切变形能力的物理量，其单位与应力相同，常采用 GPa。各种材料的 G 值均由实验测定。钢材的 G 值约为 80GPa。G 值越大，表示材料抵抗剪切变形的能力越强，它是材料的弹性指标之一。对于各向同性的材料，其弹性模量 E、剪变模量 G 和泊松比 μ 三者之间的关系为：

$$G = \frac{E}{2(1+\mu)} \tag{7-6}$$

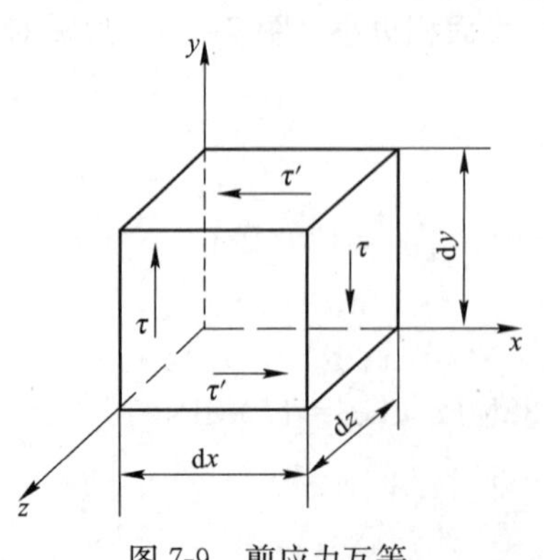

图 7-9　剪应力互等

7.3.2 剪应力互等定理

现在进一步研究单元体的受力情况。设单元体的边长分别为 dx、dy、dz，如图 7-9 所示。已知单元体左右两侧面上，无正应力，只有剪应力 τ 。这两个面上的剪应力数值相等，但方向相反。于是这两个面上的剪力组成一个力偶，其力偶矩为$(\tau dz dy)dx$。单元体的前、后两个面上无任何应力。因为单元体是平衡的，所以它的上、下两个面上必存在大小相等、方向相反的剪应力τ'，它们组成的力偶矩为$(\tau' dz dx)dy$，应与左、右面上的力偶平衡，即：

$$(\tau' dz dx)dy=(\tau dz dy)dx$$

由此可得：

$$\tau'=\tau \tag{7-7}$$

上式表明，在过一点相互垂直的两个平面上，剪应力必然成对存在，且数值相等；方向垂直于这两个平面的交线，且同时指向或同时背离这一交线。这一规律称为**剪应力互等定理**。

上述单元体的两个侧面上只有剪应力，而无正应力，这种受力状态称为纯剪切应力状态。剪应力互等定理对于纯剪切应力状态或其他应力状态都是适用的。

7.4 圆轴扭转时的内力——扭矩

7.4.1 扭转的概念

扭转是杆件的基本变形之一。在垂直于杆件轴线的两个平面内，作用一对大小相等、方向相反的力偶时，杆件就会产生扭转变形。扭转变形的特点是各横截面绕杆的轴线发生相对转动。我们将杆件任意两横截面之间相对转过的角度φ称为扭转角，如图7-10所示。

工程中受扭的杆件是很多的，例如图7-11(*a*)、(*b*)所示。工程中将以扭转变形为主的杆件称为轴。这里只介绍圆轴扭转时的强度计算。

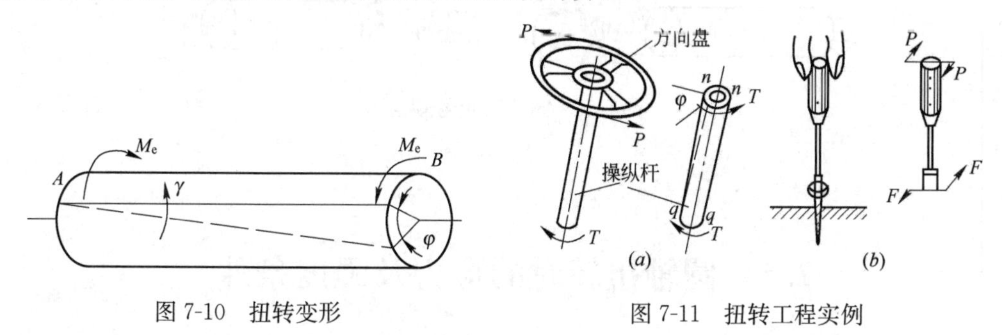

图7-10 扭转变形

图7-11 扭转工程实例

7.4.2 圆轴扭转时的内力——扭矩

在对圆轴进行强度计算之前先要计算出圆轴横截面上的内力——扭矩。

1. 扭矩

图7-12(*a*)所示圆轴，在垂直于轴线的两个平面内，受一对外力偶矩M_e作用，现

求任一截面 $m—m$ 的内力。

求内力的基本方法仍是截面法，用一个假想横截面在轴的任意位置 $m—m$ 处将轴截开，取左段为研究对象，如图 7-12(*b*) 所示。由于左端作用一个外力偶 M_e 作用，为了保持左段轴的平衡，左截面 $m—m$ 的平面内，必然存在一个与外力偶相平衡的内力偶，其内力偶矩 T 称为扭矩，大小由 $\Sigma T=0$ ，得：

$$T=M_e$$

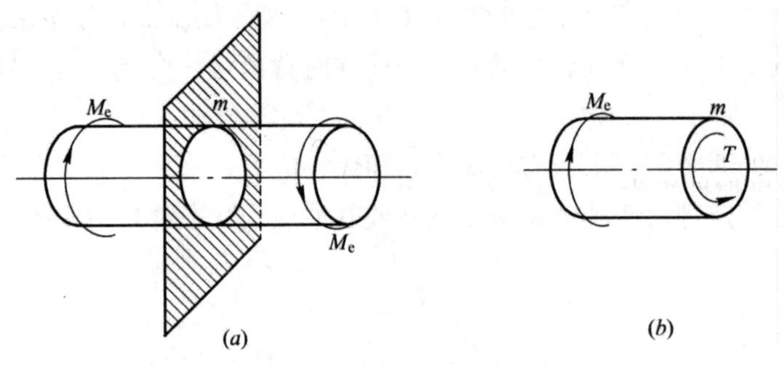

图 7-12　截面法计算扭矩

如取 $m—m$ 截面右段轴为研究对象，也可得到同样的结果，但转向相反。

扭矩的单位与力矩相同，常用 N·m 或 kN·m。

2. 扭矩正负号规定

为了使由截面的左、右两段轴求得的扭矩具有相同的正负号，对扭矩的正、负作如下规定：采用右手螺旋法则，以右手四指表示扭矩的转向，当拇指的指向与截面外法线方向一致时，扭矩为正号；反之为负号。如图 7-13 所示。

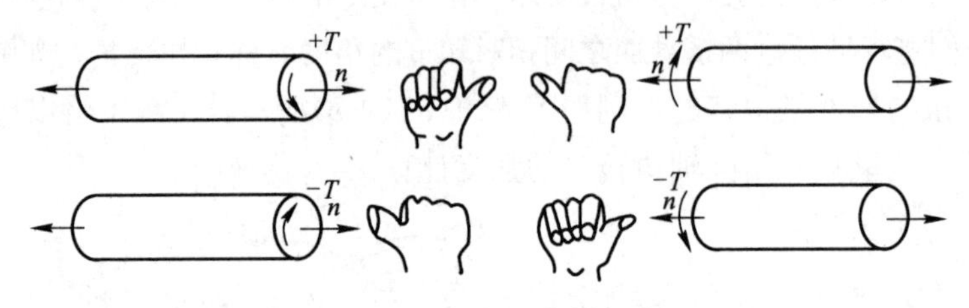

图 7-13　扭矩正负号规定

7.5　圆轴扭转时的应力及强度条件

7.5.1　剪应力分布规律及计算公式

经过理论研究得知，圆轴扭转时横截面上任意点只存在着剪应力，其剪应力 τ 的大小与横截面上的扭矩 T 及要求剪应力点到圆心的距离（半径）ρ 点成正比，剪应力的方向垂直于半径，其计算公式为：

$$\tau=\frac{T\cdot\rho}{I_p} \tag{7-8}$$

式中 I_p——截面对形心的极惯性矩，它是一个与截面形状和尺寸有关的几何量，其定义为：

$$I_p=\int_A\rho^2\mathrm{d}A$$

实心圆轴截面的极惯性矩为：

$$I_p=\frac{\pi D^4}{32}$$

空心圆轴截面的极惯性矩为：

$$I_p=\frac{\pi(D^4-d^4)}{32}$$

式中 I_p 的常用单位为“m^4”或“mm^4”；D、d 分别表示外径和内径。

从式（7-8）可以看出，在同一截面上剪应力沿半径方向呈直线变化，同一圆周上各点剪应力相等（图 7-14*b*）。

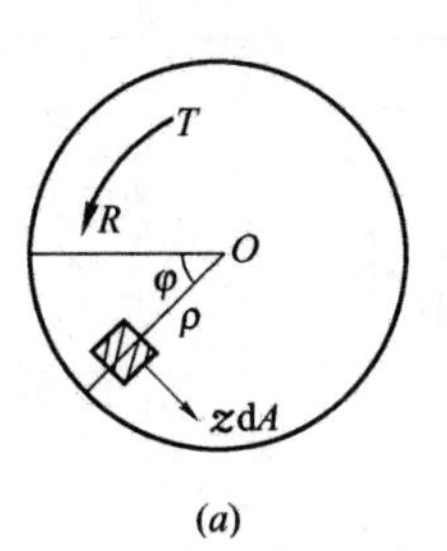

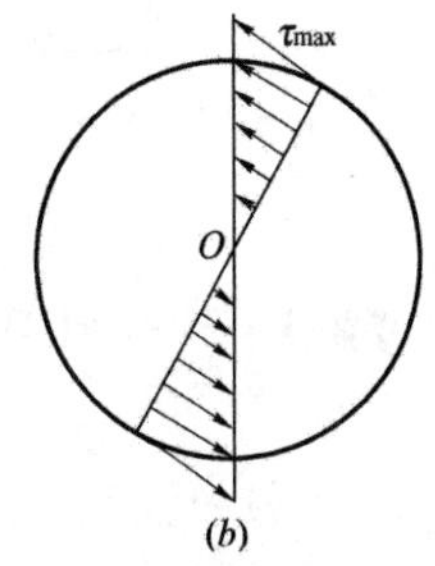

图 7-14 剪应力分布规律

7.5.2 强度条件及强度计算

1. 最大剪应力

由式（7-8）可知最大剪应力 τ_{max} 发生在最外圆周处，即在 $\rho_{max}=\frac{D}{2}$ 处。于是：

$$\tau_{max}=\frac{T\cdot\rho_{max}}{I_p}$$

令

$$W_t=\frac{I_p}{\rho_{max}}=\frac{I_p}{D/2}$$

则

$$\tau_{max}=\frac{T}{W_t} \tag{7-9}$$

式中 W_t——抗扭截面系数，其单位为 m^3 或 mm^3。

对于实心圆截面

$$W_t=\frac{I_p}{\rho_{max}}=\frac{\frac{\pi D^4}{32}}{\frac{D}{2}}=\frac{\pi D^3}{16}$$

对于空心圆截面

$$W_t=\frac{\pi D^3}{16}(1-\alpha^4) \quad （式中 \alpha=d/D）$$

2. 圆轴扭转时的强度条件

为了保证轴的正常工作，轴内最大剪应力不应超过材料的许用剪应力 $[\tau]$，所以圆轴扭转时的强度条件为：

$$\tau_{max}=\frac{T_{max}}{W_t}\leqslant[\tau] \tag{7-10}$$

式中 $[\tau]$——材料的许用剪应力，各种材料的许用剪应力可查阅有关手册。

3. 圆轴扭转时的强度计算

根据强度条件，可以对轴进行三方面计算，即强度校核、设计截面和确定许用荷载。

【例 7-2】 图 7-15 所示一钢制圆轴，受一对外力偶的作用，其力偶矩 $M_e=2.5$ kN·m，已知轴的直径 $D=60$mm，许用剪应力 $[\tau]=60$MPa。试对该轴进行强度校核。

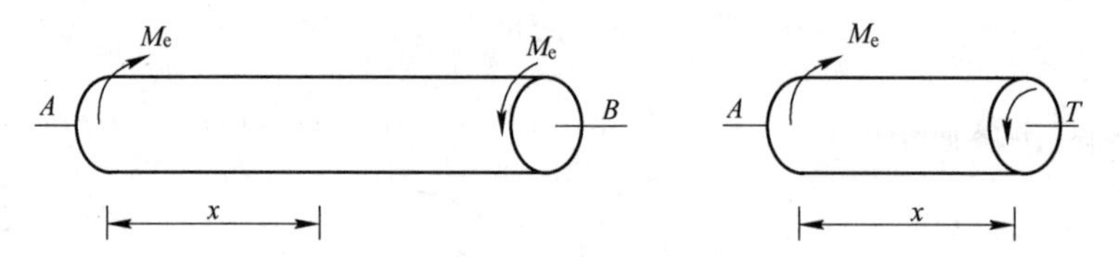

图 7-15 例 7-2 图

【解】 (1) 计算扭矩 T

$$T=M_e$$

(2) 校核强度

圆轴受扭时最大剪应力发生在横截面的边缘上，按式 (7-10) 计算，得：

$$\tau_{max}=\frac{T}{W_t}=\frac{T}{\frac{\pi D^3}{16}}=\frac{2.5\times10^6\times16}{3.14\times60^3}=59\text{MPa}<[\tau]=60\text{MPa}$$

故轴满足强度要求。

7.5.3 圆轴扭转时的变形及刚度条件

1. 变形计算公式

对于长为 l，扭矩 T 为常数的等截面圆轴，两端截面间的相对扭转角 φ 的计算公式为：

$$\varphi=\frac{Tl}{GI_p} \tag{7-11}$$

式中，扭转角的单位为弧度 rad。由上式可见，扭转角 φ 与扭矩 T、轴长 l 成正比；与 φ 成反比。在 T、l 一定时，GI_p 越大，变形 φ 就越小。GI_p 反映了圆轴抵抗扭转变形的能力，称为**抗扭刚度**。

2. 刚度条件

为了保证圆轴的正常工作，除要求满足强度条件外，还常限制变形，使**最大单位长度的扭转角不超过许用的单位长度扭转角**，即

$$\frac{\varphi}{l}=\frac{T}{GI_p}\leqslant\left[\frac{\varphi}{l}\right] \tag{7-12}$$

上式的左边是轴的最大单位长度扭转角 rad/m；右边是许用单位长度扭转角 rad/m，其具体的数值可从有关手册中查到。

复习思考题

1. 剪切变形的受力特点和变形特点是什么?
2. 挤压变形与轴向压缩变形有什么区别?
3. 挤压面与计算挤压面有何不同?
4. 试述剪应力互等定理。
5. 圆轴扭转时，横截面上的剪应力沿半径方向如何分布?

习　题

7-1　如图7-16所示，正方形的混凝土柱，其横截面边长为$b=200$mm，其基底为边长$a=1$m的正方形混凝土板。柱受轴向压力$F=100$kN作用，假设地基对混凝土板的反力为均匀分布，混凝土的许用剪应力$[\tau]=1.5$MPa，试问若使柱不致穿过混凝土板，所需的最小厚度δ应为多少?

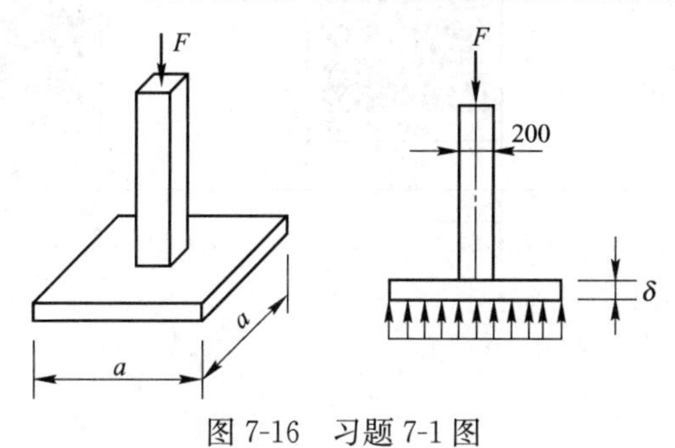

图7-16　习题7-1图

7-2　如图7-17所示，厚度$\delta=6$mm的两块钢板用三个铆钉连接，已知$F=50$kN，连接件的许用剪应力$[\tau]=100$MPa，$[\sigma_c]=280$MPa，试确定铆钉直径d。

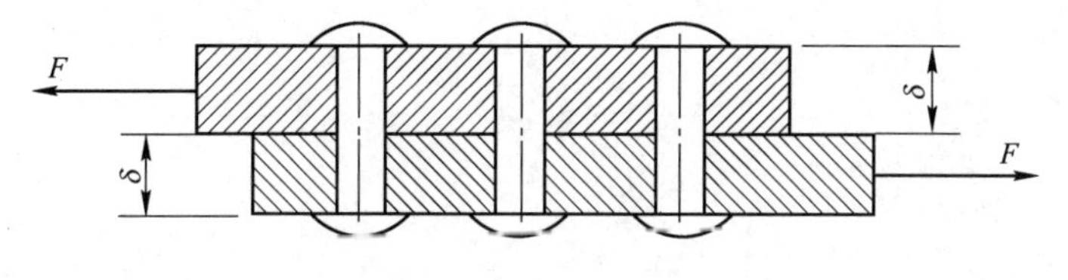

图7-17　习题7-2图

7-3　试用截面法求图7-18所示两轴各段的扭矩T。

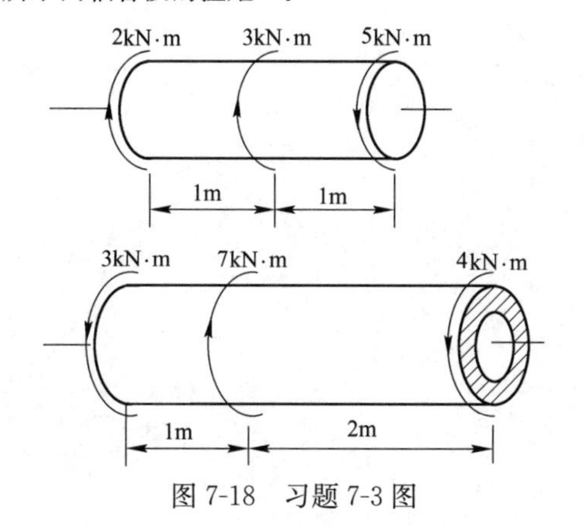

图7-18　习题7-3图

7-4　图 7-19 所示一圆轴，直径 $D=110\text{mm}$，力偶矩 $M_e=14\text{kN}\cdot\text{m}$，材料的许用剪应力 $[\tau]=70\text{MPa}$，试计算横截面 A、B、C 各点处的剪应力，并校核轴的强度。

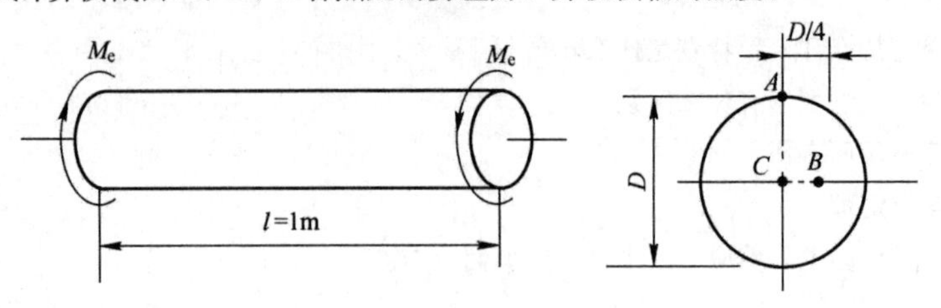

图 7-19　习题 7-4 图

教学单元8

平面图形的几何性质

【教学目标】 通过本单元的学习，使学生掌握组合平面图形静矩与形心的计算；掌握简单平面图形惯性矩的计算；熟练掌握组合截面惯性矩的计算；理解静矩、惯性矩的定义；理解惯性矩的平行移轴公式；了解形心主惯性轴和形心主惯性矩的概念。

在建筑力学以及建筑结构的计算中，经常要用到与截面有关的一些几何量。例如轴向拉压的横截面面积A、圆轴扭转时的抗扭截面系数W_t和极惯性矩I_p等都与构件的强度和刚度有关。以后在弯曲等其他问题的计算中，还将遇到平面图形的另外一些如形心、静矩、惯性矩、抗弯截面系数等几何量。这些与平面图形形状及尺寸有关的几何量统称为平面图形的几何性质。

8.1 重心和形心

8.1.1 重心的概念

地球上的任何物体都受到地球引力的作用，这个力称为物体的重力。可将物体看作是由许多微小部分组成，每一微小部分都受到地球引力的作用，这些引力汇交于地球中心。但是，由于一般物体的尺寸远比地球的半径小得多，因此，这些引力近似地看成是空间平行力系。这些平行力系的合力就是物体的重力。由实验可知，不论物体在空间的方位如何，物体重力的作用线始终是通过一个确定的点，这个点就是物体重力的作用点，称为物体的重心。

8.1.2 一般物体重心的坐标公式

1. 一般物体重心的坐标公式

如图 8-1 所示，为确定物体重心的位置，将它分割成n个微小块，各微小块重力分别为G_1、G_2、……G_n，其作用点的坐标分别为（x_1、y_1、z_1）、（x_2、y_2、z_2）…（x_n、y_n、z_n），各微小块所受重力的合力W即为整个物体所受的重力$G=\Sigma G_i$，其作用点的坐标为C（x_c、y_c、z_c）。对y轴应用合力矩定理，有：

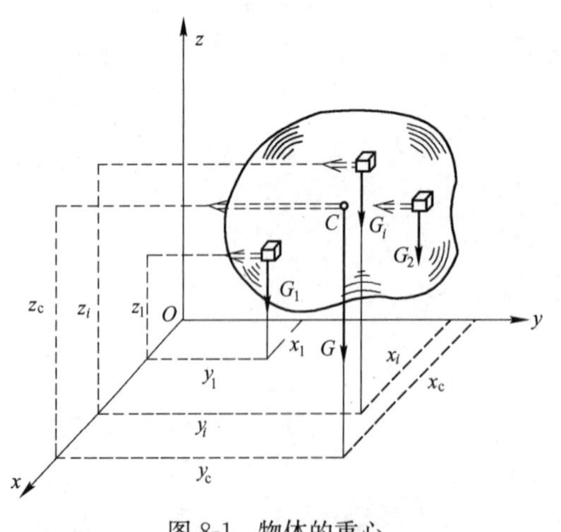

图 8-1　物体的重心

$$G \cdot x_c = \Sigma G_i x_i$$

得
$$x_c = \frac{\Sigma G_i x_i}{G}$$

同理，对x轴取矩可得：

$$y_c = \frac{\Sigma G_i y_i}{G}$$

将物体连同坐标转 90°而使坐标面Oxz成为水平面，再对x轴应用合力矩定理，可得：

$$z_c=\frac{\Sigma G_i z_i}{G}$$

因此，一般物体的重心坐标的公式为：

$$x_c=\frac{\Sigma G_i x_i}{G},\quad y_c=\frac{\Sigma G_i y_i}{G},\quad z_c=\frac{\Sigma G_i z_i}{G} \tag{8-1}$$

2. 均质物体重心的坐标公式

对均质物体用 γ 表示单位体积的密度，体积为 V，则物体的重力 $G=V\gamma$，微小体积为 V_i，微小体积重力 $G_i=V_i\cdot\gamma$，代入式（8-1），得均质物体的重心坐标公式为：

$$x_c=\frac{\Sigma V_i x_i}{V},\quad y_c=\frac{\Sigma V_i y_i}{V},\quad z_c=\frac{\Sigma V_i z_i}{V} \tag{8-2}$$

由上式可知，均质物体的重心与重力无关。所以，**均质物体的重心就是其几何中心**，称为**形心**。对均质物体来说重心和形心是重合的。

3. 均质薄板的重心（形心）坐标公式

对于均质等厚的薄平板，如图 8-2 所示，取对称面为坐标面 Oyz，用 δ 表示其厚度，A_i 表示微体积的面积，将微体积 $V_i=\delta\cdot A_i$ 及 $V=\delta\cdot A$ 代入式（8-2），得重心（形心）坐标公式为：

$$y_c=\frac{\Sigma A_i y_i}{A},\quad z_c=\frac{\Sigma A_i z_i}{A} \tag{8-3}$$

因每一微小部分的 x_i 为零，所以 $x_c=0$。

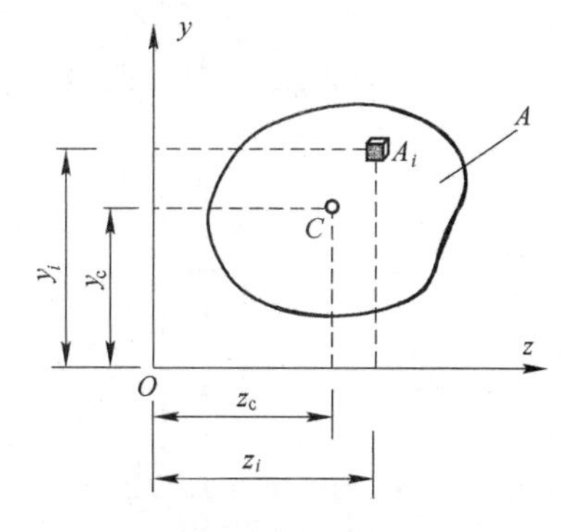

图 8-2　均质薄板

4. 计算平面图形的形心

形心就是物体的几何中心。因此，当平面图形具有对称轴或对称中心时，则形心一定在对称轴或对称中心上。如图 8-3 所示。若平面图形是一个组合平面图形，则可先将其分割为若干个简单图形，然后可按式（8-3）求得其形心的坐标，这时公式中的 A_i 为所分割的简单图形的面积，而 z_i、y_i 为其相应的形心坐标，这种方法称为**分割法**。另外，有些组合图形，可以看成是从某个简单图形中挖去一个或几个简单图形而成，如果将挖去的面积用负面积表示，则仍可应用分割法求其形心坐标，这种方法又称为**负面积法**。

计算平面图形的形心坐标

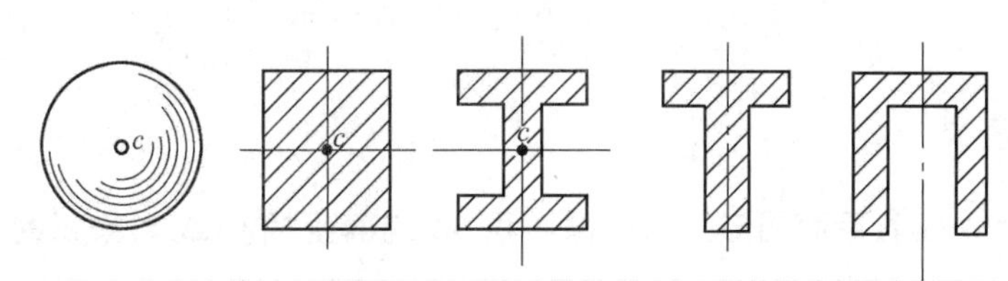

图 8-3　简单图形的形心

【例 8-1】 试求图 8-4 所示 T 形截面的形心坐标。

【解】 将平面图形分割为两个矩形，如图 8-4 所示，每个矩形的面积及形心坐标为：

$$A_1=200\times50 \qquad z_1=0 \qquad y_1=150$$

$$A_2=200\times50 \qquad z_2=0 \qquad y_2=25$$

由式（8-3）可求得T形截面的形心坐标为：

$$y_c=\frac{\Sigma A_i y_i}{A}=\frac{A_1 y_1+A_2 y_2}{A_1+A_2}=\frac{200\times50\times150+200\times50\times25}{200\times50+200\times50}=87.5\text{mm}$$

$$z_c=0$$

【例 8-2】 试求图 8-5 所示阴影部分平面图形的形心坐标。

【解】 将平面图形分割为两个圆，如图 8-5 所示，每个圆的面积及形心坐标为

$$A_1=\pi\cdot R^2 \qquad z_1=0 \qquad y_1=0$$

$$A_2=-\pi\cdot r^2 \qquad z_2=R/2 \qquad y_2=0$$

由式（8-3）可求得阴影部分平面图形的形心坐标为：

$$y_c=0$$

$$z_c=\frac{\Sigma A_i z_i}{A}=\frac{A_1 z_1+A_2 z_2}{A_1+A_2}=\frac{\pi\cdot R^2\cdot0-\pi\cdot r^2\cdot\frac{R}{2}}{\pi\cdot R^2-\pi\cdot r^2}=\frac{-r^2R}{2(R^2-r^2)}$$

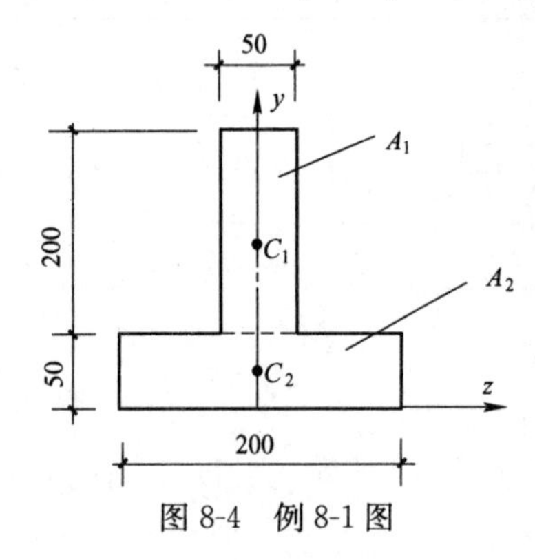

图 8-4 例 8-1 图

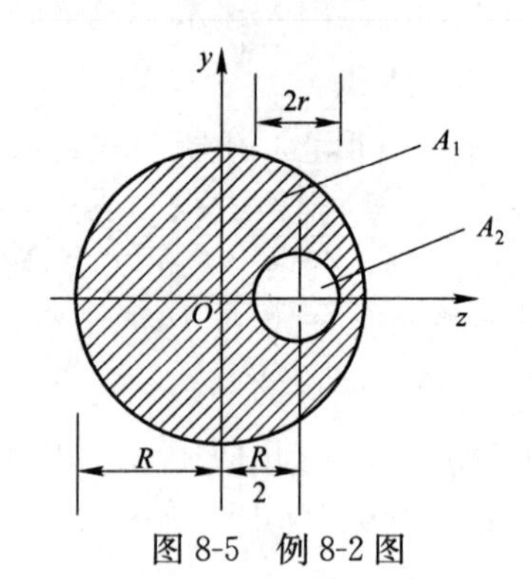

图 8-5 例 8-2 图

8.2 静　　矩

8.2.1 定义

图 8-6 所示，**任意平面图形上所有微面积 dA 与其坐标 y(或 z)乘积的总和，称为该平面图形对 z 轴（或 y 轴）的静矩**，用 S_z（或 S_y）表示，即：

$$\left.\begin{aligned}S_z=\int_A y\,dA\\ S_y=\int_A z\,dA\end{aligned}\right\} \tag{8-4}$$

由上式可知，静矩为代数量，它可为正，可为负，也可为零。常用单位为 m^3 或 mm^3。

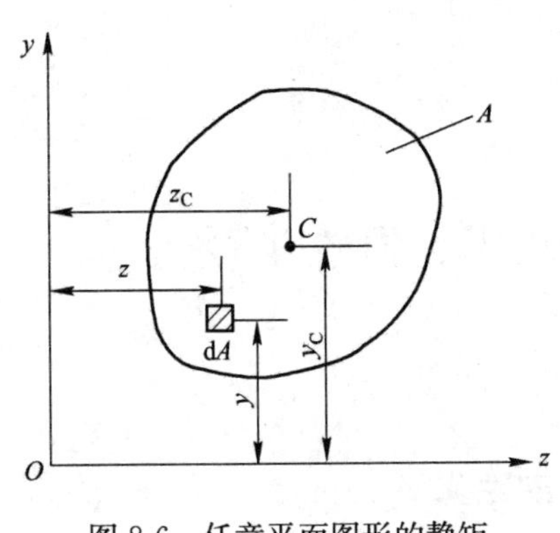

图 8-6　任意平面图形的静矩

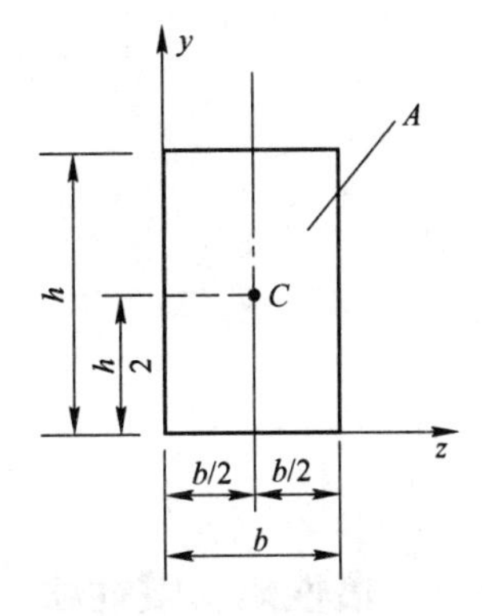

图 8-7　简单平面图形

8.2.2　简单图形的静矩

图 8-7 所示简单平面图形的面积 A 与其形心坐标 y_c（或 z_c）的乘积，称为简单图形对 z 轴或 y 轴的静矩，即：

$$\left.\begin{aligned} S_z &= A \cdot y_c \\ S_y &= A \cdot z_c \end{aligned}\right\} \tag{8-5}$$

当坐标轴通过截面图形的形心时，其静矩为零；反之，截面图形对某轴的静矩为零，则该轴一定通过截面图形的形心。

8.2.3　计算组合平面图形的静矩

$$\left.\begin{aligned} S_z &= \Sigma A_i \cdot y_{ci} \\ S_y &= \Sigma A_i \cdot z_{ci} \end{aligned}\right\} \tag{8-6}$$

式中　A_i　　各简单图形的面积；

y_{ci}、z_{ci}——各简单图形的形心坐标。

式（8-6）表明：组合图形对某轴的静矩等于各简单图形对同一轴静矩的代数和。

【例 8-3】 计算图 8-8 所示 T 形截面对 z 轴的静矩。

【解】 将 T 形截面分为两个矩形，其面积分别为：

$A_1 = 50 \times 270 = 13.5 \times 10^3 \text{mm}^2$

$A_2 = 300 \times 30 = 90 \times 10^3 \text{mm}^2$

$y_{c1} = 165\text{mm}$，　　$y_{c2} = 15\text{mm}$

截面对 z 轴的静矩

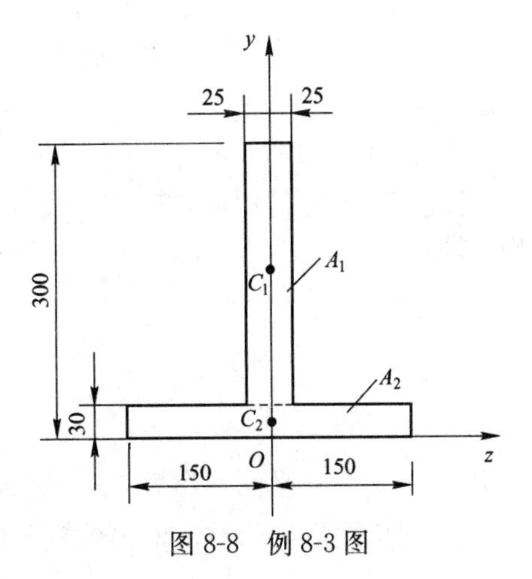

图 8-8　例 8-3 图

$$
\begin{aligned}
S_z &= \Sigma A_i \cdot y_{ci} = A_1 \cdot y_{c1} + A_2 \cdot y_{c2} \\
&= 13.5 \times 10^3 \times 165 + 90 \times 10^3 \times 15 \\
&= 2.36 \times 10^6 \text{mm}^3
\end{aligned}
$$

8.3 惯性矩、惯性积、惯性半径

8.3.1 惯性矩、惯性积、惯性半径的定义

1. 惯性矩

图 8-9 所示，**任意平面图形上所有微面积 dA 与其坐标 y（或 z）平方乘积的总和，称为该平面图形对 z 轴(或 y 轴）的惯性矩**，用 I_z（或 I_y）表示，即：

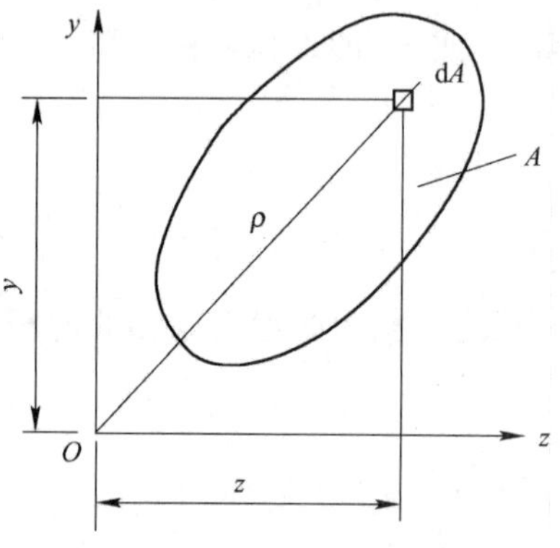

$$
\left.\begin{aligned}
I_z &= \int_A y^2 \mathrm{d}A \\
I_y &= \int_A z^2 \mathrm{d}A
\end{aligned}\right\} \tag{8-7}
$$

图 8-9　任意平面图形

式(8-7)表明，惯性矩恒为正值。常用单位为 m^4 或 mm^4。

2. 惯性积

图 8-9 所示，**任意平面图形上所有微面积 dA 与其坐标 z、y 乘积的总和，称为该平面图形对 z、y 两轴的惯性积**，用 I_{zy}表示，即：

$$
I_{zy} = \int_A zy \mathrm{d}A \tag{8-8}
$$

惯性积可为正，可为负，也可为零。常用单位为 m^4 或 mm^4。可以证明，在两正交坐标轴中，只要 z、y 轴之一为平面图形的对称轴，则平面图形对 z、y 轴的惯性积就一定等于零。

3. 惯性半径

在工程中为了计算方便，将图形的惯性矩表示为图形面积 A 与某一长度平方的乘积，即：

$$
\left.\begin{aligned}
I_z &= i_z^2 A \\
I_y &= i_y^2 A
\end{aligned}\right\} \quad \text{或} \quad \left.\begin{aligned}
i_z &= \sqrt{\frac{I_z}{A}} \\
i_y &= \sqrt{\frac{I_y}{A}}
\end{aligned}\right\} \tag{8-9}
$$

式中　i_z、i_y——平面图形对 z、y 轴的惯性半径，常用单位为 m 或 mm。

4. 简单图形(图 8-10)的惯性矩及惯性半径

(1) 简单图形对形心轴的惯性矩（由式 8-7 积分可得）

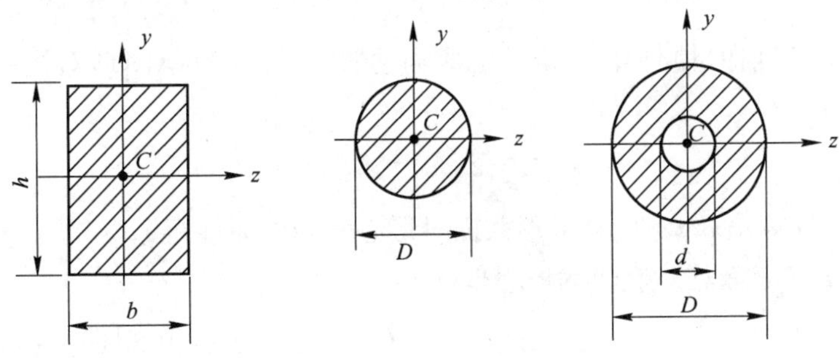

图 8-10 简单图形

矩形 $$I_z=\frac{bh^3}{12},\ I_y=\frac{hb^3}{12}$$

圆形 $$I_z=I_y=\frac{\pi D^4}{64}$$

环形 $$I_z=I_y=\frac{\pi(D^4-d^4)}{64}$$

型钢的惯性矩可直接由型钢表查得，见附录。

(2) 简单图形的惯性半径

矩形 $$i_z=\sqrt{\frac{I_z}{A}}=\sqrt{\frac{\frac{bh^3}{12}}{bh}}=\frac{h}{\sqrt{12}}$$

$$i_y=\sqrt{\frac{I_y}{A}}=\sqrt{\frac{\frac{hb^3}{12}}{bh}}=\frac{b}{\sqrt{12}}$$

圆形 $$i=\sqrt{\frac{\frac{\pi D^4}{64}}{\frac{\pi D^2}{4}}}=\frac{D}{4}$$

型钢的惯性半径直接查型钢表。

8.3.2 惯性矩的平行移轴公式

同一平面图形对不同坐标轴的惯性矩是不相同的，但它们之间存在着一定的关系。现给出图 8-11 所示平面图形对两个相平行的坐标轴的惯性矩之间的关系。

$$\left.\begin{aligned}I_z&=I_{zc}+a^2A\\I_y&=I_{yc}+b^2A\end{aligned}\right\}\tag{8-10}$$

式 (8-10) 称为惯性矩的平行移轴公式。它表明平面图形对任一轴的惯性矩，等于平面图形对与该轴平行的形心轴的惯性矩再加上其面积与两轴间距离平方的乘积。在所有平行轴中，平面图形对形心轴的惯性矩为最小。

8.3.3 计算组合截面的惯性矩

组合图形对某轴的惯性矩，等于组成组合图形的各简单图形对同一轴的惯性矩之和。

$$I_z=\Sigma(I_{zci}+a_i^2A_i)$$

【例 8-4】 计算图 8-12 所示 T 形截面对形心 z 轴的惯性矩 I_{zc}。

【解】 (1) 求截面相对底边的形心坐标

$$y_c=\frac{\Sigma A_i y_{ci}}{\Sigma A_i}=\frac{30\times170\times85+200\times30\times185}{30\times170+200\times30}=139\text{mm}$$

(2) 求截面对形心轴的惯性矩

$$I_{zc}=\Sigma(I_{zci}+a_i^2A_i)$$

$$=\frac{30\times170^3}{12}+30\times170\times54^2+\frac{200\times30^3}{12}+200\times30\times46^2$$

$$=40.3\times10^6\text{mm}^4$$

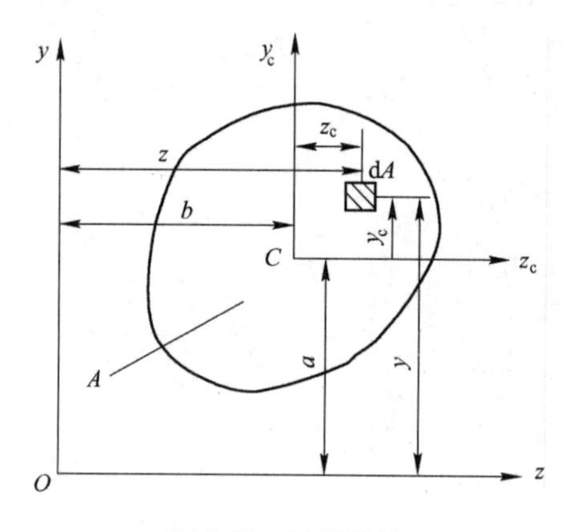

图 8-11　平行移轴

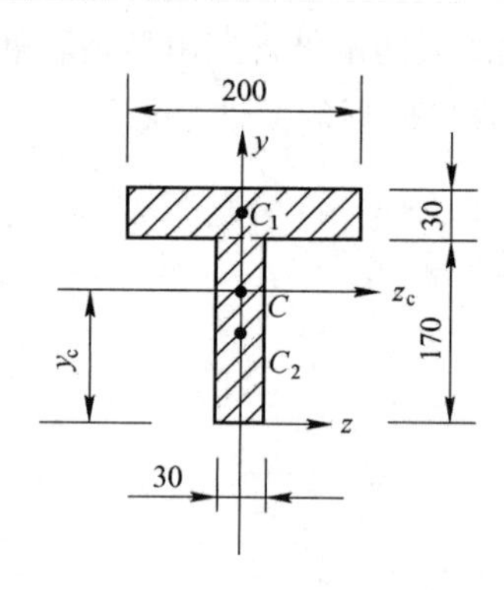

图 8-12　例 8-4 图

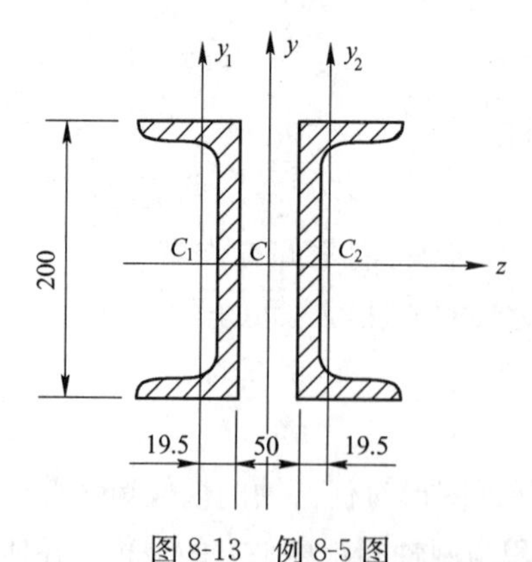

图 8-13　例 8-5 图

【例 8-5】 试计算图 8-13 所示由两根 No20 槽钢组成的截面对形心轴 z、y 的惯性矩。

【解】 组合截面有两根对称轴，形心 C 就在这两对称轴的交点。由型钢表查得每根槽钢的形心 C_1 或 C_2 到腹板边缘的距离为 19.5mm，每根槽钢截面积为：

$$A_1=A_2=3.283\times10^3\text{mm}^2$$

每根槽钢对本身形心轴的惯性矩为：

$$I_{1z}=I_{2z}=19.137\times10^6\text{mm}^4$$

$$I_{1y_1}=I_{2y_2}=1.436\times10^6\text{mm}^4$$

整个截面对形心轴的惯性矩应等于两根槽钢对形心轴的惯性轴之和，故得：

$$I_z=I_{1z}+I_{2z}=19.137\times10^6+19.137\times10^6=38.3\times10^6\text{mm}^4$$

$$I_y = I_{1y} + I_{2y} = 2I_{1y} = 2(I_{1y_1} + a^2 \cdot A_1)$$
$$= 2\times\left[1.436\times10^6 + \left(19.5+\frac{50}{2}\right)^2 \times 3.283\times10^3\right]$$
$$= 15.87\times10^6 \text{mm}^4$$

8.4　形心主惯性轴和形心主惯性矩的概念

若截面对某坐标轴的惯性积 $I_{z_0y_0}=0$，则这对坐标轴 z_0、y_0 称为截面的**主惯性轴**，简称**主轴**。截面对主轴的惯性矩称为**主惯性矩**，简称**主惯矩**。通过形心的主惯性轴称为**形心主惯性轴**，简称**形心主轴**。截面对形心主轴的惯性矩称为**形心主惯性矩**，简称为**形心主惯矩**。

凡通过截面形心，且包含有一根对称轴的一对相互垂直的坐标轴一定是形心主轴。

复习思考题

1. 何谓重心、形心？它们之间有何关系？
2. 静矩和形心有何关系？
3. 静矩、惯性矩是怎样定义的？它们的量纲是什么？为什么它们的值有的恒为正？有的可正、可负、还可为零？
4. 如图 8-14 所示，矩形截面 m—m 以上部分对形心轴 z 和 m—m 以下部分对形心轴 z 的静矩有何关系？
5. 如图 8-15 所示，两个由 No20 槽钢组合成的两种截面，试比较它们对形心轴的惯性矩 I_z、I_y 的大小，并说明原因。

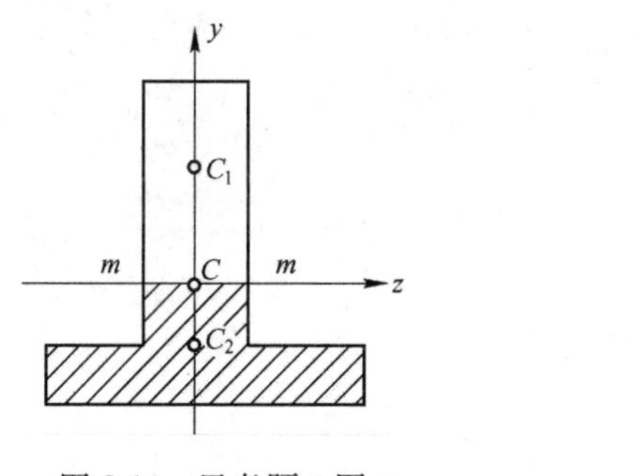

图 8-14　思考题 4 图

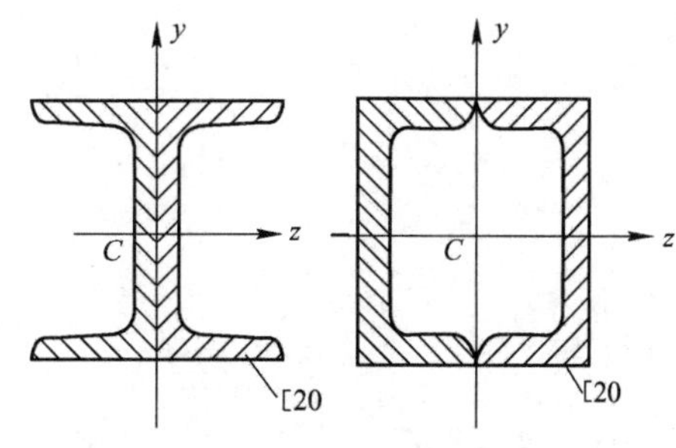

图 8-15　思考题 5 图

习　题

8-1　试求图 8-16 所示平面图形的形心坐标及其对形心轴的惯性矩。

8-2　如图 8-17 所示，要使两个 No10 工字钢组成的组合截面对两个形心主轴的惯性矩相等，距离 a

应为多少?

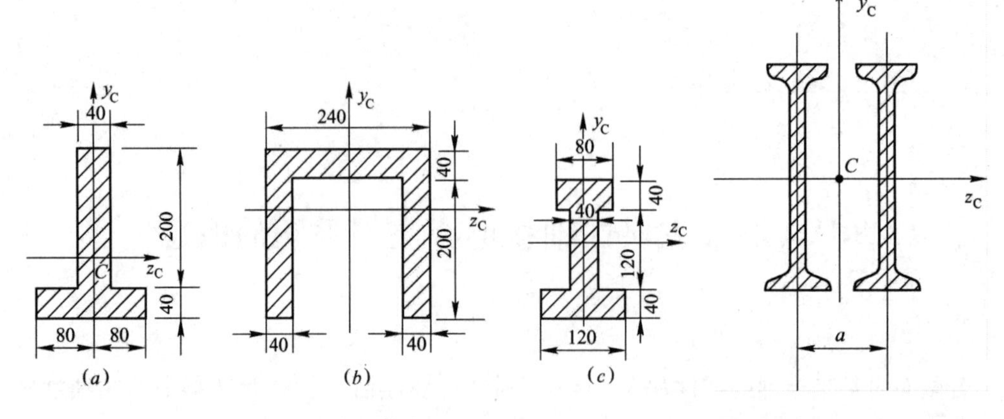

图 8-16　习题 8-1 图

图 8-17　习题 8-2 图

教学单元9

梁的弯曲

【教学目标】 通过本单元的学习，使学生能熟练用截面法和简便法计算梁的剪力和弯矩；能熟练准确地画出梁的内力图；掌握正应力分布规律及其计算公式；熟练对梁进行正应力强度计算；了解剪应力的分布规律及剪应力强度条件；掌握用叠加法计算梁的变形；了解梁的刚度条件。

9.1　平面弯曲的概念

9.1.1　平面弯曲

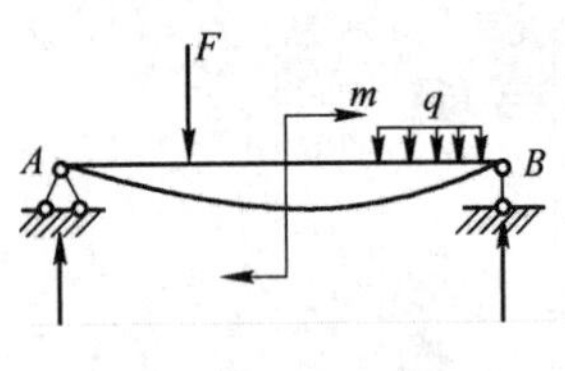

图 9-1　弯曲变形

当杆件受到垂直于杆轴的外力作用或在纵向平面内受到力偶作用(图 9-1)时，杆轴由直线弯成曲线，这种变形称为**弯曲**。以弯曲变形为主的杆件称为梁。

弯曲变形是工程中最常见的一种基本变形。例如房屋建筑中的楼面梁和阳台挑梁，受到楼面荷载和梁自重的作用，将发生弯曲变形，如图 9-2 所示。

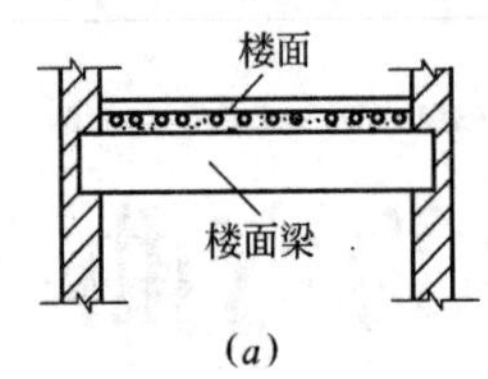

(a)

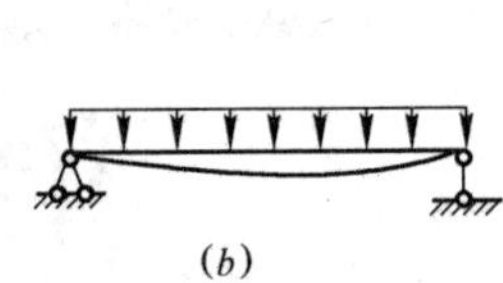
(b)

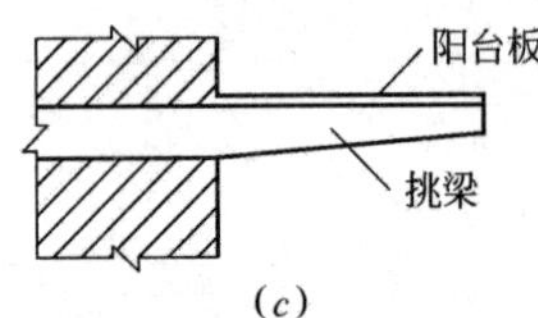

(c)

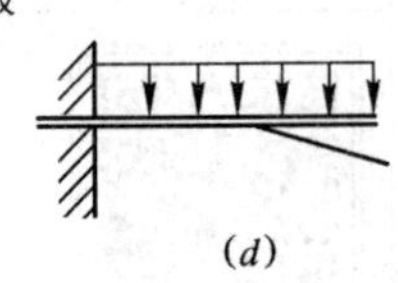
(d)

图 9-2　弯曲变形工程实例

工程中常见的梁，其横截面往往有一根对称轴，如图 9-3 所示。这根对称轴与梁轴线所组成的平面，称为**纵向对称平面**（图 9-4）。如果作用在梁上的外力（包括荷载和支座反力）和外力偶都位于纵向对称平面内，梁变形后，轴线将在此纵向对称平面内弯曲。这种**梁的弯曲平面与外力作用平面相重合的弯曲**，称为**平面弯曲**。平面弯曲是一种最简单，也是最常见的弯曲变形，本章将主要讨论等截面直梁的平面弯曲问题。

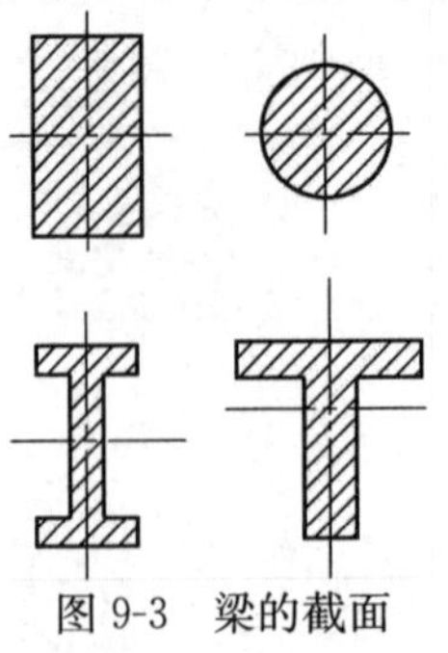
图 9-3　梁的截面

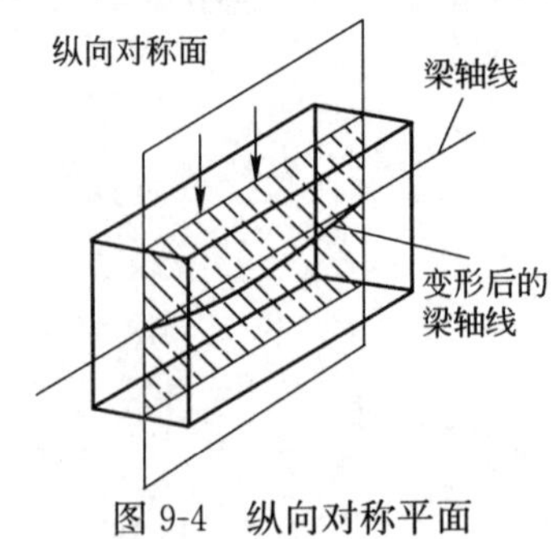

图 9-4　纵向对称平面

9.1.2　单跨静定梁的几种形式

工程中对于单跨静定梁按其支座情况分为下列三种形式：

(1) 悬臂梁 梁的一端为固定端，另一端为自由端（图 9-5a）。

(2) 简支梁 梁的一端为固定铰支座，另一端为可动铰支座（图 9-5b）。

(3) 外伸梁 梁的一端或两端伸出支座的简支梁（图 9-5c）。

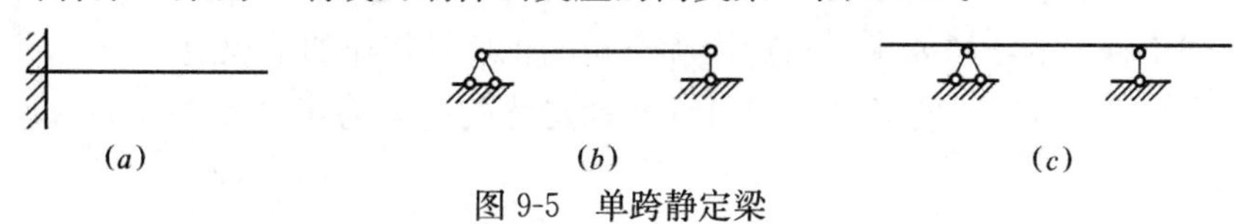

图 9-5 单跨静定梁

9.2 梁的弯曲内力——剪力和弯矩

为了计算梁的强度和刚度问题，在求得梁的支座反力后，就必须计算梁的内力。下面将着重讨论梁的内力的计算方法。

9.2.1 截面法求内力

1. 剪力和弯矩

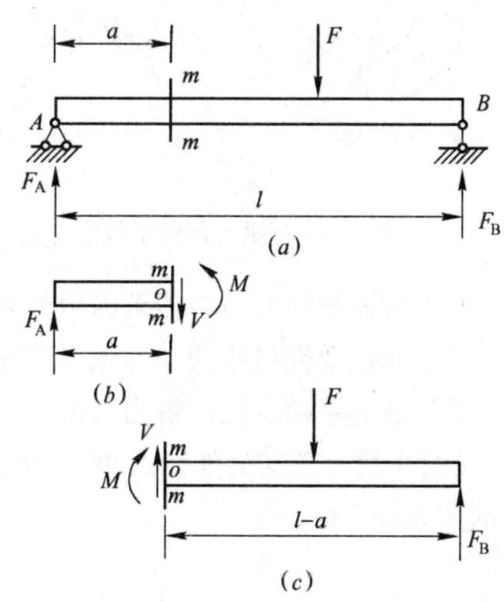

图 9-6 截面法计算梁的剪力和弯矩

图 9-6(a)所示为一简支梁，荷载 F 和支座反力 F_A、F_B 是作用在梁的纵向对称平面内的平衡力系。现用截面法分析任一截面 m—m 上的内力。假想将梁沿 m—m 截面分为两段，现取左段为研究对象，从图 9-6(b)可见，因有支座反力 F_A 作用，为使左段满足 $\Sigma F_y=0$，截面 m—m 上必然有与 F_A 等值、平行且反向的内力 V 存在，这个内力 V，称为**剪力**；同时，因 F_A 对截面 m-m 的形心 O 点有一个力矩 $F_A \cdot a$ 的作用，为满足 $\Sigma M_0=0$，截面 m—m 上也必然有一个与力矩 $F_A \cdot a$ 大小相等且转向相反的内力偶矩 M 存在，这个内力偶矩 M 称为**弯矩**。由此可见，**梁发生弯曲时，横截面上同时存在着两个内力，即剪力和弯矩。**

剪力的常用单位为 N 或 kN，弯矩的常用单位为 N·m 或kN·m。

剪力和弯矩的大小，可由左段梁的静力平衡方程求得，即：

$$\Sigma F_y=0, \qquad F_A-V=0, \qquad 得\ V=F_A$$

$$\Sigma M_0=0, \qquad -F_A \cdot a+M=0, \qquad 得\ M=F_A \cdot a$$

如果取右段梁作为研究对象，同样可求得截面 m—m 上的 V 和 M，根据作用与反作用力的关系，它们与从右段梁求出 m—m 截面上的 V 和 M

大小相等，方向相反，如图 9-6(*c*)所示。

2. 剪力和弯矩的正、负号规定

为了使从左、右两段梁求得同一截面上的剪力 V 和弯矩 M 具有相同的正负号，并考虑到土建工程上的习惯要求，对剪力和弯矩的正负号特作如下规定：

(1) 剪力的正负号　使梁段有顺时针转动趋势的剪力为正（图 9-7*a*）；反之，为负（图 9-7*b*）。

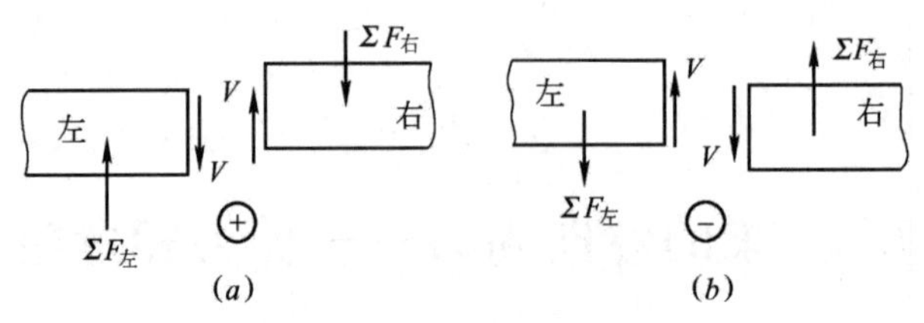

图 9-7　剪力的正负号规定

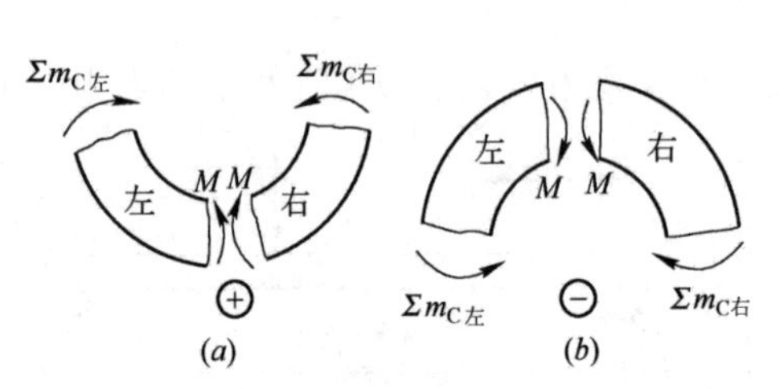

图 9-8　弯矩的正负号规定

(2) 弯矩的正负号　使梁段产生下侧受拉的弯矩为正（图 9-8*a*）；反之，为负（图 9-8*b*）。

3. 用截面法计算指定截面上的剪力和弯矩

用截面法求指定截面上的剪力和弯矩的步骤如下：

(1) 计算支座反力；

(2) 用假想的截面在需求内力处将梁截成两段，取其中任一段为研究对象；

(3) 画出研究对象的受力图（截面上的 V 和 M 都先假设为正的方向）；

(4) 建立平衡方程，解出内力。

【例 9-1】 简支梁如图 9-9(*a*)所示。已知 $F_1=30\text{kN}$，$F_2=30\text{kN}$，试求截面 1—1 上的剪力和弯矩。

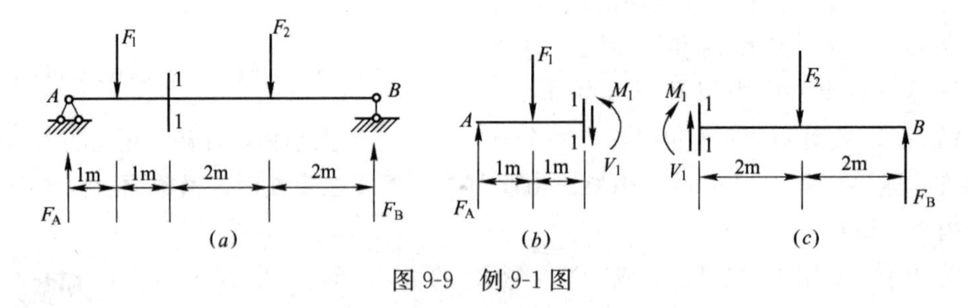

图 9-9　例 9-1 图

【解】 (1) 求支座反力，考虑梁的整体平衡

$$\Sigma M_B=0 \qquad F_1\times5+F_2\times2-F_A\times6=0$$

$$\Sigma M_A=0 \qquad -F_1\times1-F_2\times4+F_B\times6=0$$

得 $$F_A=35\text{kN}(\uparrow),\ F_B=25\text{kN}(\uparrow)$$

校核 $$\Sigma F_y=F_A+F_B-F_1-F_2=35+25-30-30=0$$

(2) 求截面 1—1 上的内力

在截面 1—1 处将梁截开，取左段梁为研究对象，画出其受力图，内力 V_1 和 M_1 均先假设为正的方向（图 9-9*b*），列平衡方程：

$$\Sigma F_y=0 \qquad F_A-F_1-V_1=0$$

$$\Sigma M_1=0 \qquad -F_A\times 2+F_1\times 1+M_1=0$$

得

$$V_1=F_A-F_1=35-30=5\text{kN}$$

$$M_1=F_A\times 2-F_1\times 1=35\times 2-30\times 1=40\text{kN}\cdot\text{m}$$

求得 V_1 和 M_1 均为正值，表示截面 1—1 上内力的实际方向与假定的方向相同；按内力的符号规定，剪力、弯矩都是正的。所以，画受力图时一定要先假设内力为正的方向，由平衡方程求得结果的正负号，就能直接代表内力本身的正负。

如取 1—1 截面右段梁为研究对象（图 9-9*c*），可得出同样的结果。

【例 9-2】 一悬臂梁，其尺寸及梁上荷载如图 9-10 所示，求截面 1—1 上的剪力和弯矩。

【解】 对于悬臂梁不需求支座反力，可取右段梁为研究对象，其受力图如图 9-10（*b*）所示。

$$\Sigma F_y=0 \qquad V_1-qa-F=0$$

$$\Sigma M_1=0 \qquad -M_1-qa\cdot\frac{a}{2}-Fa=0$$

得

$$V_1=qa+F=4\times 2+5=13\text{kN}$$

$$M_1=-\frac{qa^2}{2}-Fa=-\frac{4\times 2^2}{2}-5\times 2=-18\text{kN}\cdot\text{m}$$

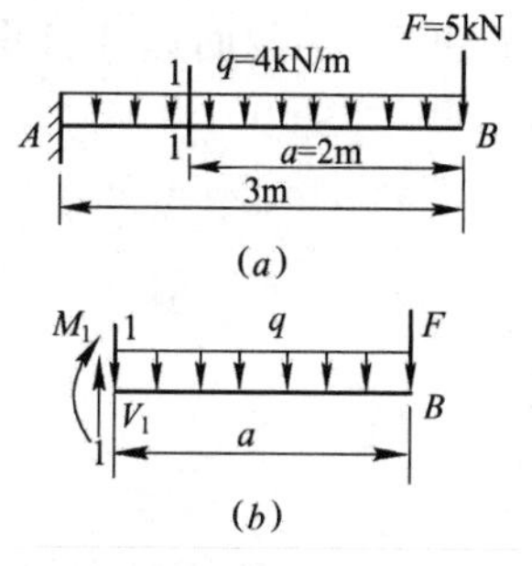

图 9-10 例 9-2 图

求得 V_1 为正值，表示 V_1 的实际方向与假定的方向相同；M_1 为负值，表示 M_1 的实际方向与假定的方向相反。所以，按梁内力的符号规定，1—1 截面上的剪力为正，弯矩为负。

9.2.2 简便法求内力

通过上述例题，可以总结出直接根据外力计算梁内力的规律。

1. 由外力计算剪力的规律

计算剪力是对截面左（或右）段梁建立投影方程，经过移项后可得

$$V=\Sigma F_{y左} \quad 或 \quad V=\Sigma F_{y右}$$

上两式说明：**梁内任一横截面上的剪力在数值上等于该截面一侧所有外力在垂直于轴线方向投影的代数和**。若外力对所求截面产生顺时针方向转动趋势时，其投影取正号（图 9-7*a*）；反之，取负号（图 9-7*b*）。此规律可记为“**顺转剪力正**”。

2. 由外力计算弯矩的规律

计算弯矩是对截面左（或右）段梁建立力矩方程，经过移项后可得

$$M=\Sigma M_{C左} \quad 或 \quad M=\Sigma M_{C右}$$

上两式说明：**梁内任一横截面上的弯矩在数值上等于该截面一侧所有外力（包括力**

偶）对该截面形心力矩的代数和。将所求截面固定，若外力矩使所考虑的梁段产生下凸弯曲变形时（即上部受压，下部受拉），等式右方取正号（图 9-8*a*）；反之，取负号（图 9-8*b*）。此规律可记为**“下凸弯矩正”**。

利用上述规律直接由外力求梁内力的方法称为简易法。用简易法求内力可以省去画受力图和列平衡方程从而简化计算过程。现举例说明。

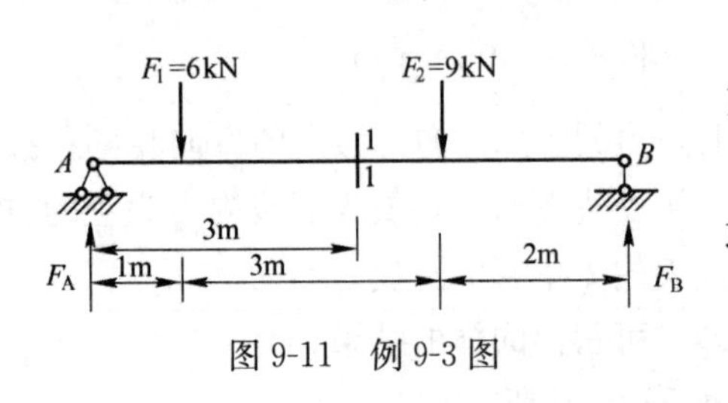

图 9-11　例 9-3 图

【例 9-3】 用简易法求图 9-11 所示简支梁 1—1 截面上的剪力和弯矩。

【解】 (1) 求支座反力。由梁的整体平衡求得

$$F_A=8\text{kN}\ (\uparrow),\qquad F_B=7\text{kN}\ (\uparrow)$$

(2) 计算 1—1 截面上的内力

由 1—1 截面以左部分的外力来计算内力，根据“顺转剪力正”和“下凸弯矩正”得

$$V_1=F_A-F_1=8-6=2\text{kN}$$
$$M_1=F_A\times3-F_1\times2=8\times3-6\times2=12\text{kN}\cdot\text{m}$$

9.3　用内力方程绘制梁的剪力图和弯矩图

为了计算梁的强度和刚度问题，除了要计算指定截面的剪力和弯矩外，还必须知道剪力和弯矩沿梁轴线的变化规律，从而找到梁内剪力和弯矩的最大值以及它们所在的截面位置。

9.3.1　剪力方程和弯矩方程

从上节的讨论可以看出，梁内各截面上的剪力和弯矩一般随截面的位置而变化。若横截面的位置用沿梁轴线的坐标 x 来表示，则各横截面上的剪力和弯矩都可以表示为坐标 x 的函数，即：

$$V=V(x),\qquad M=M(x)$$

以上两个函数式**表示梁内剪力和弯矩沿梁轴线的变化规律**，分别称为**剪力方程和弯矩方程**。

9.3.2　剪力图和弯矩图

为了形象地表示剪力和弯矩沿梁轴线的变化规律，可以根据剪力方程和弯矩方程分别绘制剪力图和弯矩图。以沿梁轴线的横坐标 x 表示梁横截面的位置，以纵坐标表示

相应横截面上的剪力或弯矩，在土建工程中，习惯上把**正剪力画在 x 轴上方，负剪力画在 x 轴下方；而把弯矩图画在梁受拉的一侧，即正弯矩画在 x 轴下方，负弯矩画在 x 轴上方**，如图 9-12 所示。

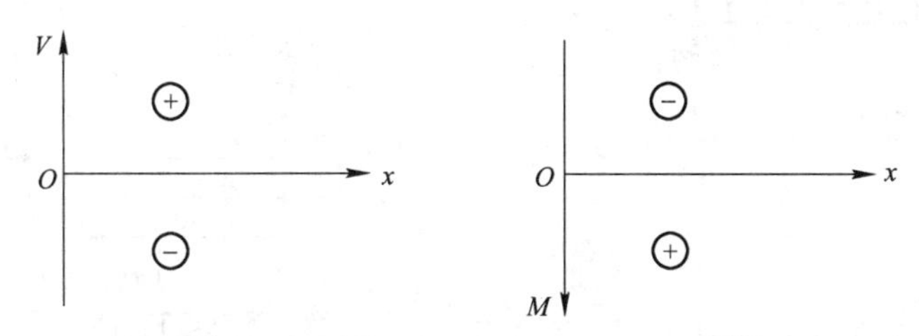

图 9-12　绘制梁的剪力图和弯矩图的规定

【例 9-4】 简支梁受均布荷载作用如图 9-13(a)所示，试画出梁的剪力图和弯矩图。

【解】 (1) 求支座反力

因对称关系，可得

$$F_A=F_B=\frac{1}{2}ql(\uparrow)$$

(2) 列剪力方程和弯矩方程

取距 A 点(坐标原点)为 x 处的任意截面，则梁的剪力方程和弯矩方程为：

$$V(x)=F_A-qx=\frac{1}{2}ql-qx \qquad (0<x<l) \qquad (1)$$

$$M(x)=F_A\cdot x-\frac{1}{2}qx^2=\frac{1}{2}qlx-\frac{1}{2}qx^2 \qquad (0\leqslant x\leqslant l) \qquad (2)$$

(3) 画剪力图和弯矩图

由式(1)可见，$V(x)$是 x 的一次函数，即剪力方程为一直线方程，剪力图是一条斜直线。

当　$x=0$ 时　$V_A=\frac{ql}{2}$

$x=l$ 时　$V_B=-\frac{ql}{2}$

根据这两个截面的剪力值，画出剪力图，如图 9-13(b)所示。

由式(2)知，$M(x)$是 x 的二次函数，说明弯矩图是一条二次抛物线，应至少计算三个截面的弯矩值，才可描绘出曲线的大致形状。

当　$x=0$ 时　$M_A=0$

$x=\frac{l}{2}$时，　$M_C=\frac{ql^2}{8}$

$x=l$ 时　$M_B=0$

根据以上计算结果，画出弯矩图，如图 9-13(c)所示。

从剪力图和弯矩图中可得**结论：在均布荷载作用的梁段，剪力图为斜直线，弯矩图为二次抛物线。在剪力等于零的截面上弯矩有极值。**

【例 9-5】 简支梁受集中力作用如图 9-14(a)所示，试画出梁的剪力图和弯矩图。

【解】 (1) 求支座反力

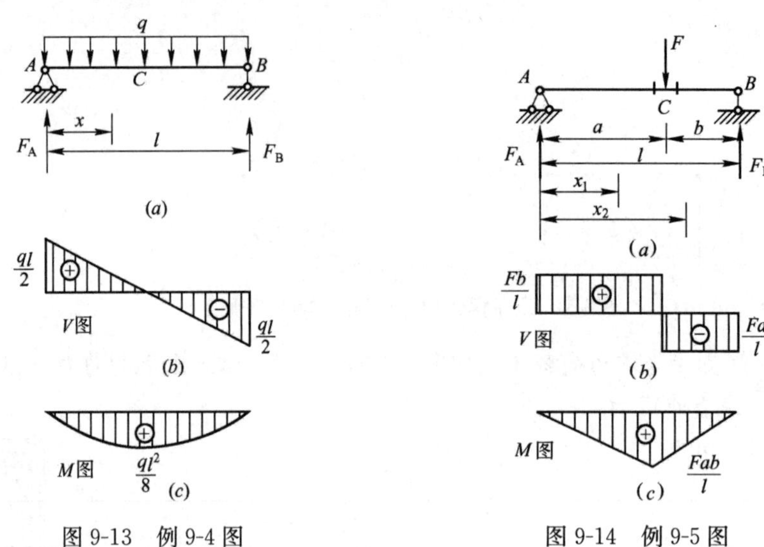

图 9-13 例 9-4 图　　　图 9-14 例 9-5 图

由梁的整体平衡条件

$$\Sigma M_B=0, \quad F_A=\frac{Fb}{l}(\uparrow)$$

$$\Sigma M_A=0, \quad F_B=\frac{Fa}{l}(\uparrow)$$

校核： $\Sigma F_y=F_A+F_B-F=\frac{Fb}{l}+\frac{Fa}{l}-F=0$

计算无误。

(2) 列剪力方程和弯矩方程

梁在 C 处有集中力作用，故 AC 段和 CB 段的剪力方程和弯矩方程不相同，要分段列出。

AC 段：在距 A 端为 x_1 的任意截面处将梁假想截开，并考虑左段梁平衡，则剪力方程和弯矩方程为：

$$V(x_1)=F_A=\frac{Fb}{l} \quad (0<x_1<a) \tag{1}$$

$$M(x_1)=F_A\cdot x_1=\frac{Fb}{l}x_1 \quad (0\leqslant x_1\leqslant a) \tag{2}$$

CB 段：在距 A 端为 x_2 的任意截面处假想截开，并考虑左段的平衡，列出剪力方程和弯矩方程为：

$$V(x_2)=F_A-F=\frac{Fb}{l}-F=-\frac{Fa}{l} \quad (a<x_2<l) \tag{3}$$

$$M(x_2)=F_A\cdot x_2-F(x_2-a)=\frac{Fa}{l}(l-x_2) \quad (a\leqslant x_2\leqslant l) \tag{4}$$

(3) 画剪力图和弯矩图

根据剪力方程和弯矩方程画剪力图和弯矩图。

V 图：AC 段剪力方程 $V(x_1)$ 为常数，其剪力值为$\frac{Fb}{l}$，剪力图是一条平行于 x 轴的直线，且在 x 轴上方。CB 段剪力方程 $V(x_2)$ 也为常数，其剪力值为$-\frac{Fa}{l}$，剪力图也是一条平行于 x 轴的直线，但在 x 轴下方。画出全梁的剪力图，如图 9-14(b)所示。

M 图：AC 段弯矩 $M(x_1)$ 是 x_1 的一次函数，弯矩图是一条斜直线，只要计算两个截面的弯矩值，就可以画出弯矩图。

当 $x_1=0$ 时 $M_A=0$

$x_1=a$ 时 $M_C=\frac{Fab}{l}$

根据计算结果，可画出 AC 段弯矩图。

CB 段弯矩 $M(x_2)$ 也是 x_2 的一次函数，弯矩图仍是一条斜直线。

当 $x_2=a$ 时 $M_C=\frac{Fab}{l}$

$x_2=l$ 时 $M_B=0$

由上面两个弯矩值，画出 CB 段弯矩图。整梁的弯矩图如图 9-14(c)所示。

从剪力图和弯矩图中可得结论：**在无荷载梁段剪力图为平行线，弯矩图为斜直线。在集中力作用处，左右截面上的剪力图发生突变，其突变值等于该集中力的大小，突变方向与该集中力的方向一致；而弯矩图出现转折，即出现尖点，尖点方向与该集中力方向一致。**

【例 9-6】 如图 9-15(a)所示简支梁受集中力偶作用，试画出梁的剪力图和弯矩图。

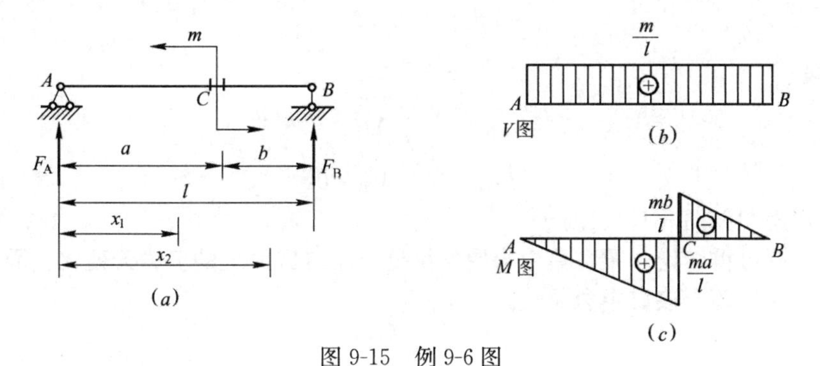

图 9-15 例 9-6 图

【解】 (1) 求支座反力

由整梁平衡得：

$$\Sigma M_B=0,\quad F_A=\frac{m}{l}\ (\uparrow)$$

$$\Sigma M_A=0,\quad F_B=-\frac{m}{l}\ (\downarrow)$$

校核：$\Sigma F_y=F_A+F_B=\frac{m}{l}-\frac{m}{l}=0$

计算无误。

(2) 列剪力方程和弯矩方程

梁在 C 截面有集中力偶 m 作用，应分两段列出剪力方程和弯矩方程。

AC 段：在距 A 端为 x_1 的截面处假想将梁截开，考虑左段梁平衡，则剪力方程和弯矩方程为：

$$V(x_1)=F_A=\frac{m}{l} \qquad (0<x_1\leqslant a) \tag{1}$$

$$M(x_1)=F_A\cdot x_1=\frac{m}{l}x_1 \qquad (0\leqslant x_1<a) \tag{2}$$

CB 段：在距 A 端为 x_2 的截面处假想将梁截开，考虑左段梁平衡，则列出剪力方程和弯矩方程为：

$$V(x_2)=F_A=\frac{m}{l} \qquad (a\leqslant x_2<l) \tag{3}$$

$$M(x_2)=F_A\cdot x_2-m=-\frac{m}{l}(l-x_2) \qquad (a<x_2\leqslant l) \tag{4}$$

(3) 画剪力图和弯矩图

V 图：由式 (1)、式 (3) 可知，梁在 AC 段和 CB 段剪力都是常数，其值为 $\frac{m}{l}$，故剪力是一条在 x 轴上方且平行于 x 轴的直线。画出剪力图如图 9-15(b)所示。

M 图：由式 (2)、式 (4) 可知，梁在 AC 段和 CB 段内弯矩都是 x 的一次函数，故弯矩图是两段斜直线。

AC 段：

当 $x_1=0$ 时， $M_A=0$

$x_1=a$ 时， $M_{C左}=\frac{ma}{l}$

CB 段：

当 $x_2=a$ 时， $M_{2右}=-\frac{mb}{l}$

$x_2=l$ 时， $M_B=0$

画出弯矩图如图 9-15(c)所示。

由内力图可得**结论：梁在集中力偶作用处，左右截面上的剪力无变化，而弯矩出现突变，其突变值等于该集中力偶矩。**

9.4 用微分关系绘制梁的剪力图和弯矩图

9.4.1 荷载集度、剪力和弯矩之间的微分关系

上一节从直观上总结出剪力图、弯矩图的一些规律和特点。现进一步讨论剪力图、

弯矩图与荷载集度之间的关系。

如图 9-16(a)所示，梁上作用有任意的分布荷载 $q(x)$，设 $q(x)$以向上为正。取 A 为坐标原点，x 轴以向右为正。现取分布荷载作用下的一微段 $\mathrm{d}x$ 来研究(图 9-16b)。

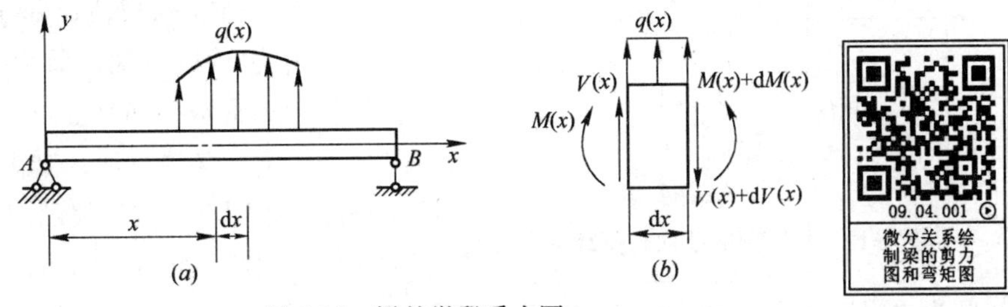

图 9-16　梁的微段受力图

由于微段的长度 $\mathrm{d}x$ 非常小，因此，在微段上作用的分布荷载 $q(x)$可以认为是均布的。微段左侧横截面上的剪力是 $V(x)$、弯矩是 $M(x)$；微段右侧截面上的剪力是 $V(x)+\mathrm{d}V(x)$、弯矩是 $M(x)+\mathrm{d}M(x)$，并设它们都为正值。考虑微段的平衡，由

$$\Sigma F_y=0 \qquad V(x)+q(x)\mathrm{d}x-[V(x)+\mathrm{d}V(x)]=0$$

得

$$\frac{\mathrm{d}V(x)}{\mathrm{d}x}=q(x) \tag{9-1}$$

结论一：梁上任意一横截面上的剪力对 x 的一阶导数等于作用在该截面处的分布荷载集度。这一微分关系的几何意义是，**剪力图上某点切线的斜率等于相应截面处的分布荷载集度。**

再由　$\Sigma M_c=0 \quad -M(x)-V(x)\mathrm{d}x-q(x)\mathrm{d}x\dfrac{\mathrm{d}x}{2}+[M(x)+\mathrm{d}M(x)]=0$

上式中，C 点为右侧横截面的形心，经过整理，并略去二阶微量 $q(x)\dfrac{\mathrm{d}x^2}{2}$后，得：

$$\frac{\mathrm{d}M(x)}{\mathrm{d}x}=V(x) \tag{9-2}$$

结论二：梁上任一横截面上的弯矩对 x 的一阶导数等于该截面上的剪力。这一微分关系的几何意义是，**弯矩图上某点切线的斜率等于相应截面上剪力。**

将式（9-2）两边求导，可得：

$$\frac{\mathrm{d}^2M(x)}{\mathrm{d}x^2}=q(x) \tag{9-3}$$

结论三：梁上任一横截面上的弯矩对 x 的二阶导数等于该截面处的分布荷载集度。这一微分关系的几何意义是，**弯矩图上某点的曲率等于相应截面处的荷载集度**，即由分布荷载集度的正负可以确定弯矩图的凹凸方向。

9.4.2　用微分关系绘制梁的剪力图和弯矩图

利用弯矩、剪力与荷载集度之间的微分关系及其几何意义，可总结出下列一些规律，以用来校核或绘制梁的剪力图和弯矩图。

1. 在无荷载梁段，即 $q(x)=0$ 时

由式(9-1)可知，$V(x)$是常数，即剪力图是一条平行于 x 轴的直线；又由式(9-2)可知该段弯矩图上各点切线的斜率为常数，因此，弯矩图是一条斜直线。

2. 均布荷载梁段，即 $q(x)=$常数时

由式(9-1)可知，剪力图上各点切线的斜率为常数，即 $V(x)$是 x 的一次函数，剪力图是一条斜直线；又由式(9-2)可知，该段弯矩图上各点切线的斜率为 x 的一次函数，因此，$M(x)$是 x 的二次函数，即弯矩图为二次抛物线。这时可能出现两种情况，如图 9-17 所示。

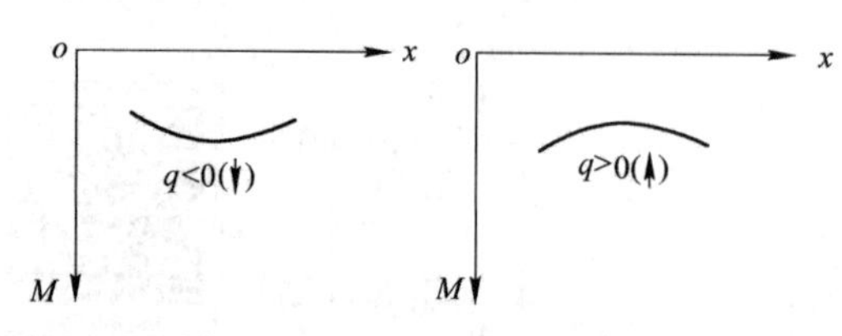

图 9-17　弯矩图的凸向与荷载集度关系

3. 弯矩的极值

由$\dfrac{dM(x)}{dx}=V(x)=0$ 可知，在 $V(x)=0$ 的截面处，$M(x)$具有极值。即剪力等于零的截面上，弯矩具有极值；反之，弯矩具有极值的截面上，剪力一定等于零。

利用上述荷载、剪力和弯矩之间的微分关系及规律，可更简捷地绘制梁的剪力图和弯矩图，其步骤如下：

(1) 分段，即根据梁上外力及支承等情况将梁分成若干段；

(2) 根据各段梁上的荷载情况，判断其剪力图和弯矩图的大致形状；

(3) 利用计算内力的简便方法，直接求出若干控制截面上的 V 值和 M 值；

(4) 逐段直接绘出梁的 V 图和 M 图。

【例 9-7】 一外伸梁，梁上荷载如图 9-18(a)所示，已知 $l=4$m，利用微分关系绘出外伸梁的剪力图和弯矩图。

【解】 (1) 求支座反力

$$F_B=20\text{kN}\ (\uparrow),\ F_D=8\text{kN}\ (\uparrow)$$

(2) 根据梁上的外力情况将梁分为 AB、BC 和 CD 三段。

(3) 计算控制截面剪力，画剪力图

AB 段梁上有均布荷载，该段梁的剪力图为斜直线，其控制截面剪力为：

$$V_A=0$$

$$V_{B左}=\frac{1}{2}ql=-\frac{1}{2}\times4\times4=-8\text{kN}$$

BC 和 CD 段均为无荷载区段，剪力图均为水平线，其控制截面剪力为：

$$V_{B右}=-\frac{1}{2}ql+F_B=-8+20=12\text{kN}$$

$$V_D=-F_D=-8\text{kN}$$

画出剪力图如图 9-18(b)所示。

(4) 计算控制截面弯矩，画弯矩图

AB 段梁上有均布荷载，该段梁的弯矩图为二次抛物线。因 q 向下（$q<0$），所以

曲线凸向下，其控制截面弯矩为：

$$M_A=0$$

$$M_B=-\frac{1}{2}ql\cdot\frac{l}{4}=-\frac{1}{8}\times4\times4^2=-8\text{kN}\cdot\text{m}$$

BC 段与 CD 段均为无荷载区段，弯矩图均为斜直线，其控制截面弯矩为：

$$M_B=-8\text{kN}\cdot\text{m}$$

$$M_C=F_D\cdot\frac{l}{2}=8\times2=16\text{kN}\cdot\text{m}$$

$$M_D=0$$

画出弯矩图如图 9-18(*c*)所示。

从以上看到，对本题来说，只需算出 $V_{B左}$、$V_{B右}$、$V_{D左}$ 和 M_B、M_C，就可画出梁的剪力图和弯矩图。

【例 9-8】 一简支梁，尺寸及梁上荷载如图 9-19(*a*)所示，利用微分关系绘出此梁的剪力图和弯矩图。

【解】 (1) 求支座反力：

$$F_A=6\text{kN}\ (\uparrow)\qquad F_C=18\text{kN}\ (\uparrow)$$

(2) 根据梁上的荷载情况，将梁分为 AB 和 BC 两段，逐段画出内力图。

(3) 计算控制截面剪力，画剪力图。

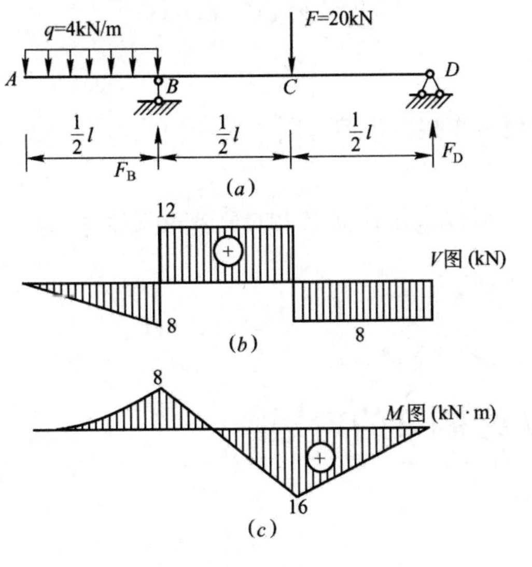

图 9-18　例 9-7 图

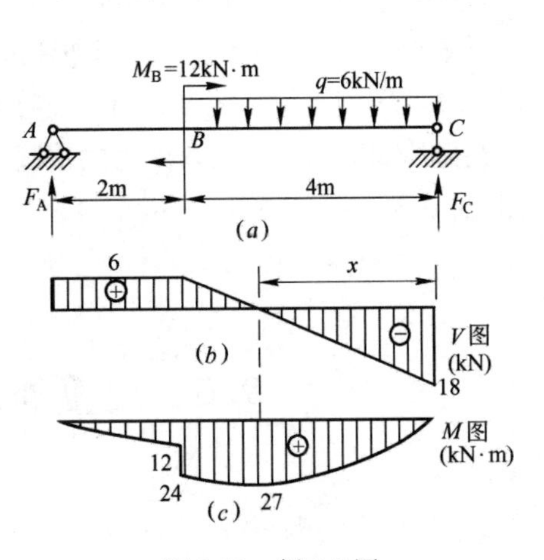

图 9-19　例 9-8 图

AB 段为无荷载区段，剪力图为水平线，其控制截面剪力为：

$$V_A=F_A=6\text{kN}$$

BC 为均布荷载段，剪力图为斜直线，其控制截面剪力为：

$$V_B=F_A=6\text{kN}$$

$$V_C=-F_C=-18\text{kN}$$

画出剪力图如图 9-19(*b*)所示。

(4) 计算控制截面弯矩，画弯矩图。

AB 段为无荷载区段，弯矩图为斜直线，其控制截面弯矩为：

$$M_A=0$$

$$M_{B左}=F_A\times 2=12\text{kN}\cdot\text{m}$$

BC 为均布荷载段，由于 q 向下，弯矩图为下凸的二次抛物线，其控制截面弯矩为：

$$M_{B右}=F_A\times 2+M_e=6\times 2+12=24\text{kN}\cdot\text{m}$$

$$M_c=0$$

从剪力图可知，此段弯矩图中存在着极值，应该求出极值所在的截面位置及其大小。

设弯矩具有极值的截面距右端的距离为 x，由该截面上剪力等于零的条件可求得 x 值，即：

$$V(x)=-F_C+qx=0$$

$$x=\frac{F_C}{q}=\frac{18}{6}=3\text{m}$$

弯矩的极值为：

$$M_{max}=F_C\cdot x-\frac{1}{2}qx^2=18\times 3-\frac{6\times 3^2}{2}=27\text{kN}\cdot\text{m}$$

画出弯矩图如图 9-19(*c*)所示。

对本题来说，反力 F_A、F_C 求出后，便可直接画出剪力图。而弯矩图，也只需确定 $M_{B左}$、$M_{B右}$ 及 M_{max} 值，便可画出。

在熟练掌握简便方法求内力的情况下，可以直接根据梁上的荷载及支座反力画出内力图。

9.5 用叠加法绘制梁的弯矩图

9.5.1 叠加原理

由于在小变形条件下，梁的内力、支座反力、应力和变形等参数均与荷载呈线性关系，每一荷载单独作用时引起的某一参数不受其他荷载的影响。所以，**梁在 *n* 个荷载共同作用时所引起的某一参数（内力、支座反力、应力和变形等），等于梁在各个荷载单独作用时所引起同一参数的代数和**，这种关系称为**叠加原理**（图 9-20）。

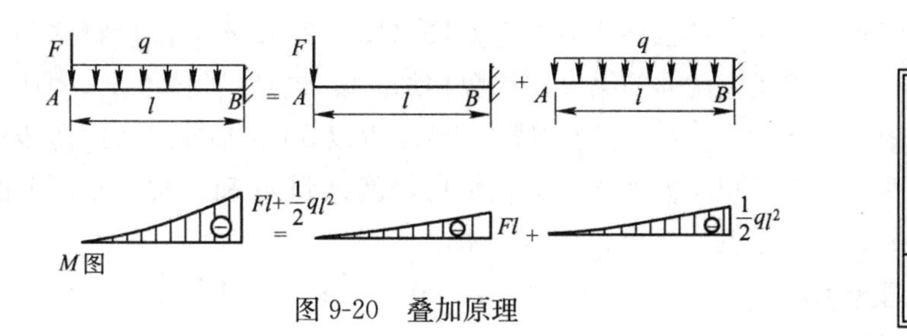

图 9-20　叠加原理

9.5.2　用叠加法绘制梁的弯矩图

根据叠加原理来绘制梁的内力图的方法称为**叠加法**。由于剪力图一般比较简单，因此不用叠加法绘制。下面只讨论用叠加法作梁的弯矩图。其方法为：先分别作出梁在每一个荷载单独作用下的弯矩图，然后将各弯矩图中同一截面上的弯矩代数相加，即可得到梁在所有荷载共同作用下的弯矩图。

为了便于应用叠加法绘内力图，在表 9-1 中给出了梁在简单荷载作用下的弯矩图，可供查用。

单跨梁在简单荷载作用下的弯矩图　　　　表 9-1

荷载形式	弯矩图	荷载形式	弯矩图	荷载形式	弯矩图
F, l	Fl	q, l	$\frac{ql^2}{2}$	M_0, l	M_0
a, F, b, l	$\frac{Fab}{l}$	q, l	$\frac{ql^2}{8}$	M_0, a, b, l	$\frac{b}{l}M_0$, $\frac{a}{l}M_0$
F, l, a	Fa	q, l, a	$\frac{1}{2}qa^2$	M_0, l, a	M_0

【例 9-9】 试用叠加法画出图 9-21 所示简支梁的弯矩图。

【解】 (1) 先将梁上荷载分为集中力偶 m 和均布荷载 q 两组。

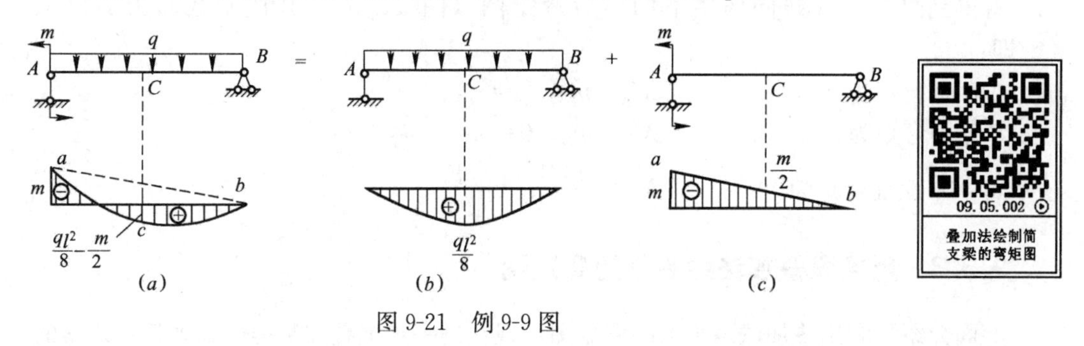

图 9-21　例 9-9 图

(2) 分别画出 m 和 q 单独作用时的弯矩图（图 9-21b、c），然后将这两个弯矩图相叠加。叠加时，是将相应截面的纵坐标代数相加。叠加方法如图 9-21(a)所示。先作出直线形的弯矩图（即 ab 直线，可用虚线画出），再以 ab 为基准线作出曲线形的弯矩图。这样，将两个弯矩图相应纵坐标代数相加后，就得到 m 和 q 共同作用下的最后弯矩图（图 9-21a）。其控制截面为 A、B、C。即：

A 截面弯矩为：　　　　$M_A=-m+0=-m$

B 截面弯矩为：　　　　$M_B=0+0=0$

跨中 C 截面弯矩为：　　$M_C=\frac{ql^2}{8}-\frac{m}{2}$

叠加时宜先画直线形的弯矩图，再叠加上曲线形或折线形的弯矩图。

由上例可知，用叠加法作弯矩图，一般不能直接求出最大弯矩的精确值，若需要确定最大弯矩的精确值，应找出剪力 $V=0$ 的截面位置，求出该截面的弯矩，即得到最大弯矩的精确值。

【例 9-10】 用叠加法画出图 9-22 所示简支梁的弯矩图。

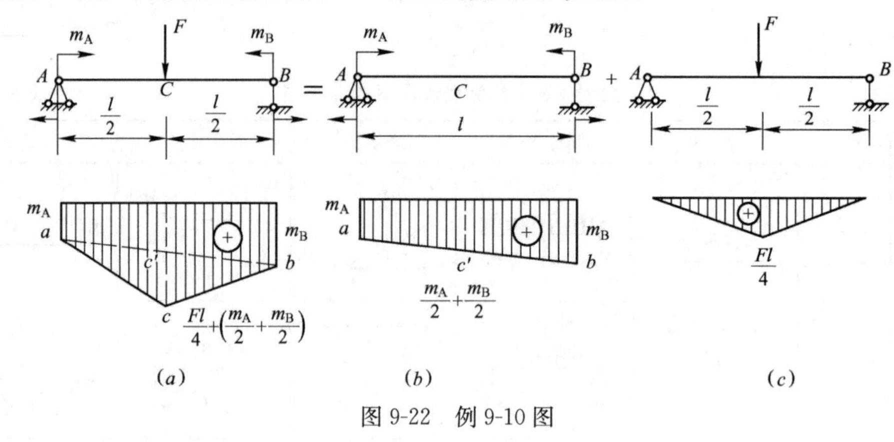

图 9-22　例 9-10 图

【解】 (1) 先将梁上荷载分为两组。其中，集中力偶 m_A 和 m_B 为一组，集中力 F 为一组。

(2) 分别画出两组荷载单独作用下的弯矩图（图 9-22b、c），然后将这两个弯矩图相叠加。叠加方法如图 9-22(a)所示。先作出直线形的弯矩图（即 ab 直线，用虚线画出），再以 ab 为基准线作出折线形的弯矩图。这样，将两个弯矩图相应纵坐标代数相加后，就得到两组荷载共同作用下的最后弯矩图（图 9-22a）。其控制截面为 A、B、C。即：

A 截面弯矩为：　　　　$M_A=m_A+0=m_A$，

B 截面弯矩为：　　　　$M_B=m_B+0=m_B$

跨中 C 截面弯矩为：　　$M_C=\frac{m_A+m_B}{2}+\frac{Fl}{4}$

9.5.3　用区段叠加法绘制梁的弯矩图

上面介绍了利用叠加法画全梁的弯矩图，现在进一步把叠加法推广到画某一段梁的弯矩图，这对画复杂荷载作用下梁的弯矩图和今后画刚架、超静定梁的弯矩图是十分有用的。

图 9-23（a）为一梁承受荷载 F、q 作用，如果已求出该梁截面 A 的弯矩 M_A 和截面 B 的弯矩 M_B，则可取出 AB 段为脱离体（图 9-23b），然后根据脱离体的平衡条件分别求出截面 A、B 的剪力 V_A、V_B。将此脱离体与图 9-23（c）的简支梁相比较，由于简支梁受相同的集中力 F 及杆端力偶 M_A、M_B 作用，因此，由简支梁的平衡条件可求得支座反力 $F_A=V_A$，$F_B=V_B$。

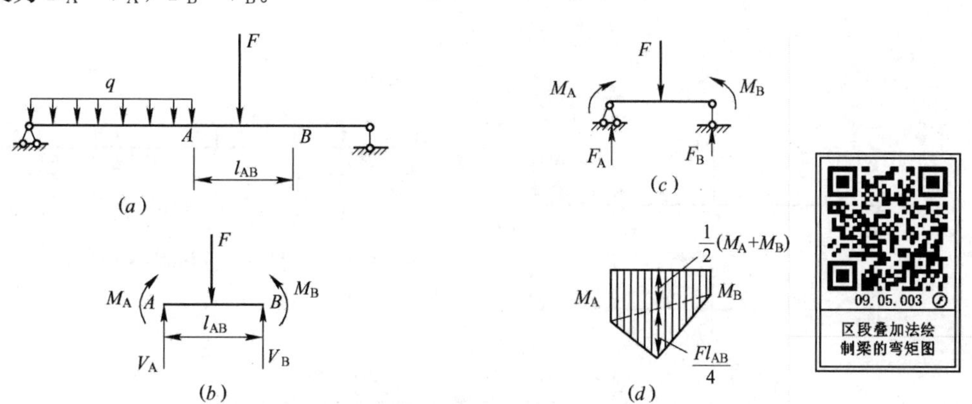

图 9-23 区段叠加法

可见图 9-23（b）与 9-23（c）两者受力完全相同，因此两者弯矩也必然相同。对于图 9-23（c）所示简支梁，可以用上面讲的叠加法作出其弯矩图如图 9-23（d）所示，因此，可知 AB 段的弯矩图也可用叠加法作出。由此得出**结论：任意段梁都可以当作简支梁，并可以利用叠加法来作该段梁的弯矩图**。这种利用叠加法作某一段梁弯矩图的方法称为**"区段叠加法"**。

【例 9-11】 试作出图 9-24 外伸梁的弯矩图。

【解】（1）分段 将梁分为 AB、BC 两个区段。

（2）计算控制截面弯矩。

$$M_A=0$$

$$M_B=-3\times2\times1=-6\text{kN}\cdot\text{m}$$

$$M_D=0$$

AB 区段 C 点处的弯矩叠加值为：

$$\frac{Fab}{l}=\frac{6\times4\times2}{6}=8\text{kN}\cdot\text{m}$$

$$M_C=\frac{Fab}{l}-\frac{2}{3}M_B=8-\frac{2}{3}\times6=4\text{kN}\cdot\text{m}$$

BD 区段中点 E 的弯矩叠加值为：

$$M_E=\frac{M_B}{2}-\frac{ql^2}{8}=\frac{6}{2}-\frac{3\times2^2}{8}=1.5\text{kN}\cdot\text{m}$$

（3）作 M 图，如图 9-24 所示。

由上例可以看出，用区段叠加法作外伸梁的弯矩图时，不需要求支座反力，就可以画出其弯矩图。所以，用区段叠加法作弯矩图是非常方便的。

【例 9-12】 绘制图 9-25（a）所示梁的弯矩图。

【解】 此题若用一般方法作弯矩图较为麻烦。现采用区段叠加法来作，可方便得多。

（1）计算支座反力。

$$\Sigma M_B=0 \qquad F_A=15\text{kN}（\uparrow）$$
$$\Sigma M_A=0 \qquad F_B=11\text{kN}（\uparrow）$$

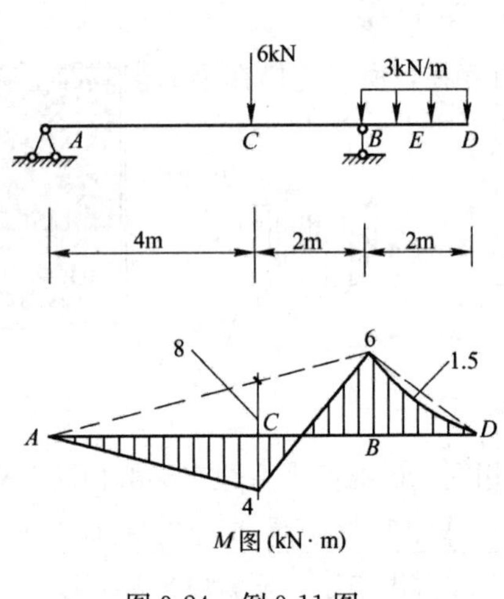

图 9-24　例 9-11 图

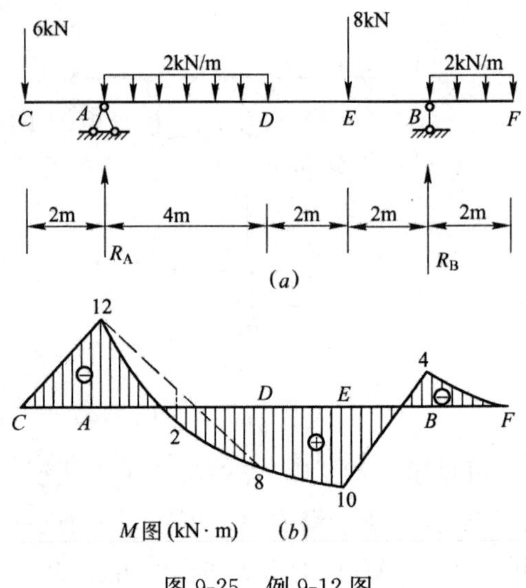

图 9-25　例 9-12 图

校核：$\Sigma F_y=-6+15-2\times4-8+11-2\times2=0$

计算无误。

（2）选定外力变化处为控制截面，并求出它们的弯矩。

本例控制截面为 C、A、D、E、B、F 各处，可直接根据外力确定内力的方法求得：

$$M_C=0$$
$$M_A=-6\times2=-12\text{kN}\cdot\text{m}$$
$$M_D=-6\times6+15\times4-2\times4\times2=8\text{kN}\cdot\text{m}$$
$$M_E=-2\times2\times3+11\times2=10\text{kN}\cdot\text{m}$$
$$M_B=-2\times2\times1=-4\text{kN}\cdot\text{m}$$
$$M_F=0$$

（3）把整个梁分为 CA、AD、DE、EB、BF 五段，然后用区段叠加法绘制各段的弯矩图。方法是：先用一定比例绘出 CF 梁各控制截面的弯矩纵标，然后看各段是否有荷载作用，如果某段范围内无荷载作用（例如 CA、DE、EB 三段），则可把该段端部的弯矩纵标连以直线，即为该段弯矩图。如该段内有荷载作用（例如 AD、BF 二段），则把该段端部的弯矩纵标连一虚线，以虚线为基线叠加该段按简支梁求得的弯矩图。整个梁的弯矩图如图 9-25（b）所示。

其中 AD 段中点的弯矩为：

$$M_{AD中}=\frac{-12+8}{2}+\frac{ql^2}{8}=\frac{-12+8}{2}+\frac{2\times4^2}{8}=2\text{kN}\cdot\text{m}$$

9.6　梁弯曲时的应力及强度计算

由于梁横截面上有剪力 V 和弯矩 M 两种内力存在，所以它们在梁的横截面上会引起相应的剪应力 τ 和正应力 σ。下面着重给出梁的正应力、剪应力计算公式及其强度条件。

09.06.001
梁横截面上的正应力分布规律及计算公式

9.6.1　梁横截面上的正应力

1. 正应力分布规律

为了解正应力在横截面上的分布情况，可先观察梁的变形，取一弹性较好的矩形截面梁，在其表面上画上一系列与轴线平行的纵向线及与轴线垂直的横向线，构成许多均等的小矩形，然后在梁的两端施加一对力偶矩为 M 的外力偶，使梁发生纯弯曲变形，如图 9-26 所示，这时可观察到下列现象：

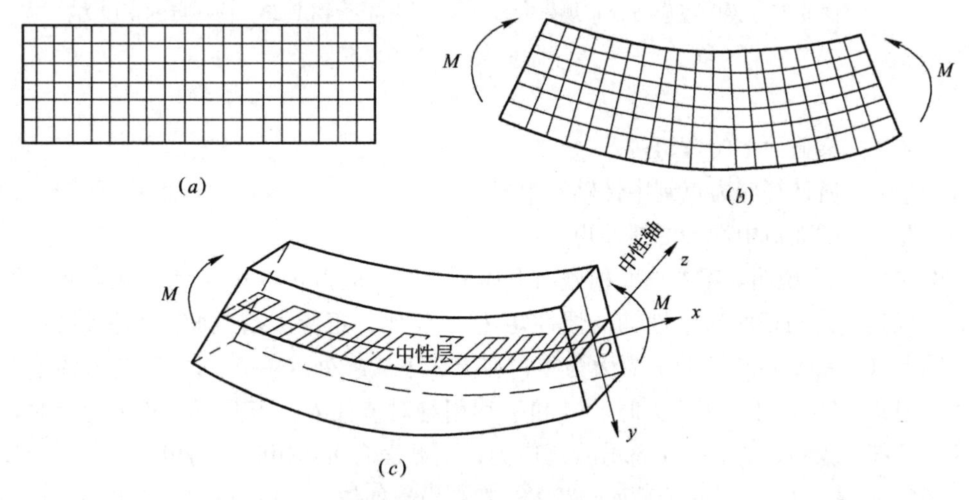

图 9-26　纯弯曲变形及中性层

（1）各横向线仍为直线，只倾斜了一个角度。

（2）各纵向线弯成曲线，上部纵向线缩短，下部纵向线伸长。

根据上面所观察到的现象，推测梁的内部变形，可作出如下的假设和推断：

（1）**平面假设**　各横向线代表横截面，变形前后都是直线，表明横截面变形后仍保持平面，且仍垂直于弯曲后的梁轴线。

（2）**单向受力假设** 将梁看成由无数纤维组成，各纤维只受到轴向拉伸或压缩，不存在相互挤压。

从上部各层纤维缩短到下部各层纤维伸长的连续变化中，必有一层纤维**既不缩短也不伸长**，这层纤维称为**中性层**。**中性层与横截面的交线称为中性轴**，如图 9-26（c）。中性轴通过横截面形心，且与竖向对称轴 y 垂直，并将梁横截面分为受压和受拉两个区域。由此可知，梁弯曲变形时，各截面绕中性轴转动，使梁内纵向纤维伸长和缩短，中性层上各纵向纤维的长度不变。通过进一步的分析可知，**各层纵向纤维的线应变沿截面高度应为线性变化规律**，从而由胡克定律可推出，**梁弯曲时横截面上的正应力沿截面高度呈线性分布规律变化**，如图 9-27 所示。

2. 正应力计算公式

如图 9-28 所示，根据理论推导（推导从略），梁弯曲时横截面上任一点正应力的计算公式为：

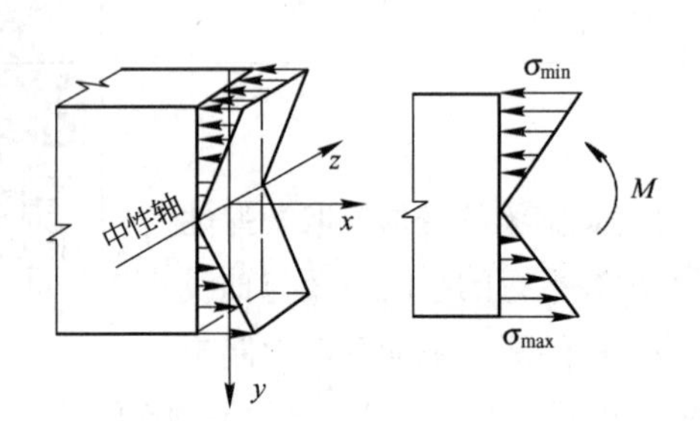

图 9-27 梁的正应力分布规律

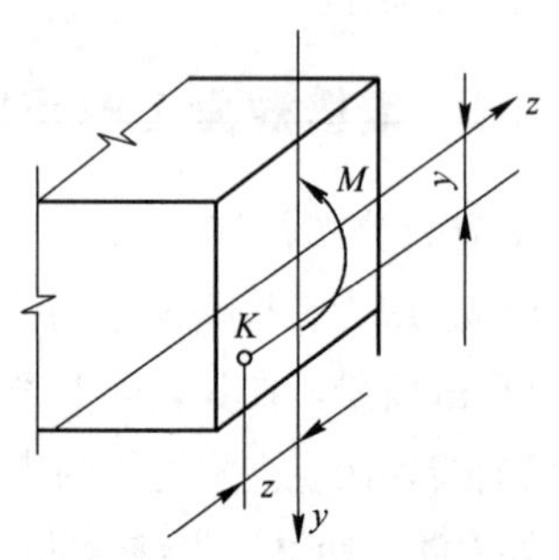

图 9-28 任一点的正应力

$$\sigma=\frac{M\cdot y}{I_z} \tag{9-4}$$

式中 M——横截面上的弯矩；

y——所计算应力点到中性轴的距离；

I_z——截面对中性轴的惯性矩。

由式（9-4）说明，梁弯曲时横截面上任一点的正应力 σ 与弯矩 M 和该点到中性轴距离 y 成正比，与截面对中性轴的惯性矩 I_z 成反比，正应力沿截面高度呈线性分布；中性轴上（$y=0$）各点处的正应力为零；在上、下边缘处（$y=y_{max}$）正应力的绝对值最大。用式（9-4）计算正应力时，M 和 y 均用绝对值代入。当截面上有正弯矩时，中性轴以下部分为拉应力，以上部分为压应力；当截面有负弯矩时，则相反。

【例 9-13】 长为 l 的矩形截面悬臂梁，在自由端处作用一集中力 F，如图 9-29 所示。已知 $F=3\text{kN}$，$h=180\text{mm}$，$b=120\text{mm}$，$y=60\text{mm}$，$l=3\text{m}$，$a=2\text{m}$，求 C 截面上 K 点的正应力。

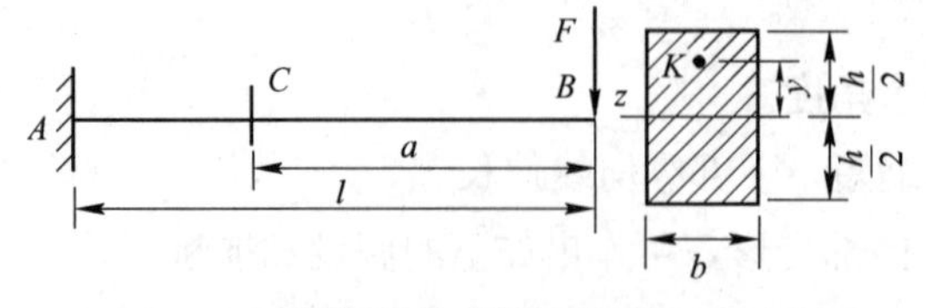

图 9-29 例 9-3 图

【解】（1）计算 C 截面的弯矩

$M_C=-Fa=-3\times2=-6\text{kN}\cdot\text{m}$

(2) 计算截面对中性轴的惯性矩

$$I_z=\frac{bh^3}{12}=\frac{120\times180^3}{12}=58.32\times10^6\text{mm}^4$$

(3) 计算 C 截面上 K 点的正应力

将 M_C、y（均取绝对值）及 I_z 代入正应力式（9-4），得：

$$\sigma_K=\frac{M_C\cdot y}{I_z}=\frac{6\times10^6\times60}{58.32\times10^6}=6.17\text{MPa}$$

由于 C 截面的弯矩为负，K 点位于中性轴上方，所以 K 点的应力为拉应力。

9.6.2 梁横截面上的剪应力

1. 矩形截面梁的剪应力分布规律

对于高度 h 大于宽度 b 的矩形截面梁，其横截面上的剪力 V 沿 y 轴方向，如图 9-30（a）所示，现假设剪应力的分布规律如下：

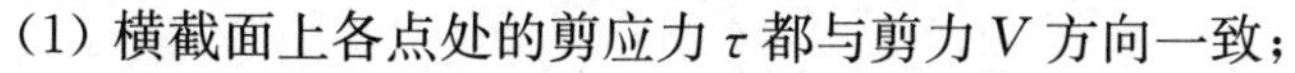

(1) 横截面上各点处的剪应力 τ 都与剪力 V 方向一致；

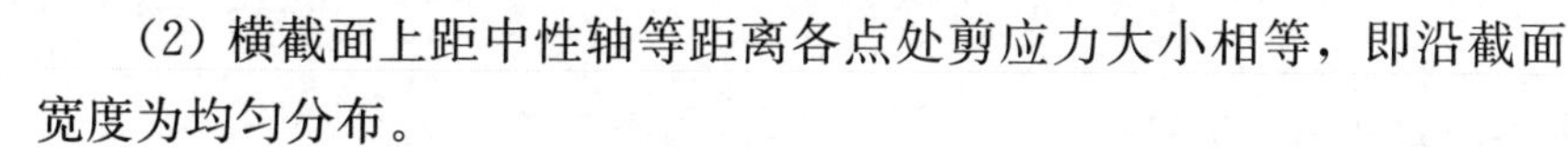

(2) 横截面上距中性轴等距离各点处剪应力大小相等，即沿截面宽度为均匀分布。

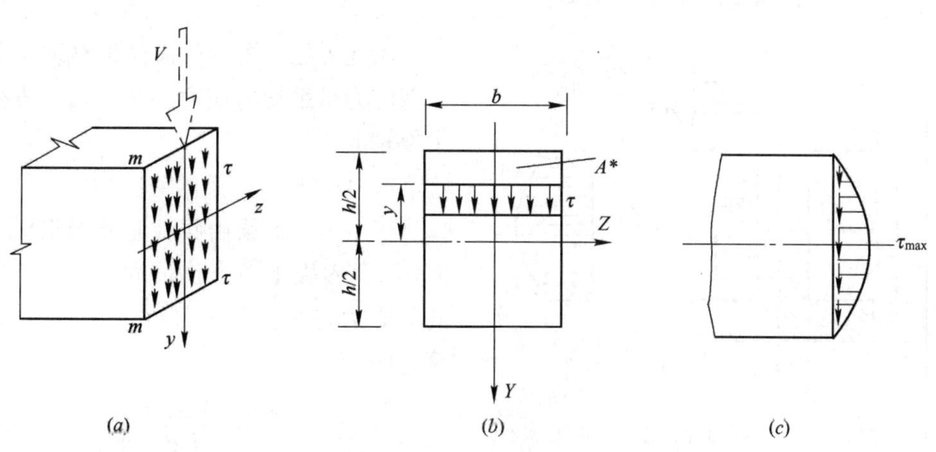

图 9-30 矩形截面梁的剪应力

2. 矩形截面梁的剪应力计算公式

根据以上假设，可以推导出矩形截面梁横截面上任意一点处剪应力的计算公式为：

$$\tau=\frac{VS_z^*}{I_zb} \tag{9-5}$$

式中 V——横截面上的剪力；

I_z——整个截面对中性轴的惯性矩；

b——需求剪应力处的横截面宽度；

S_z^*——横截面上需求剪应力点处的水平线以上（或以下）部分的面积 A^* 对中性轴的静矩。

用上式计算时，V 与 S_z^* 均用绝对值代入即可。

剪应力沿截面高度的分布规律，可从式（9-5）得出。对于同一截面，V、I_z 及 b 都为常量。因此，截面上的剪应力 τ 是随静矩 S_z^* 的变化而变化的。

现求图 9-30（b）所示矩形截面上任意一点的剪应力，该点至中性轴的距离为 y，该点水平线以上横截面面积 A^* 对中性轴的静矩为：

$$S_z^* = A^* y_0 = b\left(\frac{h}{2}-y\right)\left[y+\frac{1}{2}\left(\frac{h}{2}-y\right)\right]=\frac{bh^2}{8}\left(1-\frac{4y^2}{h^2}\right)$$

又 $I_z=\dfrac{bh^3}{12}$，代入式（9-5）得：

$$\tau=\frac{3V}{2bh}\left(1-\frac{4y^2}{h^2}\right)$$

上式表明剪应力沿截面高度按二次抛物线规律分布（图 9-30c）。在上、下边缘处

$\left(y=\pm\dfrac{h}{2}\right)$，剪应力为零；在中性轴上（$y=0$），剪应力最大，其值为：

$$\tau_{\max}=\frac{3V}{2bh}=1.5\frac{V}{A} \qquad (9\text{-}6)$$

式中 $\dfrac{V}{A}$——截面上的平均剪应力。

由此可见，矩形截面梁横截面上的最大剪应力是平均剪应力的 1.5 倍，发生在中性轴上。

3. 工字形截面梁的剪应力

工字形截面梁由腹板和翼缘组成（图 9-31a）。腹板是一个狭长的矩形，所以它的剪应力可按矩形截面的剪应力公式计算，即：

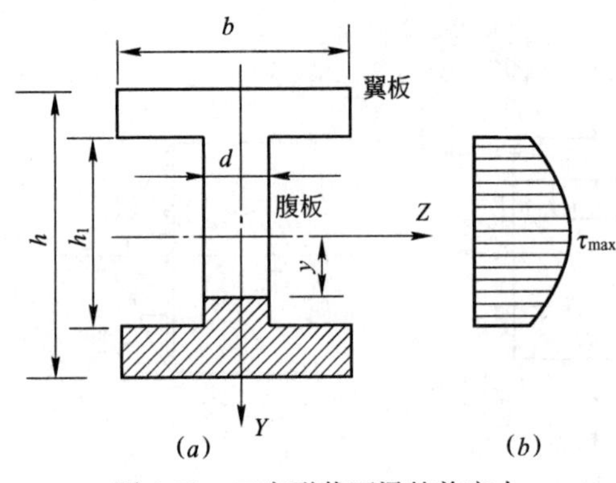

图 9-31　工字形截面梁的剪应力

$$\tau=\frac{VS_z^*}{I_z d} \qquad (9\text{-}7)$$

式中　d——腹板的宽度；

S_z^*——横截面上所求剪应力处的水平线以下（或以上）至边缘部分面积 A^* 对中性轴的静矩。

由式（9-7）可求得剪应力 τ 沿腹板高度按抛物线规律变化，如图 9-31（b）所示。最大剪应力发生在中性轴上，其值为：

$$\tau_{\max}=\frac{V_{\max}S_{z\max}^*}{I_z d}=\frac{V_{\max}}{(I_z/S_{z\max}^*)d}$$

式中　$S_{z\max}^*$——工字形截面中性轴以下（或以上）面积对中性轴的静矩。对于工字钢，$I_z/S_{z\max}^*$ 可由型钢表中查得。

翼缘部分的剪应力很小，一般情况不必计算。

【例 9-14】　一矩形截面简支梁如图 9-32 所示。已知 $l=3$m，$h=160$mm，$b=$

100mm，$h_1=40$mm，$F=3$kN，求 m-m 截面上 K 点的剪应力。

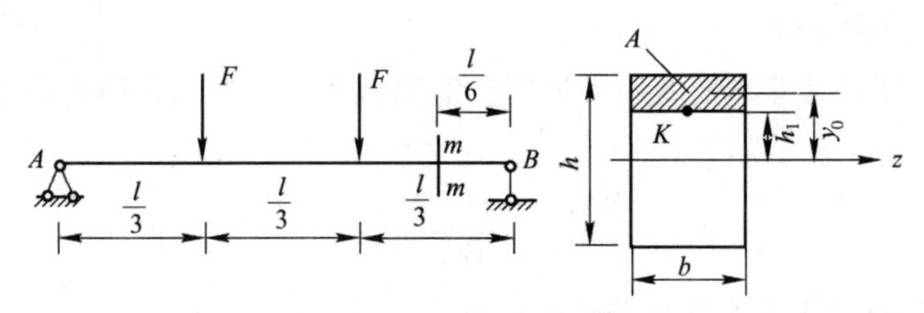

图 9-32　例 9-14 图

【解】　(1) 求支座反力及 m-m 截面上的剪力

$$F_A=F_B=F=3\text{kN}(\uparrow)$$

$$V=-F_B=-3\text{kN}$$

(2) 计算截面的惯性矩及面积 A^* 对中性轴的静矩分别为

$$I_z=\frac{bh^3}{12}=\frac{100\times160^3}{12}=34.1\times10^6\text{mm}^4$$

$$S_z=A^*y_0=100\times40\times60=24\times10^4\text{mm}^3$$

(3) 计算 m-m 截面上 K 点的剪应力

$$\tau_K=\frac{VS_z^*}{I_zb}=\frac{3\times10^3\times24\times10^4}{34.1\times10^6\times100}=0.21\text{MPa}$$

9.6.3　梁的强度条件及强度计算

1. 梁的正应力强度条件

(1) 最大正应力

在强度计算时必须算出梁的最大正应力。**产生最大正应力的截面称为危险截面**。对于等直梁，最大弯矩所在的截面就是危险截面。危险截面上的最大应力点称为危险点，它发生在距中性轴最远的上、下边缘处。

对于中性轴为截面对称轴的梁，其最大正应力的值为：

$$\sigma_{max}=\frac{M_{max}y_{max}}{I_z}$$

令 $W_z=\frac{I_z}{y_{max}}$，则：

$$\sigma_{max}=\frac{M_{max}}{W_z}\tag{9-8}$$

式中　W_z——抗弯截面系数（或模量），它是一个与截面形状和尺寸有关的几何量，其常用单位为 m^3 或 mm^3。对高为 h、宽为 b 的矩形截面，其抗弯截面系数为：

$$W_z=\frac{I_z}{y_{max}}=\frac{bh^3/12}{h/2}=\frac{bh^2}{6}$$

对直径为 D 的圆形截面，其抗弯截面系数为：

$$W_z=\frac{I_z}{y_{max}}=\frac{\pi D^4/64}{D/2}=\frac{\pi D^3}{32}$$

对工字钢、槽钢、角钢等型钢截面的抗弯截面系数 W_z 可从附录型钢表中查得。

(2) 正应力强度条件

为了保证梁具有足够的强度，必须使梁危险截面上的最大正应力不超过材料的许用应力，即：

$$\sigma_{max}=\frac{M_{max}}{W_z}\leqslant[\sigma] \tag{9-9}$$

式（9-9）为梁的正应力强度条件。

根据强度条件可解决工程中有关强度方面的三类问题。

1）强度校核　在已知梁的横截面形状和尺寸、材料及所受荷载的情况下，可校核梁是否满足正应力强度条件。即校核是否满足式（9-9）。

2）设计截面　当已知梁的荷载和所用的材料时，可根据强度条件，先计算出所需的最小抗弯截面系数：

$$W_z\geqslant\frac{M_{max}}{[\sigma]}$$

然后根据梁的截面形状，再由 W_z 值确定截面的具体尺寸或型钢号。

3）确定许用荷载　已知梁的材料、横截面形状和尺寸，根据强度条件先算出梁所能承受的最大弯矩，即：

$$M_{max}\leqslant W_z[\sigma]$$

然后由 M_{max} 与荷载的关系，算出梁所能承受的最大荷载。

2. 梁的剪应力强度条件

为保证梁的剪应力强度，梁的最大剪应力不应超过材料的许用剪应力［τ］即：

$$\tau_{max}=\frac{V_{max}S_{z\,max}^{*}}{I_z b}\leqslant[\tau] \tag{9-10}$$

式（9-10）称为梁的剪应力强度条件。

3. 梁的强度计算

在梁的强度计算中，必须同时满足正应力和剪应力两个强度条件。通常先按正应力强度条件设计出截面尺寸，然后按剪应力强度条件进行校核。对于细长梁，按正应力强度条件设计的梁一般都能满足剪应力强度要求，就不必作剪应力校核。但在以下几种情况下，需校核梁的剪应力：①最大弯矩很小而最大剪力很大的梁；②焊接或铆接的组合截面梁（如工字型截面梁）；③木梁，因为木材在顺纹方向的剪切强度较低，所以木梁有可能沿中性层发生剪切破坏。

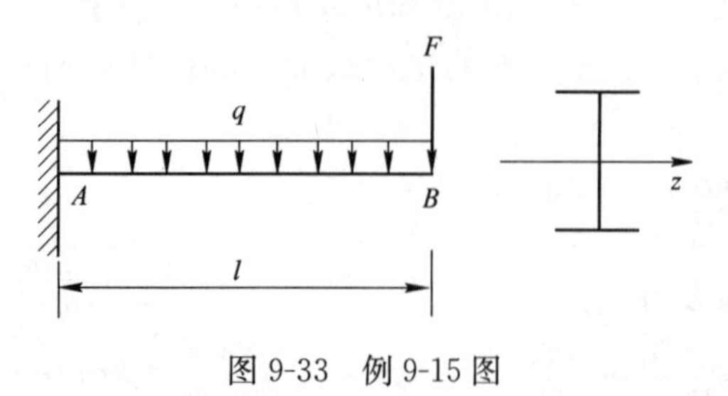

图 9-33　例 9-15 图

【例 9-15】　如图 9-33 所示，一悬臂梁长 $l=1.5$m，自由端受集中力 $F=32$kN 作用，梁由 No22a 工字钢制成，自重按 $q=0.33$kN/m 计算，$[\sigma]=160$MPa。试校核梁的正应力强度。

【解】　(1) 求最大弯矩的绝对值。

$$|M|_{\max}=Fl+\frac{ql^2}{2}=32\times1.5+\frac{1}{2}\times0.33\times1.5^2=48.4\text{kN}\cdot\text{m}\ （在 A 截面）$$

（2）查型钢表，No22a工字钢的抗弯截面系数为：

$$W_z=309\text{cm}^3$$

（3）校核正应力强度。

$$\sigma_{\max}=\frac{M_{\max}}{W_z}=\frac{48.4\times10^6}{309\times10^3}=157\text{MPa}<[\sigma]=160\text{MPa}$$

梁满足正应力强度条件。

【例9-16】 一热轧普通工字钢截面简支梁，如图9-34（*a*）所示，已知：$l=6\text{m}$，$F_1=15\text{kN}$，$F_2=21\text{kN}$，钢材的许用应力［σ］$=170\text{MPa}$，试选择工字钢的型号。

【解】（1）画弯矩图，确定 $M_{\max}$（图9-34*b*）

支座反力　$F_A=17\text{kN}$（↑）　$F_B=19\text{kN}$（↑）　（在 D 截面）

最大弯矩　$M_{\max}=19\times2=38\text{kN}\cdot\text{m}$

（2）计算工字钢梁所需的抗弯截面系数为

$$W_{z1}\geqslant\frac{M_{\max}}{[\sigma]}=\frac{38\times10^6}{170}=223.5\times10^3\text{mm}^3$$

$$=223.5\text{cm}^3$$

（3）选择工字钢型号

由附录二查型钢表得No20a工字钢的 W_z 值为 237cm^3，略大于所需的 W_{z1}，故采用No20a号工字钢。

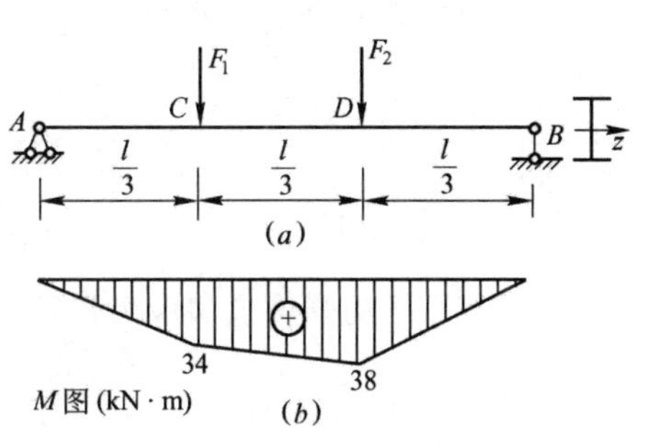

图9-34　例9-16图

【例9-17】 如图9-35所示，No40a号工字钢简支梁，跨度 $l=8\text{m}$，跨中点受集中力 F 作用。已知［σ］$=140\text{MPa}$，考虑自重，求许用荷载［F］。

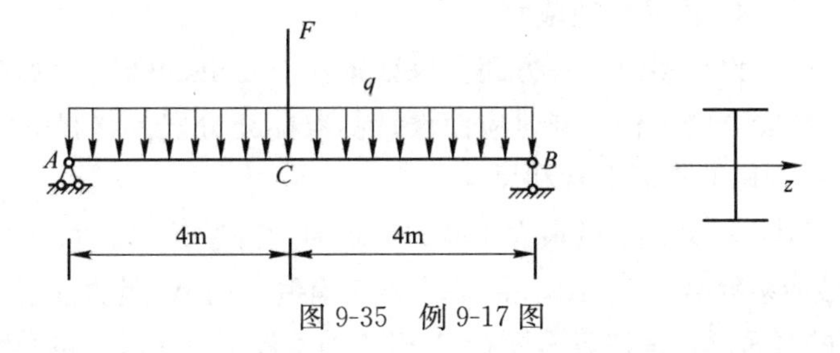

图9-35　例9-17图

【解】（1）由型钢表查有关数据

工字钢每米长自重　$q=67.6\text{kgf/m}\approx676\text{N/m}$

抗弯截面系数　$W_z=1090\text{cm}^3$

（2）按强度条件求许用荷载［F］

$$M_{\max}=\frac{ql^2}{8}+\frac{Fl}{4}=\frac{1}{8}\times676\times8^2+\frac{1}{4}\times F\times8=(5408+2F)\ \text{N}\cdot\text{m}\ （在跨中 C 截面）$$

根据强度条件　$[M_{\max}]\leqslant W_z[\sigma]$

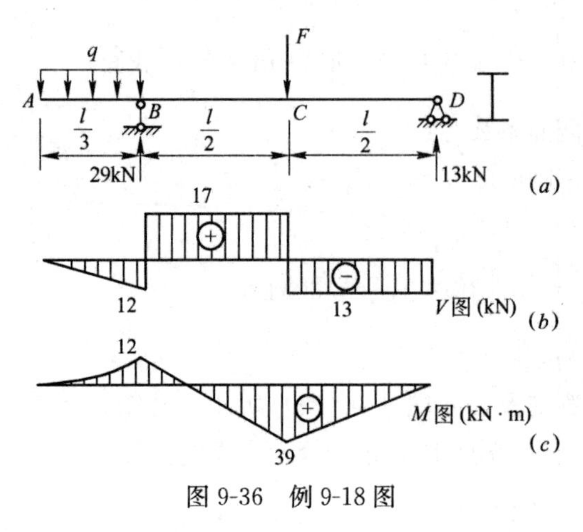

图 9-36 例 9-18 图

$$5408+2F \leqslant 1090\times10^{-6}\times140\times10^{6}$$

解得 $[F]=73600\text{N}=73.6\text{kN}$

【例 9-18】 一外伸工字型钢梁，工字钢的型号为No22a，梁上荷载如图 9-36（*a*）所示。已知 $l=6\text{m}$，$F=30\text{kN}$，$q=6\text{kN/m}$，$[\sigma]=170\text{MPa}$，$[\tau]=100\text{MPa}$，检查此梁是否安全。

【解】 （1）计算支座反力、绘剪力图、弯矩图如图 9-36（*b*）、（*c*）所示

$F_B=29\text{kN}$（↑）　$F_D=13\text{kN}$（↑）

$M_{max}=39\text{kN}\cdot\text{m}$（在 C 截面）

$V_{max}=17\text{kN}$（在 BC 段）

（2）由型钢表查得有关数据

$$d=0.75\text{cm}$$

$$\frac{I_z}{S^*_{max}}=18.9\text{cm}$$

$$W_z=309\text{cm}^3$$

（3）校核正应力强度及剪应力强度

$$\sigma_{max}=\frac{M_{max}}{W_z}=\frac{39\times10^6}{309\times10^3}=126\text{MPa}<[\sigma]=170\text{MPa}$$

$$\tau_{max}=\frac{V_{max}S^*_{max}}{I_z d}=\frac{17\times10^3}{18.9\times10\times7.5}=12\text{MPa}<[\tau]=100\text{MPa}$$

所以，梁是安全的。

4. 梁的合理截面

设计梁时，一方面要保证梁具有足够的强度，使梁在荷载作用下能安全的工作；同时应使设计的梁能充分发挥材料的潜力，以节省材料，这就需要选择合理的截面形状和尺寸。

梁的强度一般是由横截面上的最大正应力控制的。当弯矩一定时，横截面上的最大正应力 σ_{max} 与抗弯截面系数 W_z 成反比，W_z 越大就越有利。而 W_z 的大小是与截面的面积及形状有关，合理的截面形状是在截面面积 A 相同的条件下，有较大的抗弯截面系数 W_z，也就是说比值 W_z/A 大的截面形状合理。由于在一般截面中，W_z 与其高度的平方成正比，所以尽可能地使横截面面积分布在距中性轴较远的地方，这样在截面面积一定的情况下可以得到尽可能大的抗弯截面系数 W_z，而使最大正应力 σ_{max} 减少，或者在抗弯截面系数 W_z 一定的情况下，减少截面面积以节省材料和减轻自重。所以，**工字形、槽形截面比矩形截面合理，矩形截面立放比平放合理，正方形截面比圆形截面合理**。

梁的截面形状的合理性，也可从正应力分布的角度来说明。梁弯曲时，正应力沿截面高度呈直线分布，在中性轴附近正应力很小，这部分材料没有充分发挥作用。如果将

中性轴附近的材料尽可能减少，而把大部分材料布置在距中性轴较远的位置处，则材料就能充分发挥作用，截面形状就显得合理。所以，工程上常采用工字形、圆环形、箱形（图 9-37）等截面形式。工程中常用的空心板、薄腹梁等就是根据这个道理设计的。

此外，对于用铸铁等脆性材料制成的梁，由于材料的抗压强度比抗拉强度大得多，所以，宜采用 T 形等对中性轴不对称的截面，并将其翼缘部分置于受拉侧（图 9-38）。为了充分发挥材料的潜力，应使最大拉应力和最大压应力同时达到材料相应的许用应力。

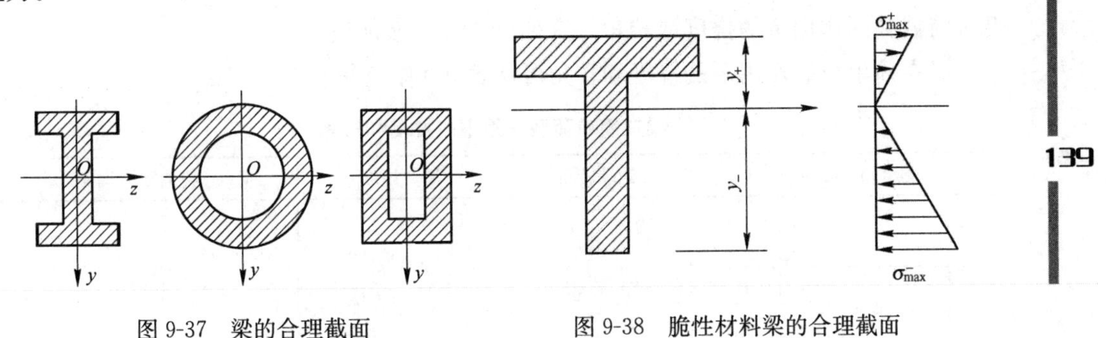

图 9-37 梁的合理截面　　图 9-38 脆性材料梁的合理截面

9.7 梁的变形及刚度条件

为了保证梁在荷载作用下的正常工作，除满足强度要求外，同时还需满足刚度要求。刚度要求就是控制梁在荷载作用下产生的变形在一定限度内，否则会影响结构的正常使用。例如，楼面梁变形过大时，会使下面的抹灰层开裂、脱落；吊车梁的变形过大时，将影响吊车的正常运行等等。

9.7.1 挠度和转角

梁在荷载作用下产生弯曲变形后，其轴线为一条光滑的平面曲线，此曲线称为梁的挠曲线或梁的弹性曲线。如图 9-39 的悬臂梁所示。AB 表示梁变形前的轴线，AB'表示梁变形后的挠曲线。

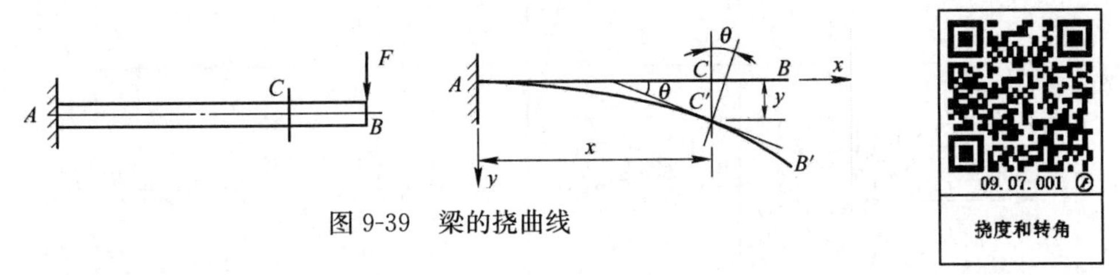

图 9-39 梁的挠曲线

(1) 挠度　梁任一横截面形心在垂直于梁轴线方向的竖向位移 CC' 称为挠度，用 y 表示，单位为 mm，并规定向下为正。

(2) 转角　梁任一横截面相对于原来位置所转动的角度，称为该截面的转角，用 θ 表示，单位为 rad（弧度），并规定顺时针转为正。

9.7.2　用叠加法计算梁的变形

由于梁的变形与荷载成线性关系。所以，可以用叠加法计算梁的变形。即先分别计算每一种荷载单独作用时所引起梁的挠度或转角，然后再将它们代数相加，就得到梁在几种荷载共同作用下的挠度或转角。这种方法称为**叠加法**。

梁在简单荷载作用下的挠度和转角可从表 9-2 中查得。

梁在简单荷载作用下的挠度和转角　　表 9-2

支承和荷载情况	梁端转角	最大挠度	挠曲线方程式
A, θ_B, F, B, x, y_{max}, l, y	$\theta_B=\dfrac{Fl^2}{2EI_z}$	$y_{max}=\dfrac{Fl^3}{3EI_z}$	$y=\dfrac{Fx^2}{6EI_z}(3l-x)$
A, a, F, b, θ_B, B, x, y_{max}, l, y	$\theta_B=\dfrac{Fa^2}{2EI_z}$	$y_{max}=\dfrac{Fa^3}{6EI_z}(3l-a)$	$y=\dfrac{Fx^2}{6EI_z}(3a-x),0\leqslant x\leqslant a$ $y=\dfrac{Fa^2}{6EI_z}(3x-a),a\leqslant x\leqslant l$
q, A, B, x, θ_B, y_{max}, l, y	$\theta_B=\dfrac{ql^3}{6EI_z}$	$y_{max}=\dfrac{ql^4}{8EI_z}$	$y=\dfrac{qx^2}{24EI_z}(x^2+6l^2-4lx)$
A, θ_B, B, M_c, x, y_{max}, l, y	$\theta_B=\dfrac{M_cl}{EI_z}$	$y_{max}=\dfrac{M_cx^2}{2EI_z}$	$y=\dfrac{M_cx^2}{2EI_z}$
A, θ_A, F, θ_B, B, x, l/2, l/2, y	$\theta_A=-\theta_B=\dfrac{Fl^2}{16EI_z}$	$y_{max}=\dfrac{Fl^3}{48EI_z}$	$y=\dfrac{Fx}{48EI_z}(3l^2-4x^2)$, $0\leqslant x\leqslant\dfrac{l}{2}$
q, A, B, x, θ_A, l, θ_B, y	$\theta_A=-\theta_B=\dfrac{ql^3}{24EI_z}$	$y_{max}=\dfrac{5ql^4}{384EI_z}$	$y=\dfrac{qx}{24EI_z}(l^3-2lx^2+x^3)$

续表

支承和荷载情况	梁端转角	最大挠度	挠曲线方程式
	$\theta_A=\dfrac{Fab(l+b)}{6lEI_z}$ $\theta_B=\dfrac{-Fab(l+a)}{6lEI_z}$	$y_{max}=\dfrac{Fb}{9\sqrt{3}lEI}(l^2-b^2)^{3/2}$ 在 $x=\dfrac{\sqrt{l^2-b^2}}{3}$ 处	$y=\dfrac{Fbx}{6lEI_z}(l^2-b^2-x^2)x$, $0\leqslant x\leqslant a$ $y=\dfrac{F}{EI_z}\left[\dfrac{b}{6l}(l^2-b^2-x^2)x+\dfrac{1}{6}(x-a)^3\right]$, $a\leqslant x\leqslant l$
	$\theta_A=\dfrac{M_cl}{6EI_z}$ $\theta_B=-\dfrac{M_cl}{3EI_z}$	$y_{max}=\dfrac{M_cl^2}{9\sqrt{3}EI_z}$ 在 $x=\dfrac{l}{\sqrt{3}}$ 处	$y=\dfrac{M_cx}{6lEI_z}(l^2-x^2)$

【例 9-19】 试用叠加法计算图 9-40 所示简支梁的跨中挠度 y_c 与 A 截面的转角 θ_A。

【解】 可先分别计算 q 与 F 单独作用下的跨中挠度 y_{c1} 和 y_{c2}，由表 9-2 查得：

$$y_{c1}=\frac{5ql^4}{384EI}$$

$$y_{c2}=\frac{Fl^3}{48EI}$$

q、F 共同作用下的跨中挠度则为

$$y_c=y_{c1}+y_{c2}=\frac{5ql^4}{384EI}+\frac{Fl^3}{48EI}(\downarrow)$$

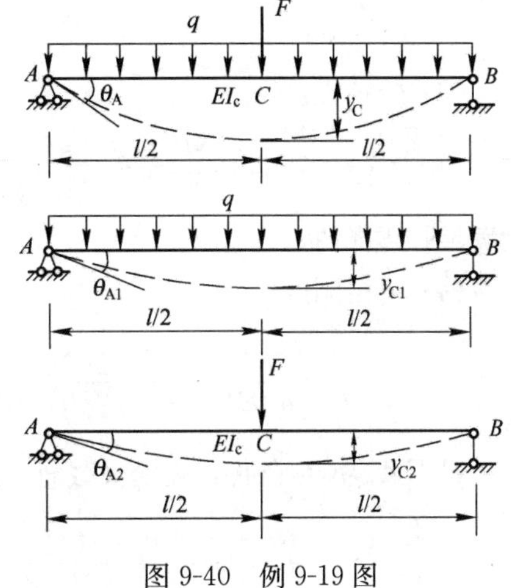

图 9-40　例 9-19 图

同样，也可求得 A 截面的转角为

$$\theta_A=\theta_{A1}+\theta_{A2}=\frac{ql^3}{24EI}+\frac{Fl^2}{16EI}(\curvearrowright)$$

9.7.3　梁的刚度条件及刚度计算

在建筑工程中，通常只校核梁的最大挠度。通常是以挠度的许用值 $[f]$ 与梁跨长 l 的比值 $\left[\dfrac{f}{l}\right]$ 作为校核的标准。即梁在荷载作用下产生的最大挠度 $f=y_{max}$ 与跨长 l 的比值不能超过 $\left[\dfrac{f}{l}\right]$：

$$\frac{f}{l}=\frac{y_{max}}{l}\leqslant\left[\frac{f}{l}\right] \tag{9-11}$$

式 (9-11) 就是梁的刚度条件。

一般钢筋混凝土梁的 $\left[\dfrac{f}{l}\right]=\dfrac{1}{300}\sim\dfrac{1}{200}$

钢筋混凝土吊车梁的 $\left[\dfrac{f}{l}\right]=\dfrac{1}{600}\sim\dfrac{1}{500}$

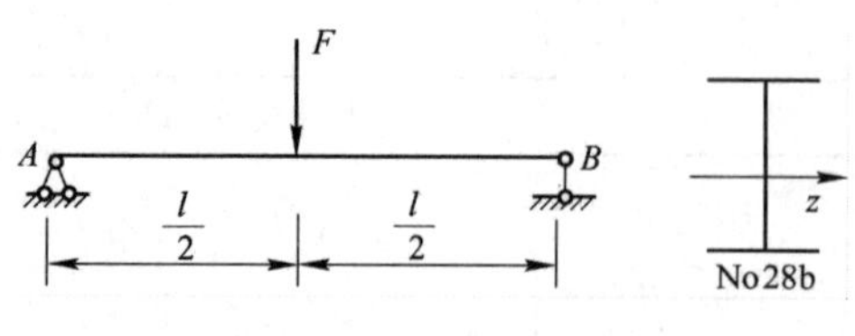

图 9-41　例 9-20 图

工程设计中，一般先按强度条件设计，再用刚度条件校核。

【例 9-20】 一简支梁由 No28b 工字钢制成，跨中承受一集中荷载如图 9-41 所示。已知 $F=20\text{kN}$，$l=9\text{m}$，$E=210\text{GPa}$，$[\sigma]=170\text{MPa}$，$\left[\frac{f}{l}\right]=\frac{1}{500}$。试校核梁的强度和刚度。

【解】 (1) 计算最大弯矩

$$M_{max}=\frac{Fl}{4}=\frac{20\times9}{4}=45\text{kN}\cdot\text{m}$$

(2) 由型钢表查得 No28b 工字钢的有关数据

$$W_z=534.286\text{cm}^3$$

$$I_z=7480.006\text{cm}^4$$

(3) 校核强度

$$\sigma_{max}=\frac{M_{max}}{W_z}=\frac{45\times10^6}{534.268\times10^3}=84.2\text{MPa}<[\sigma]=170\text{MPa}$$

梁满足强度条件。

(4) 校核刚度

$$\frac{f}{l}=\frac{Fl^2}{48EI_z}=\frac{20\times10^3\times\ (9\times10^3)^2}{48\times210\times10^3\times7480.006\times10^4}=\frac{1}{465}>\left[\frac{f}{l}\right]=\frac{1}{500}$$

梁不满足刚度条件，需增大截面。试改用 No32a 工字钢，其 $I_z=11075.525\text{cm}^4$，则：

$$\frac{f}{l}=\frac{20\times10^3\times\ (9\times10^3)^2}{48\times210\times10^3\times11075.525\times10^4}=\frac{1}{689}<\left[\frac{f}{l}\right]=\frac{1}{500}$$

改用 No32a 工字钢，满足刚度条件。

9.7.4　提高梁刚度的措施

从表 9-2 可知，梁的最大挠度与梁的荷载、跨度 l、抗弯刚度 EI 等情况有关，因此，要提高梁的刚度，需从以下几方面考虑。

1. 提高梁的抗弯刚度 EI

梁的变形与 EI 成反比，增大梁的 EI 将使梁的变形减小。由于同类材料的 E 值不变，因而只能设法增大梁横截面的惯性矩 I。在面积不变的情况下，采用合理的截面形状，例如采用工字形、箱形及圆环形等截面，可提高惯性矩 I，从而也就提高了 EI。

2. 减小梁的跨度

梁的变形与梁的跨长 l 的 n 次幂成正比。设法减小梁的跨度，将会有效地减小梁的变形 。例如将简支梁的支座向中间适当移动变成外伸梁，或在梁的中间增加支座，都是减小梁的变形的有效措施。

3. 改善荷载的分布情况

在结构允许的条件下，合理地调整荷载的作用位置及分布情况，以降低最大弯矩，从而减小梁的变形。例如将集中力分散作用，或改为分布荷载都可起到降低弯矩，减小变形。

复习思考题

1. 什么是梁的平面弯曲？
2. 梁的剪力和弯矩的正负号是如何规定的？
3. 如何利用简便方法计算梁指定截面上的内力？
4. 弯矩、剪力与荷载集度间的微分关系的意义是什么？
5. 画梁的内力图时，可利用那些规律和特点？
6. 用叠加法和区段叠加法绘制弯矩图的步骤是什么？
7. 如何确定弯矩的极值？弯矩图上的极值是否就是梁内的最大弯矩？
8. 何谓梁的中性层？中性轴？
9. 梁弯曲时横截面上的正应力按什么规律分布？最大正应力和最小正应力发生在何处？
10. 梁中性轴处的剪应力值为最大还是最小？
11. 梁弯曲时的正应力强度条件如何表示？剪应力强度条件如何表示？
12. 用叠加法计算梁的变形有哪些步骤？
13. 试举例说明梁的合理截面形状。
14. 如何提高梁的刚度？

习　题

9-1　如图 9-42 所示，试用截面法求下列梁中 n-n 截面上的剪力和弯矩。

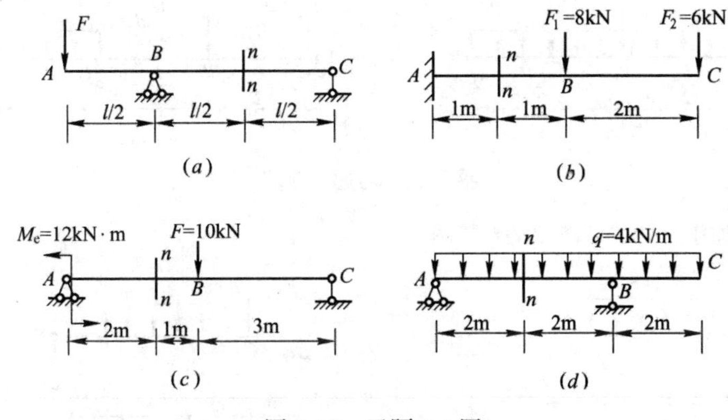

图 9-42　习题 9-1 图

9-2　试用简便方法求图 9-43 所示各梁指定截面上的剪力和弯矩。

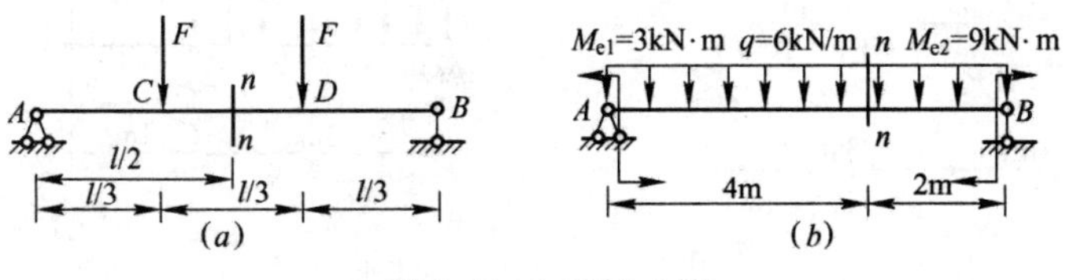

图 9-43　习题 9-2 图

9-3　列出图 9-44 中所示各梁的剪力方程和弯矩方程，画出剪力图和弯矩图。

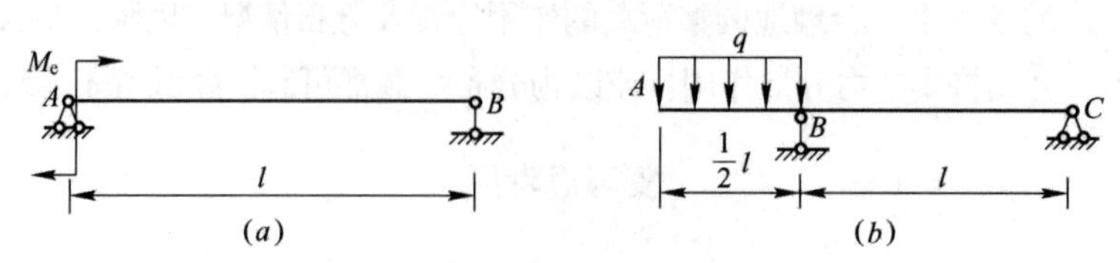

图 9-44　习题 9-3 图

9-4　利用微分关系绘出图 9-45 中各梁的剪力图和弯矩图。

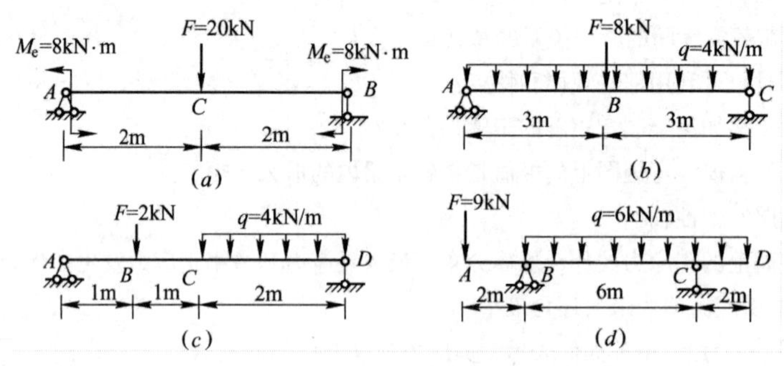

图 9-45　习题 9-4 图

9-5　试用叠加法作图 9-46 中各梁的弯矩图。

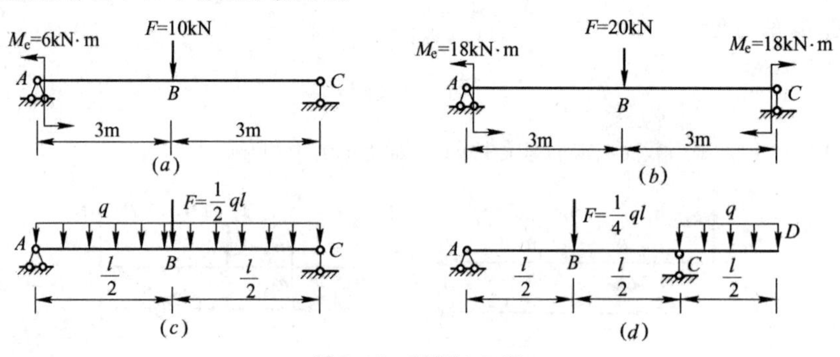

图 9-46　习题 9-5 图

9-6　试用区段叠加作图 9-47 中各梁的弯矩图。

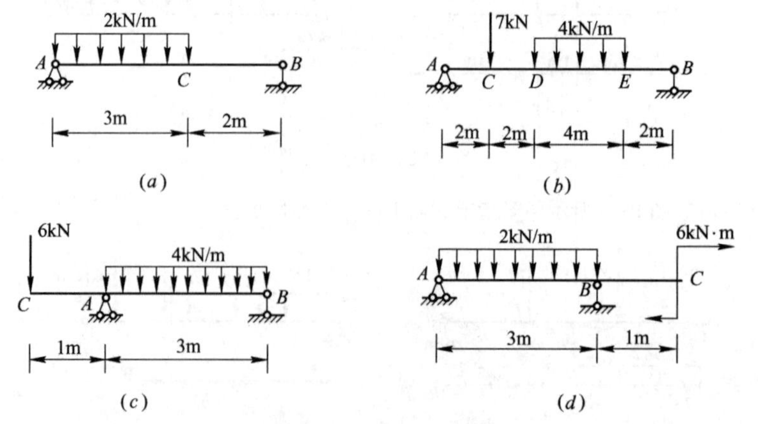

图 9-47　习题 9-6 图

9-7　一工字形钢梁，在跨中作用有集中力 F，如图 9-48 所示。已知 $l=6\text{m}$，$F=20\text{kN}$，工字钢的型号为 No20a，求梁中的最大正应力和最大剪应力。

9-8　一对称 T 形截面的外伸梁，梁上作用有均布荷载，梁的尺寸如图 9-49 所示，已知 $l=1.5\text{m}$，$q=8\text{kN/m}$，求梁中横截面上的最大拉应力和最大压应力。

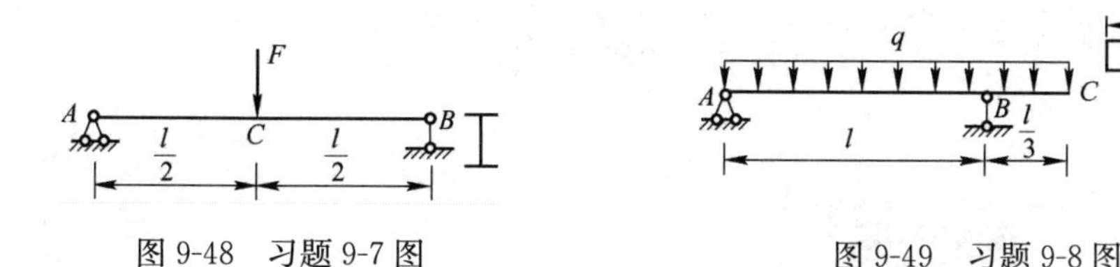

图 9-48　习题 9-7 图　　　　图 9-49　习题 9-8 图

9-9　一矩形截面简支梁，跨中作用集中力 F，如图 9-50 所示，已知 $l=4\text{m}$，$b=120\text{mm}$，$h=180\text{mm}$，材料的许用应力 $[\sigma]=10\text{MPa}$。试求梁能承受的最大荷载 $F_{\max}$。

9-10　图 9-51 所示外伸梁，由两根 No16a 槽钢组成。已知 $l=6\text{m}$，钢材的许用应力 $[\sigma]=170\text{MPa}$，试求梁能承受的最大荷载 $F_{\max}$。

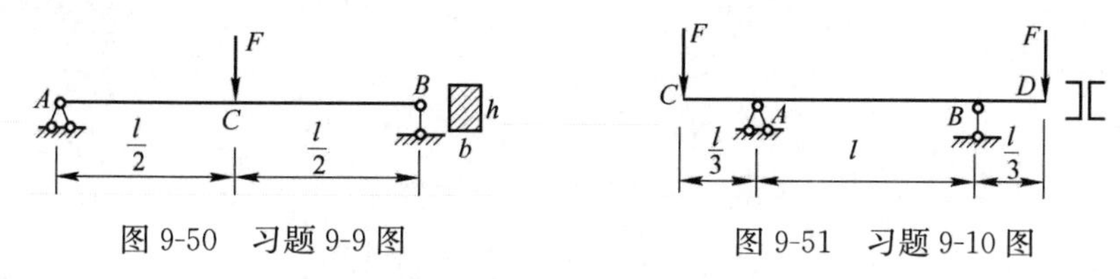

图 9-50　习题 9-9 图　　　　图 9-51　习题 9-10 图

9-11　一圆形截面木梁，承受荷载如图 9-52 所示，已知 $l=3\text{m}$，$F=3\text{kN}$，$q=3\text{kN/m}$，木材的许用应力 $[\sigma]=10\text{PMa}$，试选择圆木的直径 d。

9-12　一工字型钢简支梁，承受荷载如图 9-53 所示，已知 $l=6\text{m}$，$q=6\text{kN/m}$，$F=20\text{kN}$，钢材的许用应力 $[\sigma]=170\text{MPa}$，$[\tau]=100\text{MPa}$，试选择工字钢的型号。

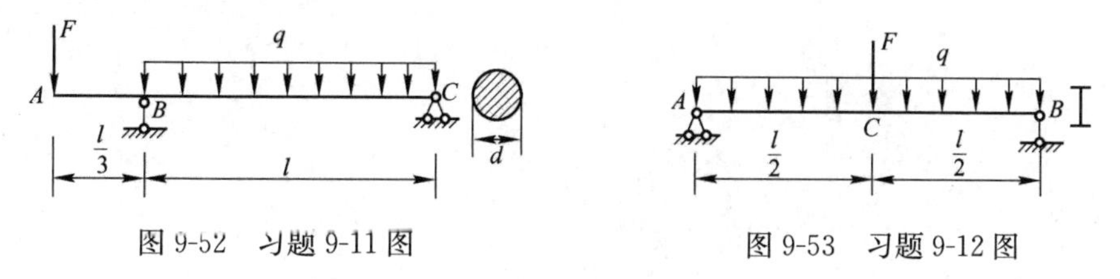

图 9-52　习题 9-11 图　　　　图 9-53　习题 9-12 图

9-13　一工字型钢简支梁，型钢号为 No28a，承受荷载如图 9-54 所示。已知 $l=6\text{m}$，$F_1=50\text{kN}$，$F_2=50\text{kN}$，$q=8\text{kN/m}$，钢材的许用应力 $[\sigma]=170\text{MPa}$，$[\tau]=100\text{MPa}$，试校核梁的强度。

9-14　试用叠加法求图 9-55 所示梁自由端截面的挠度和转角。

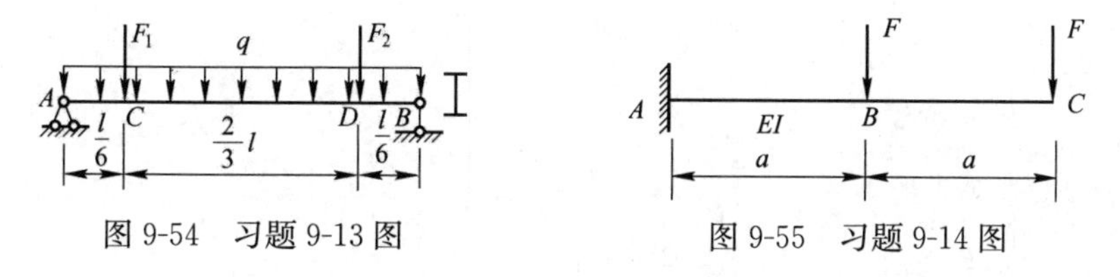

图 9-54　习题 9-13 图　　　　图 9-55　习题 9-14 图

9-15　一简支梁用型号为 No20b 的工字钢制成，承受荷载如图 9-56 所示，已知 $l=6\text{m}$，$q=4\text{kN/m}$，$F=10\text{kN}$，$\left[\frac{f}{l}\right]=\frac{1}{400}$，钢材的弹性模量 $E=200\text{GPa}$，试校核梁的刚度。

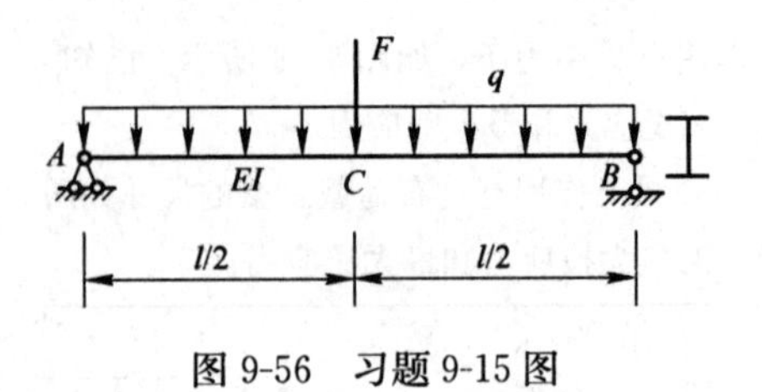

图 9-56　习题 9-15 图

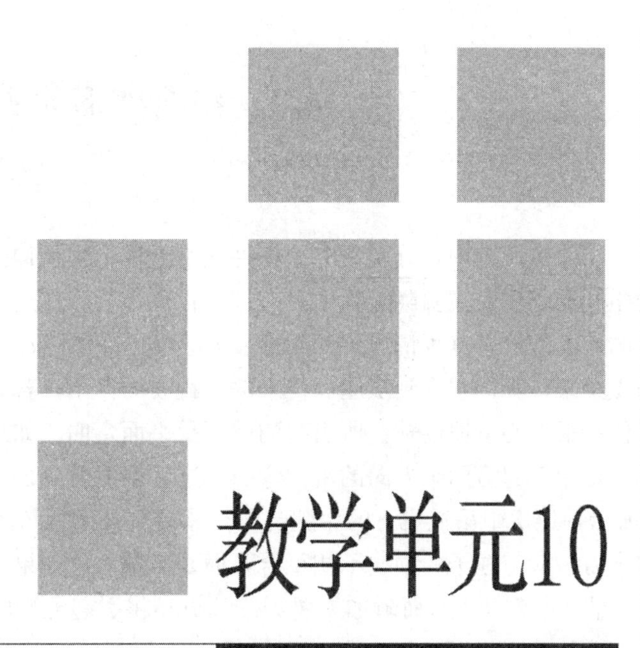

教学单元10

组 合 变 形

【教学目标】 通过本单元的学习，使学生了解组合变形时构件的受力和变形特点，掌握几种组合变形的应力计算、强度条件及其应用；理解截面核心的概念及其意义。

10.1 组合变形的概念

在前面几章中，分别研究了杆件在基本变形（拉伸、压缩、剪切、扭转、弯曲）时的强度和刚度。在实际工程中，有许多构件在荷载作用下常常同时发生两种或者两种以上的基本变形，这种情况称为组合变形。例如，图 10-1 所示屋架上的檩条，可以作为简支梁来计算，它受到从屋面传来的荷载 q 的作用，若 q 的作用线并不通过工字形截面的任一根形心主惯性轴，所引起的就不是平面弯曲。如果把 q 沿两个形心主惯性轴方向分解，则引起沿两个方向的平面弯曲，这种情况称为斜弯曲或者双向弯曲。又如图 10-2 所示，厂房中吊车梁下的牛腿柱子，承受屋架和吊车梁传来的荷载 F_1、F_2，F_1、F_2 的合力一般与柱子的轴线不相重合，而是有偏心。如果将合力简化到轴线上，则必须附加力偶 Fe_1 和 Fe_2，而附加力偶 Fe_1 和 Fe_2 将引起纯弯曲，所以这种情况是轴向压缩和纯弯曲的共同作用，称为偏心压缩。

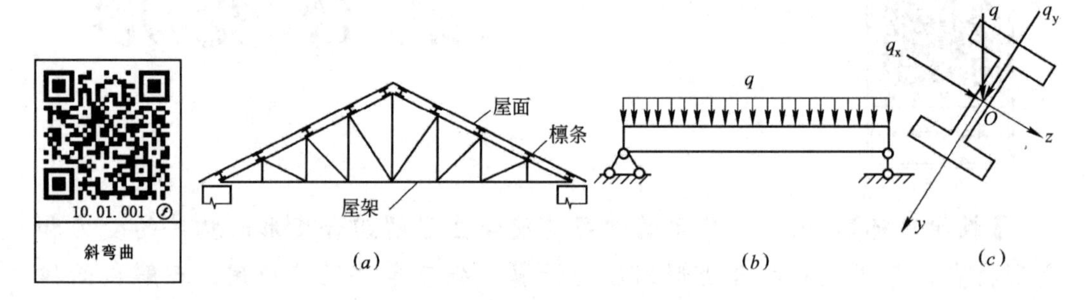

图 10-1 斜弯曲

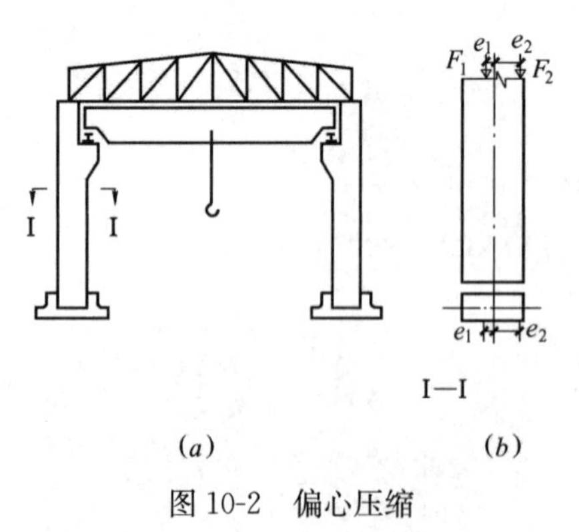

图 10-2 偏心压缩

其他如卷扬机的机轴，同时承受扭转和弯曲的作用，楼梯的斜梁、烟囱、挡土墙等构件都同时承受压缩和平面弯曲的共同作用。

对发生组合变形的杆件计算应力和变形时，可先将荷载进行简化或分解，使简化或分解后的静力等效荷载，各自只引起一种基本变形，然后分别计算基本变形时的应力，再进行代数叠加，就得到原荷载作用时引起组合变形时的应力。当然，必须满足小变形假设，以及力与位移之间成线性关系这两个条件，才能应用叠加原理。

下面讨论斜弯曲、拉伸（或压缩）与弯曲的组合作用、偏心压缩等情况。其他形式的组合变形，其分析方法与上述几种情况相同。

10.2　斜弯曲变形的应力和强度计算

在前面曾经指出，对于横截面具有对称轴的梁，当外力作用在纵向对称平面内时，梁的轴线在变形后将变成为一条位于纵向对称面内的平面曲线。这种变形形式称为**平面弯曲**。

但当外力不作用在纵向对称平面内时，如图10-3所示。实验及理论研究表明，此时梁的挠曲线并不在梁的纵向对称平面内，即不属于平面弯曲，这种弯曲称为**斜弯曲**。

现以矩形截面悬臂梁为例来说明斜弯曲的应力和变形的计算。

如图10-4所示悬臂梁，在自由端受集中力 F 作用，F 通过截面形心并与 y 轴成 φ 角。

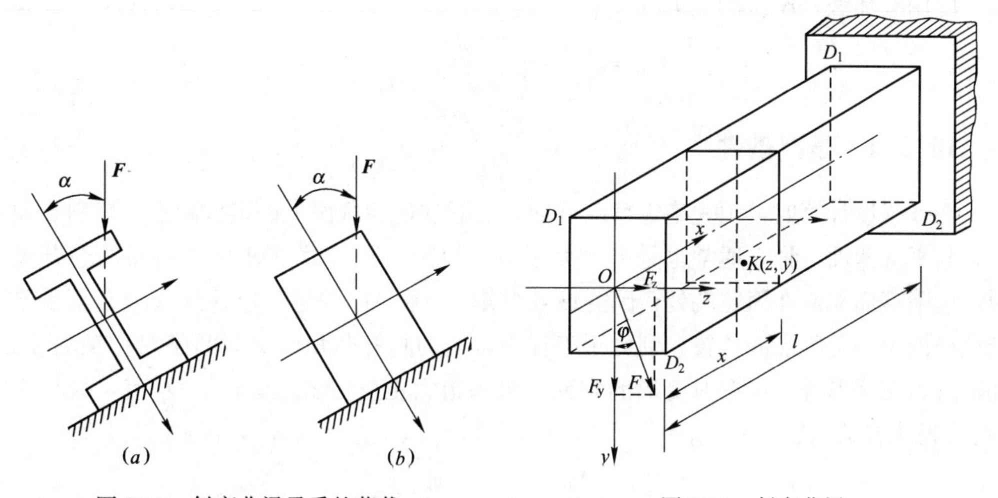

图10-3　斜弯曲梁承受的荷载

图10-4　斜弯曲梁

选取坐标系如图10-4所示，梁轴线作为 x 轴，两个对称轴分别作为 y 轴和 z 轴。

10.2.1　简化荷载

将力 F 沿 y 轴和 z 轴分解为两个分量 F_y 和 F_z，得：

$$F_y = F\cos\varphi$$

$$F_z = F\sin\varphi$$

这两个分量分别引起沿铅垂面和水平面的平面弯曲。

10.2.2　计算内力

距自由端为 x 截面的弯矩 M_z 和 M_y：

$$M_z=F_y\cdot x=F\cos\varphi\cdot x=M\cos\varphi$$
$$M_y=F_z\cdot x=F\sin\varphi\cdot x=M\sin\varphi$$

式中 $M=Fx$ 是 F 对 x 截面的弯矩。

由上两式可知，弯矩 M_z 和 M_y 也可以由总弯矩 M 沿两坐标轴按矢量分解。

10.2.3 计算应力

由于已把 x 截面上的弯矩分解为两个平面弯曲的弯矩。所以，任一点 K 的正应力可以应用平面弯曲正应力公式进行计算，设 M_z 引起的应力为 σ'，M_y 引起的应力为 σ''，则有：

$$\sigma'=\pm\frac{M_z}{I_z}y=\pm\frac{F\cos\varphi\cdot x}{I_z}y=\pm\frac{M\cos\varphi}{I_z}y$$
$$\sigma''=\pm\frac{M_y}{I_y}z=\pm\frac{F\sin\varphi\cdot x}{I_y}z=\pm\frac{M\sin\varphi}{I_y}z$$

应力的正负号可以通过观察梁的变形来确定。拉应力取正号，压应力取负号。

应用叠加法，K 点的应力为：

$$\sigma=\sigma'+\sigma''=\pm\frac{M_z}{I_z}y\pm\frac{M_y}{I_y}z \tag{10-1}$$

10.2.4 强度条件

在作强度计算时，须先确定危险截面，然后在危险截面上确定危险点。对斜弯曲来说，与平面弯曲一样，通常也是由最大正应力控制。所以对如图 10-4 所示的悬臂梁来说，危险截面显然在固定端处，因为该处弯矩 M_z 和 M_y 的绝对值达到最大。至于要确定该截面上的危险点的位置，则对于工程中常用的具有凸角而又有两条对称轴的截面，如矩形、工字形等，根据对变形的判断，可知最大正应力 σ_{max} 发生在 D_1 点，最小正应力 σ_{min} 发生在 D_2 点，且 $y_{max}=|y_{min}|$，$z_{max}=|z_{min}|$，$\sigma_{max}=|\sigma_{min}|$，因此

$$\sigma_{max}=\frac{M_{z,max}}{I_z}y_{max}+\frac{M_{y,max}}{I_y}z_{max}$$

若材料的抗拉与抗压强度相同，其强度条件就可以写为：

$$\sigma_{max}=\frac{M_{z,max}}{W_z}+\frac{M_{y,max}}{W_y}\leqslant[\sigma] \tag{10-2}$$

式中

$$W_z=\frac{I_z}{y_{max}}\qquad W_y=\frac{I_y}{z_{max}}$$

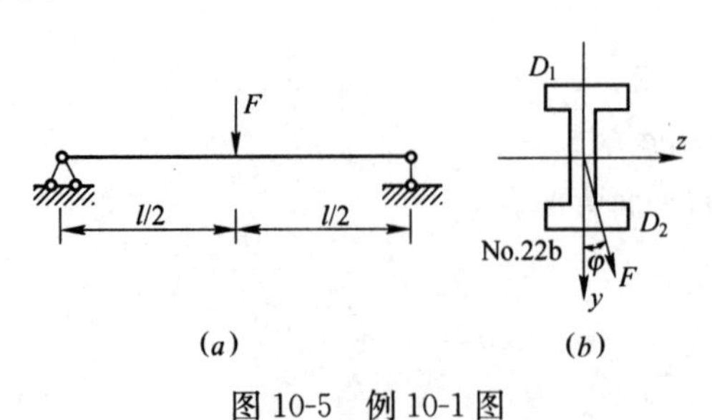

图 10-5 例 10-1 图

【例 10-1】 图 10-5 所示一工字形简支钢梁，跨中受集中力 F 作用。设工字钢的型号为 No22b。已知 $F=20\text{kN}$，$\varphi=15°$，$l=4\text{m}$。试求危险截面上的最大正应力。

【解】 (1) 计算最大正应力

先把荷载沿 z 轴和 y 轴分解为两个分量：

$$F_z = F\sin\varphi$$

$$F_y = F\cos\varphi$$

危险截面在跨中，其最大弯矩分别为

$$M_{z,\max} = \frac{1}{4}F_y \cdot l = \frac{1}{4}Fl\cos\varphi$$

$$M_{y,\max} = \frac{1}{4}F_z \cdot l = \frac{1}{4}Fl\sin\varphi$$

根据上述两个弯矩的方向，可知最大应力发生在 D_1 和 D_2 两点，如图 10-11b 所示，其中 D_1 点产生最大压应力，D_2 点产生最大拉应力。两点应力的绝对值相等，所以计算一点即可，如计算 D_2 点的应力

$$\sigma_{\max} = \frac{M_{z,\max}}{W_z} + \frac{M_{y,\max}}{W_y}$$

由型钢表查得 $W_z = 325\text{cm}^3$，$W_y = 42.7\text{cm}^3$，代入上式，得：

$$\sigma_{\max} = \frac{Fl}{4}\left(\frac{\cos\varphi}{W_z} + \frac{\sin\varphi}{W_y}\right) = \frac{20\times10^3\times4\times10^3}{4}\left(\frac{\cos15°}{325\times10^3} + \frac{\sin15°}{42.7\times10^3}\right) = 180.7\text{MPa}$$

（2）作为比较，设力 F 的方向与 y 轴重合，即发生的是绕 z 轴的平面弯曲，现在求此情况下的最大正应力 $\sigma_{\max}$。

此时 D_1 点和 D_2 点的应力仍是最大的，其值为

$$\sigma'_{\max} = \frac{M}{W_z} = \frac{Fl}{4W_z} = \frac{20\times10^3\times4\times10^3}{4\times325\times10^3} = 61.5\text{MPa}$$

将斜弯曲时的最大应力与此应力进行比较，得：

$$\frac{\sigma_{\max}}{\sigma'_{\max}} = \frac{180.7}{61.5} \approx 3$$

从上面的比较中可见，当 I_z 比 I_y 大得多时，力的作用方向，只要与主惯性轴稍有偏离，则最大应力比没有偏离时的平面弯曲会增大很多。例如本例力 F 仅偏离 15°，而最大应力为平面弯曲时的 3 倍，所以对于两个主惯性矩相差较大的梁，应尽量避免斜弯曲的发生。

10.3　拉伸（压缩）和弯曲组合变形的强度计算

如果杆件除了在通过其轴线的纵向平面内受到垂直于轴线的荷载以外，还受到轴向拉（压）力，这时杆将发生拉伸（压缩）和弯曲组合变形。例如，如图 10-6 所示的烟

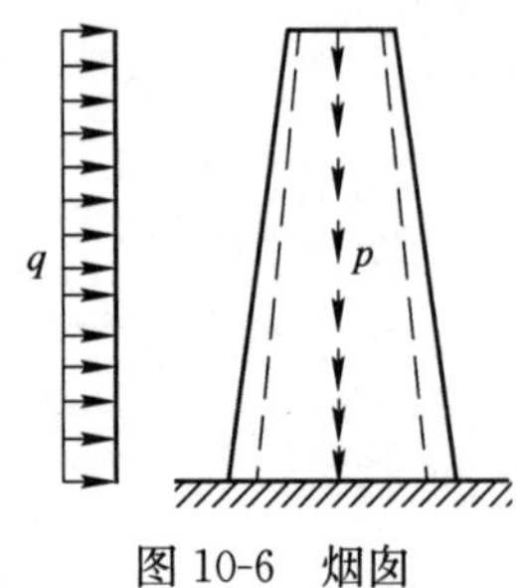

图 10-6 烟囱

囱在自重作用下引起轴向压缩，在风力作用下引起弯曲，所以是轴向压缩与弯曲的组合变形。

又如简易吊车架的横梁 AB，当吊钩吊重物 F 时，它除了受到横向集中力 F 的作用外，还由于 B 端斜杆 BC 的拉力而产生轴力 N 的作用。所以梁 AB(简支梁)受到压缩和弯曲的组合作用，如图 10-7 所示。

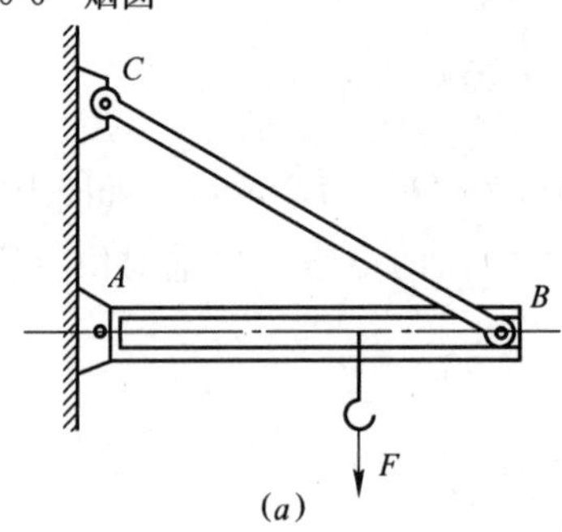

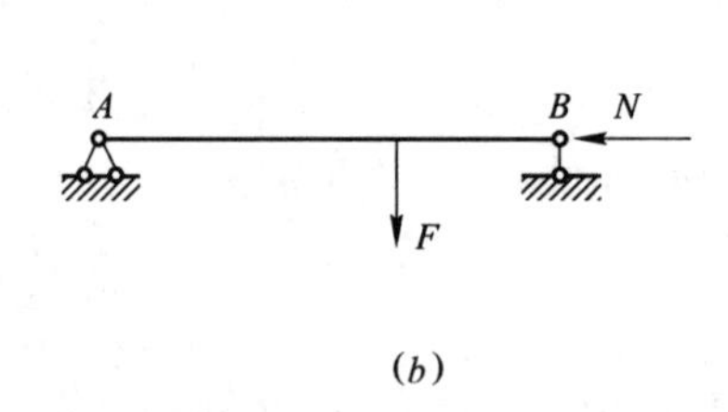

图 10-7 简易吊车及横梁

现以图 10-8 所示矩形截面简支梁受横向力 F 和轴向力 N 的作用为例来说明正应力的计算。

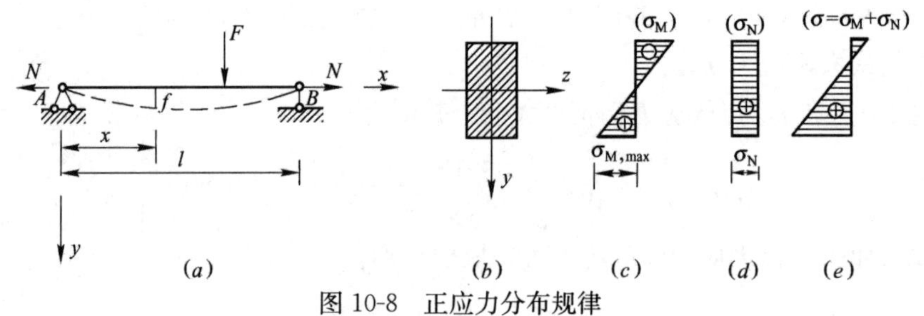

图 10-8 正应力分布规律

梁在横向力作用发生弯曲，弯曲正应力 σ_M 为：

$$\sigma_M=\pm\frac{M}{I_z}y$$

其分布规律如图 10-8(c)所示，最大应力为：

$$\sigma_{M,max}=\frac{M_{max}}{W_z}$$

梁在轴力 N 作用引起轴向拉伸，如图 10-8(d)所示，其值为

$$\sigma_N=\frac{N}{A}$$

总应力为两项应力的叠加

$$\sigma=\sigma_M+\sigma_N=\pm\frac{M}{I_z}y+\frac{N}{A}$$

其分布如图 10-8(e)所示（设 $\sigma_{M,max}>\sigma_N$），则最大（小）应力为

$$\begin{matrix}\sigma_{max}\\\sigma_{min}\end{matrix}=\frac{N}{A}\pm\frac{M_{max}}{W_z} \tag{10-3}$$

求得最大应力就可以进行强度计算，强度条件为：

$$\sigma_{max}=\left|\frac{N}{A}\pm\frac{M_{max}}{W_z}\right|\leqslant[\sigma] \tag{10-4}$$

若材料的许用拉应力$[\sigma]_l$和许用压应力$[\sigma]_c$不同，则最大拉应力和最大压应力必须分别满足杆件的拉、压强度条件。

【例 10-2】 如图 10-9 所示，简支工字钢梁，型号为 25a，受均布荷载 q 及轴向压力 N 的作用。已知 $q=10\text{kN/m}$，$l=3\text{m}$，$N=20\text{kN}$。试求最大正应力。

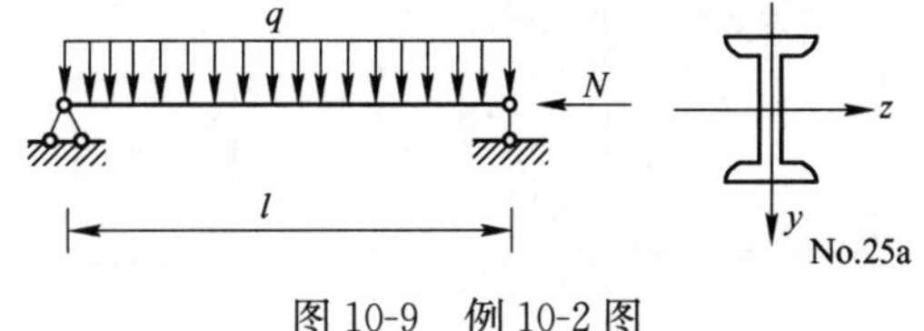

图 10-9　例 10-2 图

【解】　(1) 先求最大弯矩 M_{max}，它发生在跨中截面，其值为

$$M_{max}=\frac{1}{8}ql^2=\frac{1}{8}\times10\times3^2=11.25\text{kN}\cdot\text{m}$$

(2) 分别计算由于轴力和最大弯矩所引起的最大应力

查型钢表，得 $W_z=402\text{cm}^3$，$A=48.5\text{cm}^2$，则

$$\sigma_{M,max}=\frac{M_{max}}{W_z}=-\frac{11.25\times10^6}{402\times10^3}=-28\text{MPa}$$

$$\sigma_N=\frac{N}{A}=\frac{-20\times10^3}{48.5\times10^2}=-4.12\text{MPa}$$

(3) 求最大总压应力

$$\sigma_{max}=\sigma_{M,max}+\sigma_N=-(28+4.12)=-32.12\text{MPa}$$

10.4　偏心拉伸（压缩）杆件的强度计算及截面核心

10.4.1　偏心拉压的应力计算

杆件受到平行于轴线但不与轴线重合的力作用时，引起的变形称为**偏心拉伸（压缩）**，如图 10-10（a）所示。

现以图 10-10(a)所示矩形截面杆在 A 点受拉力 F 作用的情况来说明应力的计算。设 F 力作用点的坐标为 y_F 和 z_F。现将 F 力简化到截面的形心 O，于是得到一个轴向拉力 F 和两个力偶 m_z、m_y，从而引起轴向拉伸和两个平面弯曲组合变形，如图 10-10(b)所示，由截面法可求得任一横截面上的内力为(图 10-10c)

$$M_y=F\cdot z_F,\qquad M_z=F\cdot y_F,\qquad N=F$$

由弯矩 M_y，M_z 引起的正应力分别为：

$$\sigma_{My}=\pm\frac{M_y}{I_y}\cdot z=\pm\frac{F\cdot z_F\cdot z}{I_y}$$

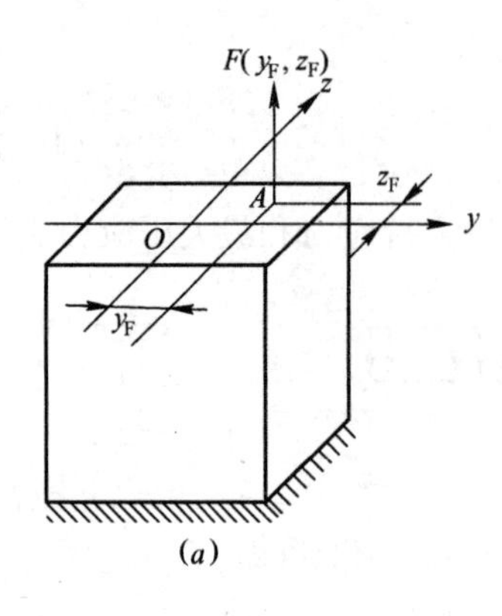

(a)

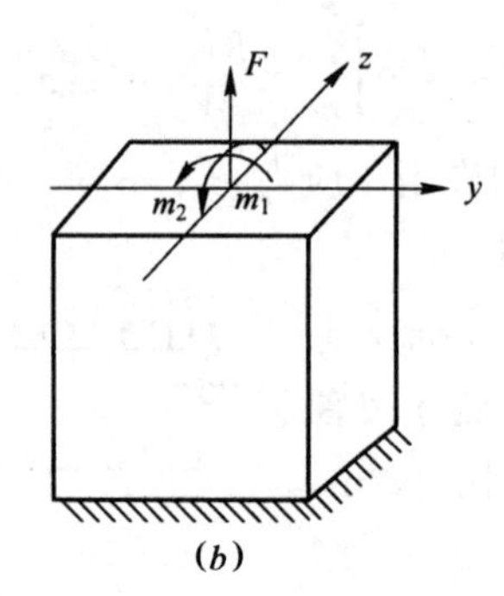

(b)

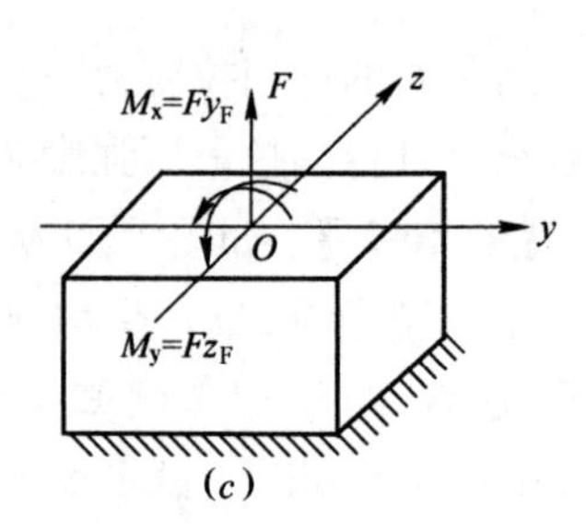

(c)

图 10-10　双向偏心拉伸

$$\sigma_{Mz}=\pm\frac{M_z}{I_z}\cdot y=\pm\frac{F\cdot y_F\cdot y}{I_z}$$

轴力引起的正应力为：

$$\sigma_N=\frac{N}{A}$$

在上述各式中，轴力 N 以拉为正；弯矩 M_z 和 M_y 引起应力的正负号由观察弯曲变形的情况来判定，相应的应力分布情况如图 10-11 所示。

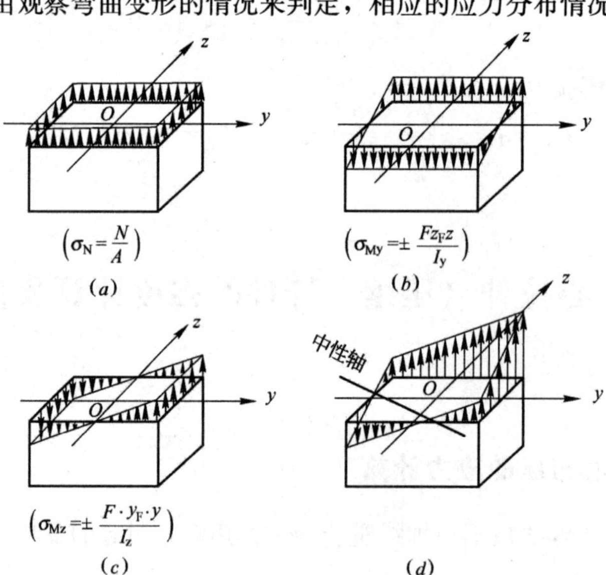

图 10-11　应力分布规律

将上述三项应力代数相加，即得偏心拉伸（压缩）的总应力为

$$\sigma=\sigma_N+\sigma_{Mz}+\sigma_{My}=\frac{N}{A}\pm\frac{M_z}{I_z}y\pm\frac{M_y}{I_y}z \tag{10-5a}$$

或

$$\sigma=\frac{N}{A}\pm\frac{F\cdot y_F\cdot y}{I_z}\pm\frac{F\cdot z_F\cdot z}{I_y} \tag{10-5b}$$

其应力分布图可见图 10-11(d)中。

10.4.2　偏心拉伸（压缩）的最大应力与强度条件

从上面推导过程及应力分布情况，可知偏心拉伸（压缩）时的最大应力为

$$\sigma_{max}=\left|\frac{N}{A}\pm\frac{M_z}{I_z}y_{max}\pm\frac{M_y}{I_y}z_{max}\right| \tag{10-6}$$

其强度条件为

$$\sigma_{max}\leqslant[\sigma] \tag{10-7}$$

【例 10-3】 如图 10-12(a)所示一矩形截面混凝土短柱，受偏心压力 F 的作用，F 作用在 y 轴上，偏心距为 y_F，已知：$F=100\text{kN}$，$y_F=40\text{mm}$，$b=200\text{mm}$，$h=120\text{mm}$。试求任一截面 m-n 上的最大应力。

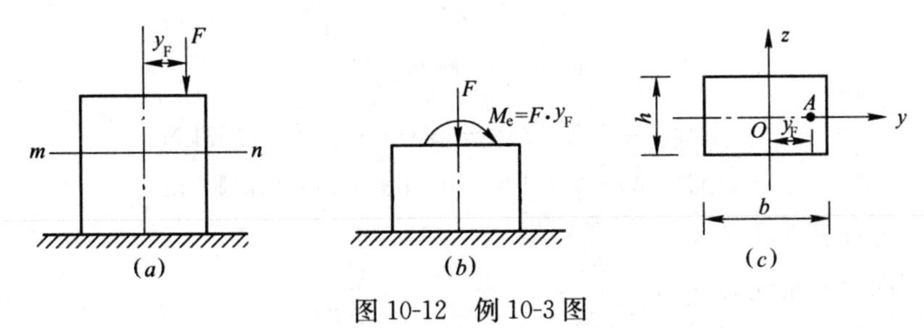

图 10-12　例 10-3 图

【解】　(1) 将 F 简化到截面形心，求计算内力 N 和 M_z

$$N=-F=-100\text{kN}$$

$$M_z=F\cdot y_F=100\times40\times10^{-3}=4\text{kN}\cdot\text{m}$$

$$M_y=0$$

(2) 计算最大应力

在截面的右边界发生最大压应力，其值为：

$$\sigma_{max}^{-}=\frac{N}{A}-\frac{M_z}{I_z}\left(\frac{b}{2}\right)=\frac{-100\times10^3}{120\times200}-\frac{4\times10^6}{\frac{120\times200^3}{12}}\times\left(\frac{200}{2}\right)$$

$$=-9.17\text{MPa}$$

在截面的左边界发生最大拉应力，其值为：

$$\sigma_{max}^{-}=\frac{N}{A}+\frac{M_z}{I_z}\left(\frac{b}{2}\right)=\frac{-100\times10^3}{120\times200}+\frac{4\times10^6}{\frac{120\times200^3}{12}}\times\left(\frac{200}{2}\right)$$

$$=0.83\text{MPa}$$

【例 10-4】 图 10-13 所示为一柱的基础。已知在它的顶面上受到柱子传来的弯矩 $M=110\text{kN}\cdot\text{m}$，轴力 $N=980\text{kN}$，水平剪力 $V=60\text{kN}$，基础的自重及基础上的土重总共为 $G=173\text{kN}$。试作基础底截面的正应力分布图（假定正应力是按直线规律分布的）。

【解】　(1) 内力计算

基础底截面产生的轴力和弯矩值分别为

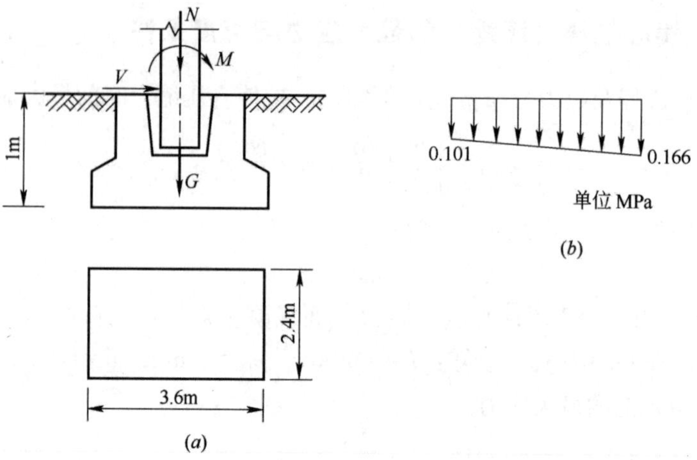

图 10-13　例 10-4 图

$$N_{底面}=-N-G=-980-173=-1153\text{kN}$$

$$M_z=M+V\times1=110+60\times1=170\text{kN}\cdot\text{m}$$

（2）应力计算

基础底面上的正应力

$$W_z=\frac{bh^2}{6}=\frac{2.4\times10^3\times3.6^2\times10^6}{6}=5184\times10^6\text{mm}^3$$

$$\begin{matrix}\sigma_{max}\\\sigma_{min}\end{matrix}=\frac{N_{底面}}{A}\pm\frac{M_z}{W_z}=-\frac{1153\times10^3}{2400\times3600}\pm\frac{170\times10^6}{5184\times10^6}$$

$$=-0.1334\pm0.0328=\begin{matrix}-0.101\\-0.166\end{matrix}\text{MPa}$$

基础底面的正应力分布图如图 10-13（*b*）所示。

10.4.3　截面核心

从前面的分析可知，构件受偏心压缩时，横截面上的应力由轴向压力引起的应力和偏心弯矩引起的应力所组成。当偏心压力的偏心距较小时，则相应产生的偏心弯矩较小，从而使 $\sigma_M\leqslant\sigma_N$，即横截面上就只会有压应力而无拉应力。

在工程上有不少材料的抗拉性能较差而抗压性能较好且价格便宜，如砖、石材、混凝土、铸铁等，用这些材料制造而成的构件，适于承压，在使用时要求在整个横截面上没有拉应力。这就要求把偏心压力控制在某一区域范围内，从而使截面上只有压应力而无拉应力。这一范围即为截面核心。因此，截面核心是指某一个区域，当压力作用在该区域内时，截面上就只产生压应力。

当偏心压力作用位置位于如图 10-14 所示矩形中的菱形阴影部分时，截面上的应力全部为压应力。矩形截面的截面核心如图 10-14 所示菱形阴影部分。

圆形截面的截面核心仍为圆形，其直径为原直径的$\frac{1}{4}$，如图 10-15 所示。

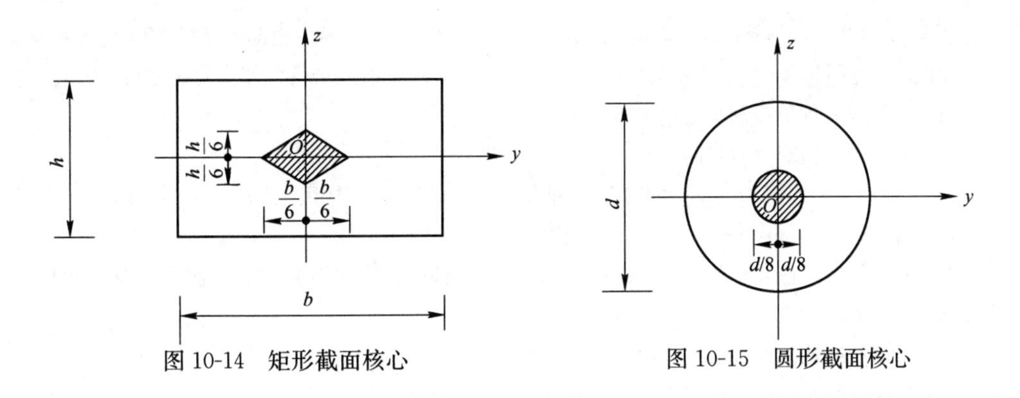

图 10-14　矩形截面核心　　图 10-15　圆形截面核心

复习思考题

1. 计算组合变形的基本假设是什么？用什么方法进行计算？
2. 举例说明哪些截面受斜弯曲以后挠曲线仍在荷载作用平面。
3. 对工程结构的构件来说，当其他条件一致时，偏心拉伸与偏心压缩各有什么利弊？
4. 举例说明截面核心的概念在工程中的应用。

习　题

10-1　如图 10-16 所示一工字型简支梁，型号 25a，处于斜弯曲。已知：$l=4\text{m}$，$F=20\text{kN}$，$\varphi=\frac{\pi}{12}$。试计算其最大应力。

10-2　图 10-17 所示一矩形截面悬臂木梁，在自由端平面内作用一集中力 F，此力通过截面形心，与对称轴 y 的夹角 $\varphi=\pi/6$，已知：$F=2.4\text{kN}$，$l=2\text{m}$，$h=200\text{mm}$，$b=120\text{mm}$。试求固定端截面上 a、b、c、d 四点的正应力。

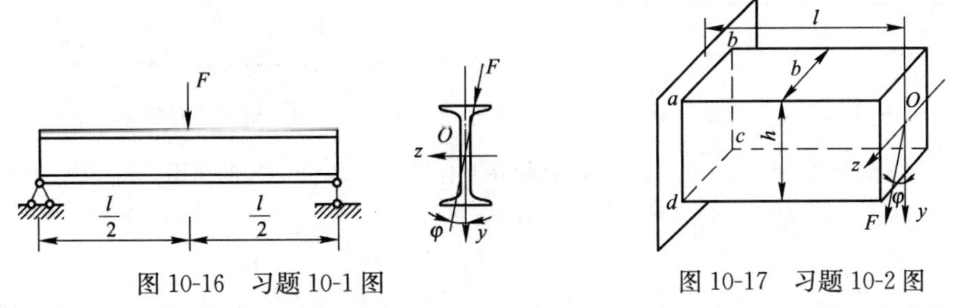

图 10-16　习题 10-1 图　　图 10-17　习题 10-2 图

10-3　图 10-18 所示一 80mm×80mm×8mm 的角钢，两端自由放置，$l=4\text{m}$，试求在自重作用下的最大正应力。

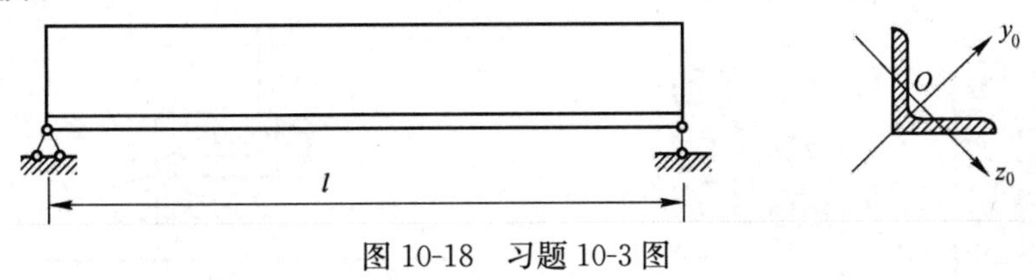

图 10-18　习题 10-3 图

10-4　图 10-19 所示一木制楼梯斜梁，受竖直荷载作用。已知：$l=4\text{m}$，$b=0.12\text{m}$，$h=0.2\text{m}$，$q=3.0\text{kN/m}$。试求危险截面上的最大拉应力和最大压应力。

10-5　图 10-20 所示一简易悬臂式吊车架，横梁 AB 由两根 10 号槽钢组成，电葫芦可在 AB 梁上来回移动。设电葫芦连同起吊重物的重量共重 $G=9.5\text{kN}$。试求在下列两种情况下，横梁的最大正应力值：

(1) 只考虑由重量 G 所引起的弯矩影响；

(2) 考虑弯矩和轴力的共同影响。

10-6　如图 10-21 所示，简支梁同时受竖直均布荷载和轴向拉力的作用，已知 $q=4\text{kN/m}$，$F=40\text{kN}$，$l=4\text{m}$，$d=200\text{mm}$，$[\sigma]=12\text{MPa}$，试校核其强度。

10-7　图 10-22 所示一正方形截面柱，边长为 a，顶端受轴向压力 F 作用，在右侧中部挖一个槽，槽深 $a/4$，试求：

(1) 开槽前后柱内最大压应力值及所在点的位置；

(2) 若在槽的对称位置再挖一个相同的槽，则应力有何变化？

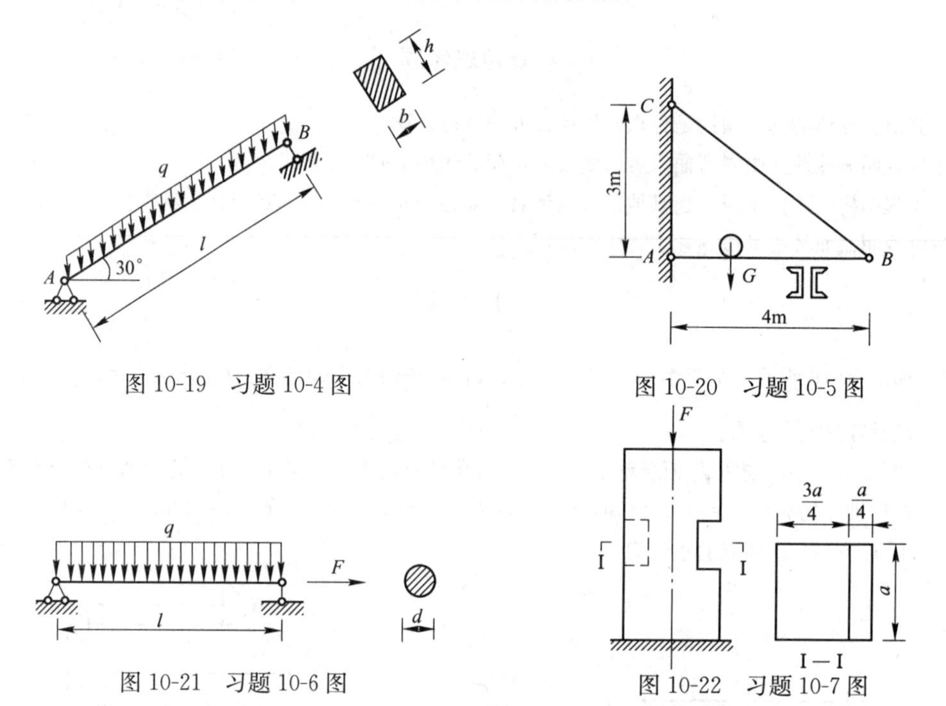

图 10-19　习题 10-4 图

图 10-20　习题 10-5 图

图 10-21　习题 10-6 图

图 10-22　习题 10-7 图

10-8　砖墙和基础如图 10-23 所示。设在 1m 长的墙上有偏心力 $P=40\text{kN}$ 的作用，偏心距 $e=0.05\text{m}$，试画出其 1—1、2—2、3—3 截面上正应力分布图。

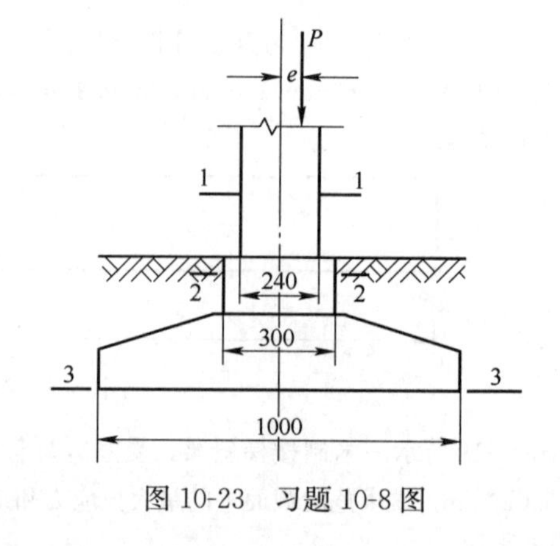

图 10-23　习题 10-8 图

教学单元11

压杆稳定

【教学目标】 通过本单元的学习，使学生了解压杆稳定的概念，掌握用欧拉公式计算压杆的临界荷载与临界应力；理解压杆的临界应力总图；掌握压杆的稳定条件及其实用计算。

11.1 压杆稳定的概念

在前面讨论受压直杆的**强度问题**时，认为只要满足杆受压时的强度条件，就能保证压杆的正常工作。实验证明，这个结论只适用于短粗压杆，而细长压杆在轴向压力作用下，其破坏的形式却呈现出与强度问题截然不同的现象。例如，一根长 300mm 的钢制直杆，其横截面的宽度和厚度分别为 20mm 和 1mm，材料的抗压许用应力等于 140MPa，如果按照其抗压强度计算，其抗压承载力应为 2800N。但是实际上，在压力尚不到 40N 时，杆件就发生了明显的弯曲变形，丧失了其在直线形状下保持平衡的能力从而导致破坏。显然，这不属于强度性质的问题，而属于下面即将讨论的压杆稳定的范畴。

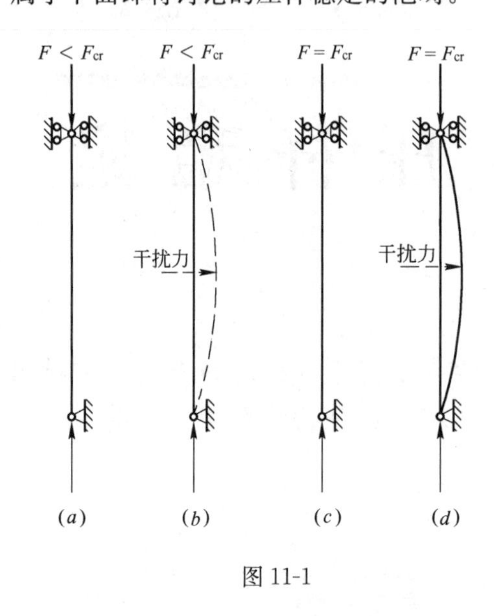

图 11-1

为了说明问题，取如图 11-1（a）所示的等直细长杆，在其两端施加轴向压力 F，使杆在直线状态下处于平衡，此时，如果给杆以微小的侧向干扰力，使杆发生微小的弯曲，然后撤去干扰力，则当杆承受的轴向压力数值不同时，其结果也截然不同。当杆承受的轴向压力数值 F 小于某一数值 F_{cr}时，在撤去干扰力以后，杆能自动恢复到原有的直线平衡状态而保持平衡，如图 11-1(a)、(b)所示，这种原有的直线平衡状态称为**稳定的平衡**；当杆承受的轴向压力数值 F 逐渐增大到某一数值 F_{cr}时，即使撤去干扰力，杆仍然处于微弯形状，不能自动恢复到原有的直线平衡状态，如图 11-1(c)、(d)所示，则原有的直线平衡状态为**不稳定的平衡**。如果力 F 继续增大，则杆继续弯曲，产生显著的变形，甚至发生突然破坏。

上述现象表明，在轴向压力 F 由小逐渐增大的过程中，压杆由稳定的平衡转变为不稳定的平衡，这种现象称为压杆**丧失稳定性**或者压杆**失稳**。显然压杆是否失稳取决于轴向压力的数值，压杆由直线状态的稳定的平衡过渡到不稳定的平衡时所对应的轴向压力，称为压杆的**临界压力**或**临界力**，用 F_{cr}表示。当压杆所受的轴向压力 F 小于 F_{cr}时，杆件就能够保持稳定的平衡，这种性能称为压杆具有**稳定性**；而当压杆所受的轴向压力 F 等于或者大于 F_{cr}时，杆件就不能保持稳定的平衡而失稳，脚手架和桥梁突然倒塌的工程事故如图 11-2、图 11-3 所示。

图 11-2　脚手架倒塌实例

图 11-3　桥梁倒塌实例

11.2　细长压杆临界力计算的欧拉公式

从上面的讨论可知，压杆在临界力作用下，其直线状态的平衡将由稳定的平衡转变为不稳定的平衡，此时，即使撤去侧向干扰力，压杆仍然将保持在微弯状态下的平衡。当然，如果压力超过这个临界力，弯曲变形将明显增大。所以，使压杆在微弯状态下保持平衡的最小的轴向压力，即为压杆的临界压力。下面介绍不同约束条件下压杆的临界力计算公式。

11.2.1　两端铰支细长压杆的临界力计算公式——欧拉公式

设两端铰支长度为 l 的细长杆，在轴向压力 F_{cr} 的作用下保持微弯平衡状态，如图 11-4 所示。当材料处于弹性阶段时，经理论推导，得到临界力为：

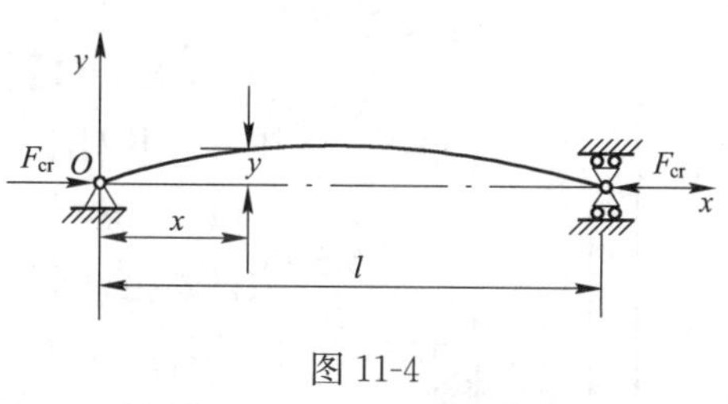

图 11-4

$$F_{cr}=\frac{\pi^2 EI}{l^2} \qquad (11\text{-}1)$$

上式即为两端铰支细长压杆的临界压力计算公式，称为欧拉公式。

从欧拉公式可以看出，细长压杆的临界力 F_{cr} 与压杆的弯曲刚度成正比，而与杆长 l 的平方成反比。

11.2.2　其他约束情况下细长压杆的临界力

杆端为其他约束的细长压杆，其临界力计算公式可参考前面的方法导出，也可以采用类比的方法得到。经验表明，具有相同挠曲线形状的压杆，其临界力计算公式也相同。于是，可将两端铰支约束压杆的挠曲线形状取为基本情况，而将其他杆端约束条件下压杆的挠曲线形状与之进行对比，从而得到相应杆端约束条件下压杆临界力的计算公式。为此，可将欧拉公式写成统一的形式：

$$F_{cr}=\frac{\pi^2 EI}{(\mu l)^2} \tag{11-2}$$

压杆长度系数

式中 μl 称为**折算长度**，表示将杆端约束条件不同的压杆计算长度 l 折算成两端铰支压杆的长度，μ 称为**长度系数**。几种不同杆端约束情况下的长度系数 μ 值列于表 11-1 中。从表 11-1 可以看出，两端铰支时，压杆在临界力作用下的挠曲线为半波正弦曲线；而一端固定、另一端铰支，计算长度为 l 的压杆的挠曲线，其部分挠曲线（0.7l）与长为 l 的两端铰支的压杆的挠曲线的形状相同，因此，在这种约束条件下，折算长度为 0.7l。其他约束条件下的长度系数和折算长度可以依此类推。

压杆长度系数 **表 11-1**

支承情况	两端铰支	一端固定 一端铰支	两端固定	一端固定 一端自由
μ 值	1.0	0.7	0.5	2
挠曲线形状	F_{cr}, l	F_{cr}, l, $0.7l$	F_{cr}, $\frac{l}{4}$, $\frac{l}{2}$, $\frac{l}{4}$	F_{cr}, l

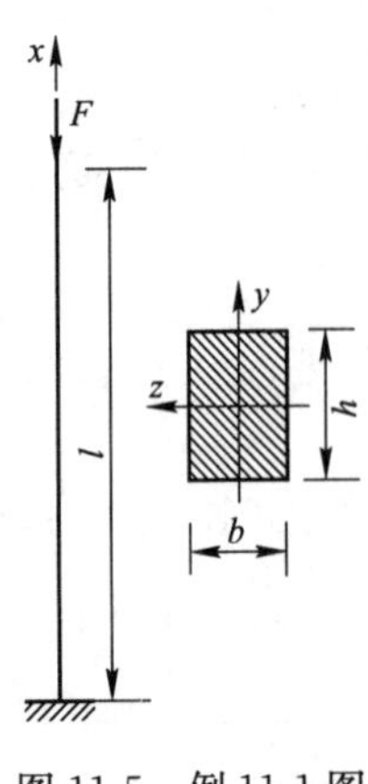

图 11-5 例 11-1 图

【例 11-1】 如图 11-5 所示，一端固定另一端自由的细长压杆，其杆长 $l=2$m，截面形状为矩形，$b=$ 20mm、$h=$ 45mm，材料的弹性模量 $E=200$GPa。试计算该压杆的临界力。若把截面改为$b=h=30$mm，而保持长度不变，则该压杆的临界力又为多大?

【解】 (1) 计算截面的惯性矩

由前述可知，该压杆必在弯曲刚度最小的 xy 平面内失稳，故公式(11-2)的惯性矩应以最小惯性矩代入，即

$$I_{min}=I_y=\frac{hb^3}{12}=\frac{45\times 20^3}{12}=3\times 10^4\,\text{mm}^4$$

(2) 计算临界力

查表11-1得$\mu=2$，因此临界力为：

$$F_{cr}=\frac{\pi^2 EI}{(\mu l)^2}=\frac{\pi^2\times200\times10^3\times3\times10^4}{(2\times2\times10^3)^2}=3701\text{N}=3.70\text{kN}$$

（3）当截面改为$b=h=30$mm时压杆的惯性矩为：

$$I_y=I_z=\frac{bh^3}{12}=\frac{30^4}{12}=6.75\times10^4\text{mm}^4$$

代入欧拉公式，可得：

$$F_{cr}=\frac{\pi^2 EI}{(\mu l)^2}=\frac{\pi^2\times200\times10^3\times6.75\times10^4}{(2\times2\times10^3)^2}=8330\text{N}=8.33\text{kN}$$

从以上两种情况分析，其横截面面积相等，支承条件也相同，但是，计算得到的临界力后者大于前者。可见在材料用量相同的条件下，选择恰当的截面形式可以提高细长压杆的临界力。

11.3 临界应力与柔度

11.3.1 临界应力与柔度

前面导出了计算压杆临界力的欧拉公式，当压杆在临界力F_{cr}作用下处于直线状态的平衡时，其横截面上的压应力等于临界力F_{cr}除以横截面面积A，称为临界应力，用σ_{cr}表示，即

$$\sigma_{cr}=\frac{F_{cr}}{A}$$

将式（11-2）代入上式，得：

$$\sigma_{cr}=\frac{\pi^2 EI}{(\mu l)^2 A}$$

令

$$i=\sqrt{\frac{I}{A}}$$

式中 i——压杆横截面的惯性半径。

于是临界应力可写为：

$$\sigma_{cr}=\frac{\pi^2 E\cdot i^2}{(\mu l)^2}=\frac{\pi^2 E}{\left(\frac{\mu l}{i}\right)^2}$$

令$\lambda=\frac{\mu l}{i}$，则

$$\sigma_{cr}=\frac{\pi^2 E}{\lambda^2} \tag{11-3}$$

上式为计算压杆临界应力的欧拉公式，式中 λ 称为压杆的**柔度（或称长细比）**。柔度 λ 是一个无量纲的量，其大小与压杆的长度系数 μ、杆长 l 及惯性半径 i 有关。由于压杆的长度系数 μ 决定于压杆的支承情况，惯性半径 i 决定于截面的形状与尺寸，所以，从物理意义上看，柔度 λ 综合地反映了压杆的长度、截面的形状与尺寸以及支承情况对临界力的影响。从式（11-3）还可以看出，如果压杆的柔度值越大，则其临界应力越小，压杆就越容易失稳。

11.3.2 欧拉公式的适用范围

欧拉公式是根据挠曲线近似微分方程导出的，而应用此微分方程时，材料必须服从胡克定理。因此，欧拉公式的适用范围应当是压杆的临界应力 σ_{cr} 不超过材料的比例极限 σ_p，即：

$$\sigma_{cr}=\frac{\pi^2 E}{\lambda^2}\leqslant\sigma_p$$

有

$$\lambda\geqslant\pi\sqrt{\frac{E}{\sigma_p}}$$

若设 λ_P 为压杆的临界应力达到材料的比例极限 σ_p 时的柔度值，则：

$$\lambda_P=\pi\sqrt{\frac{E}{\sigma_p}} \tag{11-4}$$

故欧拉公式的适用范围为

$$\lambda\geqslant\lambda_p \tag{11-5}$$

上式表明，当压杆的柔度不小于 λ_p 时，才可以应用欧拉公式计算临界力或临界应力。这类压杆称为**大柔度杆**或**细长杆**，欧拉公式只适用于大柔度杆。从式（11-4）可知，λ_p 的值取决于材料性质，不同的材料都有自己的 E 值和 σ_p 值，所以，不同材料制成的压杆，其 λ_p 也不同。例如 Q235 钢，$\sigma_p=200$MPa，$E=200$GPa，由式（11-4）即可求得，$\lambda_P=100$。

11.3.3 中长杆的临界力计算——经验公式、临界应力总图

1. 中长杆的临界力计算——经验公式

上面指出，欧拉公式只适用于大柔度杆，即临界应力不超过材料的比例极限（处于弹性稳定状态）。当临界应力超过比例极限时，材料处于弹塑性阶段，此类压杆的稳定属于弹塑性稳定（非弹性稳定）问题，此时，欧拉公式不再适用。对这类压杆各国大都采用经验公式计算临界力或者临界应力，经验公式是在试验和实践资料的基础上，经过分析、归纳而得到的。各国采用的经验公式多以本国的试验为依据，因此计算不尽相同。我国比较常用的经验公式有直线公式和抛物线公式等，本书只介绍直线公式，其表达式为

$$\sigma_{cr}=a-b\lambda \tag{11-6}$$

式中 a 和 b——与材料有关的常数，其单位为 MPa。一些常用材料的 a、b 值可见表 11-2。

几种常用材料的 a、b 值 **表 11-2**

材 料	a/MPa	b/MPa	λ_p	λ_s
Q235 钢 $\sigma_s=235$MPa	304	1.12	100	62
硅钢 $\sigma_s=353$MPa $\sigma_b\geqslant510$MPa	577	3.74	100	60
铬钼钢	980	5.29	55	0
硬 铝	372	2.14	50	0
铸 铁	331.9	1.453		
松 木	39.2	0.199	59	0

应当指出，经验公式（11-6）也有其适用范围，它要求临界应力不超过材料的受压极限应力。这是因为当临界应力达到材料的受压极限应力时，压杆已因为强度不足而破坏。因此，对于由塑性材料制成的压杆，其临界应力不允许超过材料的屈服应力 σ_s，即：

$$\sigma_{cr}=a-b\lambda\leqslant\sigma_s$$

或

$$\lambda\geqslant\frac{a-\sigma_s}{b}$$

令

$$\lambda_s=\frac{a-\sigma_s}{b} \tag{11-7}$$

得：

$$\lambda\geqslant\lambda_s$$

式中 λ_s——临界应力等于材料的屈服点应力时压杆的柔度值。与 λ_s 一样，它也是一个与材料的性质有关的常数。因此，直线经验公式的适用范围为：

$$\lambda_s<\lambda<\lambda_p \tag{11-8}$$

计算时，一般把柔度值介于 λ_s 与 λ_p 之间的压杆称为**中长杆**或**中柔度杆**，而把柔度小于 λ_s 的压杆称为**短粗杆**或**小柔度杆**。对于柔度小于 λ_s 的短粗杆或小柔度杆，其破坏则是因为材料的抗压强度不足而造成的，如果将这类压杆也按照稳定问题进行处理，则对塑性材料制成的压杆来说，可取临界应力 $\sigma_{cr}=\sigma_s$。

2. 临界应力总图

综上所述，压杆按照其柔度的不同，可以分为三类，并分别由不同的计算公式计算其临界应力。当 $\lambda\geqslant\lambda_p$ 时，压杆为细长杆（大柔度杆），其临界应力用欧拉公式（11-3）来计算；当 $\lambda_s<\lambda<\lambda_p$ 时，压杆为中长杆（中柔度杆），其临界应力用经验公式（11-6）来计算；$\lambda\leqslant\lambda_p$ 时，压杆为短粗杆（小柔度杆），其临界应力等于杆受压时的极限应力。如果把压杆的临界应力根据其柔度不同而分别计算的情况，用一个简图来表示，该图形就称为压杆的临界应力总图。图 11-6 即为某塑性材料的临界应力总图。

【例 11-2】 图 11-7 所示为两端铰支的圆形截面受压杆，用 Q235 钢制成，材料的

弹性模量 $E=200\text{GPa}$，屈服点应力 $\sigma_s=235\text{MPa}$，直径 $d=40\text{mm}$，试分别计算下面三种情况下压杆的临界力：(1) 杆长 $l=1.2\text{m}$；(2) 杆长 $l=0.8\text{m}$；(3) 杆长 $l=0.5\text{m}$。

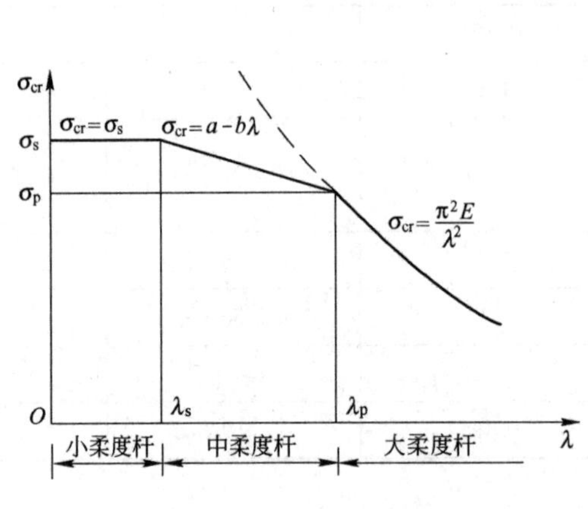

图 11-6 临界应力总图

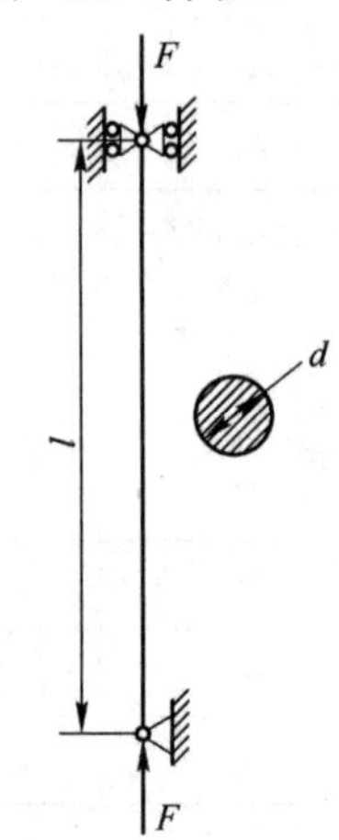

图 11-7 例 11-2 图

【解】 (1) 计算杆长 $l=1.2\text{m}$ 时的临界力。两端铰支时 $\mu=1$

惯性半径 $$i=\sqrt{\frac{I}{A}}=\sqrt{\frac{\frac{\pi d^4}{64}}{\frac{\pi d^2}{4}}}=\frac{d}{4}=\frac{40}{4}=10\text{mm}$$

柔度 $\lambda=\frac{\mu l}{i}=\frac{1\times1.2\times10^3}{10}=120>\lambda_p=100$

所以是大柔度杆，应用欧拉公式计算临界力

$$F_{cr}=\sigma_{cr}A=\frac{\pi^2E}{\lambda^2}\times\frac{\pi d^2}{4}=\frac{\pi^3\times200\times10^3\times40^2}{4\times120^2}=172\times10^3\text{N}=172\text{kN}$$

(2) 计算杆长 $l=0.8\text{m}$ 时的临界力

$$\mu=1,\ i=10\text{mm}$$

$$\lambda=\frac{\mu l}{i}=\frac{1\times0.8\times10^3}{10}=80$$

查表 11-2 可得 $\lambda_s=62$

因为 $\lambda_s<\lambda<\lambda_p$，所以该杆为中长杆，应用直线经验公式来计算临界力。

查表 11-2，Q235 钢 $a=304\text{MPa}$，$b=1.12\text{MPa}$

$$F_{cr}=\sigma_{cr}A=(a-b\lambda)\frac{\pi d^2}{4}=(304-1.12\times80)\times\frac{\pi\times40^2}{4}=269.4\times10^3\text{N}=269.4\text{kN}$$

(3) 计算杆长 $l=0.5\text{m}$ 时的临界力

$$\mu=1,\ i=10\text{mm}$$

$$\lambda=\frac{\mu i}{i}=\frac{1\times0.5\times10^3}{10}=50<\lambda'_p=62$$

压杆为短粗杆（小柔度杆），其临界力为

$$F_{cr}=\sigma_s A=235\times\frac{\pi\times40^2}{4}=295.3\times10^3\text{N}=295.3\text{kN}$$

11.4　压杆的稳定计算——折减系数法

11.4.1　压杆的稳定条件

当压杆中的应力达到（或超过）其临界应力时，压杆会丧失稳定。所以，正常工作的压杆，其横截面上的应力应小于临界应力。在工程中，为了保证压杆具有足够的稳定性，还必须考虑一定的安全储备，这就要求横截面上的应力，不能超过压杆的临界应力的许用值 $[\sigma_{cr}]$，即：

$$\sigma=\frac{F}{A}\leqslant[\sigma_{cr}] \tag{a}$$

$[\sigma_{cr}]$ 为临界应力的许用值，其值为

$$[\sigma_{cr}]=\frac{\sigma_{cr}}{n_{st}} \tag{b}$$

式中　n_{st}——稳定安全系数。

稳定安全系数一般都大于强度计算时的安全系数，这是因为在确定稳定安全系数时，除了应遵循确定安全系数的一般原则以外，还必须考虑实际压杆并非理想的轴向压杆这一情况。例如，在制造过程中，杆件不可避免地存在微小的弯曲（即存在初曲率）；另外，外力的作用线也不可能绝对准确地与杆件的轴线相重合（即存在初偏心）等等，这些因素都应在稳定安全系数中加以考虑。

为了计算上的方便，将临界应力的许用值，写成如下形式：

$$[\sigma_{cr}]=\frac{\sigma_{cr}}{n_{st}}=\varphi[\sigma] \tag{c}$$

从上式可知，φ 值为

$$\varphi=\frac{\sigma_{cr}}{n_{st}[\sigma]} \tag{d}$$

式中　$[\sigma]$——强度计算时的许用应力；

　　φ——折减系数，其值小于 1。

由式（d）可知，当 $[\sigma]$ 一定时，φ 取决于 σ_{cr} 与 n_{st}。由于临界应力 σ_{cr} 值随压杆的长细比 λ 而改变，而不同长细比的压杆一般又规定不同的稳定安全系数，所以折减系数 φ 是长细比 λ 的函数。当材料一定时，φ 值取决于长细比 λ 的值。表 11-3 即列出了 Q235

钢、16锰钢和木材的折减系数 φ 值。

$[\sigma_{cr}]$ 与 $[\sigma]$ 虽然都是“许用应力”，但两者却有很大的不同。$[\sigma]$ 只与材料有关，当材料一定时，其值为定值；而 $[\sigma_{cr}]$ 除了与材料有关以外，还与压杆的长细比有关，所以，相同材料制成的不同（长细比）的压杆，其 $[\sigma_{cr}]$ 值是不同的。

将式（c）代入式（a），可得

$$\sigma=\frac{F}{A}\leqslant\varphi[\sigma] \quad 或 \quad \frac{F}{A\varphi}\leqslant[\sigma] \tag{11-9}$$

折减系数表　　表 11-3

λ	φ			λ	φ		
	Q235钢	16锰钢	木材		Q235钢	16锰钢	木材
0	1.000	1.000	1.000	110	0.536	0.386	0.248
10	0.995	0.993	0.971	120	0.466	0.325	0.208
20	0.981	0.973	0.932	130	0.401	0.279	0.178
30	0.958	0.940	0.883	140	0.349	0.242	0.153
40	0.927	0.895	0.822	150	0.306	0.213	0.133
50	0.888	0.840	0.751	160	0.272	0.188	0.117
60	0.842	0.776	0.668	170	0.243	0.168	0.104
70	0.789	0.705	0.575	180	0.218	0.151	0.093
80	0.731	0.627	0.470	190	0.197	0.136	0.083
90	0.669	0.546	0.370	200	0.180	0.124	0.075
100	0.604	0.462	0.300				

上式即为压杆需要满足的稳定条件。由于折减系数 φ 可按 λ 的值直接从表11-3中查到，因此，按式（11-9）的稳定条件进行压杆的稳定计算，十分方便。因此，该方法也称为**实用计算方法**。

应当指出，在稳定计算中，压杆的横截面面积 A 均采用毛截面面积计算，即当压杆在局部有横截面削弱（如钻孔、开口等）时，可予不考虑。因为压杆的稳定性取决于整个杆件的弯曲刚度，而局部的截面削弱对整个杆件的整体刚度来说，影响甚微。但是，对截面的削弱处，则应当进行强度验算。

11.4.2 压杆的稳定计算——折减系数法

应用压杆的稳定条件，可以对以下三个方面的问题进行计算：

（1）**稳定校核**　即已知压杆的几何尺寸、所用材料、支承条件以及承受的压力，验算是否满足式（11-9）的稳定条件。

这类问题，一般应首先计算出压杆的长细比 λ，根据 λ 查出相应的折减系数 φ，再按照式（11-9）进行校核。

（2）**计算稳定时的许用荷载**　即已知压杆的几何尺寸、所用材料及支承条件，按稳定条件计算其能够承受的许用荷载 F 值。

这类问题，一般也要首先计算出压杆的长细比 λ，根据 λ 查出相应的折减系数 φ，再按照下式进行计算。

$$F \leqslant A\varphi[\sigma]$$

(3) **进行截面设计**　即已知压杆的长度、所用材料、支承条件以及承受的压力 F，按照稳定条件计算压杆所需的截面尺寸。

这类问题，一般采用“试算法”。这是因为在稳定条件式 (11-9) 中，折减系数 φ 是根据压杆的长细比 λ 查表得到的，而在压杆的截面尺寸尚未确定之前，压杆的长细比 λ 不能确定，所以也就不能确定折减系数 φ。因此，只能采用试算法。首先假定一折减系数 φ 值 (0 与 1 之间)，由稳定条件计算所需要的截面面积 A，然后计算出压杆的长细比 λ，根据压杆的长细比 λ 查表得到折减系数 φ，再按照式 (11-9) 验算是否满足稳定条件。如果不满足稳定条件，则应重新假定折减系数 φ 值，重复上述过程，直到满足稳定条件为止。

【例 11-3】　如图 11-8 所示，构架由两根直径相同的圆杆构成，杆的材料为 Q235 钢，直径 $d=20\text{mm}$，材料的许用应力 $[\sigma]=170\text{MPa}$，已知 $h=0.4\text{m}$，作用力 $F=15\text{kN}$。试在计算平面内校核二杆的稳定。

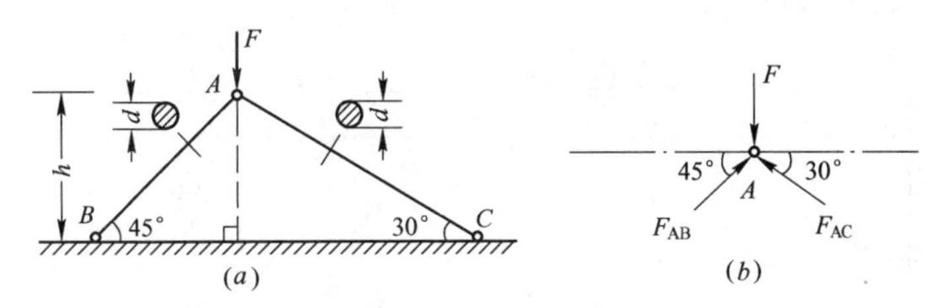

图 11-8　例 11-3 图

【解】　(1) 计算各杆承受的压力

取结点 A 为研究对象，根据平衡条件列方程

$$\Sigma F_x=0 \quad F_{AB}\cdot\cos45^\circ-F_{AC}\cdot\cos30^\circ=0 \tag{a}$$

$$\Sigma F_y=0 \quad F_{AB}\cdot\sin45^\circ+F_{AC}\cdot\sin30^\circ-F=0 \tag{b}$$

联立式 (a)、式 (b) 解得二杆承受的压力分别为

$$F_{AB}=0.896F=13.44\text{kN}$$

$$F_{AC}=0.732F=10.98\text{kN}$$

(2) 计算二杆的长细比

各杆的长度分别为

$$l_{AB}=\sqrt{2}h=\sqrt{2}\times0.4=0.566\text{m}$$

$$l_{AC}=2h=2\times0.4=0.8\text{m}$$

则二杆的长细比分别为

$$\lambda_{AB}=\frac{\mu l_{AB}}{i}=\frac{\mu l_{AB}}{\frac{d}{4}}=\frac{4\times1\times0.566\times10^3}{20}=113$$

$$\lambda_{AC}=\frac{\mu l_{AC}}{i}=\frac{\mu l_{AC}}{\frac{d}{4}}=\frac{4\times1\times0.8\times10^3}{20}=160$$

(3) 由表 11-3 查得折减系数为：

$$\varphi_{AC}=0.272$$

$$\varphi_{AB}=0.536-(0.536-0.466)\times\frac{3}{10}=0.515$$

(4) 按照稳定条件进行验算

AB 杆 $$\frac{F_{AB}}{A\varphi_{AB}}=\frac{13.44\times10^3}{\pi\left(\frac{20}{2}\right)^2\times0.515}=83.1\text{MPa}<[\sigma]$$

AC 杆 $$\frac{F_{AC}}{A\varphi_{AC}}=\frac{10.98\times10^3}{\pi\left(\frac{20}{2}\right)^2\times0.272}=128.5\text{MPa}<[\sigma]$$

因此，二杆都满足稳定条件，构架稳定。

【例 11-4】 如图 11-9 所示支架，BD 杆为正方形截面的木杆，其长度 $l=2\text{m}$，截面边长 $a=0.1\text{m}$，木材的许用应力 $[\sigma]=10\text{MPa}$，试从满足 BD 杆的稳定条件考虑，计算该支架能承受的最大荷载 F_{max}。

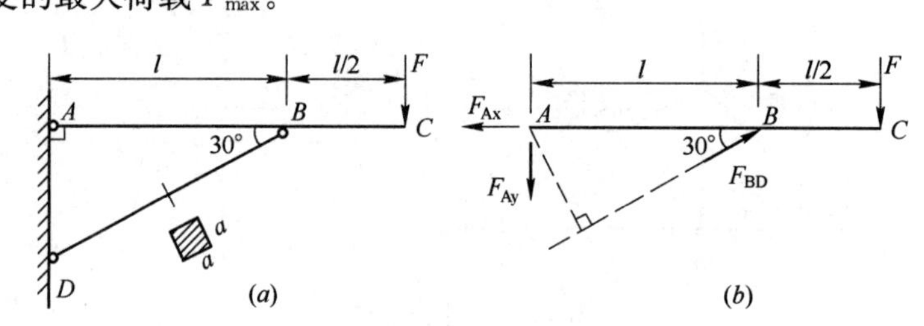

图 11-9　例 11-4 图

【解】 (1) 计算 BD 杆的长细比

$$l_{BD}=\frac{l}{\cos30^\circ}=\frac{2}{\frac{\sqrt{3}}{2}}=2.31\text{m}$$

$$\lambda_{BD}=\frac{\mu l_{BD}}{i}=\frac{\mu l_{BD}}{\sqrt{\frac{I}{A}}}=\frac{\mu l_{BD}}{\frac{a}{\sqrt{12}}}=\frac{1\times2.31}{\frac{0.1}{\sqrt{12}}}=80$$

(2) 求 BD 杆能承受的最大压力

根据长细比 λ_{BD} 查表，得 $\varphi_{BD}=0.470$，则 BD 杆能承受的最大压力为

$$F_{BD\max}=A\varphi[\sigma]=0.1^2\times10^6\times0.470\times10=47\times10^3\text{N}=47\text{kN}$$

(3) 根据外力 F 与 BD 杆所承受压力之间的关系，求出该支架能承受的最大荷载 F_{max}。

考虑 AC 的平衡，可得

$$\Sigma M_A=0,\quad F_{BD}\cdot\frac{l}{2}-F\cdot\frac{3}{2}l=0$$

从而可求得

$$F=\frac{1}{3}F_{BD}$$

因此，该支架能承受的最大荷载 F_{max} 为

$$F_{max}=\frac{1}{3}F_{BD\,max}=\frac{1}{3}\times47\times10^{3}=15.7\times10^{3}\text{N}=15.7\text{kN}$$

11.5　提高压杆稳定性的措施

要提高压杆的稳定性，关键在于提高压杆的临界力或临界应力。而压杆的临界力和临界应力，与压杆的长度、横截面形状及大小、支承条件以及压杆所用材料等有关。因此，可以从以下几个方面考虑：

11.5.1　合理选择材料

欧拉公式告诉我们，大柔度杆的临界应力，与材料的弹性模量成正比。所以选择弹性模量较高的材料，就可以提高大柔度杆的临界应力，也就提高了其稳定性。但是，对于钢材而言，各种钢的弹性模量大致相同，所以，选用高强度钢并不能明显提高大柔度杆的稳定性。而中、小柔度杆的临界应力则与材料的强度有关，采用高强度钢材，可以提高这类压杆抵抗失稳的能力。

11.5.2　选择合理的截面形状

增大截面的惯性矩，可以增大截面的惯性半径，降低压杆的柔度，从而可以提高压杆的稳定性。在压杆的横截面面积相同的条件下，应尽可能使材料远离截面形心轴，以取得较大的惯性矩，从这个角度出发，空心截面要比实心截面合理，如图 11-10 所示。在工程实际中，若压杆的截面是用两根槽钢组成的，则应采用如图 11-11 所示的布置方式，可以取得较大的惯性矩或惯性半径。

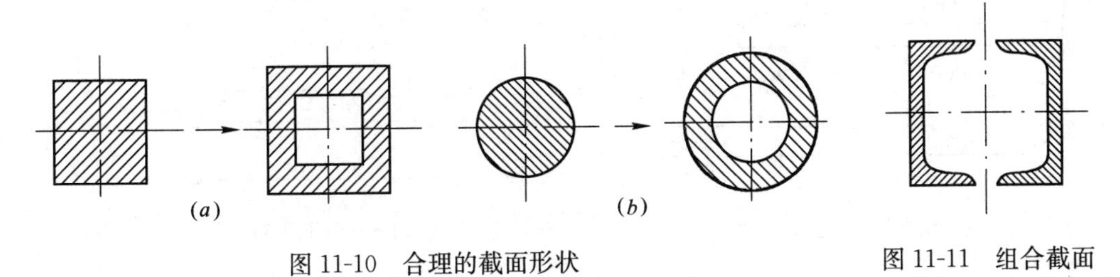

图 11-10　合理的截面形状　　图 11-11　组合截面

另外，由于压杆总是在柔度较大（临界力较小）的纵向平面内首先失稳，所以应注意尽可能使压杆在各个纵向平面内的柔度都相同，以充分发挥压杆的稳定承载力。

11.5.3 改善约束条件、减小压杆长度

根据欧拉公式可知，压杆的临界力与其计算长度的平方成反比，而压杆的计算长度又与其约束条件有关。因此，改善约束条件，可以减小压杆的长度系数和计算长度，从而增大临界力。在相同条件下，从表 11-1 可知，自由支座最不利，铰支座次之，固定支座最有利。

减小压杆长度的另一方法是在压杆的中间增加支承，把一根变为两根甚至几根。

复习思考题

1. 如何区别压杆的稳定平衡与不稳定平衡?
2. 什么叫临界力? 两端铰支的细长杆计算临界力的欧拉公式的应用条件是什么?
3. 由塑性材料制成的中、小柔度压杆，在临界力作用下是否仍处于弹性状态?
4. 实心截面改为空心截面能增大截面的惯性矩从而能提高压杆的稳定性，是否可以把材料无限制地加工使远离截面形心，以提高压杆的稳定性?
5. 只要保证压杆的稳定就能够保证其承载能力，这种说法是否正确?

习　题

11-1 如图 11-12 所示压杆，截面形状都为圆形，直径 $d=160$mm，材料为 Q235 钢，弹性模量 $E=200$GPa。试按欧拉公式分别计算各杆的临界力。

11-2 某细长压杆，两端为铰支，材料用 Q235 钢，弹性模量 $E=200$GPa，试用欧拉公式分别计算下列三种情况的临界力：

(1) 圆形截面，直径 $d=25$mm，$l=1$m;

(2) 矩形截面，$h=2b=40$mm，$l=1$m;

(3) No16 工字钢，$l=2$m。

11-3 图 11-13 所示某连杆，材料为 Q235 钢，弹性模量 $E=200$GPa，横截面面积 $A=44\text{cm}^2$，惯性矩 $I_y=120\times10^4\text{mm}^4$，$I_z=797\times10^4\text{mm}^4$，在 xy 平面内，长度系数 $\mu_z=1$；在 xz 平面内，长度系数 $\mu_y=0.5$。试计算其临界力和临界应力。

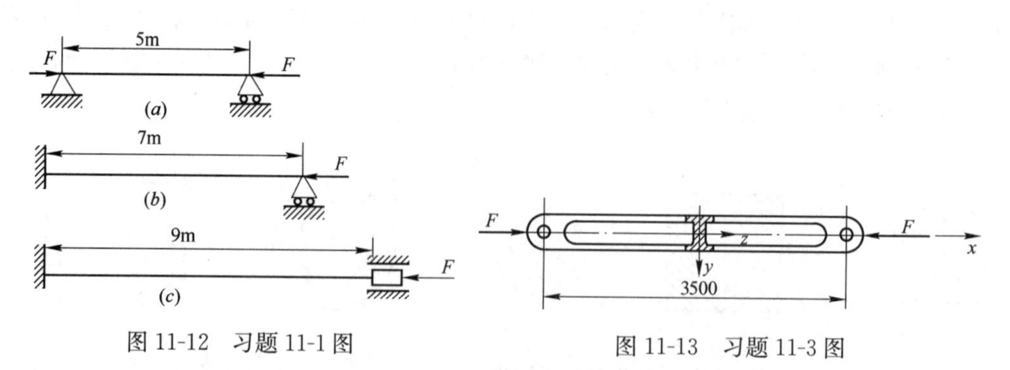

图 11-12 习题 11-1 图

图 11-13 习题 11-3 图

11-4 某千斤顶，已知丝杆长度 $l=375$mm，内径 $d=40$mm，材料为 Q235 钢（$a=589$MPa，$b=3.82$MPa，$\lambda_P=100$，$\lambda_s=60$），最大起顶重量 $F=80$kN，稳定的安全系数 $n_{st}=4$。试校核其稳定性。

11-5　如图 11-14 所示梁柱结构，横梁 AB 的截面为矩形，$b \times h = 40 \times 60$mm；竖柱 CD 的截面为圆形，直径 $d = 20$mm。在 C 处用铰链连接。材料为 Q235 钢，稳定安全系数 $n_{st} = 3$。若现在 AB 梁上最大弯曲应力 $\sigma = 140$MPa，试校核 CD 杆的稳定性。

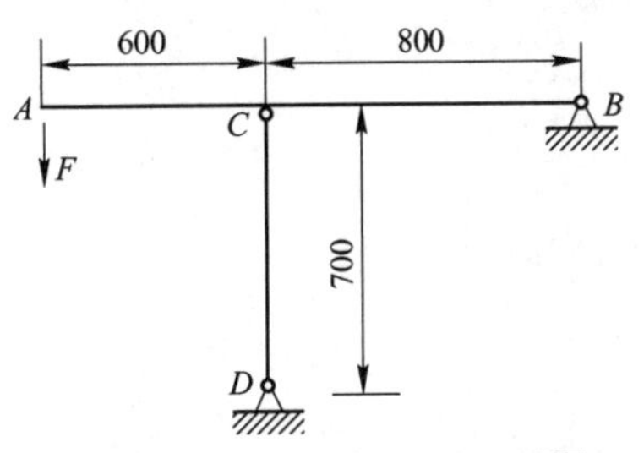

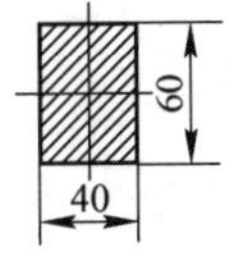

图 11-14　习题 11-5 图

11-6　机构的某连杆如图 11-15 所示，工字形截面，材料为 Q235 钢。连杆承受的最大轴向压力为 465kN，连杆在 xy 平面内发生弯曲时，两端可视为铰支；在 xz 平面内发生弯曲时，两端可视为固定。试计算其稳定安全系数。

11-7　简易起重机如图 11-16 所示，压杆 BD 为 No20 槽钢，材料为 Q235 钢。起重机的最大起吊重量 $F = 40$kN，若稳定的安全系数 $n_{st} = 4$，试校核 BD 杆的稳定性。

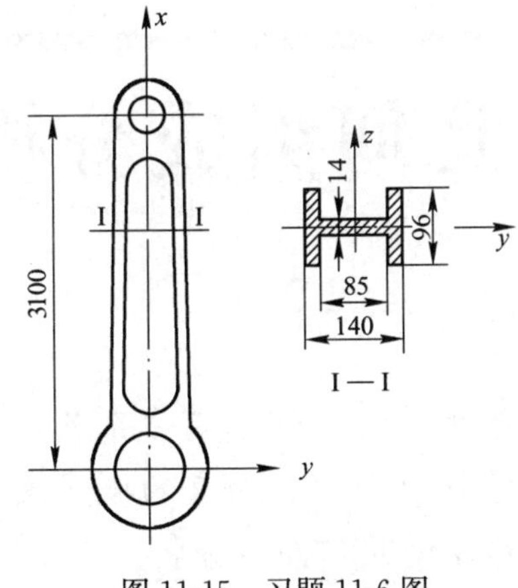

图 11-15　习题 11-6 图

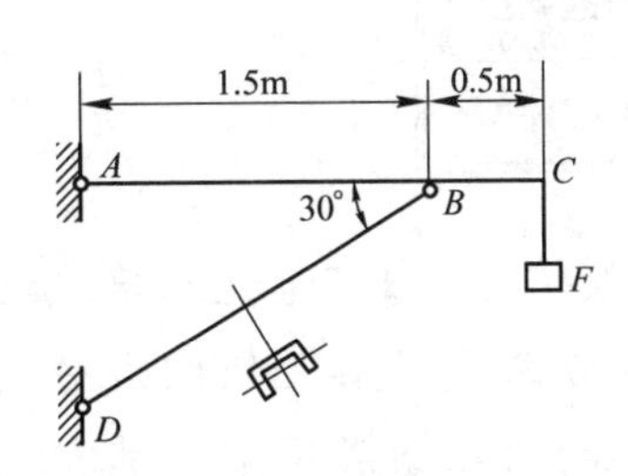

图 11-16　习题 11-7 图

11-8　一端固定，另一端铰支的轴向压杆，$F = 280$kN，$l = 3$m，$[\sigma] = 160$MPa，截面为 No20b 工字钢，试校核压杆的稳定性。

11-9　压杆截面如图 11-17 所示，由 No32a 工字钢制成，在 z 轴平面内弯曲时（截面绕 y 轴转动）两端为固定；在 y 轴平面内弯曲时（截面绕 z 轴转动）一端固定、一端自由。杆长 $l = 5$m，$[\sigma] = 160$MPa，试求压杆的许用荷载。

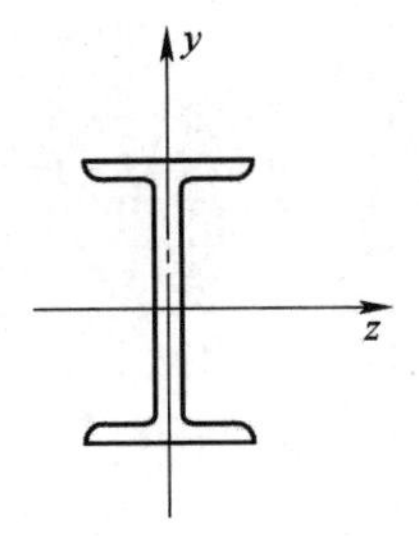

图 11-17　习题 11-9 图

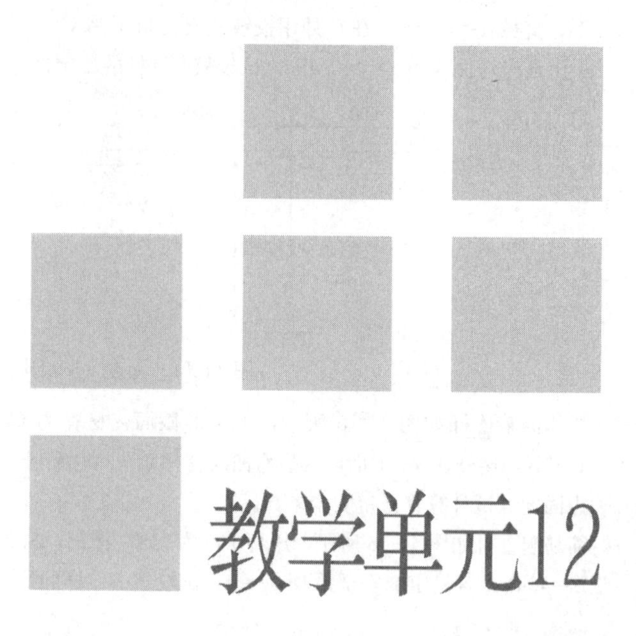

教学单元12

平面体系的几何组成分析

【教学目标】 通过本单元的学习，使学生了解几何不变体系及几何可变体系的概念，了解几何组成分析的目的；掌握自由度、约束的概念及几何不变体系的基本组成规则，能熟练掌握平面体系的几何组成分析。

12.1　几何组成分析的目的

12.1.1　几何不变体系与几何可变体系

1. 几何不变体系

在不考虑材料应变的条件下，任意荷载作用后体系的位置和形状均能保持不变（图12-1*a*、*b*、*c*）。这样的体系称为几何不变体系。

2. 几何可变体系

在不考虑材料应变的条件下，即使在微小的荷载作用下，也会产生机械运动而不能保持其原有形状和位置的体系（图12-1*d*、*e*、*f*）称为几何可变体系。

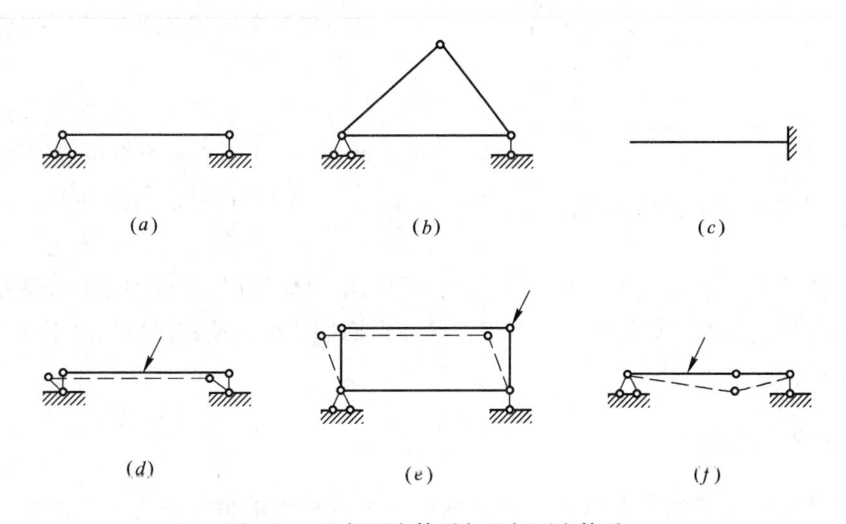

图12-1　几何不变体系与几何可变体系

12.1.2　几何组成分析的目的

土建工程中的结构必须是几何不变体系，因此，在结构设计和计算之前，首先要研究其几何性质，判断其是否几何不变，这种判别工作称为几何组成分析。通过对体系进行几何组成分析，可以达到如下目的：

(1) 判别某体系是否为几何不变体系，以决定其能否作为工程结构使用。

(2) 研究并掌握几何不变体系的组成规则，以便合理布置构件，使所设计的结构在荷载作用下能够维持平衡。

(3) 根据体系的几何组成状态，确定结构是静定的还是超静定的，以便选择相应的计算方法。

12.2 自由度和约束的概念

12.2.1 自由度

在介绍自由度之前，先了解一下有关刚片的概念。在几何组成分析中，把体系中的任何杆件都看成是不变形的平面刚体，简称**刚片**。显然，每一杆件或每根梁、柱都可以看作是一个刚片，建筑物的基础或地球也可看作是一个大刚片，某一几何不变部分也可视为一个刚片。这样，平面杆系的几何组成分析就在于分析体系各个刚片之间的连接方式能否保证体系的几何不变性。

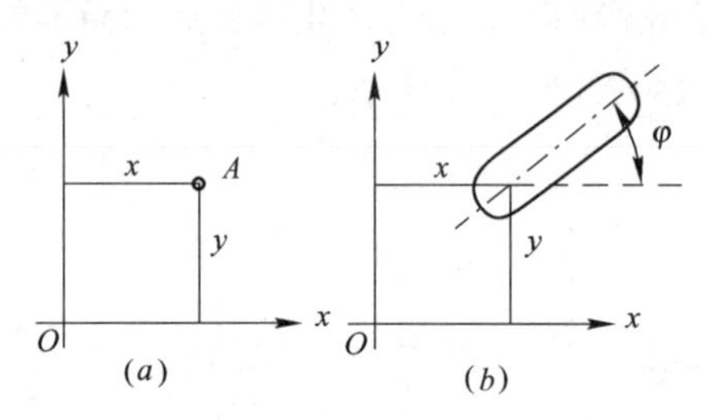

图 12-2 点和刚片的自由度

自由度是指确定体系位置所需要的独立坐标（参数）的数目。例如，一个点在平面内运动时，其位置可用两个坐标来确定，因此平面内的一个点有两个自由度（图12-2a）。又如，一个刚片在平面内运动时，其位置要用x、y、φ三个独立参数来确定，因此平面内的一个刚片有三个自由度（图 12-2b）。由此看出，**体系几何不变的必要条件是自由度等于或小于零**。那么，如何适当、合理地给体系增加约束，使其成为几何不变体系是以下要解决的问题。

12.2.2 约束

减少体系自由度的装置称为约束。减少一个自由度的装置即为一个约束，并以此类推。约束主要有链杆（一根两端铰结于两个刚片的杆件称为链杆，如直杆、曲杆、折杆）、单铰（即连接两个刚片的铰）、复铰约束（如图 12-3，连接多于两个刚片的铰）和刚结点四种形式。假设有两个刚片，其中一个不动设为基础，此时体系的自由度为3。若用一链杆将它们连接起来，如图 12-4（a）所示，则除了确定链杆连接处A的位置需一转角坐标φ_1外，确定刚片绕A转动时的位置还需一转角坐标φ_2，此时只需两个独立坐标就能确定该体系的运动位置，则体系的自由度为 2，它比没有链杆时减少了一个自由度，所以**一根链杆或一个可动铰支座相当于一个约束**；若用一个单铰把刚片同基础连接起来，如图 12-4（b）所示，则只需转角坐标φ就能确定体系的运动位置，这时体系比原体系减少了两个自由度，所以**一个单铰或一个固定铰支座相当于两个约束**；复铰约束，如图 12-5 所示，若要确定刚片Ⅰ的位置需要三个坐标，但当刚片Ⅱ、Ⅲ和Ⅰ用一复铰连接在一起后，刚片Ⅱ、Ⅲ都只能绕A点转动，则Ⅱ、Ⅲ刚片位置的确定只需再增加两个坐标，自由度共计为五个，它比Ⅰ、Ⅱ、Ⅲ之间没有复铰连接时的九个自由度减少了四个自由度。所以，连接三个刚片的复铰相当于两个单铰的作用，由此可推知，**连接 n 个刚片的复铰相当于（$n-1$）个单铰（n 为刚片数）约束**；若将刚片同基础刚性连结起来（图12-4c），则它们成为一个整体，都不能动，体系的自由度为0，因此**一个刚结点或一个固定端相当于三个约束**。

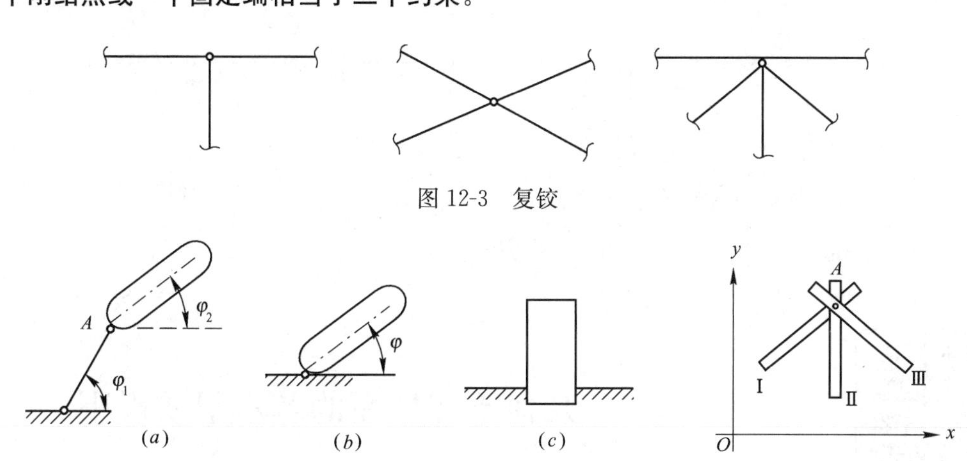

图12-3　复铰

图12-4　链杆、单铰刚节点的作用

图12-5　复铰的作用

一个平面体系，通常都是由若干个构件加入一定约束组成的。加入约束的目的是为了减少体系的自由度。**如果在体系中增加一个约束，而体系的自由度并不因此而减少，则该约束被称为多余约束**。应当指出，多余约束只说明为保持体系几何不变是多余的，但在几何体系中增设多余约束，往往可改善结构的受力状况，并非真是多余。

如图12-6所示，平面内有一自由点 A，在图12-6（a）中 A 点通过两根链杆与基础相连，这时两根链杆分别使 A 点减少一个自由度而使 A 点固定不动，因而两根链杆都非多余约束。在图12-6（b）中 A 点通过三根链杆与基础相连，这时 A 虽然固定不动，但减少的自由度仍然为2，显然三根链杆中有一根没有起到减少自由度的作用，因而是多余约束（可把其中任意一根作为多余约束）。

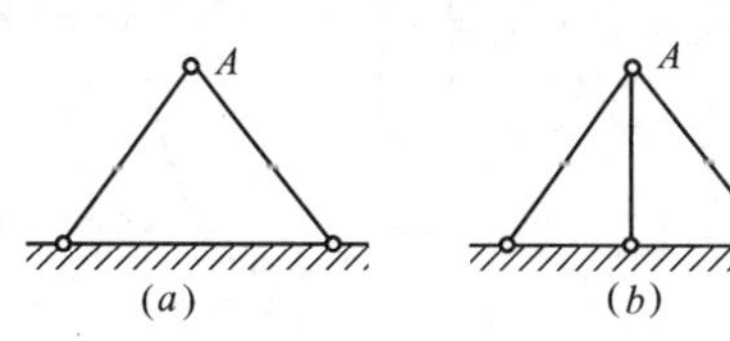

图12-6　多余约束

又如图12-7（a）表示在点 A 加一根水平的支座链杆1后，A 点还可以移动，是几何可变体系。

图12-7（b）是用两根不在一直线上的支座链杆1和2把 A 点连结在基础上，A 点上下、左右移动的自由度全被限制住了，不能发生移动。故图12-7（b）是约**束数目恰好够用的几何不变体系，称为无多余约束的几何不变体系**。

图12-7（c）是在图12-7（b）上又增加一根水平的支座链杆3，这第三根链杆，就保持几何不变而言，是多余的。故图12-7（c）是有一个多余约束的几何不变体系。

图12-7（d）是用在一条水平直线上的两根链杆1和2把 A 点连接在基础上，保持几何不变的约束数目是够用的。但是这两根水平链杆只能限制 A 点的水平位移，不能

限制A点的竖向位移。在图12-7（d）两根链杆处于水平线上的瞬时，A点可以发生很微小的竖向位移到A'点处，这时，链杆1和2不再在一直线上，A'点就不继续向下移动了。这种本来是几何可变的，经微小位移后又成为几何不变的体系，称为**瞬变体系**。瞬变体系是约束数目够用，由于约束的布置不恰当而形成的体系。瞬变体系在工程中也是不能采用的。

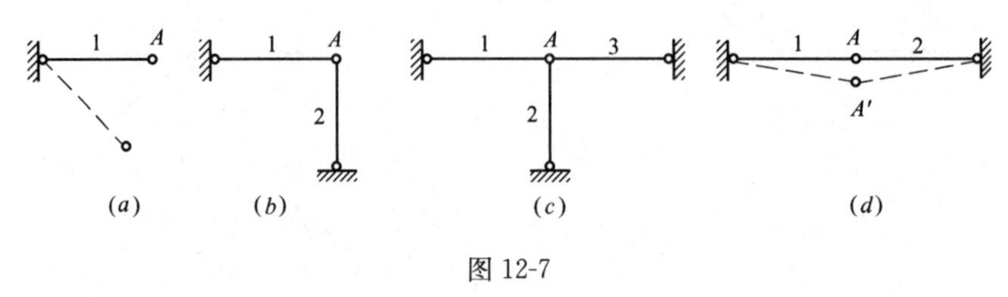

图12-7

12.3 几何不变体系的基本组成规则

12.3.1 实铰与虚铰

基本规则是几何组成分析的基础，在进行几何组成分析之前先介绍一下虚铰的概念：

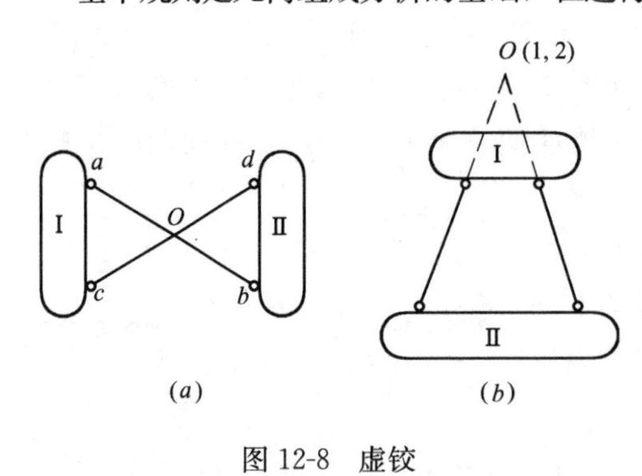

图12-8 虚铰

如果两个刚片用两根链杆连接（图12-8a），则这两根链杆的作用就和一个位于两杆交点O的铰的作用完全相同。由于在这个交点O处并不是真正的铰，所以称它为**虚铰**。虚铰的位置即在这两根链杆的交点上，如图12-8（a）的O点。

如果连接两个刚片的两根链杆并没有相交，则虚铰在这两根链杆延长线的交点上，如图12-8（b）所示。

12.3.2 几何不变体系的基本组成规则

下面就分别叙述组成几何不变平面体系的三个基本规则：

1. 二元体概念及二元体规则

图12-9（a）所示为一个三角形铰接体系，假如链杆Ⅰ固定不动，那么通过前面的叙述，我们已知它是一个几何不变体系。

将图12-9（a）中的链杆Ⅰ看作一个刚片，成为图12-9（b）所示的体系。从而得出：

规则一（二元体规则）：一个点与一个刚片用两根不共线的链杆相连，则组成无多

余约束的几何不变体系。

由两根不共线的链杆连接一个节点的构造，称为二元体（如图 12-9b 中的 BAC）。

推论一：在一个平面杆件体系上增加或减少若干个二元体，都不会改变原体系的几何组成性质。

如图 12-9（c）所示的桁架，就是在铰接三角形 ABC 的基础上，依次增加二元体而形成的一个无多余约束的几何不变体系。同样，我们也可以对该桁架从 H 点起依次拆除二元体而成为铰接三角形 ABC。

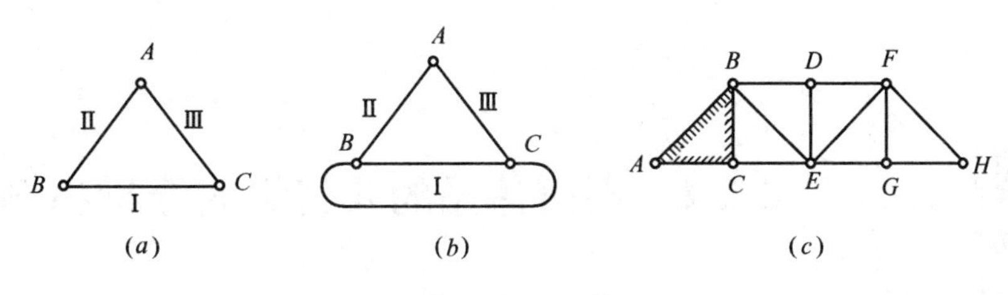

图 12-9　二元体

2. 两刚片规则

将图 12-9（a）中的链杆Ⅰ和链杆Ⅱ都看作是刚片，就成为图 12-10（a）所示的体系。从而得出：

规则二（两刚片规则）：两刚片用不在一条直线上的一个铰（*B* 铰）和一根链杆（*AC* 链杆）连接，则组成无多余约束的几何不变体系。

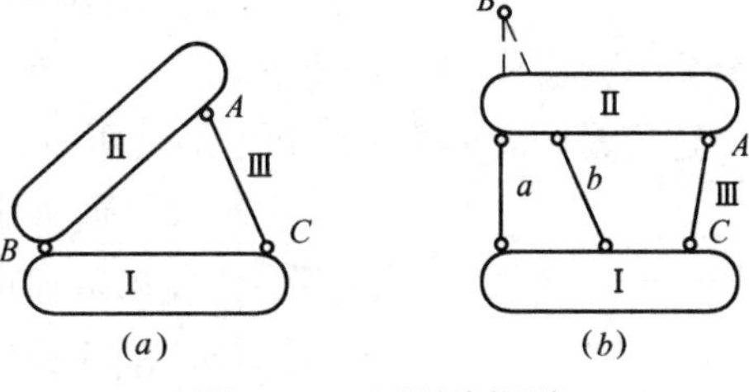

图 12-10　两刚片规则

如果将图 12-10（a）中连接两刚片的铰 B 用虚铰代替，即用两根不共线、不平行的链杆 a、b 来代替，就成为图 12-10（b）所示体系，则有：

推论二：两刚片用既不完全平行也不交于一点的三根链杆连接，则组成无多余约束的几何不变体系。

3. 三刚片规则

将图 12-9（a）中的链杆Ⅰ、链杆Ⅱ和链杆Ⅲ都看作是刚片，就成为图 12-11（a）所示的体系。从而得出：

规则三（三刚片规则）：三刚片用不在一条直线上的三个铰两两连接，则组成无多余约束的几何不变体系。

如果将图中连接三刚片之间的铰 A、B、C 全部用虚铰代替，即都用两根不共线、不平行的链杆来代替，就成为图 12-11（b）所示体系，则有：

推论三：三刚片分别用不完全平行也不共线的二根链杆两两连接，且所形成的三个虚铰不在同一条直线上，则组成无多余约束的几何不变体系。

从以上叙述可知，这三个规则及其推论，实际上都是三角形规律的不同表达方式，即三个不共线的铰，可以组成无多余约束的铰接三角形体系。

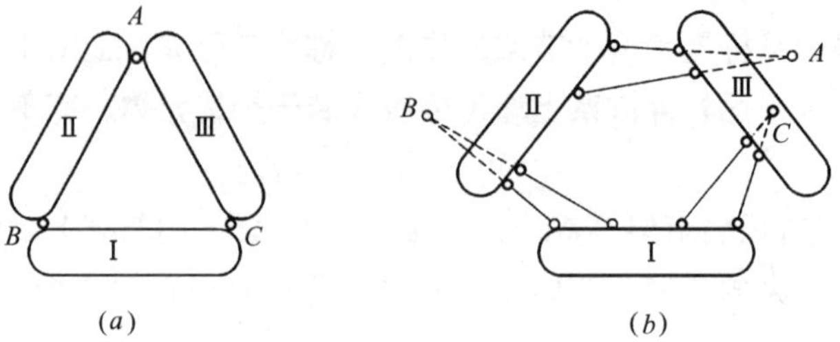

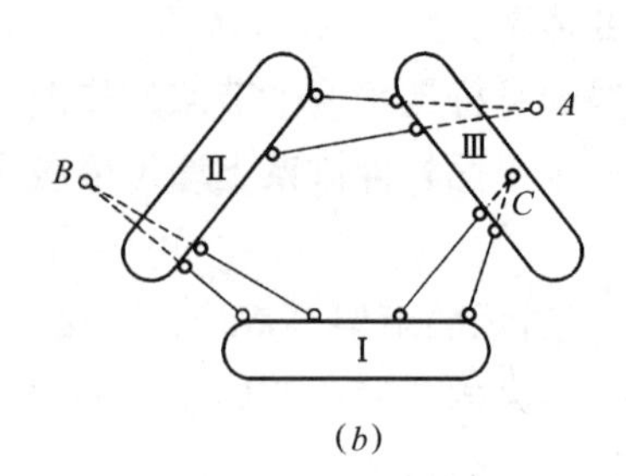

(a)　　(b)

图 12-11　三刚片规则

12.04.001

平面体系的几何组成分析举例

12.4　平面体系的几何组成分析举例

进行几何组成分析的基本依据是前述三个规则。要用这三个规则去分析形式多样的平面杆系结构，关键在于选择哪些部分作为刚片，哪些部分作为约束，这就是问题的难点所在，通常可以作以下的选择：

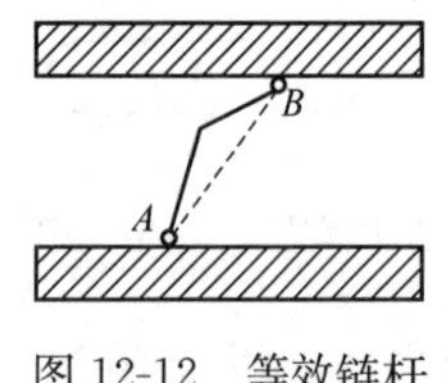

图 12-12　等效链杆

一根杆件或某个几何不变部分（包括地基），都可选作刚片；体系中的铰都是约束；只用两个铰与其他部分相连的杆件或几何不变部分，根据分析需要，可将其选作为刚片，也可选作为链杆约束；图 12-12 中的 AB 折杆可视为连接两刚片的等效链杆，如图中虚线所示；在选择刚片时，要联想到组成规则的约束要求（铰或链杆的数目和布置），同时考虑哪些是连接这些刚片的约束。

对体系进行几何组成分析虽然灵活多样，但也有一定规律可循。对于比较简单的体系，可以选择两个或三个刚片，直接按规则分析其几何组成。对于复杂体系，可以采用以下方法：

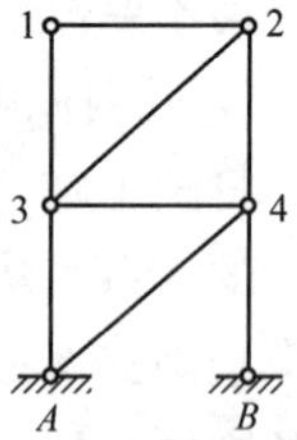

（1）当体系上有二元体时，应去掉二元体使体系简化，以便于应用规则。但需注意，每次只能去掉体系外围的二元体（符合二元体的定义），而不能从中间任意抽取。例如图 12-13 节点 1 处有一个二元体，拆除后，节点 2 处暴露出二元体，再拆除后，又可在节点 3 处拆除二元体，剩下为三角形 $AB4$。它是几何不变的，故原体系为几何不变体系。也可以继续在节点 4 处拆除二元体，剩下的只是大地了，这说明原体系相对于大地是不能动的，即为几何不变。

图 12-13　拆除或增加二元体

（2）从一个刚片（例如地基或铰结三角形等）开始，依次增加二元体，尽量扩大刚片范围，使体系中的刚片个数尽量少，便于应用规则。仍以图 12-13 为例，将地基视为一个刚片，增加二元体 $A4B$ 地基刚片扩大，以此扩充节点 3 处二元体，节点 2 处二元体，节点 1 处二元体。即体系为几何不变。

(3) 如果体系的支座链杆只有三根，且不完全平行也不完全交于同一点，则地基与体系本身的连接已符合两刚片规则，因此可去掉支座链杆和地基而只对体系本身进行分析。例如图 12-14（*a*）所示体系，除去支座 3 根链杆，只需对图 12-14（*b*）所示体系进行分析，按两刚片规则组成无多余约束的几何不变体系。

(4) 当体系的支座链杆多于三根时，应考虑把地基作为一刚片，将体系本身和地基一起用三刚片规则进行分析。否则，往往会得出错误的结论。例如图 12-15 所示体系，若不考虑四根支座链杆和地基，将 *ABC*、*DEF* 作为刚片Ⅰ、Ⅱ，它们只由两根链杆 1、2 连接，从而得出几何可变体系的结论显然是错误的。正确的方法是再将地基作为刚片Ⅲ，对整个体系用三刚片规则进行分析，结论是无多余约束的几何不变体系。

(5) 先确定一部分为刚片，连续几次使用两刚片或三刚片规则，逐步扩大到整个体系。如图 12-16，从下往上看，下层是按三刚片规则组成的几何不变的三铰刚架 *ABH*，上层两个刚片 *CDE* 与 *EFG* 和下层（刚片）按三刚片规则组成为几何不变体系。

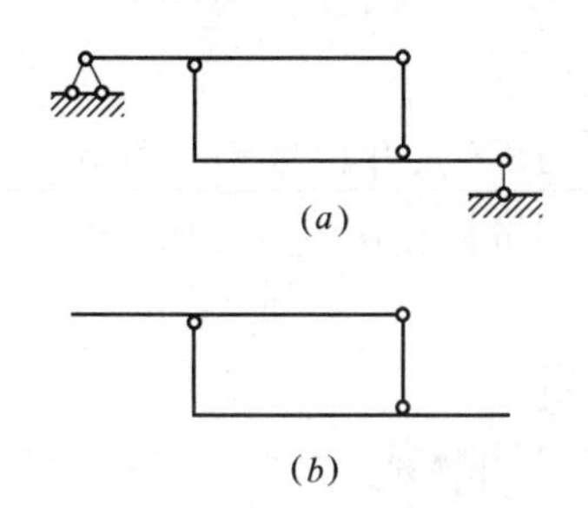

图 12-14　两刚片组成分析

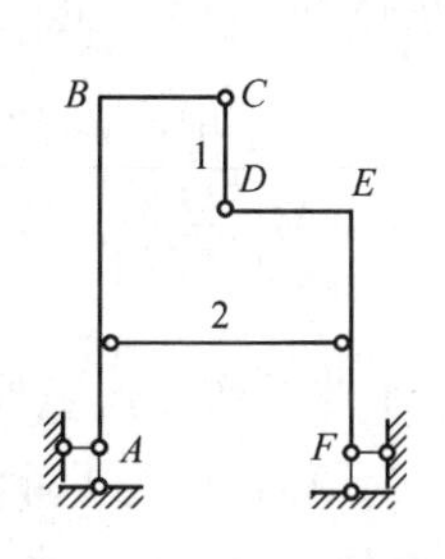

图 12-15　三刚片组成分析

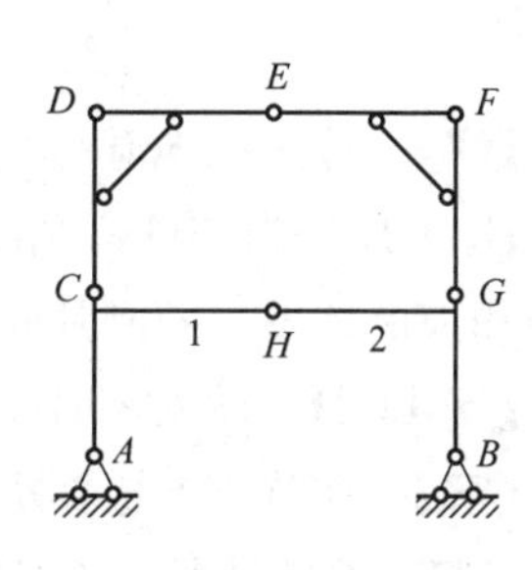

图 12-16　连续用三刚片组成分析

在进行组成分析时，体系中的每根杆件和约束都不能遗漏，也不可重复使用（复铰可重复使用，但重复使用的次数不能超过其相当的单铰数）。当分析进行不下去时，一般是所选择的刚片或约束不恰当，应重新选择刚片或约束再试。对于某一体系，可能有多种分析途径，但结论是唯一的。

【例 12-1】 对图12-17（*a*）所示体系进行几何组成分析。

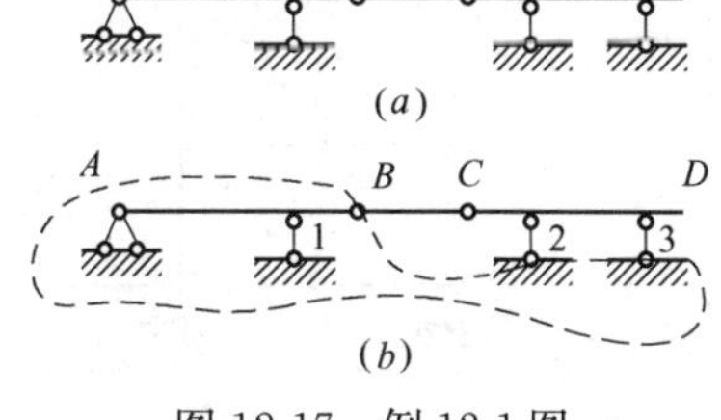

图 12-17　例 12-1 图

【解】 首先以地基及杆 *AB* 为两刚片，由铰 *A* 和链杆 1 连接，链杆 1 延长线不通过铰 *A*，组成几何不变部分，见图 12-17（*b*）。以此部分作为一刚片，杆 *CD* 作为另一刚片，用链杆 2、3 及 *BC* 链杆（连接两刚片的链杆约束，必须是两端分别连接在所研究的两刚片上）连接。三链杆不交于一点也不全平行，符合两刚片规则，故整个体系是无多余约束的几何不变体系。

另一种分析方法：将链杆 1 视为一个刚片，*AB* 杆及地基分别为第二、三个刚片，以后分析读者自己完成。

通过此题可看出：分析同一体系的几何组成可以采用不同的组成规则；一根链杆可视为一个约束，也可视为一个刚片。

【例 12-2】 对图12-18 所示体系进行几何组成分析。

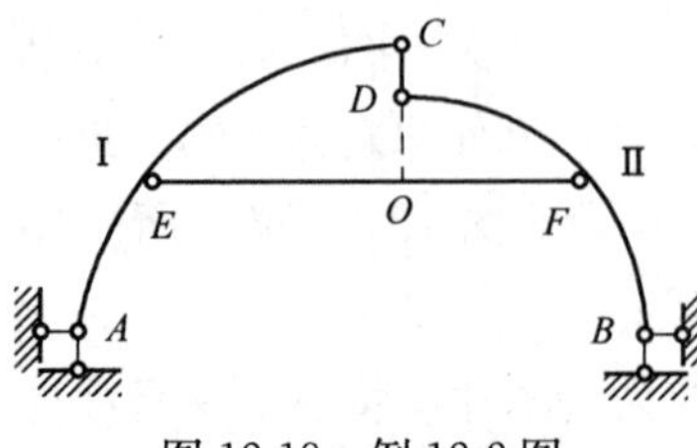

图 12-18　例 12-2 图

【解】 分别将图 12-18 中的 AC、BD、基础分别视为刚片Ⅰ、Ⅱ、Ⅲ，刚片Ⅰ和Ⅲ以铰 A 相连，刚片Ⅱ和Ⅲ用铰 B 连接，刚片Ⅰ和刚片Ⅱ是用 CD、EF 两链杆相连，相当于一个虚铰 O。则连接三刚片的三个铰 A、B、O 不在一直线上，符合三刚片规则，故体系为几何不变且无多余约束。

【例 12-3】 试对图 12-19（a）所示刚架作几何组成分析。

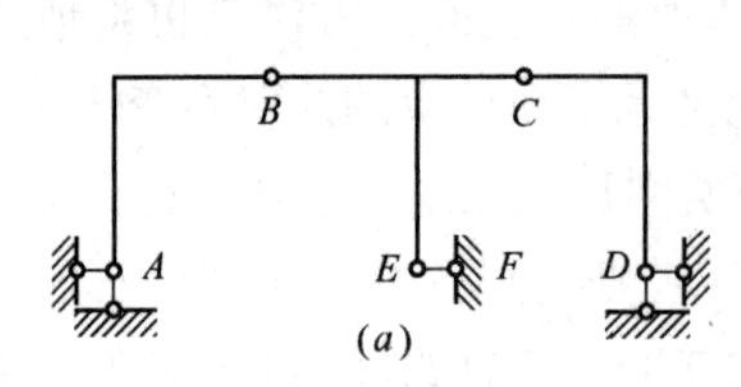

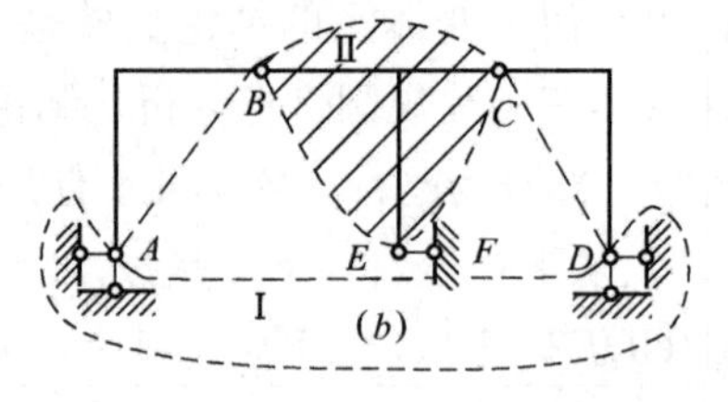

图 12-19　例 12-3 图

【解】 首先把地基作为一个刚片Ⅰ，并把中间部分（BCE）Ⅱ也视为一刚片。再把 AB、CD 作为链杆，则刚片Ⅰ、Ⅱ由 AB、CD、EF 三根链杆相连组成几何不变且无多余约束的体系（两刚片规则）。

【例 12-4】 试对图12-20（a）所示体系作几何组成分析。

【解】 在节点 1 与 5 处各有一个二元体，可先拆除。在上部体系与大地之间共有四个支座链杆联系的情况下，必须将大地视作一个刚片，参与分析。在图 12-20（b）中，先将 $A23B6$ 视作一刚片，它与大地之间通过 A 处的两链杆和 B 处的一根链杆（既不平行又不交于一点的三根链杆）相连接，因此 $A23B6$ 可与大地合成一个大刚片Ⅰ，同时再将三角形 $C47$ 视作刚片Ⅱ。刚片Ⅰ与刚片Ⅱ通过三根链杆 34、$B7$ 与 C 相连接，符合两刚片组成规则的要求，故体系为无多余约束的几何不变体系。

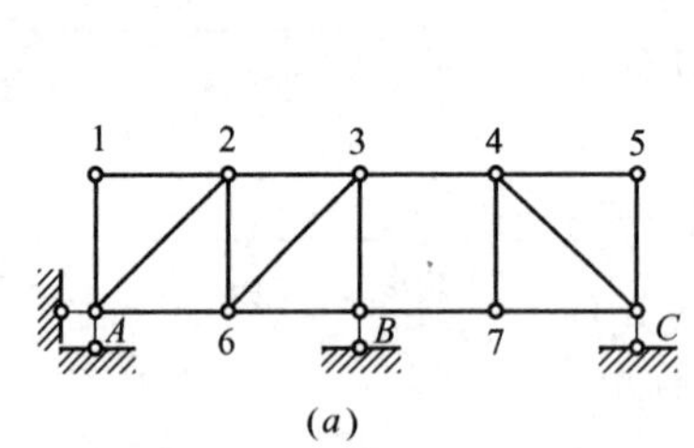

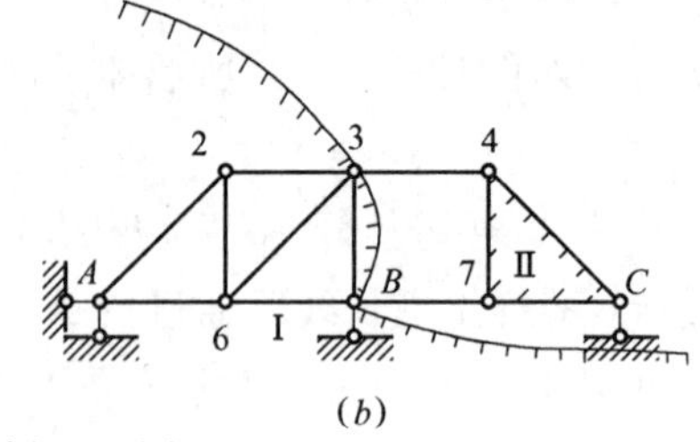

图 12-20　例 12-4 图

【例 12-5】 对图12-21（a）、（b）、（c）三个平面铰接体系作几何组成分析（图中未画铰的两杆相交处不是节点）。

【解】（1）图 12-21（a）体系的组成分析。

图 12-21（a）的支座 A 和 B 都是不动铰支座。可用增加二元体法分析：从 A 和 B 增加两个二元体得铰节点 1 和 2，从铰节点 1 和 2 增加两个二元体得铰节点 3 和 4，从 3 和 4 增加二元体 354 得铰节点 5，从 4 和 5 增加二元体 465 得节点 6，再增加二元体 375 得铰节点 7。根据二元体规则，图 12-21（a）的体系是无多余约束的几何不变体系。

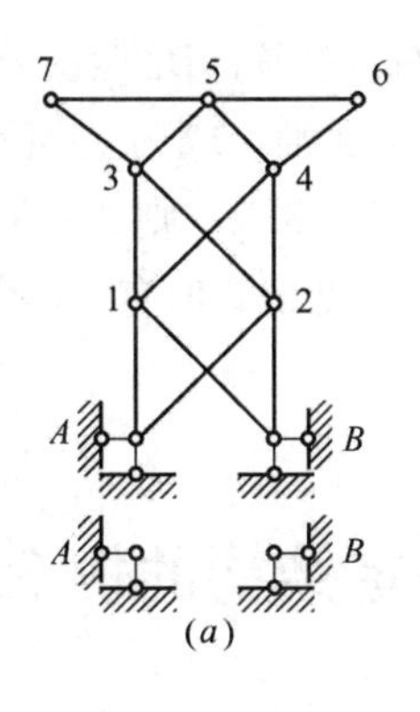

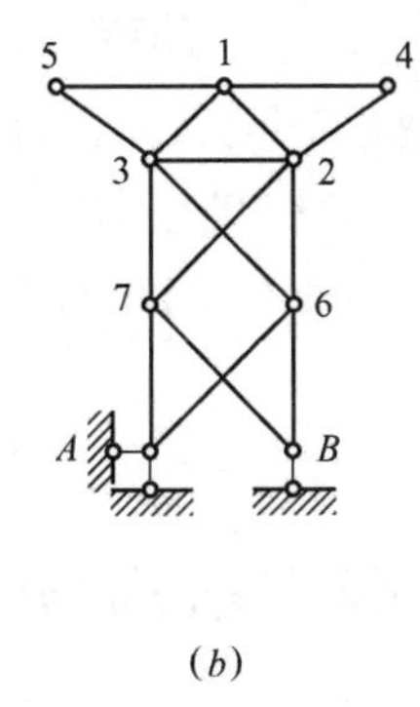

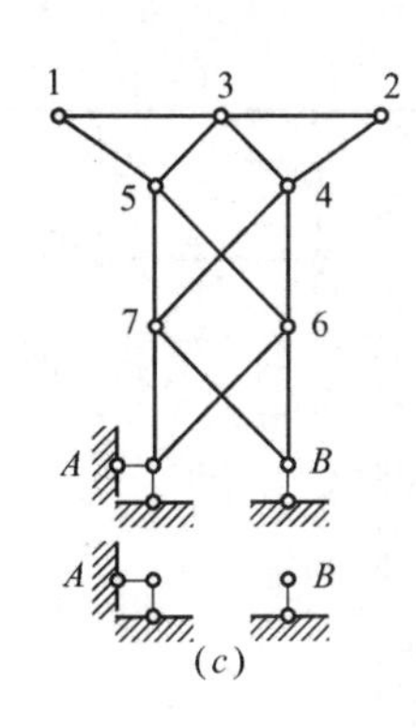

图 12-21 例 12-5 图

图 12-21（a）也可用减去二元体法分析：从上部依次减去外围二元体，去掉节点的顺序是 7、6、5、4、3、2、1，最后余下不动铰支座 A 和 B，如图 12-21（a）下方所示，是无多余约束几何不变的，所以图 12-21（a）体系是无多余约束的几何不变体系。

（2）图 12-21（b）体系的组成分析

图 12-21（b）的支座 B 只是活动铰支座，不能从活动铰支座处增加二元体。遇到这种情况，可察看体系中有无一个几何不变部分，能否从哪个几何不变部分开始增加二元体。图 12-21（b）上部的铰接三角形 123 是几何不变部分，向上增加两个二元体得节点 4 和 5，向下依次增加二元体得节点 6、7、A、B。故图 12-21（b）的上部体系是无多余约束的几何不变部分，用不动铰支座 A 和活动铰支座 B 与地相连接，仍是几何不变且无多余约束（符合两刚片规则）。所以，图 12-21（b）是无多余约束的几何不变体系。

图 12-21（b）还可以选其他的铰接三角为几何不变部分。

（3）图 12-21（c）体系的组成分析

从上部依次去掉外围的二元体，去掉铰节点的顺序是 1、2、……、7，余下不动铰支座 A 和活动铰支座 B，如图 12-21（c）下边所示。孤立的活动铰支座 B 是几何可变的，所以图 12-21（c）体系是几何可变的体系。

对比图 12-21（a）、（c）可知，图 12-21（c）比图 12-21（a）在支座 B 处少了一根水平支座链杆，所以图 12-21（c）是缺少一个约束的几何可变体系。

【例 12-6】 试分析图 12-22 所示桁架的几何组成。

【解】 由观察可知，$ADCF$ 和 $BECG$ 两部分都是几何不变的，可作为刚片Ⅰ、Ⅱ。此外地基可作为刚片Ⅲ。这样，刚片Ⅰ、Ⅲ之间有杆 1、2 相连，这相当于用虚铰 O 相连；同理，刚片Ⅱ、Ⅲ相当于用虚铰 O' 相连；而刚片Ⅰ、Ⅱ则用铰 C 相连。O、O'、C 三铰不共线，符合三刚片规则，故此桁架是几何不变体系且无多余约束。

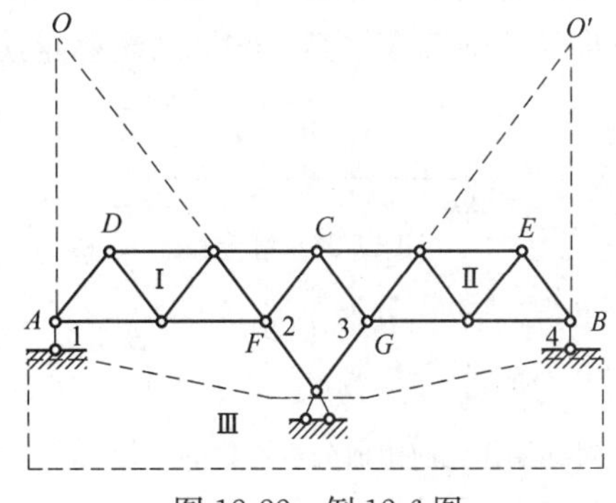

图 12-22 例 12-6 图

【例 12-7】 试对图 12-23 所示体系进行几何组成分析。

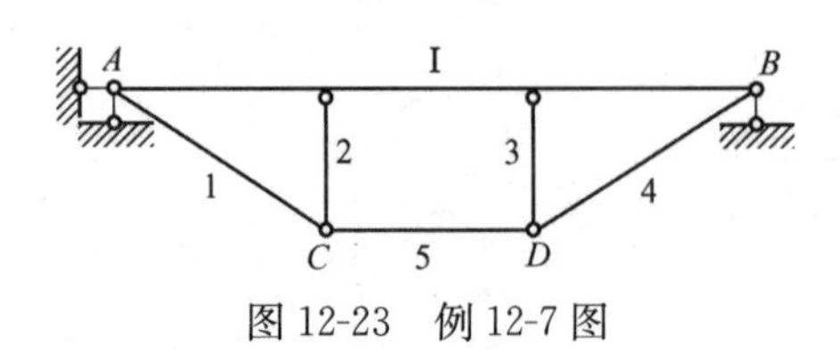

图 12-23　例 12-7 图

【解】 将 AB 视为刚片Ⅰ与地基由 A 铰、B 链杆连接，符合两刚片规则，成为几何不变部分，在其上增加二元体 1C2、3D4，则 5 链杆是多余约束。因此体系是几何不变的，但有一多余约束。

12.5　静定结构与超静定结构的概念

前已述及，用来作为结构的杆件体系，必须是几何不变的，而几何不变体系又可分为无多余约束的和有多余约束的。因此，结构可分为无多余约束的和有多余约束的两类。例如图 12-24（a）所示连续梁，如果将 C、D 两支座链杆去掉（图 12-24b）仍能保持其几何不变性，且此时无多余约束，所以该连续梁有两个多余约束。又如图 12-25（a）所示加劲梁（组合梁），若将链杆 ab 去掉（图 12-25b），则结构成为没有多余约束的几何不变体系，故该加劲梁具有一个多余约束。

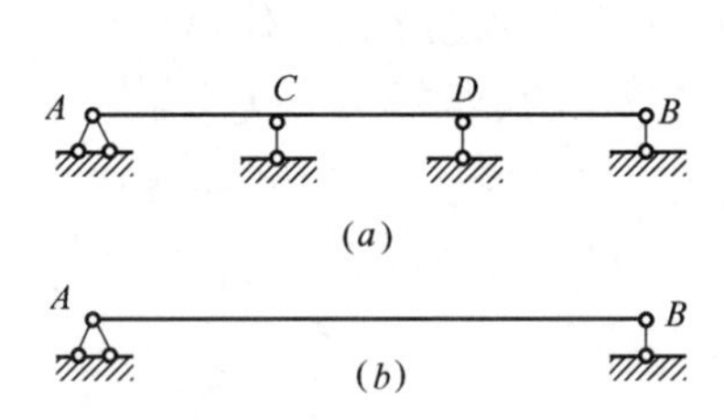

图 12-24　超静定梁与静定梁

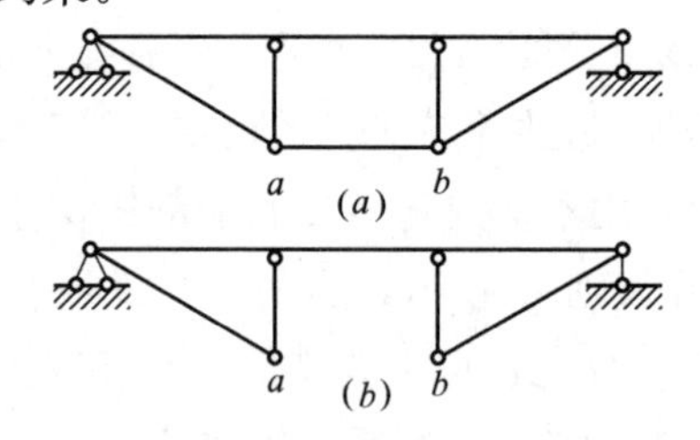

图 12-25　超静定组合梁与静定组合梁

对于无多余约束的结构（例如图 12-26 所示简支梁），由静力学可知，它的全部反力和内力都可由静力平衡条件（$\Sigma F_x=0$、$\Sigma F_y=0$、$\Sigma M=0$）求得，这类结构称为静定结构。

但是，对于具有多余约束的结构，却不能由静力平衡条件求得其全部反力和内力。例如图 12-27 所示的连续梁，其支座反力共有五个，而静力平衡条件只有三个，因而仅利用三个静力平衡条件无法求得其全部反力，因此也不能求出其全部内力，这类结构称为超静定结构。总之，**静定结构是没有多余约束的几何不变体系，超静定结构是有多余约束的几何不变体系。结构的超静定次数就等于几何不变体系的多余约束个数。**

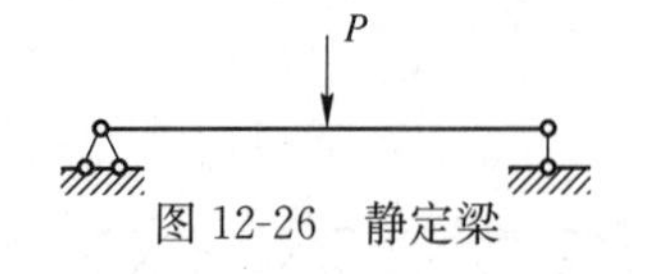

图 12-26　静定梁

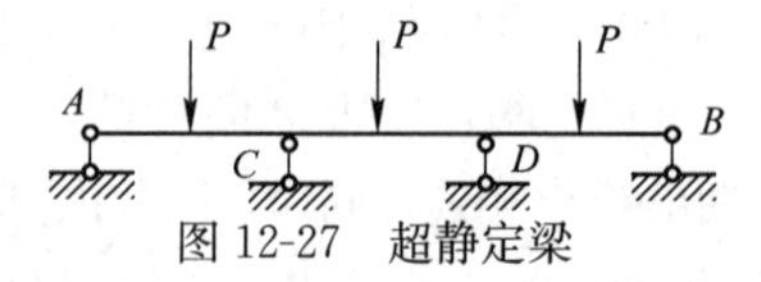

图 12-27　超静定梁

复习思考题

1. 对结构作几何组成分析的目的是什么？
2. 试叙述二元体规则、两刚片规则、三刚片规则。
3. 静定结构、超静定结构有何特征？

习　题

如图 12-28 所示，分析以下各结构几何组成。

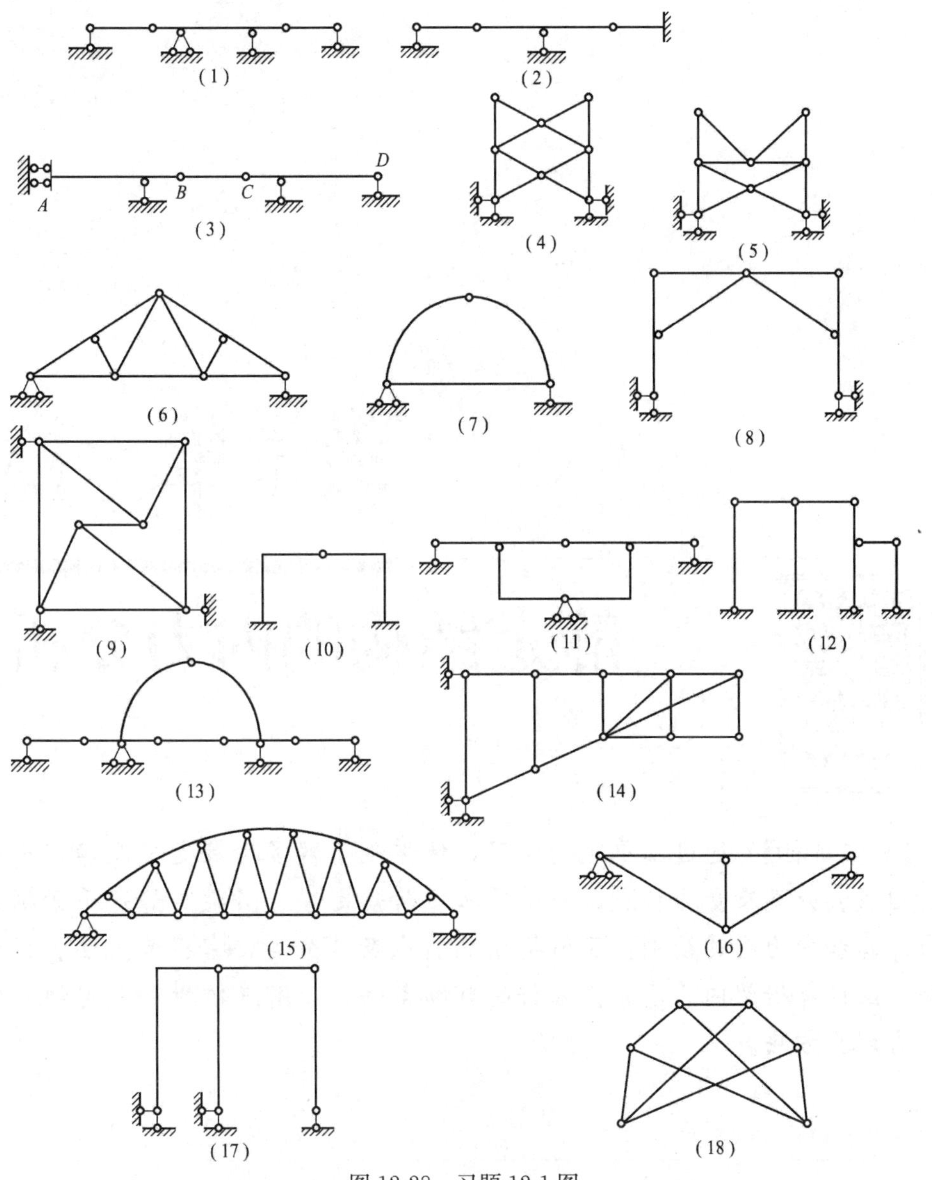

图 12-28　习题 12-1 图

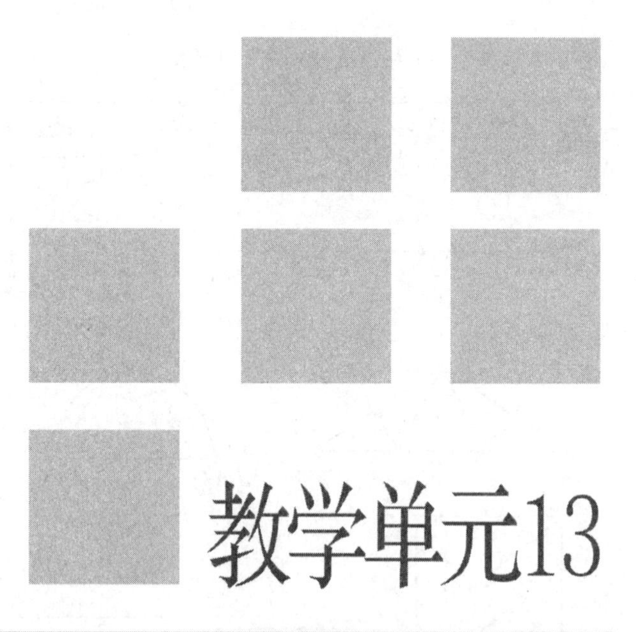

教学单元13

静定结构的内力分析

【教学目标】 通过本单元的学习，使学生了解多跨静定梁及静定平面刚架的组成、分类及受力特点，熟练掌握多跨静定梁、斜梁及静定平面刚架的内力计算和内力图的绘制；了解桁架的特点及其分类，掌握节点法、截面法及联合法计算桁架内力，掌握零杆的判断条件，了解三铰拱和静定组合结构的内力计算方法。

13.1　多跨静定梁与斜梁

13.1.1　多跨静定梁

若干根梁用铰相连，并和若干支座与基础相连而组成的静定梁，称为多跨静定梁。在实际的建筑工程中，多跨静定梁常用来跨越几个相连的跨度。图 13-1（*a*）所示为一公路或城市桥梁中，常采用的多跨静定梁结构形式之一，其计算简图如图 13-1（*b*）所示。

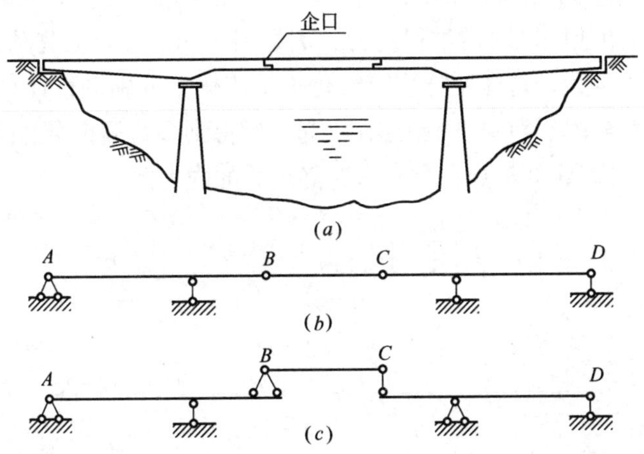

图 13-1　多跨静定桥梁

在房屋建筑结构中的木檩条，也是多跨静定梁的结构形式，如图 13-2（*a*）所示为木檩条的构造图，其计算简图如图 13-2（*b*）所示。

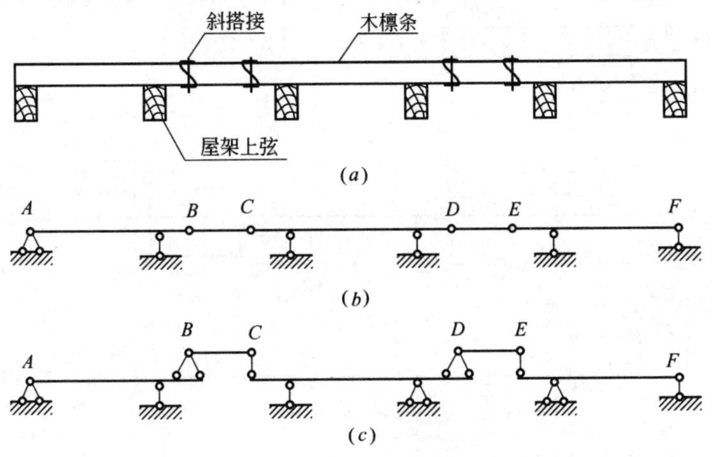

图 13-2　多跨静定檩条

连接单跨梁的一些中间铰，在钢筋混凝土结构中其主要形式常采用企口结合（图13-1*a*），而在木结构中常采用斜搭接并用螺栓连接（图13-2*a*）。

从几何组成分析可知，图13-1（*b*）中*AB*梁是直接由链杆支座与地基相连，是几何不变的。且梁*AB*本身不依赖梁*BC*和*CD*就可以独立承受荷载，称之为**基本部分**。如果仅受竖向荷载作用，*CD*梁也能独立承受荷载维持平衡，同样可视为基本部分。短梁*BC*是依靠基本部分的支承才能承受荷载并保持平衡，所以，称为**附属部分**。同样道理在图13-2（*b*）中梁*AB*、*CD*和*EF*均为基本部分，梁*BC*和梁*DE*为附属部分。为了更清楚地表示各部分之间的支承关系，把基本部分画在下层，将附属部分画在上层，如图13-1（*c*）和图13-2（*c*）所示，我们称它为**关系图或层叠图**。

从受力分析来看，当荷载作用于基本部分时，只有该基本部分受力，而与其相连的附属部分不受力；当荷载作用于附属部分时，则不仅该附属部分受力，且将通过铰把力传给与其相关的基本部分上去。因此，计算多跨静定梁时，必须先从附属部分计算，再计算基本部分，按组成顺序的逆过程进行。例如图13-1（*c*），应先从附属梁*BC*计算，再依次考虑*AB*、*CD*梁。这样便把多跨梁化为单跨梁，分别进行计算，从而可避免解算联立方程。再将各单跨梁的内力图连在一起，便得到多跨静定梁的内力图。

【例13-1】 试作图13-3（*a*）所示多跨静定梁的内力图。

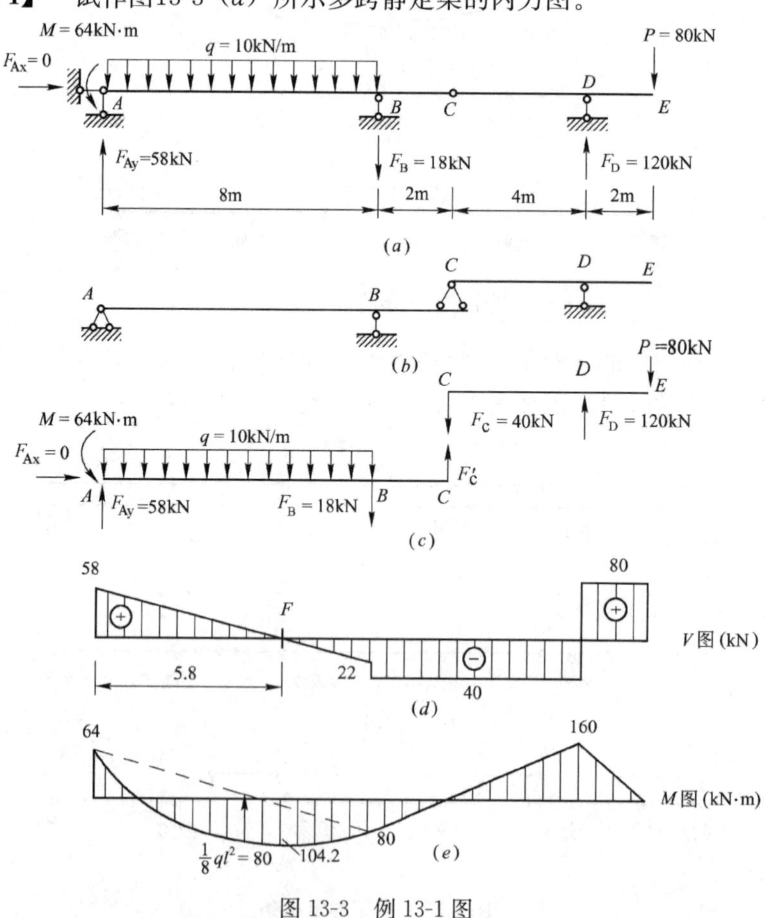

图13-3 例13-1图

【解】 (1) 作层叠图

如图 13-3 (*b*) 所示，*AC* 梁为基本部分，*CE* 梁是通过铰 *C* 和 *D* 支座链杆连接在 *AC* 梁和基础上，要依靠 *AC* 梁才能保证其几何不变性，所以 *CE* 梁为附属部分。

(2) 计算支座反力

从层叠图看出，应先从附属部分 *CE* 开始取隔离体，如图 13-3 (*c*) 所示。

$$\Sigma M_C=0 \qquad -80\times6+F_D\times4=0 \qquad F_D=120\text{kN}\ (\uparrow)$$

$$\Sigma M_D=0 \qquad -80\times2+F_C\times4=0 \qquad F_C=40\text{kN}\ (\downarrow)$$

将 F_C 反向，作用于梁 *AC* 上，计算基本部分

$$\Sigma F_x=0 \qquad F_{Ax}=0$$

$$\Sigma M_A=0 \qquad 40\times10-F_B\times8-10\times8\times4+64=0$$

$$F_B=18\text{kN}\ (\downarrow)$$

$$\Sigma M_B=0 \qquad 40\times2+10\times8\times4+64-F_{Ay}\times8=0$$

$$F_{Ay}=58\text{kN}\ (\uparrow)$$

校核：由整体平衡条件得 $\Sigma F_y=-80+120-18+58-10\times8=0$，无误。

(3) 作内力图

除分别作出单跨梁的内力图，然后拼合在同一水平基线上，除这一方法外，多跨静定梁的内力图也可根据其整体受力图直接绘出，如图 13-3 (*d*)、图 13-3 (*e*) 所示。

13.1.2 斜梁

在建筑工程中，常遇到杆轴为倾斜的斜梁，如图 13-4 所示的楼梯梁。斜梁通常承受两种形式的均布荷载：

(1) 沿水平方向分布的荷载 q (图 13-5*a*)。楼梯斜梁承受的人群荷载就是沿水平方向均匀分布的荷载。

(2) 沿斜梁轴线均匀分布的荷载 q' (图 13-5*b*)。等截面斜梁的自重就是沿梁轴线均匀分布的荷载。

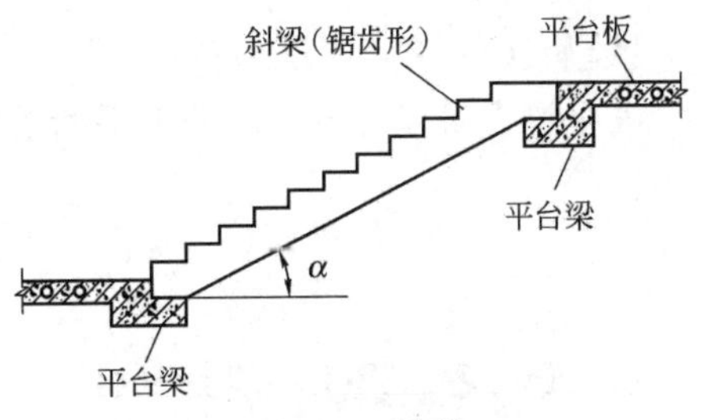

图 13-4 楼梯

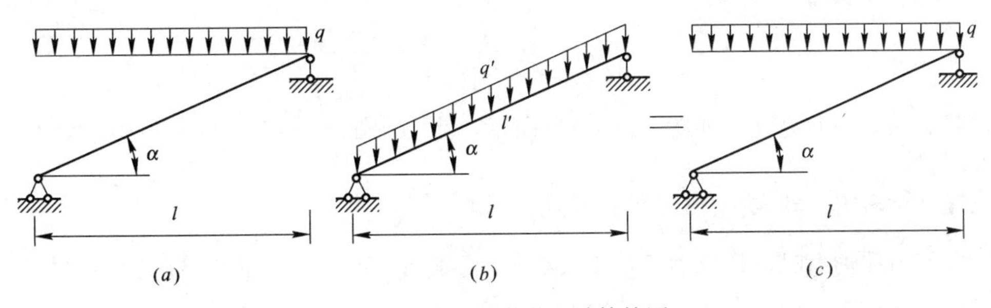

图 13-5 斜梁的荷载及计算简图

由于斜梁按水平均匀分布的荷载计算起来更为方便，故可根据总荷载不变的原则，

将 q' 等效换算成 q 后再作计算，即由 $q'l'=ql$ 得：

$$q=q'\frac{l'}{l}=q'\frac{1}{l/l'}=\frac{q'}{\cos\alpha} \tag{13-1}$$

式（13-1）表明：沿斜梁轴线分布的荷载 q' 除以 $\cos\alpha$ 就可化为沿水平分布的荷载 q。这样换算以后，对斜梁的一切计算都可按图 13-5（c）的简图进行。

【例 13-2】 斜梁如图13-6（a）所示。已知其倾角为 α，水平跨度为 l，承受沿水平方向集度为 q 的均布载荷作用。试作该斜梁的内力图，并与相应水平梁的内力图作比较。

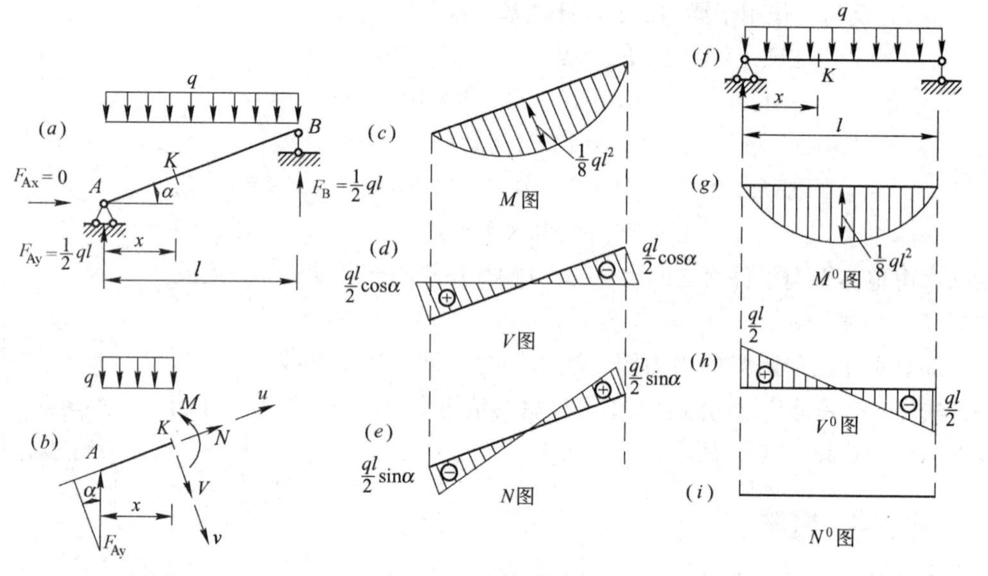

图 13-6　例 13-2 图

【解】 (1) 求支座反力；

以全梁为研究对象，由静力平衡条件求得支座反力为：

$$F_{Ax}=0,\ F_{Ay}=\frac{ql}{2}(\uparrow),\ F_{B}=\frac{ql}{2}(\uparrow)$$

(2) 求内力

列弯矩方程。设任一截面 K 距左端为 x，取分离体如图 13-6（b）所示；由 $\Sigma M_K=0$，可得弯矩方程为

$$M=F'_{Ay}x-qx\,\frac{x}{2}=\frac{ql}{2}x-\frac{q}{2}x^2$$

故知弯矩图为一抛物线，如图 13-6（c）所示，跨中弯矩为 $\frac{1}{8}ql^2$。可见斜梁中最大弯矩的位置（梁跨中）和大小 $\left(\frac{ql^2}{8}\right)$ 与直梁是相同的。

求剪力和轴力时，将反力 F_{Ay} 和荷载 qx 沿截面方向（v 方向）和杆轴方向（u 方向）投影（图 13-6b），由 $\Sigma v=0$，得：

$$V=F_{Ay}\cos\alpha-qx\cos\alpha=\left(\frac{ql}{2}-qx\right)\cos\alpha$$

由 $\Sigma u=0$，得

$$N=-F_{Ay}\sin\alpha+qx\sin\alpha=-\left(\frac{ql}{2}-qx\right)\sin\alpha$$

根据以上二式分别作出剪力图和轴力图，如图 13-6（d）、（e）所示。

图 13-6（f）所示，为与上述斜梁的水平跨度相等并承受相同载荷的简支梁。由截面法可求得任一截面 K 的弯矩 M^0、剪力 V^0 和轴力 N^0 的方程为：

$$M^0=\frac{ql}{2}x-\frac{q}{2}x^2,\quad V^0=\frac{ql}{2}-qx,\quad N^0=0$$

作得内力图如图 13-6（g）、（h）、（i）所示。

将斜梁与水平梁的内力加以比较，可知二者有如下关系：

$$M=M^0,\quad V=V^0\cos\alpha,\quad N=-V^0\sin\alpha$$

13.2　静定平面刚架

13.2.1　静定平面刚架的特点

（1）刚架（亦称框架）是若干根直杆组成的具有刚节点的结构。静定平面刚架常见的形式有简支刚架、悬臂刚架、三铰刚架、门式刚架等，分别如图 13-7（a）、（b）、（c）、（d）所示。

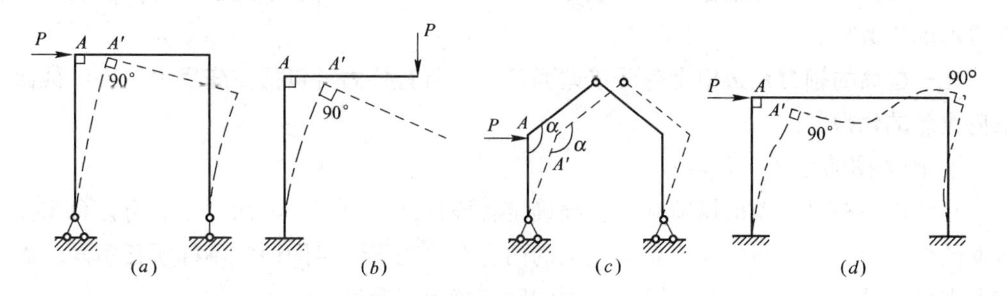

图 13-7　刚架的形式

刚架中的所谓刚节点，就是在任何荷载作用下，梁、柱在该节点处的夹角保持不变。如图 13-7（a）、（b）、（c）、（d）中虚线所示，刚节点有线位移和转动，但原来节点处梁、柱轴线的夹角大小保持不变。

（2）在受力方面，由于刚架具有刚节点，梁和柱能作为一个整体共同承担荷载的作用，结构整体性好，刚度大，内力分布较均匀。在大跨度、重荷载的情况下，是一种较好的承重结构，所以刚架结构在工业与民用建筑中，被广泛地采用。

13.2.2　静定平面刚架的内力计算及内力图的绘制

13.02.002
静定平面刚架的内力计算及内力图绘制

1. 内力计算

如同研究梁的内力一样，在计算刚架内力之前，首先要明确刚架在荷载作用下，其杆件横截面将产生什么样的内力。现以图 13-8（*a*）所示静定悬臂刚架为例作一般性的讨论。

现在我们研究刚架任意一截面 *m*-*m* 产生什么内力。先用截面法假想将刚架从 *m*-*m* 截面处截断，取其中一部分隔离体图 13-8（*b*）。在这隔离体上，由于作用荷载，所以截面 *m*-*m* 上必产生内力与之平衡。从 $\Sigma F_x=0$ 可知，截面上将会有一水平力，即截面的剪力 V；从 $\Sigma F_y=0$ 可知，截面将会有一垂直力，即截面的轴力 N；再以截面的形心 O 为矩心，从 $\Sigma M_0=0$ 可知，截面必有一力偶，即截面的弯矩 M。因此可得出结论：刚架受荷载作用产生三种内力：**弯矩、剪力和轴力**。

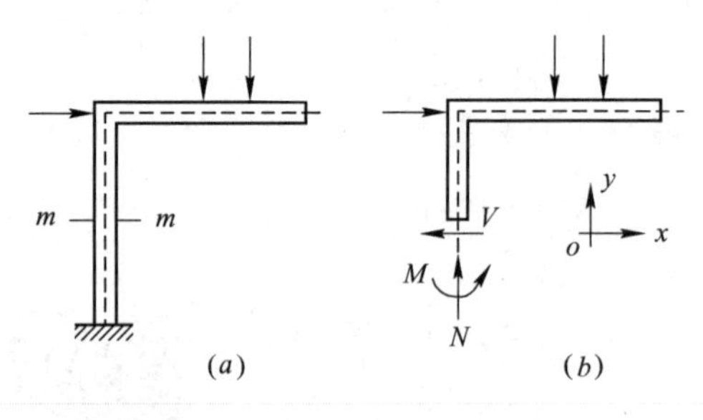

图 13-8　刚架任一截面的内力

要求出静定刚架中任一截面的内力（M、V、N）也如同计算梁的内力一样，用截面法将刚架从指定截面处截开，考虑其中一部分隔离体的平衡，建立平衡方程，解方程从而求出它的内力。因此，关于静定梁的弯矩和剪力计算的一般方法，对于刚架来说同样是适用的。即：

任一截面的弯矩在数值上等于该截面任一侧所有外力（包括支座反力）对该截面形心力矩的代数和。

任一截面的剪力在数值上等于该截面任一侧所有外力（包括支座反力）沿该截面切向投影的代数和。

任一截面的轴力在数值上等于该截面任一侧所有外力（包括支座反力）在该截面法法向投影的代数和。

2. 内力图的绘制

在作内力图时，先根据荷载等情况确定各段杆件内力图的形状，之后再计算出控制截面的内力值，这样即可作出整个刚架的内力图。**对于弯矩图通常不标明正负号，而把它画在杆件受拉一侧，而剪力图和轴力图则应标出正负号。**

在运算过程中，内力的正负号规定如下：使刚架内侧受拉的弯矩为正，反之为负；轴力以拉力为正、压力为负；剪力正负号的规定与梁相同。

为了明确地表示各杆端的内力，规定内力字母下方用两个角标表示，第一个角标表示该内力所属杆端，第二个角标表示杆的另一端。如 AB 杆 A 端的弯矩记为 M_{AB}，B 端的弯矩记为 M_{BA}；CD 杆 C 端的剪力记为 V_{CD}，D 端的剪力记为 V_{DC} 等等。

全部内力图作出后，可截取刚架的任一部分为隔离体，按静力平衡条件进行校核。

【例 13-3】 计算图 13-9（*a*）所示刚架节点处各杆端截面的内力。

【解】（1）利用整体的三个平衡方程求出支座反力，如图 13-9（*a*）所示；

（2）计算刚节点 C 处杆端截面内力

刚节点 C 有 C_1、C_2 两个截面，沿 C_1 和 C_2 切开，分别取 C_{1A}（包括 A 支座）和 C_{2B}（包括 B 支座）两个隔离体，建立平衡方程，确定杆端截面 C_1 和 C_2 的内力。

对 C_{1A}隔离体（图 13-9*b*），有

$\Sigma F_x=0$，　$V_{CA}-8=0$，　$V_{CA}=8\text{kN}$

$\Sigma F_y=0$，　$N_{CA}-6=0$，　$N_{CA}=6\text{kN}$

$\Sigma M_C=0$，　$M_{CA}-8\times3=0$，　$M_{CA}=24\text{kN}\cdot\text{m}$（杆右侧受拉）

对 C_{2B}隔离体（图 13-9*c*），有：

$\Sigma F_x=0$，　$N_{CB}=0$

$\Sigma F_y=0$，　$V_{CB}+6=0$，　$V_{CB}=-6\text{kN}$

$\Sigma M_C=0$，　$-M_{CB}+6\times4=0$，　$M_{CB}=24\text{kN}\cdot\text{m}$（杆下侧受拉）

（3）取节点 C 为隔离体校核（图 13-9*d*）。

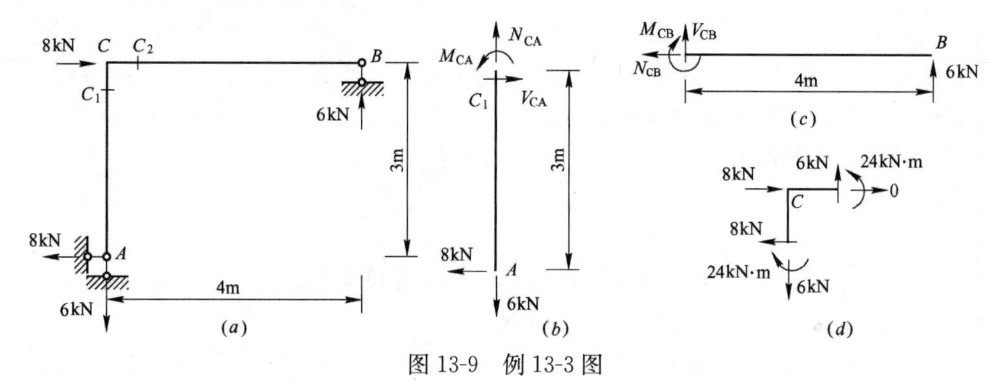

图 13-9　例 13-3 图

校核时画出分离体的受力图应注意：①必须包括作用在此分离体上的所有外力，以及计算所得的内力 M、V 和 N；②图中的 M、V、N 都应按求得的实际方向画出，不再加注正负号。

$$\Sigma F_x=0,\quad 8-8=0$$

$$\Sigma F_y=0,\quad 6-6=0$$

$$\Sigma M_C=0,\quad 24-24=0$$

计算无误。

【例 13-4】 计算图 13-10 所示刚架刚节点 C、D 处杆端截面的内力。

【解】（1）利用平衡条件求出支座反力，如图 13-10 所示；

（2）计算刚节点 C 处杆端截面内力

取 AC_1 段上的所有外力可求得：

$N_{CA}=4\text{kN}$

$V_{CA}=12-3\times4=0$

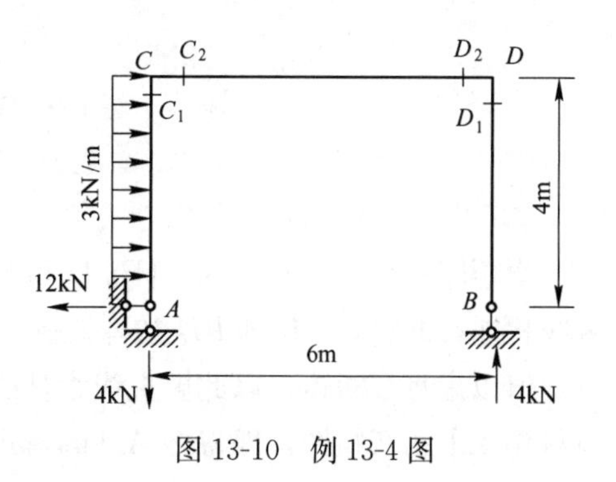

图 13-10　例 13-4 图

$M_{CA}=12\times4-3\times4\times2=24kN\cdot m$

（内侧受拉）

取 AC_2 杆上所有的外力可求得：

$N_{CD}=12-3\times4=0$

$V_{CD}=-4kN$

$M_{CA}=12\times4-3\times4\times2=24kN\cdot m$（下侧受拉）

(3) 计算刚接点 D 处杆端截面内力。

取 BD_1 杆上所有的外力可求得：

$$N_{DB}=-4kN$$
$$V_{DB}=0$$
$$M_{DB}=0$$

取 BD_2 杆上所有的外力可求得：

$$N_{DC}=0$$
$$V_{DC}=-4kN$$
$$M_{DC}=0$$

【例 13-5】 作图 13-11（a）所示刚架的内力图。

【解】 (1) 计算支座反力（图 13-11a）

(2) 计算各杆端内力

取 CD 杆：

$$M_{CD}=0$$
$$M_{DC}=4\times1=4kN\cdot m\text{(左侧受拉)}$$
$$V_{CD}=V_{DC}=4kN$$
$$N_{CD}=N_{DC}=0$$

取 DB 杆：

$$M_{BD}=0$$
$$M_{DB}=7\times4=28kN\cdot m\text{(下侧受拉)}$$
$$V_{BD}=V_{DB}=-7kN$$
$$N_{BD}=N_{DB}=0$$

取 AD 杆：

$$M_{AD}=0$$
$$M_{DA}=8\times4-1\times4\times2=24kN\cdot m\text{(右侧受拉)}$$
$$V_{AD}=8kN$$
$$V_{DA}=8-1\times4=4kN$$
$$N_{AD}=N_{DA}=7kN$$

(3) 作 M、V、N 内力图

弯矩图画在杆的受拉侧。杆 CD 和 BD 上无荷载，将杆的两端杆端弯矩的纵坐标以直线相连，即得杆 CD 和 BD 的弯矩图。杆 AD 上有均布荷载作用，将杆 AD 两端杆端弯矩值以虚直线相连，以此虚直线为基线，叠加以杆 AD 的长度为跨度的简支梁受均布荷载作用下的弯矩图，即得杆 AD 的弯矩图。叠加后，AD 杆中点截面 E 的弯矩值为：

$$M_E = \frac{1}{2}(0+24)+\frac{1}{8}\times 1\times 4^2 = 14\text{kN}\cdot\text{m}(\text{右侧受拉})$$

刚架的 M 图如图 13-11（b）所示。

剪力图的纵坐标可画在杆的任一侧，但需标注正负号。将各杆杆端剪力纵坐标用直线相连（各杆跨中均无集中力作用），即得各杆的剪力图。刚架的剪力图如图 13-11（c）所示。

轴力图的作法与剪力图类似，可画在任意一侧，需注明正负号。

刚架的轴力图如图 13-11（d）所示。

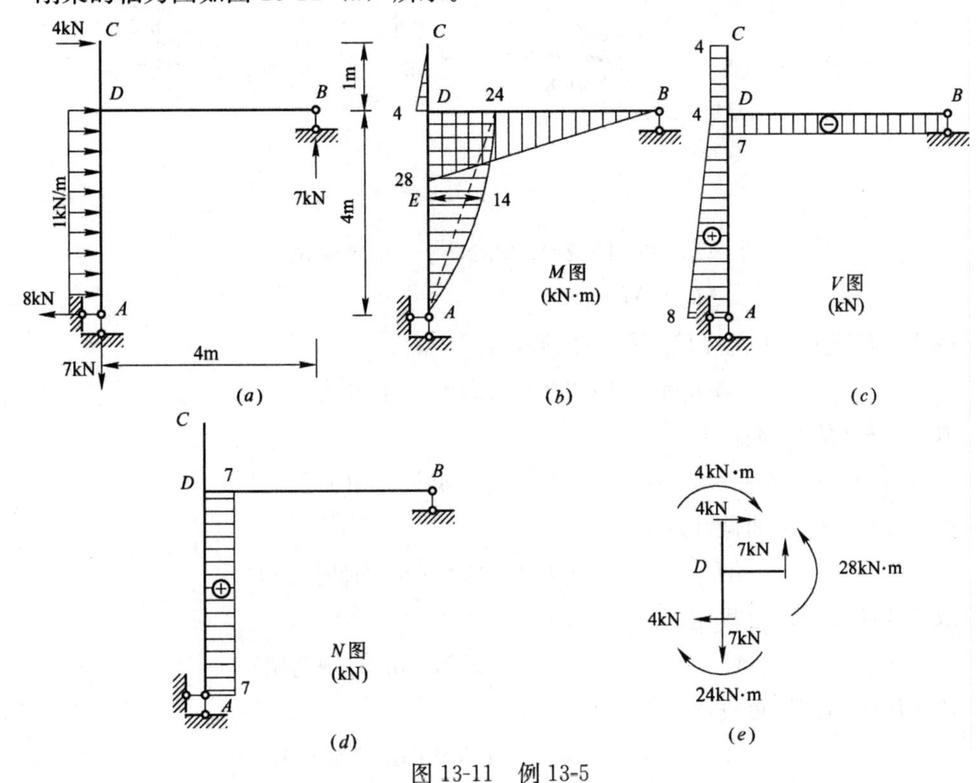

图 13-11　例 13-5

（4）校核

取节点 D 为隔离体（如图 13-11e 所示）

$$\Sigma F_x = 0,\quad 4-4=0$$

$$\Sigma F_y = 0,\quad 7-7=0$$

$$\Sigma M_D = 0,\quad 4+24-28=0$$

【例 13-6】 作图 13-12（a）所示刚架的弯矩图。

【解】（1）利用平衡方程计算支座反力如图 13-12(a)所示。

（2）计算杆端弯矩

取 AC 杆：

$$M_{AC} = M_{CA} = 0$$

求 CE 杆 E 端弯矩时，可取 ECA 隔离体（从 C_1 面截开）

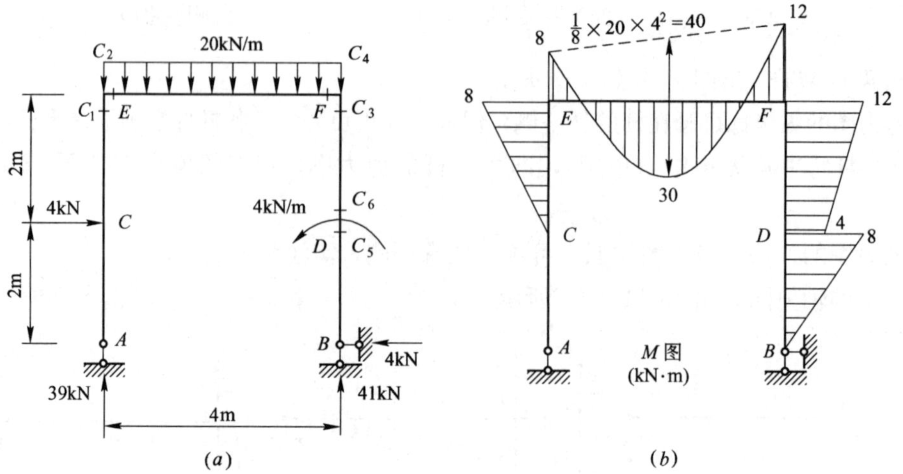

图 13-12 例 13-6 图

$M_{EC}=-4\times2=-8\text{kN}\cdot\text{m}$(左侧受拉)

$M_{CE}=M_{CA}=0$

取 EA 杆(包括刚节点 E，从 C_2 面截开)：

$M_{EF}=-4\times2=-8\text{kN}\cdot\text{m}$(上侧受拉)

取 DB 杆(从 C_5 面截开)：

$M_{BD}=0$，$M_{DB}=-4\times2=-8\text{kN}\cdot\text{m}$(右侧受拉)

取 DB 杆(从 C_6 面截开)：

$M_{DF}=-4\times2+4=-4\text{kN}\cdot\text{m}$(右侧受拉)

取 FB 杆(从 C_3 面截开)：

$M_{FD}=-4\times4+4=-12\text{kN}\cdot\text{m}$(右侧受拉)

取 FB 杆(从 C_4 面截开)：

$M_{FE}=-4\times4+4=-12\text{kN}\cdot\text{m}$(上侧受拉)

(3) 作 M 图

杆 EF 上作用均布荷载，将杆 EF 两端的弯矩值用虚线相连，以虚直线为基线，叠加简支梁受均布荷载作用的弯矩图(杆中点截面弯矩叠加值为 $\frac{1}{8}\times20\times4^2-\frac{1}{2}(8+12)=30\text{kN}\cdot\text{m}$)，由此得杆 EF 上的弯矩图，其余各杆将杆端弯矩的纵坐标用直线相连。注意 D 截面弯矩有突变。刚架的弯矩图如图 13-12(b)所示。

(4) 校核

取节点 E 为隔离体。(略)

【例 13-7】 试作图 13-13(a)所示刚架的弯矩图。

【解】 (1) 利用平衡方程计算支反力

(2) 计算杆端弯矩

取 AC 杆(杆上荷载不包括力偶)：

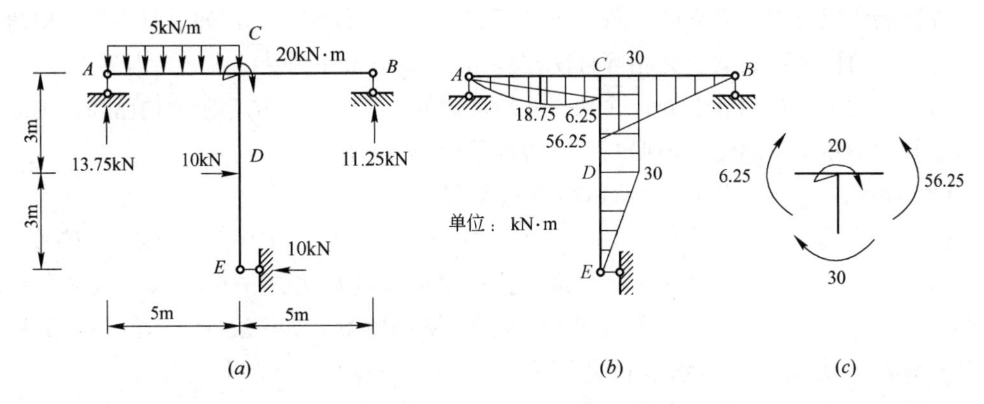

图13-13　例13-7图

$$M_{AC}=0$$

$$M_{CA}=5\times13.75-\frac{1}{2}\times5\times5^2=6.25\text{kN}\cdot\text{m}(\text{下侧受拉})$$

取BC杆(从C左边截开，杆上荷载不包括力偶)：

$$M_{BC}=0$$

$$M_{CB}=11.25\times5=56.25\text{kN}\cdot\text{m}(\text{下侧受拉})$$

取DE杆：

$$M_{ED}=0$$

$$M_{DE}=10\times3=30\text{kN}\cdot\text{m}(\text{右侧受拉})$$

DC杆的D端弯矩与ED杆D端弯矩值相同，即

$$M_{DC}=M_{DE}=30\text{kN}\cdot\text{m}(\text{右侧受拉})$$

求DC杆C端弯矩时可取CDE隔离体(杆上荷载不包括力偶)：

$$M_{CD}=10\times6-10\times3=30\text{kN}\cdot\text{m}(\text{右侧受拉})$$

(3) 作M图

AC杆中点截面弯矩

$$M_{中}=\frac{1}{8}\times5\times5^2+\frac{1}{2}\times6.25=18.75\text{kN}\cdot\text{m}$$

(4) 校核

取节点C为隔离体，如图13-13(c)所示。显然满足$\Sigma M_C=0$。

通过以上例题可看出，作刚架内力图的步骤，一般是先求反力，再逐杆分段、定点、连线作出。在作弯矩图之前，如果先作一番判断，则常常可以少求一些反力(有时甚至不求反力)，而迅速作出弯矩图。

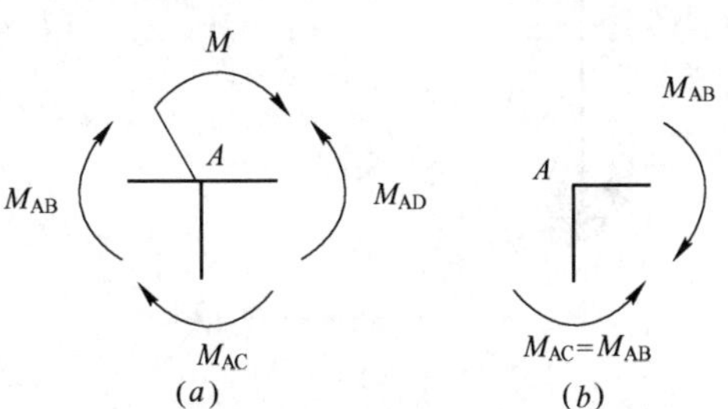

图13-14　刚节点受力图

判断内容：

(1) 熟练掌握M-V-q之间的微分关系；

(2) 铰节点处弯矩为零；

(3) 刚节点力矩平衡。如图13-14(a)所

示，各杆端弯矩与力偶荷载的代数和应等于零。对于两杆刚节点，如节点上无力偶荷载作用时，则两杆端弯矩数值必相等且受拉侧相同(即同为外侧受拉或同为内侧受拉)，如图 13-14(b)所示。在刚节点处，除某一杆端弯矩外，其余各杆端弯矩若均已知，则该杆端弯矩的大小和受拉侧便可根据刚节点力矩平衡条件推出。

【例 13-8】 作图 13-15(a)所示结构的 M 图。

【解】 由整体平衡可知 $F_{Ax}=10\text{kN}(\leftarrow)$，则 $M_{EA}=30\text{kN}\cdot\text{m}$，右侧受拉；$M_{CE}=10\times6-10\times3=30\text{kN}\cdot\text{m}$，右侧受拉；根据节点 C 力矩平衡，$M_{CD}=30\text{kN}\cdot\text{m}$，下侧受拉；$BD$ 杆无剪力，BF 段和 FD 段 M 保持常数，BF 段 $M=0$，FD 段 $M=5\text{kN}\cdot\text{m}$ 左侧受拉；根据刚节点力矩平衡，$M_{DC}=5\text{kN}\cdot\text{m}$，下侧受拉。有了各控制截面的弯矩竖标，再根据无荷载区间 M 图为直线，集中力偶处弯矩有突变。画出整个 M 图，如图 13-15(b)所示。

上述过程无需笔算，仅根据 M 图特点即可作出 M 图。

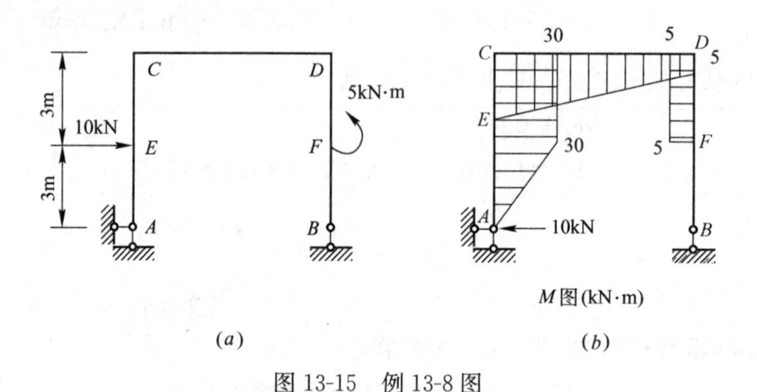

图 13-15 例 13-8 图

【例 13-9】 作图 13-16(a)所示结构的 M 图。

【解】 AB 和 BD 杆段间无荷载，故 M 图均为直线。因 $M_{DC}=6\text{kN}\cdot\text{m}$，下侧受拉，$M_{CD}=0$，故 $M_{BC}=\frac{4}{3}\times6=8\text{kN}$，上侧受拉；由刚节点 B 力矩平衡，$M_{BA}=8+20=28\text{kN}\cdot\text{m}$，左侧受拉；$M_{AB}=15\text{kN}\cdot\text{m}$，左侧受拉。有了各控制截面弯矩，即可作出整个结构 M 图，如图 13-16(b)所示。

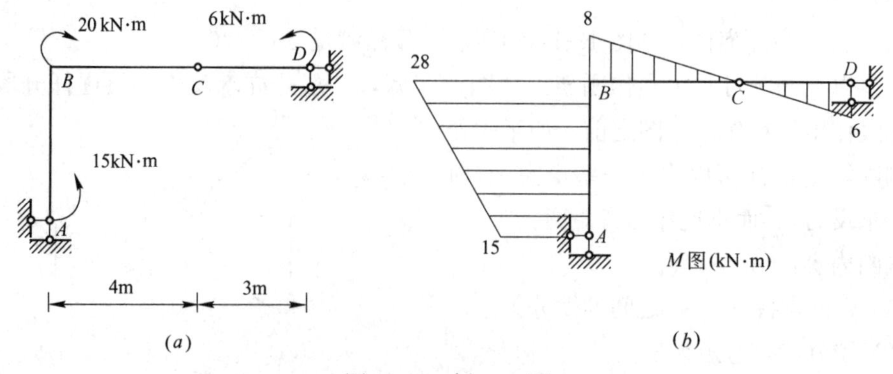

图 13-16 例 13-9 图

13.3　静定平面桁架

13.3.1　概述

（一）静定平面桁架的特征

桁架是由若干根直杆在其两端用铰连接而成的结构。在建筑工程中，是常用于跨越较大跨度的一种结构形式。

实际桁架的受力情况比较复杂，因此，在分析桁架时必须选取既能反映桁架的本质又能便于计算的计算简图。通常对平面桁架的计算简图作如下三条假定(图 13-17)：

(1) 各杆的两端用绝对光滑而无摩擦的理想铰连接；

(2) 各杆轴均为直线，在同一平面内且通过铰的中心；

(3) 荷载均作用在桁架节点上。

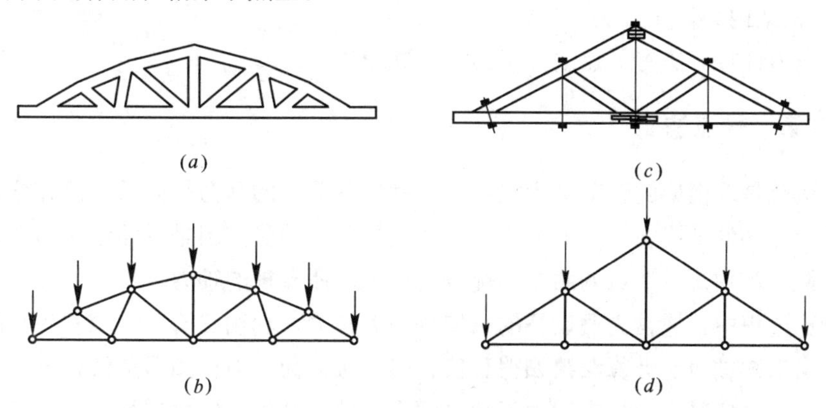

图 13-17　平面桁架的计算简图

必须强调的是，实际桁架与上述理想桁架存在着一定的差距。比如桁架节点可能具有一定的刚性，有些杆件在节点处是连续不断的，杆的轴线也不完全为直线，节点上各杆轴线也不交于一点，存在着类似于杆件自重、风荷载、雪荷载等非节点荷载等等。因此，通常**把按理想桁架算得的内力称为主内力(轴力)**，而把上述一些原因所产生的内力称为**次内力(弯矩、剪力)**。此外，工程中通常是将几片桁架联合组成一个空间结构来共同承受荷载，计算时，一般是将空间结构简化为平面桁架进行计算，而不考虑各片桁架间的相互影响。

在理想桁架情况下，各杆均为二力杆，故其受力特点是：各杆只受轴力作用。这样，杆件横截面上的应力分布均匀，使材料能得到充分利用。因此，在建筑工程中，桁架结构得到广泛的应用。如屋架、施工托架等。

（二）静定平面桁架分类

杆轴线、荷载作用线都在同一平面内的桁架称为平面桁架。按照桁架的几何组成方式，静定平面桁架可分为三类：

1. 简单桁架

在铰接三角形(或基础)上依次增加二元体所组成的桁架，如图 13-18(*a*)所示。

2. 联合桁架

由几个简单桁架按几何组成规则所组成的桁架，如图 13-18(*b*)所示。

3. 复杂桁架

凡不属于前两类的桁架都属于复杂桁架，如图 13-18(*c*)所示。

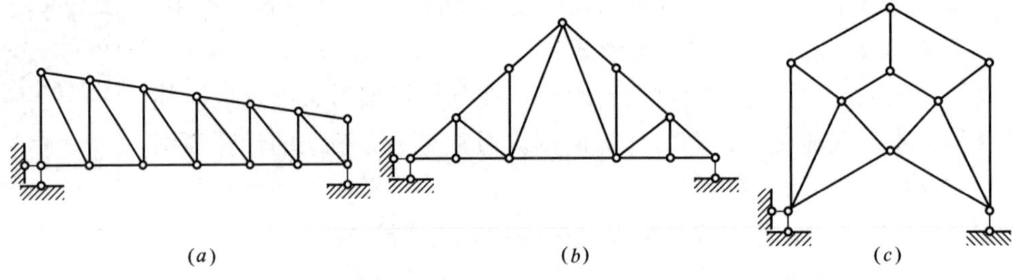

图 13-18　桁架的分类

（三）桁架内力计算方法

桁架内力计算方法有节点法、截面法和联合法。

13.3.2　节点法

节点法就是取桁架的铰节点为隔离体，利用各节点的静力平衡条件计算杆件内力的方法，因为杆件的轴线在节点处汇交于一点，故节点的受力图是平面汇交力系，逐一选取节点平衡，利用每个节点的两个平衡方程可求出所有杆的轴力。

在计算过程中，通常**先假设杆的未知轴力为拉力**，利用 $\Sigma F_x=0$，$\Sigma F_y=0$ 两个平衡方程，求出未知轴力，**计算结果如得正值，表示轴力为拉力；如得负值，表示轴力为压力**。选取研究对象时，应从未知力不超过两个的节点开始，依次进行。

【例 13-10】 图 13-19(*a*)所示为一施工托架的计算简图。在所示荷载作用下求各杆的轴力。

【解】（1）利用平衡方程求支座反力

$$\Sigma F_y=0，F_A=F_B=\frac{1}{2}(8\times4+6)=19\text{kN}(\uparrow)$$

（2）求内力

作节点 *A* 的隔离体图(图 13-19*b*)，未知力 N_{AC}、N_{AD}假设为拉力。由

$$\Sigma F_y=0,\qquad 19-8-N_{AD}\sin\alpha=0$$

得

$$N_{AD}=11\times\frac{1.58}{0.5}=34.8\text{kN}(拉力)$$

由

$$\Sigma F_x=0,\qquad N_{AC}+N_{AD}\cos\alpha=0$$

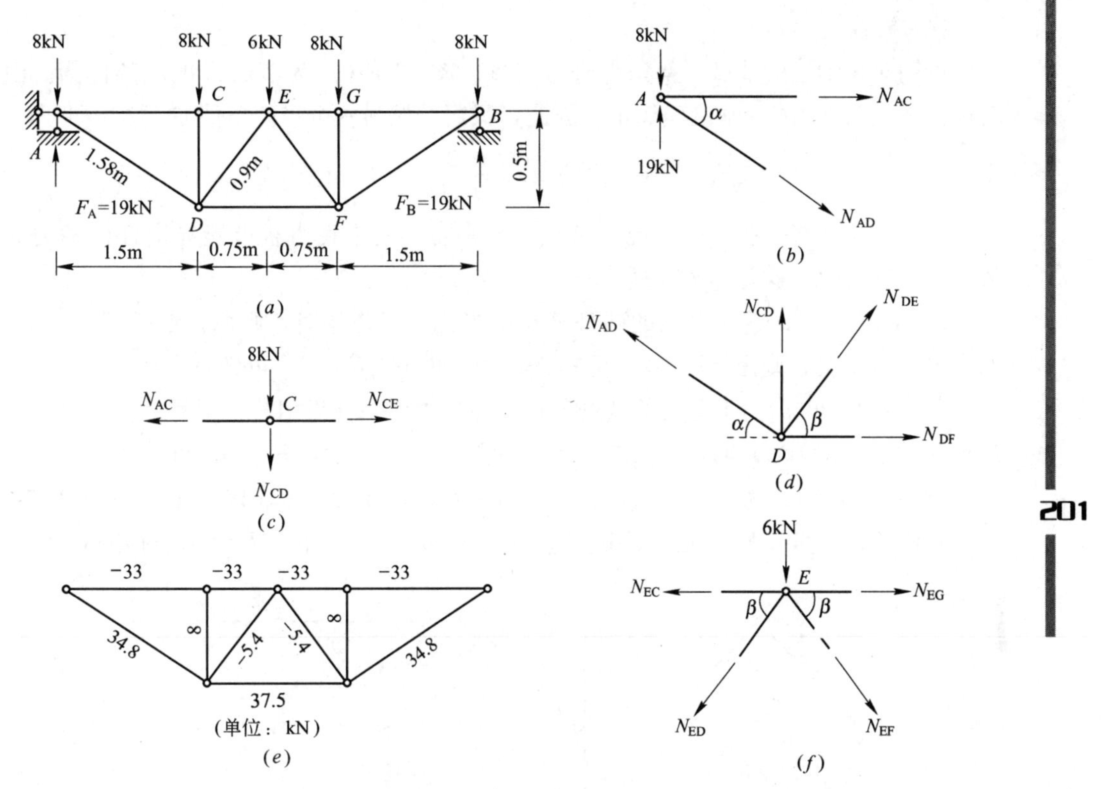

图 13-19　例 13-10 图

得 $$N_{AC}=-33\text{kN}(\text{压力})$$

作节点 C 的隔离体图见图 13-19(c)。其中的已知力 N_{AC}仍画拉力方向，未知力 N_{CE}和 N_{CD}都假设为拉力。

由 $\Sigma F_x=0$，$\quad N_{CE}-N_{AC}=0$

得 $$N_{CE}=-33\text{kN}(\text{压力})$$

由 $\Sigma F_y=0$ $\quad -N_{CD}-8=0$

得 $$N_{CD}=-8\text{kN}(\text{压力})$$

作节点 D 隔离体图见图 13-19(d)，

由 $\Sigma F_y=0$ $\quad N_{DE}\sin\beta+N_{CD}+N_{AD}\sin\alpha=0$

得 $$N_{DE}=\left(8-34.8\times\frac{0.5}{1.58}\right)\times\frac{0.9}{0.5}=-5.4\text{kN}(\text{压力})$$

由 $\Sigma F_x=0$，$\quad N_{DF}+N_{DE}\sin\beta-N_{AD}\cos\alpha=0$

得 $$N_{DF}=-(-5.4)\times\frac{0.75}{0.9}+34.8\times\frac{1.5}{1.58}=37.5\text{kN}(\text{拉力})$$

(3) 利用对称性

由于托架和荷载都是对称的，因此处于对称位置的两根杆具有相同的轴力，也就是说，桁架中的内力也是对称分布的。因此，只需计算半边托架的轴力。整个桁架的轴力如图 13-19(e)所示。

(4) 校核

可用对称轴上的节点平衡条件进行校核。图 13-19(f)为节点 E 的隔离体图。由于对称，平衡条件 $\Sigma F_x=0$ 已经满足。因此，只需校核另一个平衡条件如下：

$$\Sigma F_y=-(-2\times5.4)\times\frac{0.5}{0.9}-6=0\text{，计算无误}$$

在桁架中常有一些特殊情况的节点，通常可不写平衡方程就能知道杆件轴力的数值，使计算简化。这几种情况是：

(1) 图 13-20(a)为不共线的两杆节点，当无外力作用时，则两杆都是零杆。取 N_1 的作用线为 x 轴，则由 $\Sigma F_y=0$，可知 $N_2=0$。再由 $\Sigma F_x=0$，可知 $N_1=0$。

(2) 图 13-20(b)为不共线的两杆节点，当外力沿一杆作用时，则另一杆为零杆。取 P 和 N_1 的作用线为 Y 轴，则由 $\Sigma F_x=0$，可知 $N_2=0$，由 $\Sigma F_y=0$，可知 $N_1=-P$ 。

(3) 图 13-20(c)为三杆节点，且有两杆共线，当无外力作用时，则第三杆为零杆。如取两杆所在的直线为 x 轴，则由 $\Sigma F_y=0$，可知 $N_3=0$，由 $\Sigma F_x=0$，可知 $N_1=N_2$。

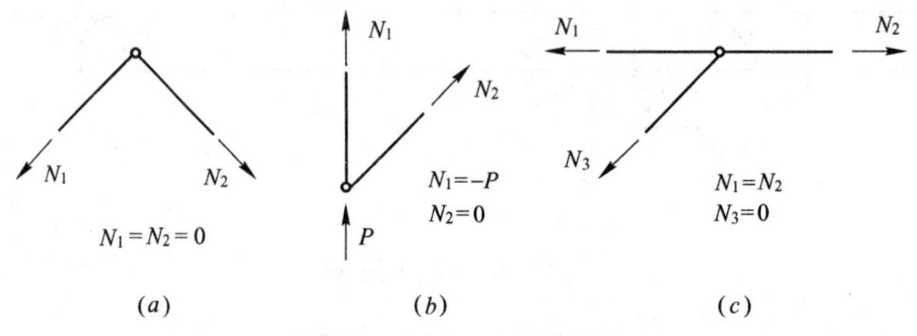

图 13-20　零杆的判断条件

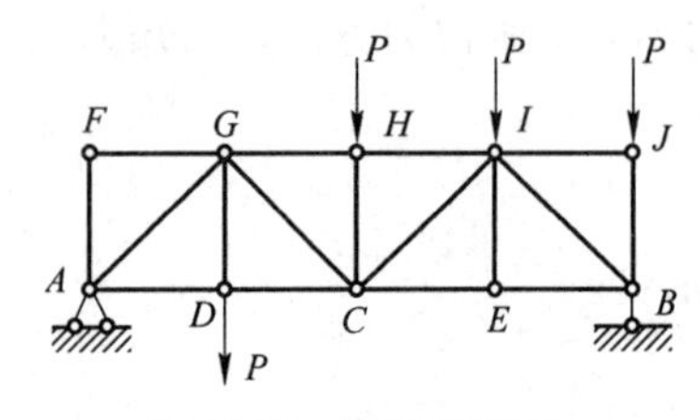

图 13-21　零杆的判断

如图 13-21 所示桁架下弦节点 E 上无荷载，杆 EI 是零杆；上弦左端节点 F 上无荷载，FA 和 FG 两杆全是零杆；上弦右端节点 J 上荷载 P 沿杆 JB 方向，杆 JI 是零杆。

13.3.3　截面法

用节点法计算桁架的内力时，是按一定顺序逐个取节点计算。但在桁架分析中，有时仅需求桁架中的某几根杆件的轴力，这时用截面法比较方便。

截面法是用一个截面截断若干根杆件将整个桁架分为两部分，并任取其中一部分(包括若干节点在内)作为隔离体，建立平衡方程求出所截断杆件的内力。显然。作用于隔离体上的力系，通常为平面一般力系。因此，只要此隔离体上的未知力数目不多于三个，可利用平面一般力系的三个静力平衡方程，把截面上的全部未知力求出。

【例 13-11】　求图 13-22(a)所示桁架 1、2、3 杆的内力 N_1、N_2、N_3。

【解】　(1) 求支座反力

$\Sigma F_x=0$　　$F_{Ax}=-3\text{kN}(\leftarrow)$

$\Sigma M_B=0$　　$F_{Ay}=\frac{1}{24}(4\times20+8\times16+2\times4-3\times3)=8.625\text{kN}(\uparrow)$

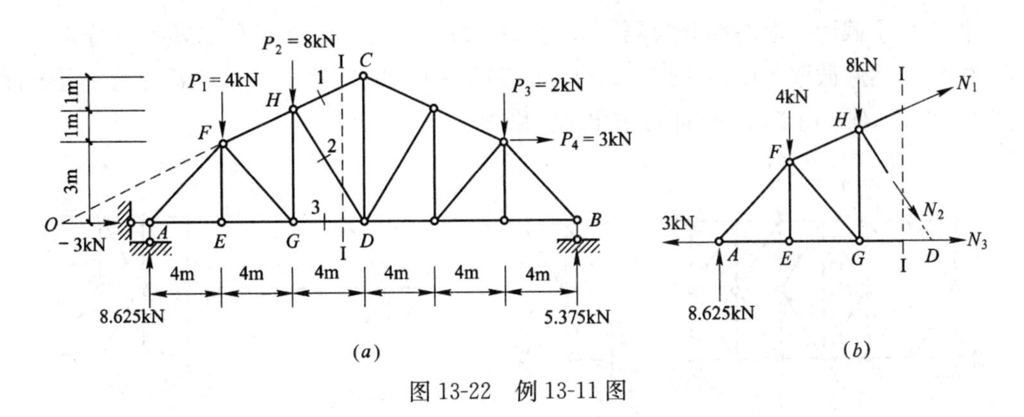

图13-22 例13-11图

$\Sigma M_A=0$ $\qquad F_{By}=\frac{1}{24}(4\times4+8\times8+2\times20+3\times3)=5.375\text{kN}(\uparrow)$

(2) 求内力

利用Ⅰ—Ⅰ截面将桁架截断，以左段为研究对象，受力图如图13-22(b)所示。则由$\Sigma M_D=0$得

$$-8.625\times12+4\times8+8\times4-(N_1\cos\alpha)5=0$$

$$\cos\alpha=\frac{4}{\sqrt{4^2+1^2}}=\frac{4}{\sqrt{17}}$$

$$\sin\alpha=\frac{1}{\sqrt{4^2+1^2}}=\frac{1}{\sqrt{17}}$$

故 $$N_1=-8.143\text{kN(压力)}$$

由$\Sigma F_y=0$得 $$8.625-4-8+N_1\sin\alpha-N_2\cos45^\circ=0$$

故 $$N_2=\frac{1}{0.707}\times5.350=-7.567\text{kN(压力)}$$

求N_3仍利用图13-22(b)的受力图。由$\Sigma F_x=0$得

$$-3+N_1\cos\alpha+N_2\sin45^\circ+N_3=0$$

$$-3-7.900-5.350+N_3=0$$

故 $$N_3=16.25\text{kN(拉力)}$$

(3) 校核 用图13-22(b)中未用过的力矩方程$\Sigma M_H=0$进行校核。

$\Sigma M_H=-3\times4-8.625\times8+4\times4+16.250\times4=0$，计算无误。

13.3.4 节点法和截面法的联合应用

节点法和截面法是计算桁架内力的两种基本方法。对于简单桁架来说，无论用哪一种方法计算都比较方便。但对于联合桁架来说(图13-18b)，仅用节点法来分析内力就会遇到困难，这时，一般先用截面法求出联合处杆件的内力，然后再用节点法对组成联合桁架的各简单桁架内力进行计算。

图13-23(a)所示的桁架是简单桁架，求桁架1、2、3、4杆的内力N_1、N_2、N_3、N_4时，联合使用截面法和节点法较为简便。

作Ⅰ—Ⅰ截面，取左部分为隔离体(图 13-23b)，由 $\Sigma M_C=0$ 和 $\Sigma M_E=0$ 分别求出 N_4 和 N_1。然后截取节点 D(图 13-23c)，由 $\Sigma F_x=0$，得 $N_2=-N_3$。最后作Ⅱ—Ⅱ截面(图 13-23a、d)，由 $\Sigma F_y=0$ 即可求出 N_2 和 N_3。

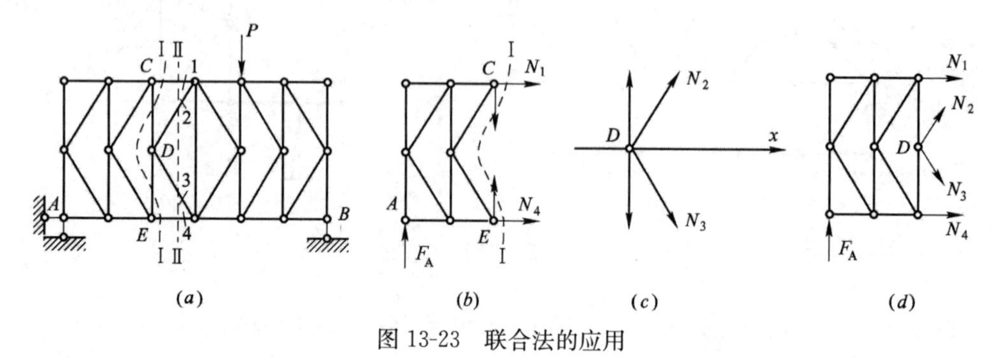

图 13-23　联合法的应用

13.3.5　几种桁架受力性能的比较

现取工程中常用的平行弦、三角形和抛物线形三种桁架，以相同跨度、相同高度、相同节间及相同荷载作用下的内力分布(图 13-24a、b、c)加以分析比较。从而了解桁架的形式对内力分布和构造上的影响，以及它们的应用范围，以便在结构设计或对桁架作定性分析时，可根据不同的情况和要求，选用适当的桁架形式。

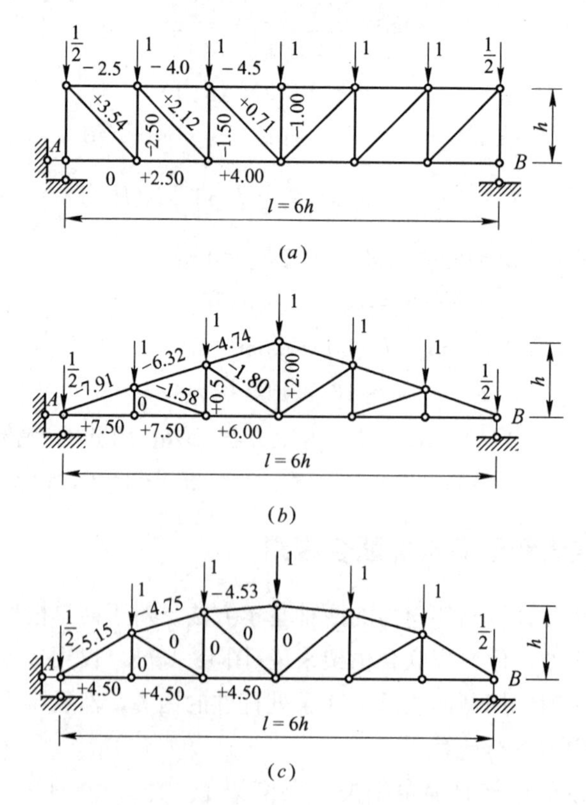

图 13-24　桁架内力分布比较

平行弦桁架(图 13-24a)的内力分布很不均匀。上弦杆和下弦杆内力值均是靠支座处小，向跨度中间增大。腹杆则是靠近支座处内力大，向跨中逐渐减小。如果按各杆内力大小选择截面，弦杆截面沿跨度方向必须随之改变，这样节点的构造处理较为复杂。如果各杆采用相同截面，则靠近支座处弦杆材料性能不能充分利用，造成浪费。其优点是节点构造划一，腹杆可标准化，因此，可在轻型桁架中应用。

三角形桁架(图 13-24b)的内力分布是不均匀的。其弦杆的内力从中间向支座方向递增，近支座处最大。在腹杆中，斜杆受压，而竖杆则受拉(或为零杆)，而且腹杆的内力是从支座向中间递增。这种桁架的端节点处，上下弦杆之间夹角较小，构造复杂。但由于其两面斜坡的外形符合屋顶构造的要求，所以，在跨度较小、坡度较大的屋盖结构中较多采用三角形桁架。

抛物线形桁架上、下弦杆内力分布均匀。当荷载作用在上弦杆节点时，腹杆内力为零；当荷载作用在下弦杆节点时，腹杆中的斜杆内力为零，竖杆内力等于节点荷载。是一种受力性能较好，较理想的结构形式。但上弦的弯折较多，构造复杂，节点处理较为困难。因此，工程中多采用的是如图 13-24(c)所示的外形接近抛物线形的折线形桁架，且只在跨度为 18m～30m 的大跨度屋盖中采用。

13.4 三 铰 拱

13.4.1 概述

除隧道、桥梁外，在房屋建筑中，屋面承重结构也用到拱结构(图 13-25)。

拱结构的计算简图通常有三种(图 13-26)，图 13-26(a)和图 13-26(b)所示无铰拱和两铰拱是超静定的，图 13-26(c)所示三铰拱是静定的。在本节中，只讨论三铰拱的计算。

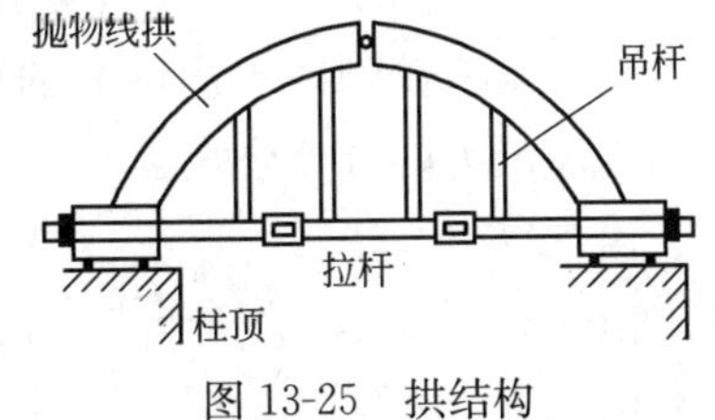

图 13-25 拱结构

拱结构的特点是：杆轴为曲线，而且在竖向荷载作用下支座将产生水平推力，简称为推力。拱结构与梁结构的区别，不仅在于外形不同，更重要的还在于它在竖向荷载作用下是否产生水平推力。例如图 13-27 所示的两个结构，虽然它们的杆轴都是曲线，但图 13-27(a)所示结

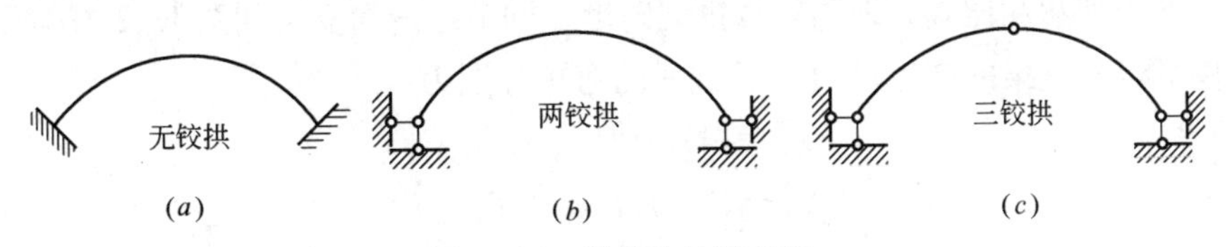

图 13-26 拱结构计算简图

构在竖向荷载作用下不产生水平推力，其弯矩与相应简支梁(同跨度、同荷载的梁)的弯矩相同，所以这种结构不是拱结构而是一根曲梁。图 13-27(b)所示结构，由于其两端都有水平支座链杆，在竖向荷载作用下将产生水平推力，所以属于拱结构。

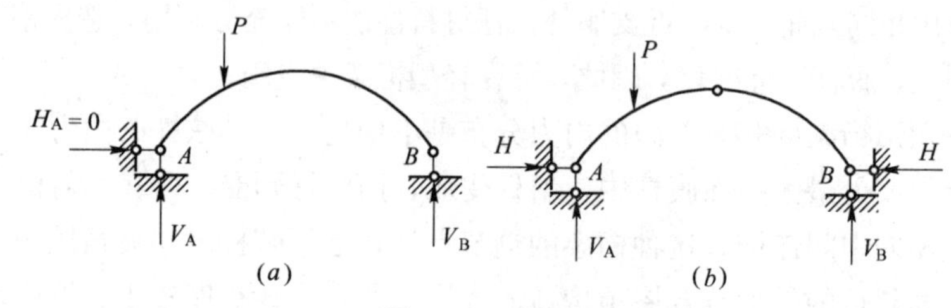

图 13-27　曲梁和三铰拱

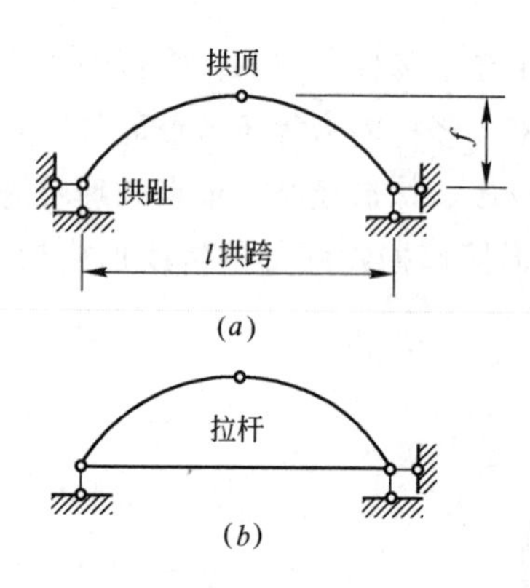

图 13-28　拱结构

拱结构(图 13-28a)最高的一点称为拱顶。三铰拱的中间铰通常是安置在拱顶处。拱的两端与支座连接处称为拱趾，或称拱脚。两个拱趾间的水平距离 l 称为跨度。拱顶到两拱趾连线的竖向距离 f 称为拱高。拱高与跨度之比 f/l 称为高跨比。由后面可知，拱主要力学性能与高跨比有关。

用作屋面承重结构的三铰拱，常在两支座铰之间设水平拉杆(图 13-28b)。这样，拉杆内所产生的拉力代替了支座推力的作用，使支座在竖向荷载作用下只产生竖向反力。这种结构的内部受力情况与三铰拱完全相同，故称为具有拉杆的拱，或简称拉杆拱。

13.4.2　三铰拱的内力计算

1. 支座反力的计算

三铰拱为静定结构，其全部反力和内力可以由平衡方程算出。计算三铰拱支座反力的方法，与三铰刚架支座反力的计算方法相同。现以图 13-29(a)所示的三铰拱为例，导出支座反力的计算公式。

由 $\Sigma M_B=0$ 得　　$V_A=(1/l)(P_1b_1+P_2b_2)$　　(a)

由 $\Sigma M_A=0$ 得　　$V_B=(1/l)(P_1a_1+P_2a_2)$　　(b)

由 $\Sigma F_x=0$ 得　　$H_A=H_B=H$　　(c)

从 C 铰处截开，取左半拱为平衡对象，利用 $\Sigma M_C^{左}=0$ 求出

$$H=(1/f)(V_Al_1-P_1d_1) \quad (d)$$

为了便于理解和比较，取与三铰拱同跨度、同荷载的简支梁如图 13-29(b)所示。由平衡条件可得简支梁的支座反力及 C 截面的弯矩分别为

$$V_A^0=(1/l)(P_1b_1+P_2b_2) \quad (e)$$

$$V_B^0=(1/l)(P_1a_1+P_2a_2) \quad (f)$$

$$M_C^0=V_Al_1-P_1d_1 \quad (g)$$

比较式(a)与式(e)，式(b)与式(f)及式(d)与式(g)可见：

$$V_A = V_A^0 \tag{13-2}$$

$$V_B = V_B^0 \tag{13-3}$$

$$H = M_C^0 / f \tag{13-4}$$

由式(13-2)、式(13-3)可知，拱的竖向反力和相应的简支梁的支座反力相同。由式(13-4)可知，三铰拱的推力只与三个铰的位置有关。而与拱轴的形状无关。当荷载和跨度不变时，推力 H 与 f 成反比，所以拱越扁平，其推力就越大，当 $f=0$ 时，$H=\infty$，这时三铰拱的三个铰在同一条直线上，拱已成为瞬变体系。

对于图 13-30(a)所示的有拉杆的三铰拱来说，由整体的平衡条件 $\Sigma M_A=0$，$\Sigma M_B=0$，$\Sigma F_x=0$，可求得

$$H_A=0, \quad V_A=V_A^0, \quad V_B=V_B^0$$

取隔离体如图 13-30(b)所示，利用 $\Sigma M_C^{左}=0$ 求出

$$N_{AB}=(V_A l_1 - P_1 d_1)/f = M_C^0 / f \tag{13-5}$$

式中　M_C^0——相应的简支梁截面的弯矩。

计算结果表明，拉杆的拉力和无拉杆三铰拱的水平推力 H 相同。在用拱作屋顶时，为了减少拱对墙或柱的水平推力，常采用拉杆拱。

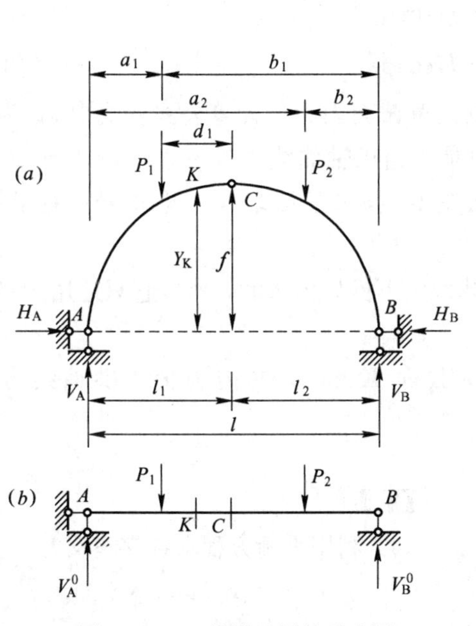

图 13-29　三铰拱及梁的受力图

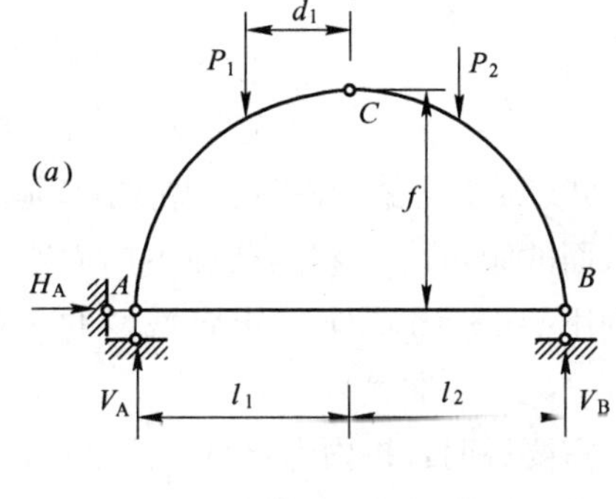

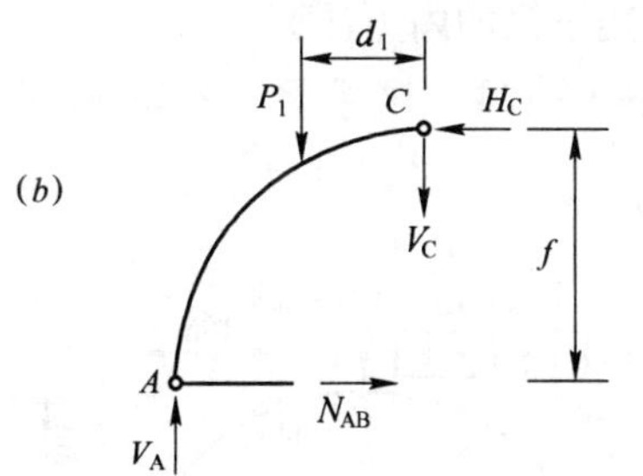

图 13-30　拱杆拱受力图

2. 内力计算

三铰拱的内力符号规定如下：弯矩以使拱内侧纤维受拉为正；剪力以使隔离体顺时针转动为正；因拱常受压力，规定轴力以压力为正。

为计算三铰拱任意截面 K(应与拱轴正交)的内力，首先在图 13-29(a)中取 K 截面以左部分为隔离体，画受力图如图 13-31(a)所示，图中内力均按正方向假设。其相应简支梁段的受力图如图 13-31(b)，由图可见，K 截面内力为：

$$V_K^0 = V_A^0 - P_1$$

$$M_K^0 = V_A^0 x_K - P_1(x_K - a_1)$$

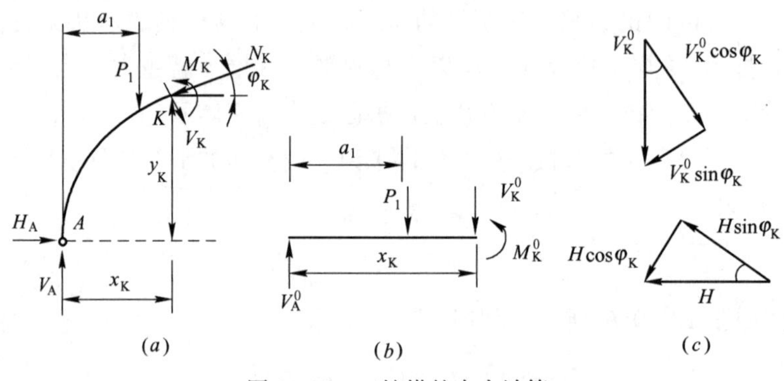

图 13-31 三铰拱的内力计算

由图 13-31(a) 中 $\Sigma M_K = 0$ 及所有力向 K 截面的切线和法线方向分别投影，其代数和为零。求得 M_K 与相应简支梁 K 截面内力关系式为

$$M_K = M_K^0 - H \cdot y_K \tag{13-6}$$

$$V_K = V_K^0 \cdot \cos\varphi_K - H\sin\varphi_K \tag{13-7}$$

$$N_K = V_K^0 \cdot \sin\varphi_K + H\cos\varphi_K \tag{13-8}$$

式(13-6)、式(13-7)、式(13-8)是三铰拱任意截面内力的计算公式。式中 φ_K 为拟求截面的倾角，φ_K 将随截面不同而改变。但是，当拱轴曲线方程 $y=f(x)$为已知时，可利用 $\tan\varphi = dy/dx$ 确定各截面的 φ 值；在左半拱，$dy/dx > 0$，φ 取正号；右半拱，$dy/dx < 0$，φ 取负号。

需要说明：拱内力计算公式是在竖向荷载作用下推导出来的，所以它只适用于竖向荷载作用下拱的内力计算。

【例 13-12】 试求图 13-32 所示三铰拱截面 K 和 D 的内力值。拱轴线方程 $y=\frac{4f}{l^2}x(l-x)$。

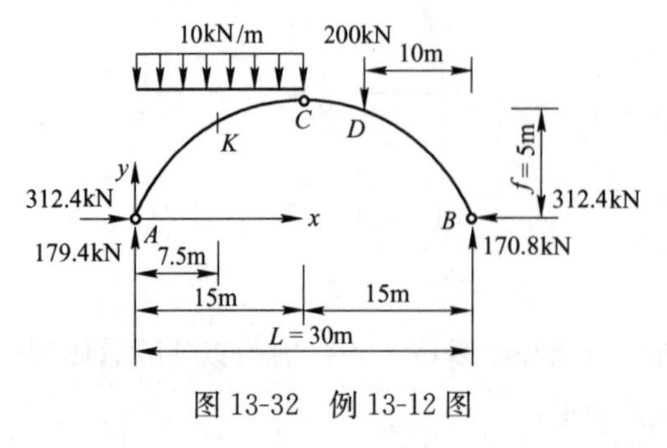

图 13-32 例 13-12 图

【解】

(1) 利用平衡方程求各支座反力

$$V_A = 179.4\text{kN}(\uparrow)$$

$$V_B = 170.8\text{kN}(\uparrow)$$

$$H_A = 312.4\text{kN}(\rightarrow)$$

(2) 根据已给拱轴线方程。分别计算 K、D截面的纵坐标及拱轴线的切线倾角：

$$y_K=\frac{4f}{l^2}x(l-x)$$

$$=\frac{4\times5}{30^2}\times7.5\times(30-7.5)=3.75\text{m}$$

$$y_D=\frac{4\times5}{30^2}\times20\times(30-20)=4.44\text{m}$$

因为 $$\frac{dy}{dx}=\frac{4f}{l^2}(l-2x)$$

所以 $$\tan\varphi_K=\left.\frac{dy}{dx}\right|_{x=7.5}=\frac{4\times5}{30^2}(30-2\times7.5)=\frac{1}{3}$$

$$\varphi_K=18°26'$$

故 $$\sin\varphi_K=0.3162\quad\cos\varphi_K=0.9487$$

同理得 $$\tan\varphi_D=\left.\frac{dy}{dx}\right|_{x=20}=\frac{4\times5}{30^2}(30-2\times20)=0.222$$

$$\varphi_D=-12°31'$$

故 $$\sin\varphi_D=-0.2167\quad\cos\varphi_D=0.9762$$

由式(13-6)、式(13-7)、式(13-8)及以上数据，计算 K、D 截面的内力：

$$M_K=M_K^0-H\cdot y_K$$

$$=\left(179.2\times7.5-\frac{1}{2}\times10\times7.5^2\right)-312.4\times3.75$$

$$=-110\text{kN}\cdot\text{m}$$

$$V_K=V_K^0\cos\varphi_K-H\sin\varphi_K$$

$$=(179.2-10\times7.5)\times0.9487-312.4\times0.3162=0.07\text{kN}$$

$$N_K=V_K^0\sin\varphi_K+H\cos\varphi_K$$

$$=(179.2-10\times7.5)\times0.3162+312.4\times0.9487=329.5\text{kN}$$

同理得 $$M_D=M_D^0-H\cdot y_D$$

$$=170.8\times10-312.4\times4.44=319\text{kN}\cdot\text{m}$$

因为截面 D 恰位于集中力作用点，所以计算该截面的剪力和轴力时，应该分别计算该截面稍左和稍右两个截面的剪力和轴力值，即 $V_D^{左}$、$V_D^{右}$ 和 $N_D^{左}$、$N_D^{右}$。

$$V_D^{左}=(V_D^{左})^0\cos\varphi_D-H\sin\varphi_D$$

$$=(200-170.8)\times0.9762-312.4\times(-0.2167)=96.3\text{kN}$$

$$V_D^{右}=(V_D^{右})^0\cos\varphi_D-H\sin\varphi_D$$

$$=-170.8\times0.9762-312.4\times(-0.2167)=-99\text{kN}$$

$$N_D^{左}=(V_D^{左})^0\sin\varphi_D+H\cos\varphi_D$$

$$=(200-170.8)\times(-0.2167)+312.4\times0.9762=302.2\text{kN}$$

$$N_D^{右} = (V_D^{右})^0 \sin\varphi_D + H\cos\varphi_D$$
$$= -170.8 \times (-0.2167) + 312.4 \times 0.9762 = 345.5\text{kN}$$

13.4.3 三铰拱的合理拱轴线

在上述三铰拱内力计算公式中，可以看出，当荷载一定时确定三铰拱内力的重要因素为拱轴线的形式。工程中，为了充分利用砖石等脆性材料的特性(即抗压强度高而抗拉强度低)，往往在给定荷载下，通过调整拱轴曲线，尽量使得截面上的弯矩减小，甚至于使得截面处处弯矩值均为零，而只产生轴向压力，这时压应力沿截面均匀分布。这种在给定荷载下使拱处于无弯矩状态的相应拱轴线，称为在该荷载作用下的合理拱轴线。

由式(13-6)可知，三铰拱任一截面的弯矩为：

$$M_K = M_K^0 - H \cdot y_K$$

当拱为合理拱轴时，各截面的弯矩应为零，即：

$$M_K = 0 \qquad M_K^0 - H \cdot y_K = 0$$

因此，合理拱轴的方程为

$$y_K = \frac{M_K^0}{H} \tag{13-9}$$

式中 M_K^0——相应简支梁的弯矩方程。

当拱上作用的荷载已知时，只需求出相应简支梁的弯矩方程，而后与水平推力之比，便得到合理拱轴线方程。不难看出，在竖向荷载作用下，三铰拱的合理拱轴的表达式与相应简支梁弯矩的表达式差一个比例常数 H，即合理拱轴的纵坐标与相应简支梁弯矩图的纵坐标成比例。

13.5 静定组合结构

将桁架与梁这两种不同类型的结构有效地组合在一起(图 13-33*a*)，共同承受荷载，这种结构称为桁梁组合结构。组合结构是由两类杆件组成：一类是梁式杆，其承受弯矩、剪力和轴力；另一类是链杆，由于是二力杆，只承受轴力，如图 13-33(*c*)。

工程中采用组合结构主要是为了减小梁式杆的弯矩，充分发挥材料强度，节省材料。减小梁式杆的弯矩主要是通过下面两点措施：①减小梁式杆的跨长；②使梁式杆某些截面产生负弯矩，以减小跨中正弯矩值。

计算组合结构的关键在于分清结构中的两类杆，梁式杆和二力杆。

【例 13-13】 试对图 13-33(*a*)所示组合结构进行内力分析。

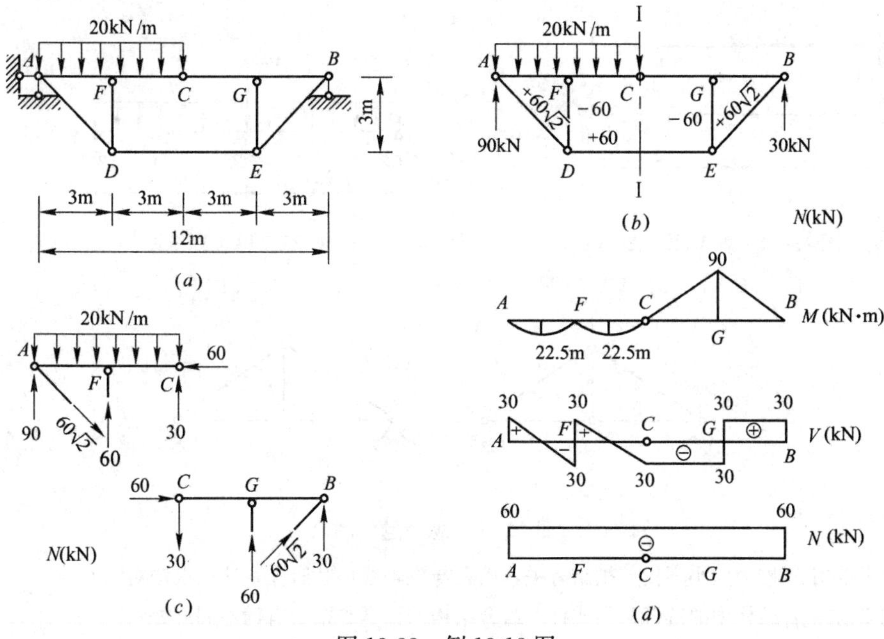

图13-33　例13-13图

【解】（1）利用平衡方程求支反力（图13-33b所示）；

（2）计算链杆轴力

作截面Ⅰ—Ⅰ，截开铰C和链杆DE（图13-33b），取其右半部分为隔离体，由$\Sigma M_C=0$，得

$$N_{ED}\times 3-30\times 6=0$$

故
$$N_{ED}=60\text{kN}(\text{拉})$$

再由节点D及E的平衡，可求得所有链杆的轴力，如图13-33(b)所示。

（3）作梁式杆件的内力图

杆件AFC和CGB的受力情况如图13-33(c)所示。根据该隔离体（ 般力系）的平衡条件，可作杆AFC和CGB的M、V及N图，如图13-33(d)所示。

复习思考题

1. 当荷载作用在多跨静定梁的基本部分上时，附属部分为什么不受力？
2. 桁架计算中的基本假定，各起了什么样的简化作用？
3. 在刚架节点处，各杆内力有什么特殊性质？作刚架各杆内力图时有什么规定？
4. 三铰拱在竖向荷载作用下，其水平推力等于多少？其弯矩与相应水平简支梁的弯矩之间是何关系？
5. 什么是拱的合理拱轴线？
6. 图13-34所示为截面不同的两个悬臂梁，承受相同的荷载，它们的内力图是否一样？
7. 计算图13-35所示多跨梁反力时，先简化荷载，将分布荷载化成集中力$4qa$，再求支座反力，对吗？
8. 在某一荷载作用下，静定桁架中若存在零杆，则表示该杆不受力，是否可以将其拆除？
9. 如图13-36所示，同一桁架的两种受力状态，两图中对应杆件的内力是否完全相同？

图 13-34　思考题 6 图

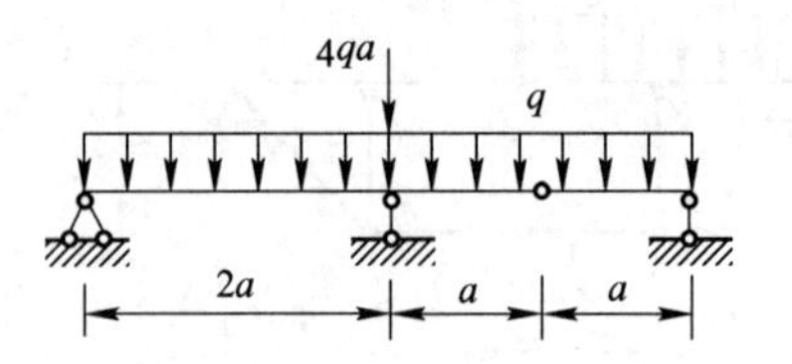

图 13-35　思考题 7 图

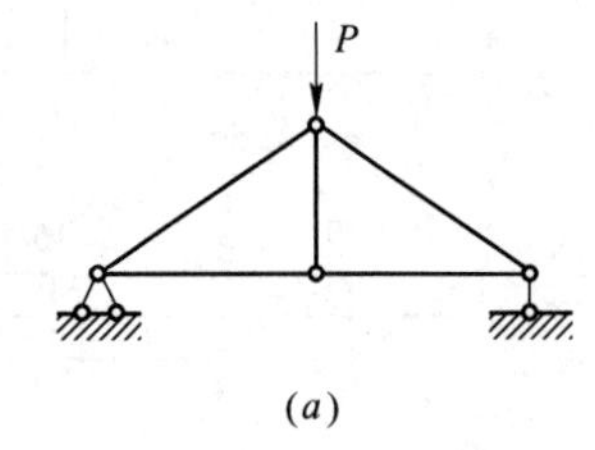

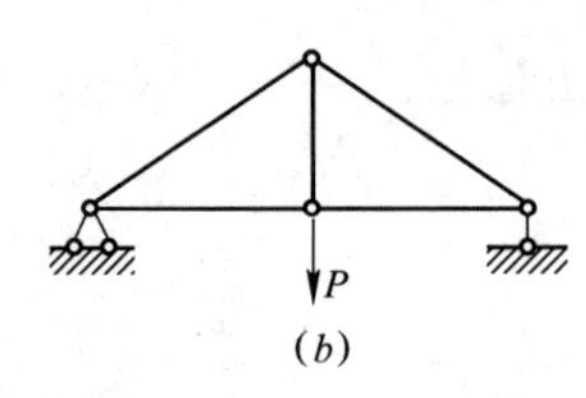

图 13-36　思考题 9 图

10. 三铰拱的水平推力大小不仅与拱高有关，而且与拱轴线形状有关，这种说法对吗？

11. 怎样识别组合结构中的链杆和梁式杆？组合结构的计算与桁架有何不同之处？

习　　题

13-1　试作图 13-37 所示多跨静定梁的 M 及 V 图。

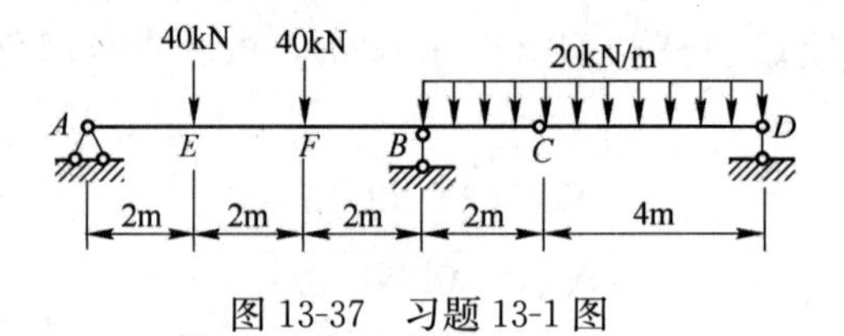

图 13-37　习题 13-1 图

13-2　试作图 13-38 所示多跨静定梁的 M 图。

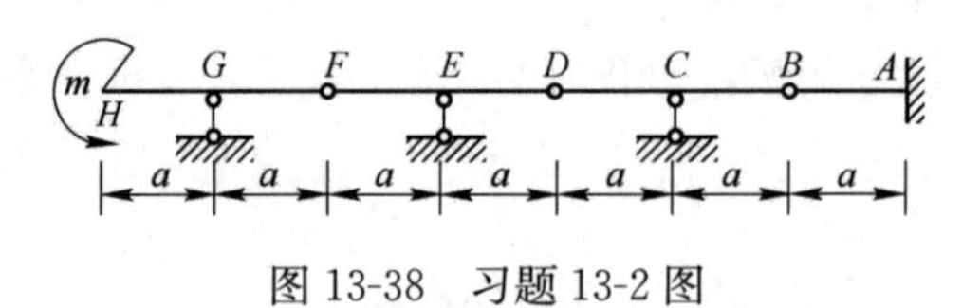

图 13-38　习题 13-2 图

13-3　试作图 13-39 所示多跨静定梁的 M 图。

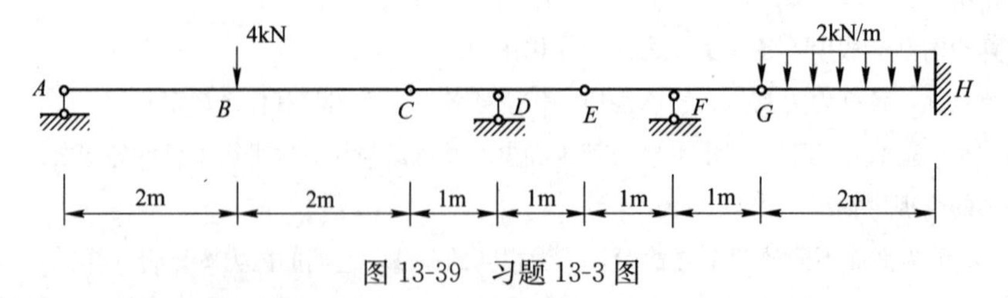

图 13-39　习题 13-3 图

13-4　作图 13-40 所示刚架 M、V、N 图。

13-5　快速作出图 13-41 所示刚架 M 图。

13-6　作如图 13-42 所示斜梁的 M 图。

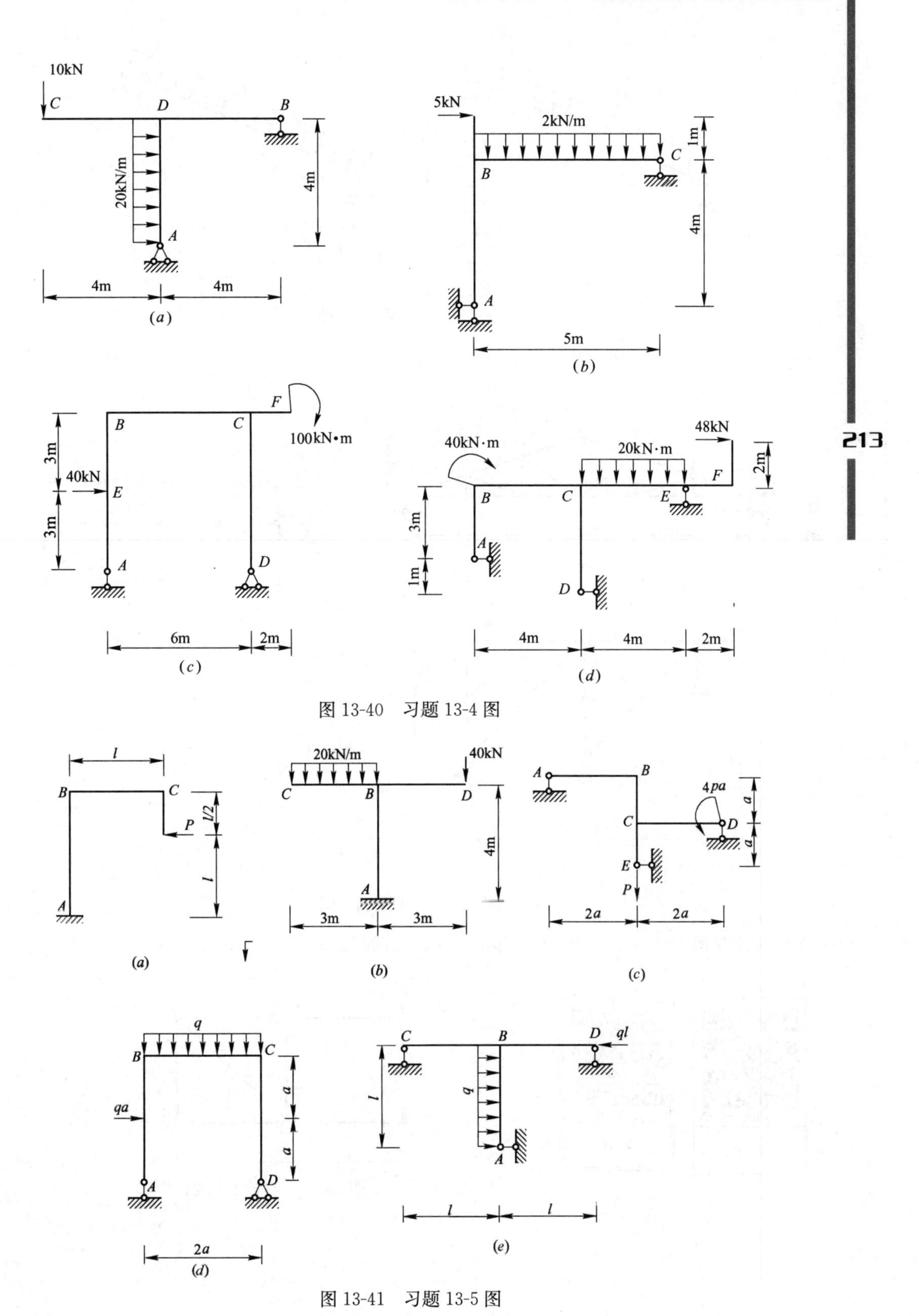

图 13-40　习题 13-4 图

图 13-41　习题 13-5 图

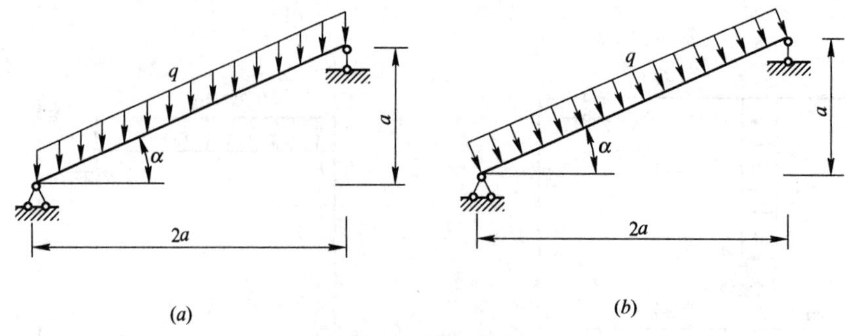

图 13-42　习题 13-6 图

13-7　指出图 13-43 中的桁架中的零杆，并求指定杆的内力。

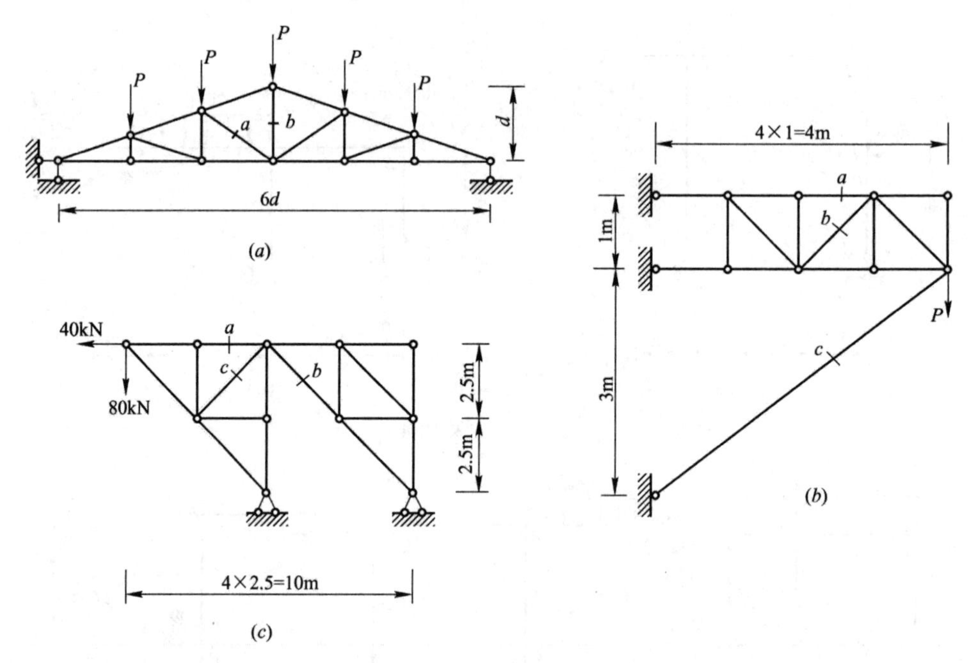

图 13-43　习题 13-7 图

13-8　试计算图 13-44 所示组合结构。作出其中梁式杆的 M 图，并求出各链杆的轴力。

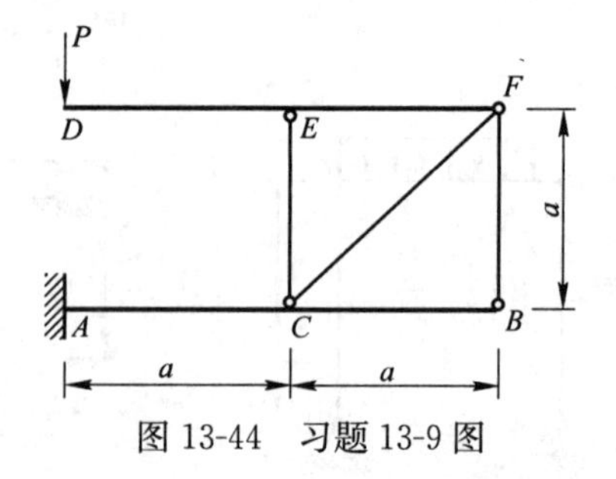

图 13-44　习题 13-9 图

教学单元14

静定结构的位移计算

【教学目标】 通过本单元的学习，使学生了解结构位移的概念；掌握变形体的虚功原理，了解结构位移计算的一般公式；掌握结构位移计算的单位荷载法；理解图乘公式，能熟练掌握用图乘法计算荷载作用下静定结构的位移；了解结构由于支座移动引起的位移计算及弹性体系的互等定理。

14.1 计算结构位移的目的

建筑结构在施工和使用过程中常会发生变形，由于结构变形，其上各点或截面位置发生改变如图 14-1(*a*)所示的刚架，在荷载作用下，结构产生变形如图中虚线所示，截面的形心 A 点沿某一方向移到 A'点，线段 AA'称为 A 点的线位移，一般用符号 Δ_A 表示。它也可用竖向线位移 Δ_A^V 和水平线位移 Δ_A^H 两个位移分量来表示，如图 14-1(*b*)所示。同时，此截面还转动了一个角度，称为该截面的角位移，用 φ_A 表示。

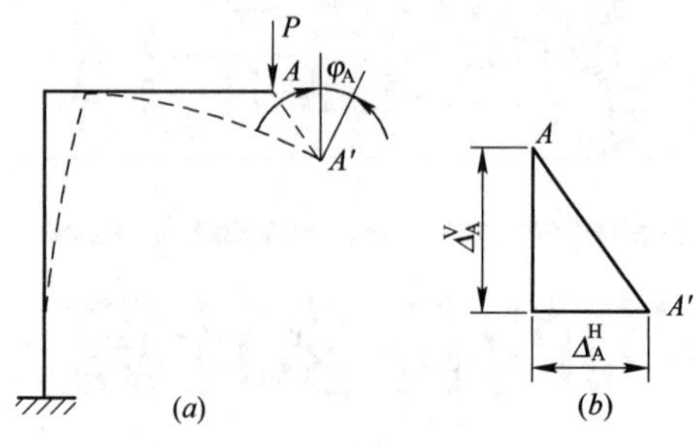

图 14-1　结构的位移

使结构产生位移的原因除了荷载作用外，还有温度改变使材料膨胀或收缩、结构构件的尺寸在制造过程中发生误差、基础的沉陷或结构支座产生移动等等因素，均会引起结构的位移。本章主要讨论荷载作用、基础沉陷或结构支座产生移动而引起结构的位移。

位移的计算是结构设计中经常会遇到的问题。计算位移的目的有两个：

(1) 校核结构的刚度。在结构设计中除了满足强度要求外，还要求结构有足够的刚度，即在荷载作用下(或其他因素作用下)不致发生过大的位移。例如，吊车梁的最大挠度不得超过跨度的$\frac{1}{600}$，楼板主梁的挠度则不许超过跨度的$\frac{1}{400}$。此外，在结构的制作、施工等过程中，也常须预先知道结构变形后的位置，以便制定出一定的施工措施，因而也需要计算其位移。

(2) 为计算超静定结构打下基础。因为超静定结构的内力仅由静力平衡条件是不能全部确定的，还必须考虑变形条件，而建立变形条件时就需要计算结构的位移。

14.2 变形体的虚功原理

14.2.1 功、广义力及广义位移

如图 14-2 所示，设物体上 A 点受到恒力 P 的作用时，从 A 点移到 A'点，发生了 Δ

的线位移，则力 P 在位移 Δ 过程中所做的功为：

$$W=P\Delta\cos\theta \tag{14-1}$$

式中　θ——力 P 与位移 Δ 之间的夹角。

功是标量，它的量纲为力乘以长度，其单位用 N·m 或 kN·m 表示。

图 14-3(a)为一绕 O 点转动的轮子。在轮子边缘作用有力 P。设力 P 的大小不变而方向改变，但始终沿着轮子的切线方向。当轮缘上的一点 A 在力 P 的作用下转到点 A'，即轮子转动了角度 φ 时，力 P 所做的功为：

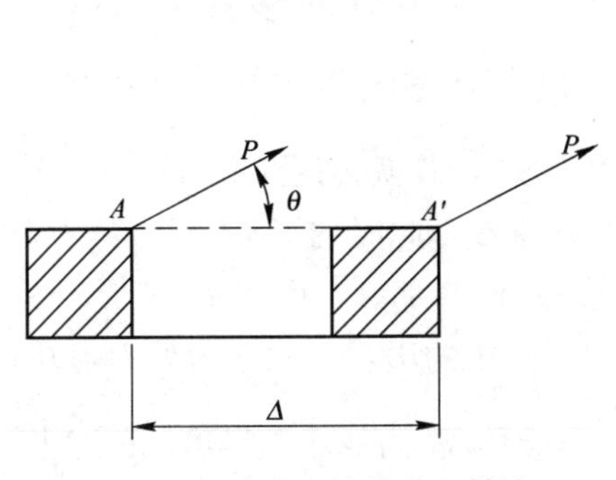

图 14-2　常力在线位移上做功

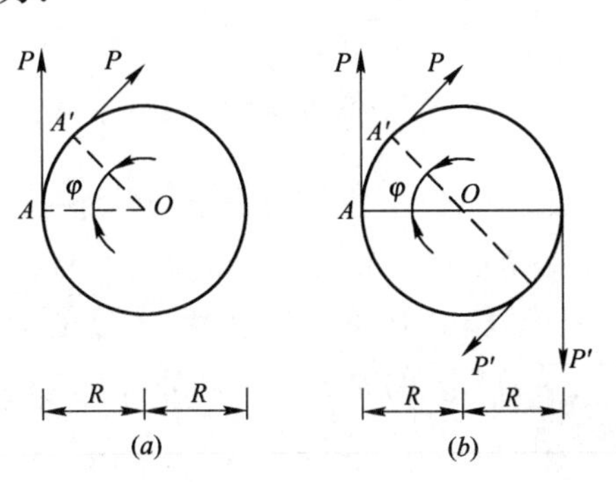

图 14-3　力矩、力偶做功

$$W=PR\varphi$$

式中　PR——P 点对 O 点的力矩，以 M 来表示，则有：

$$W=M\varphi$$

即力矩所做的功，为力矩的大小和其所转过的角度的乘积。

图 14-3（b）中，若在轮子上作用有 P 及 P' 两个力，当轮子转动了角度 φ 后，P 及 P' 所做的功为：$W=PR\varphi+P'R\varphi$

若 $P=P'$，则有：

$$W=2PR\varphi$$

$2PR$ 即为 P 及 P' 所构成的力偶，用 M' 表示，则有：

$$W=M'\varphi \tag{14-2}$$

即力偶所做的功为力偶矩的大小和其所转过的角度的乘积。

为了方便计算，可将式(14-1)和式(14-2)统一写成：

$$W=P\Delta \tag{14-3}$$

式中，若 P 为集中力，则 Δ 就为线位移；若 P 为力偶，则 Δ 为角位移。P 为广义力，它可以是一个集中力或集中力偶，还可以是一对力或一对力偶等等；称 Δ 为广义位移，它可以是线位移、角位移等等。

对于功的基本概念，需注意以下两个问题：

1. 功的正负号

功可以为正，也可以为负，还可以为零。**当 P 与 Δ 方向相同时，为正；反之则为负**。若 P 与 Δ 方向相互垂直时，功为零。

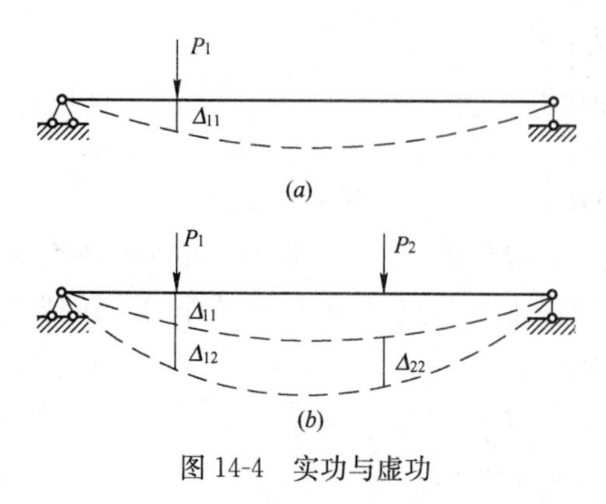

图 14-4　实功与虚功

2. 实功与虚功

实功是指外力或内力在自身引起的位移上所做的功；若外力(或内力)在其他原因引起的位移上做功，称为虚功。例如图 14-4(a)所示简支梁，在静力荷载 P_1 的作用下，结构发生了图 14-4(a)虚线的变形，达到平衡状态。当 P_1 由零缓慢逐渐的加到其最终值时，其作用点沿 P_1 方向产生了位移 Δ_{11}，此时 $W_{11}=\frac{1}{2}P_1\Delta_{11}$就为 P_1 所作的实功，称之为外力实功；若在此基础上，又在梁上施加另外一个静力荷载 P_2，梁就会达到新的平衡状态，如图 14-4(b)所示，P_1 的作用点沿 P_1 方向又产生了位移 Δ_{12}(此时的 P_1 不再是静力荷载，而是一个恒力)。P_2 的作用点沿 P_2 方向产生了位移 Δ_{22}，那么，由于 P_1 不是产生 Δ_{12} 的原因，所以 $W_{12}=P_1\Delta_{12}$就为 P_1 所作的虚功，称之为外力虚功；而 P_2 是产生 Δ_{22}的原因，所以 $W_{22}=\frac{1}{2}P_2\Delta_{22}$就是外力实功。在这里，功和位移的表达符号都出现了两个脚标，第一个脚标表示位移发生的位置，第二个脚标表示引起位移的原因。

3. 实功原理

结构受到外力作用而发生变形，则外力在发生变形过程中作了功。如果结构处于弹性阶段范围，当外力去掉之后，该结构将能恢复到原来变形前的位置，这是由于弹性变形使结构积蓄了具有作功的能量，这种能量称之为变形能。由此可见，结构之所以有这种变形，实际上是结构受到外力作功的结果，也就是功与能的转化，则根据能量守恒定律可知，在加载过程中外力所作的实功 W 将全部转化为结构的变形能，用 U 表示，即：

$$W=U \tag{14-4}$$

从另一个角度讲，结构在荷载作用下产生内力和变形，那么内力也将在其相应的变形上作功，而结构的变形能又可用内力所作的功来度量。所以，外力实功等于内力实功又等于变形能。这个功能原理，称为**弹性结构的实功原理**。

14.2.2　变形体的虚功原理

前面所讲到的简支梁，在力 P_1 作用下会引起内力，那么，内力在其本身引起的变形上所做的功，称之为**内力实功**，用 W'_{11}表示。P_1 所做的功 W_{11}称之为**外力实功**。力 P_1 作用下引起的内力在其他原因(比如 P_2)引起的变形上所做的功，称之为**内力虚功**，用 W'_{12}表示。P_1 所做的功 W_{12}称之为**外力虚功**。在该系统中外力 P_1 和 P_2 所做的总功为：

$$W_{外}=W_{11}+W_{12}+W_{22}$$

而 P_1 和 P_2 引起的内力所作的总功为：

$$W_{内}=W'_{11}+W'_{12}+W'_{22}$$

根据能量守恒定律，应有 $W_{外}=W_{内}$，即：

$$W_{11}+W_{12}+W_{22}=W'_{11}+W'_{12}+W'_{12}$$

根据实功原理，有：

$$W_{11}=W'_{11} \qquad W_{22}=W'_{22}$$

所以

$$W_{12}=W'_{12} \tag{14-5}$$

在上述情况中，P_1 视为第一组力先加在结构上；P_2 视为第二组力后加在结构上，两组力 P_1 与 P_2 是彼此独立无关的。式(14-5)称为**虚功原理**。其表明：**结构的第一组外力在第二组外力所引起的位移上所作的外力虚功，等于第一组内力在第二组内力所引起的变形上所作的内力虚功**。

为了便于应用，现将图 14-4(*b*)中的平衡状态分为图 14-5(*a*)和图 14-5(*b*)两个状态。图 14-5(*a*)的平衡状态称为第一状态，图 14-5(*b*)的平衡状态称为第二状态。此时虚功原理又可以描述为：第一状态上的外力和内力在第二状态相应的位移和变形上所做的外力虚功和内力虚功相等。这样第一状态也可以称为力状态，第二状态也可以称为位移状态。

虚功原理既适用于静定结构，也适用于超静定结构。

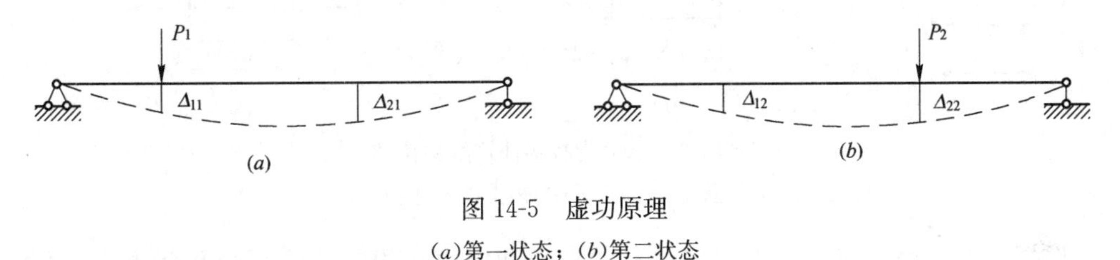

图 14-5　虚功原理

(*a*)第一状态；(*b*)第二状态

14.3　结构位移计算的一般公式

现在，我们将结合图 14-6 所示结构讨论如何运用虚功原理来解决这类问题。

图 14-6(*a*)中的虚线表示结构在荷载作用下引起的变形。现在求结构上任一截面沿任一指定方向上的位移，如 K 截面的水平位移 Δ_K。

应用虚功原理求解这个问题，首先要确定两个彼此独立的状态——力状态和位移状态。由于是要求在实际荷载作用下结构的位移，故应以图 14-16(*a*)作为结构的位移状态，而力状态则可根据解决的实际问题来虚拟。考虑到下面两方面因素，一方面，为了便于求出 Δ；另一方面，为了便于计算。因此，为了使力状态的外力能够在位移状态的所求位移 Δ_K 上做虚功，在选择虚拟力系时应只在拟求位移 Δ_K 的方向设置一单位荷载 $P_k=1$，如图 14-6(*b*)所示。由于 $P_K=1$ 是为了计算位移状态的位移而假设的，故此状态又称为虚拟状态。

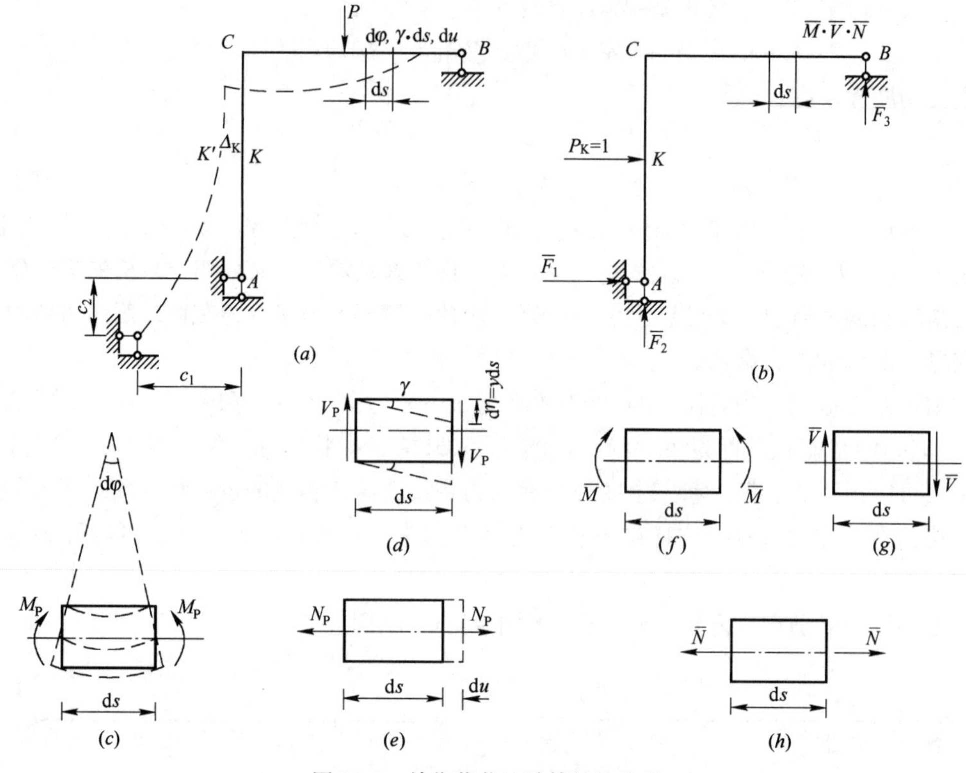

图 14-6　单位荷载法计算结构位移

(a)位移状态(实际状态)；(b)力状态(虚拟状态)

根据以上两种状态，计算虚拟状态的外力和内力在相应的实际位移状态上所做的虚功。

外力虚功：　$W_{外}=P_K\Delta_K+\overline{F}_1\cdot c_1+\overline{F}_2\cdot c_2+\overline{F}_3\cdot c_3=1\cdot\Delta_K+\Sigma\overline{F}\cdot c$

内力虚功：　$W_{内}=\Sigma\int\overline{M}\mathrm{d}\varphi+\Sigma\int\overline{N}\mathrm{d}u+\Sigma\int\overline{V}\gamma\mathrm{d}s$

式中　$\overline{F}_1$，$\overline{F}_2$，…——虚拟单位力引起的广义支座反力；

c_1，c_2，…——实际支座位移；

$\overline{M}$，$\overline{N}$，$\overline{V}$——单位力 $P_K=1$ 作用所引起的某微段上的内力；

$\mathrm{d}\varphi$，$\mathrm{d}u$，$\gamma\mathrm{d}s$——实际状态中微段相应的变形；

γ——剪应变。

由虚功原理：　$W_{外}=W_{内}$，有：

$$\Delta_K=-\Sigma\overline{F}\cdot c+\Sigma\int\overline{M}\mathrm{d}\varphi+\Sigma\int\overline{N}\mathrm{d}u+\Sigma\int\overline{V}\gamma\mathrm{d}s \tag{14-6}$$

上式即为平面杆件结构位移计算的一般公式。这种计算位移的方法称为**单位荷载法**。

设置单位荷载时，应注意下面两个问题：

(1) 虚拟单位力 $P=1$ 必须与所求位移相对应。欲求结构上某一点沿某个方向的线位移，则应在该点所求位移方向加一个单位力(图14-7a)；欲求结构上某一截面的角位移，则在该截面处加一单位力偶(图14-7b)；求桁架某杆的角位移时，在该杆两端加一对与杆轴垂直的反向平行力使其构成一个单位力偶，力偶中每个力都等于$\frac{1}{l}$(图14-7c)；求结构上某两点C、D的相对位移时，在此二点连线上加一对方向相反的单位力(图14-7d)；求结构上某两个截面E、F的相对角位移时，在此二截面上加一对转向相反的单位力偶(图14-7e)；求桁架某两杆的相对角位移时，在此二杆上加两个转向相反的单位力偶(图14-7f)。

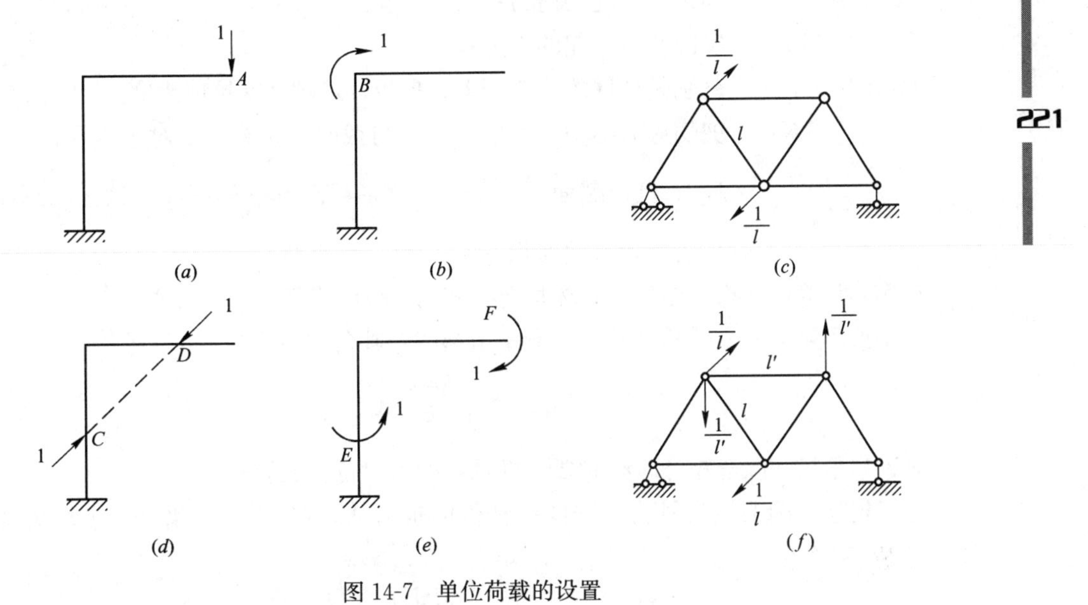

图14-7　单位荷载的设置

(2) 因为所求的位移方向是未知的，所以虚拟单位力的方向可以任意假定。若计算结果为正，表示实际位移的方向与虚拟力方向一致；反之，则其方向与虚拟力的方向相反。

14.4　静定结构在荷载作用下的位移计算

若静定结构的位移仅仅是由荷载作用引起的，则$c=0$，因此式(14-6)可改写为

$$\Delta_{\mathrm{KP}}=\Sigma\int\overline{M}\mathrm{d}\varphi+\Sigma\int\overline{N}\mathrm{d}u+\Sigma\int\overline{V}\gamma\mathrm{d}s \tag{14-7}$$

$\mathrm{d}\varphi$，$\mathrm{d}u$，$\gamma\mathrm{d}s$——实际状态中微段$\mathrm{d}s$上在荷载作用下产生的变形：

$$\mathrm{d}\varphi=\frac{1}{\rho}\mathrm{d}s=\frac{M_{\mathrm{P}}}{EI}\mathrm{d}s$$

$$du=\frac{N_P}{EA}ds$$

$$\gamma ds=\frac{\tau}{G}ds=K\frac{V_P}{GA}ds$$

代入式(14-7)中得：

$$\Delta_{KP}=\Sigma\int\frac{\overline{M}M_P}{EI}ds+\Sigma\int\frac{\overline{N}N_Pds}{EA}+\Sigma\int K\frac{\overline{V}V_P}{GA}ds \tag{14-8}$$

这就是结构在荷载作用下的位移计算公式。式(14-8)右边三项分别代表虚拟状态下的内力($\overline{M}$、$\overline{N}$、$\overline{V}$)在实际状态相应的变形上所作的虚功。

式中　$\overline{M}$，$\overline{N}$，$\overline{V}$——虚设力引起的内力；

M_P，N_P，V_P——实际荷载引起的内力；

EI、EA、GA——分别是杆件的抗弯刚度、抗拉(压)刚度、抗剪刚度；

K——剪切应力不均匀系数。其值与截面形状有关，对于矩形截面 $K=1.2$；圆形截面 $K=\frac{10}{9}$；工字形截面 $K\approx\frac{A}{A'}$，A 为截面的总面积，A'为腹板截面面积。

在实际计算中，根据结构的具体情况，式(14-8)可简化为如下公式：

对于梁和刚架，其位移主要是由弯矩引起的，其公式简化为：

$$\Delta_{KP}=\Sigma\int\frac{\overline{M}M_P}{EI}ds \tag{14-9}$$

对于扁平拱，除弯矩外，有时要考虑轴向变形对位移的影响。

对于桁架，因为只有轴力，若同一杆件的轴力 $\overline{N}$，N_P 及 EA 沿杆长 l 均为常数，故式(14-8)可简化为：

$$\Delta_{KP}=\Sigma\frac{\overline{N}N_Pl}{EA} \tag{14-10}$$

【例 14-1】 试求图 14-8(*a*)所示等截面简支梁中点 C 的竖向位移 Δ_C^V。已知 $EI=$常数。

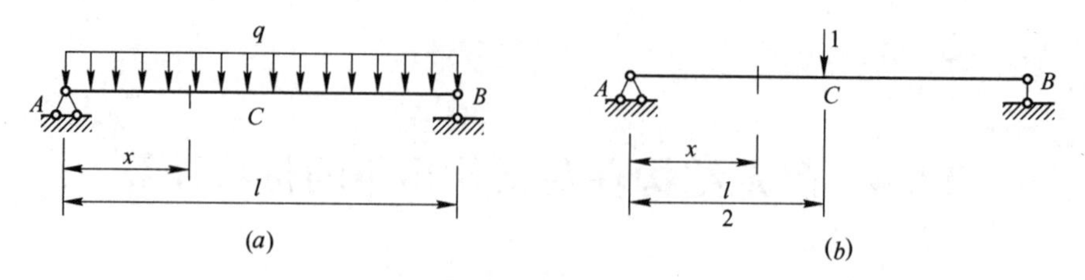

图 14-8　例 14-1 图

(*a*)实际状态；(*b*)虚拟状态

【解】 (1) 在 C 点加一竖向单位荷载作为虚拟状态(图 14-8*b*)，分段列求出单位荷载作用下梁的弯矩方程。设以 A 为坐标原点，则当 $0\leqslant x\leqslant\frac{l}{2}$时，有：

$$\overline{M}=\frac{1}{2}x$$

(2) 实际状态下(图 14-8a)杆的弯矩方程：

$$M_P=\frac{q}{2}(lx-x^2)$$

(3) 因为结构对称，所以由式(14-9)得：

$$\Delta_C^V=2\int_0^{\frac{l}{2}}\frac{1}{EI}\times\frac{x}{2}\times\frac{q}{2}(lx-x^2)\mathrm{d}x=\frac{q}{2EI}\int_0^{\frac{l}{2}}(lx^2-x^3)\mathrm{d}x=\frac{5ql^4}{384EI}(\downarrow)$$

计算结果为正，说明 C 点竖向位移的方向与虚拟单位荷载的方向相同。

【例 14-2】 图 14-9(a)所示桁架各杆 EA=常数，求节点 C 的竖向位移 Δ_C^V。

【解】 (1) 为求 C 点的竖向位移，在 C 点加一竖向单位力，并求出 $P_K=1$ 引起的各杆轴力 $\overline{N}$(图 14-9b 所示)；

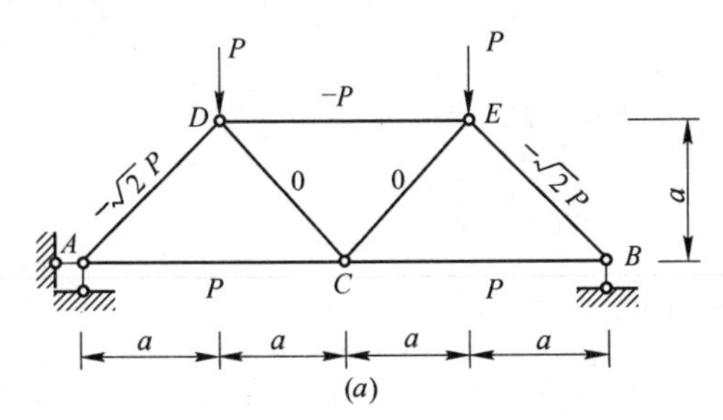

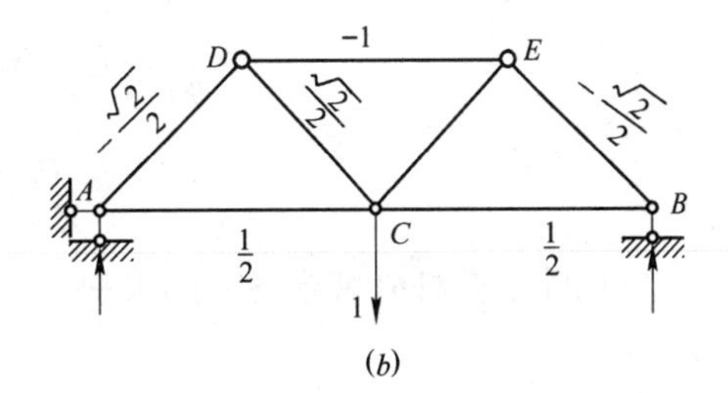

图 14-9　例 14-2 图

(a)N_P；(b)$\overline{N}$

(2) 求出实际状态下各杆的轴力 N_P(图 14-9a 所示)；

(3) 将各杆 $\overline{N}$、N_P 及其长度列入表 14-1 中，再运用公式进行运算。

桁架位移计算　　**表 14-1**

杆　件	$\overline{N}$	N_P	l	$\overline{N}N_Pl$
AD	$-\frac{\sqrt{2}}{2}$	$-\sqrt{2}P$	$\sqrt{2}a$	$\sqrt{2}aP$
AC	$\frac{1}{2}$	P	$2a$	Pa
DE	-1	$-P$	$2a$	$2Pa$
DC	$\frac{\sqrt{2}}{2}$	0	$\sqrt{2}a$	0

因为该桁架是对称的，所以由式(14-10)得：

$$\Delta_C^V=\Sigma\frac{1}{EA}\overline{N}N_Pl=\frac{Pa}{EA}(2\sqrt{2}+2+2+0)$$

$$=\frac{2Pa}{EA}(\sqrt{2}+2)=6.83\frac{Pa}{EA}(\downarrow)$$

计算结果为正，说明 C 点的竖向位移与假设的单位力方向相同。

如果桁架中有较多的杆件内力为零，计算较为简单时，可不列表，直接代入公式即可。

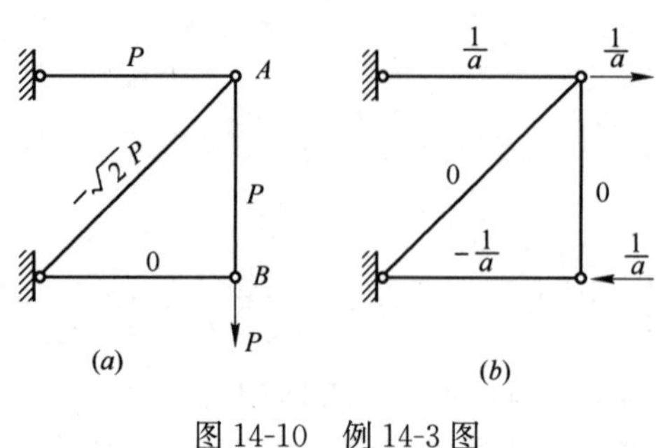

图 14-10　例 14-3 图

【例 14-3】　试求图 14-10(a)边长为 a 的正方形桁架 AB 杆的转角位移 φ_{A-B}，$EA=$常数。

【解】（1）在杆 AB 上加单位力偶(图 14-10b 所示)。求桁架杆件转角时，不能在杆件任意位置加一单位力偶。因桁架只能在结点上受力，所以必须在杆件两端加上一对大小相等、方向相反的平行力，这对力的作用相当于单位力偶，虚拟状态如图 14-10(b)所示；

（2）作两种状态的轴力 N_P、$\overline{N}$，如图 14-10(a)、(b)所示；

（3）由式(14-10)得：

$$\varphi_{A-B}=\Sigma\frac{\overline{N}N_P l}{EA}=\frac{1}{EA}\times\frac{1}{a}Pa$$
$$=\frac{P}{EA}(\curvearrowright)$$

可见除上弦杆外其余各杆的乘积 $N_P\overline{N}$ 均为零。

14.5　图　乘　法

图乘法是计算梁和刚架在荷载作用下位移的一种工程实用方法。该方法是积分式的一种简化，可避开列内力方程及解积分式的复杂计算问题。

14.5.1　图乘条件

在应用公式

$$\Delta=\Sigma\int\frac{\overline{M}M_P}{EI}ds$$

计算梁或刚架的位移时，结构的各杆段若满足以下三个条件，就可以用图乘法来计算：

①EI 为常数或分段为常数；②杆轴为直线或分段为直线；③$\overline{M}$ 和 M_P 两个弯矩图中至少有一个为直线图形或分段为直线图形。

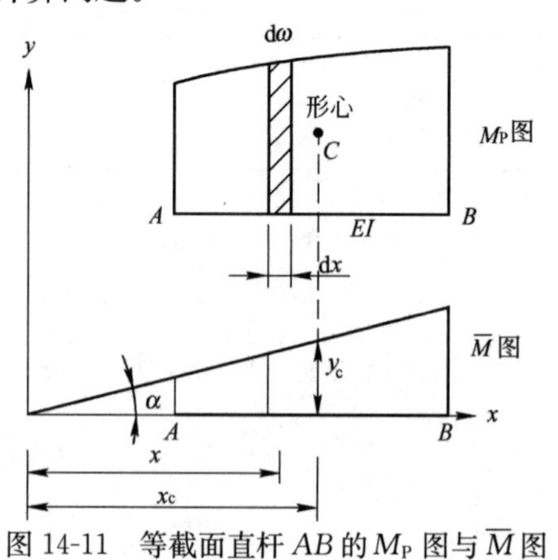

图 14-11　等截面直杆 AB 的 M_P 图与 $\overline{M}$ 图

14.5.2　图乘公式推导

如图 14-11 所示为一等截面直杆 AB 的两个弯矩图，假设 $\overline{M}$ 图为一段直线形，而 M_P 图为任意一图形。

$$\overline{M}=x\tan\alpha$$

阴影线面积：$d\omega=M_P dx$

而且 $x d\omega$ 为 M_P 图微面积对 y 轴的静矩。

则 $\int_A^B x d\omega$ 为整个 M_P 图的面积对 y 轴的静矩，它等于 M_P 图的面积 ω 乘以其形心 C 到 y 轴的距离 x_c，即 $\int_A^B x d\omega=\omega x_c$

所以
$$\begin{aligned}\int_A^B \frac{\overline{M}M_P}{EI}ds &= \frac{1}{EI}\int_A^B \overline{M}M_P dx \\ &= \frac{1}{EI}\int_A^B x\tan\alpha \cdot d\omega \\ &= \frac{1}{EI}\tan\alpha\int_A^B x d\omega = \frac{1}{EI}\tan\alpha \cdot \omega x_c \\ &= \frac{\omega y_c}{EI}\end{aligned}$$

故得图乘公式
$$\Delta=\Sigma\int\frac{\overline{M}M_P}{EI}ds=\Sigma\frac{\omega y_c}{EI} \tag{14-11}$$

式中　y_c——M_P 图的形心 C 处所对应的 $\overline{M}$ 图的纵坐标。

14.5.3　应用图乘公式计算结构位移时应注意的几个问题

1. 图乘前先要进行分段处理，使每段严格满足：直杆；EI 为常数；$\overline{M}$、M_P 至少有一个为直线的条件。

2. ω、y_c 是分别取自两个弯矩图的量，不能取在同一图上。

3. y_c 必须取自直线图形，y_c 的位置与另一图形的形心对应；ω 与 y_c 在构件同侧乘积为正，异侧为负。

4. 为了图乘方便，必须熟记几种常见几何图形的面积公式及形心位置，如图 14-12 所示。

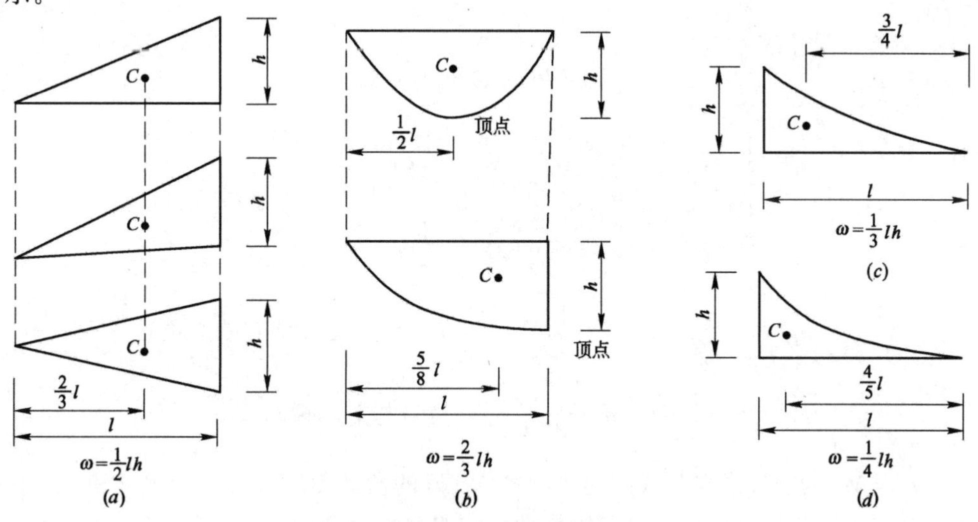

图 14-12　常用图形面积及形心位置

(a)三角形；(b)二次抛物线；(c)二次抛物线；(d)三次抛物线

14.5.4 图乘技巧

1. 图中标准抛物线图形顶点位置的确定。

"顶点"是指该点的切线平行于基线的点，即**顶点处截面的剪力应等于零**。图14-13所示的在集中力及均布荷载作用下悬臂梁的弯矩图，其形状虽与图 14-12(c)相像，但不能采用其面积和形心位置公式，因为 B 点处的剪力不为零，即 B 点不是抛物线弯矩图的顶点。这时应采用图形叠加的方法解决。

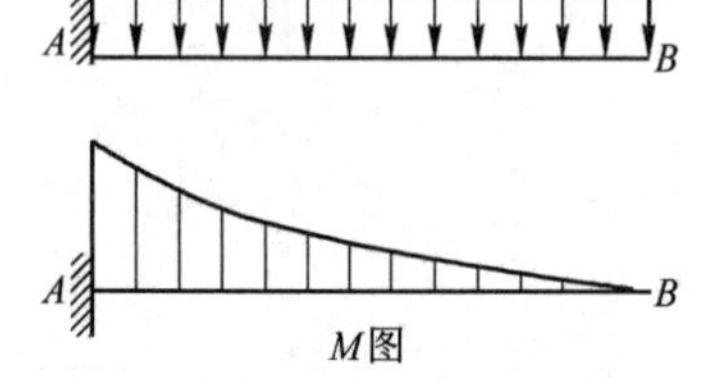

图 14-13　非标准抛物线弯矩图

2. 若遇较复杂的图形不便确定形心位置，则应运用叠加原理，把图形分解后相图乘，然后求其结果的代数和。例如：

(1) 在结构某一根杆件上 $\overline{M}$ 图为折线形时(图14-14a)，可将 $\overline{M}$ 图分成几个直线段部分，然后将各部分分别按图乘法计算，最后叠加；

(2) 若 M_P 图和 $\overline{M}$ 图都是梯形(图 14-14b)，则可以将它分解成两个三角形，分别图乘然后再叠加，即：

$$\int M_P\overline{M}\mathrm{d}x=\omega_1 y_1+\omega_2 y_2$$

式中　$\omega_1=\frac{1}{2}al$　　$\omega_2=\frac{1}{2}bl$

$y_1=\frac{2}{3}c+\frac{1}{3}d$　　$y_2=\frac{1}{3}c+\frac{2}{3}d$；

(3) 若 M_P 图和 $\overline{M}$ 图均有正、负两部分(图 14-14c)则可将 M_P 图看作是两个三角形的叠加，三角形 ABC 在基线的上边为正值，高度为 a，三角形 ABD 在基线的下边为负值，高度为 b。然后将两个三角形面积各乘以相应的 $\overline{M}$ 图的纵标(注意乘积结果的正负)再叠加。

即
$$\int M_P\overline{M}\mathrm{d}x=\omega_1 y_1+\omega_2 y_2$$

其中　$\omega_1=\frac{1}{2}al$，　　$\omega_2=\frac{1}{2}bl$

$y_1=\frac{2}{3}c-\frac{1}{3}d$，　　$y_2=\frac{2}{3}d-\frac{1}{3}c$

$$\omega_1 y_1=-\frac{1}{2}al\left(\frac{2}{3}c-\frac{1}{3}d\right)$$　（ω_1 与 y_1 是异侧，故为负）

$$\omega_2 y_2=-\frac{1}{2}bl\left(\frac{2}{3}d-\frac{1}{3}c\right)$$　（负号与上同理）

(4) 若 M_P 为非标准抛物线图形时可将 AB 段的弯矩图形分为一个梯形和一个标准抛物线进行叠加(图 14-14d)，这段直杆的弯矩图与相应简支梁在两端弯矩 M_A、M_B(图示情况为正值)和均布荷载 q 作用下的弯矩图是相同的。从图 14-14d 看出，以 M_A、M_B

连线为基线的抛物线在形状上虽不同于水平基线的抛物线，但两者对应的弯矩纵标 y 处处相等且垂直于杆轴，故对应的每一微分面积 $y\mathrm{d}x$ 仍相等。因此两个抛物线图形的面积大小和形心位置是相等的，即 $\omega=\frac{2}{3}\times a\times\frac{1}{8}qa^2$（不能采用图 14-14$d$ 中的虚线 CD 长度）。

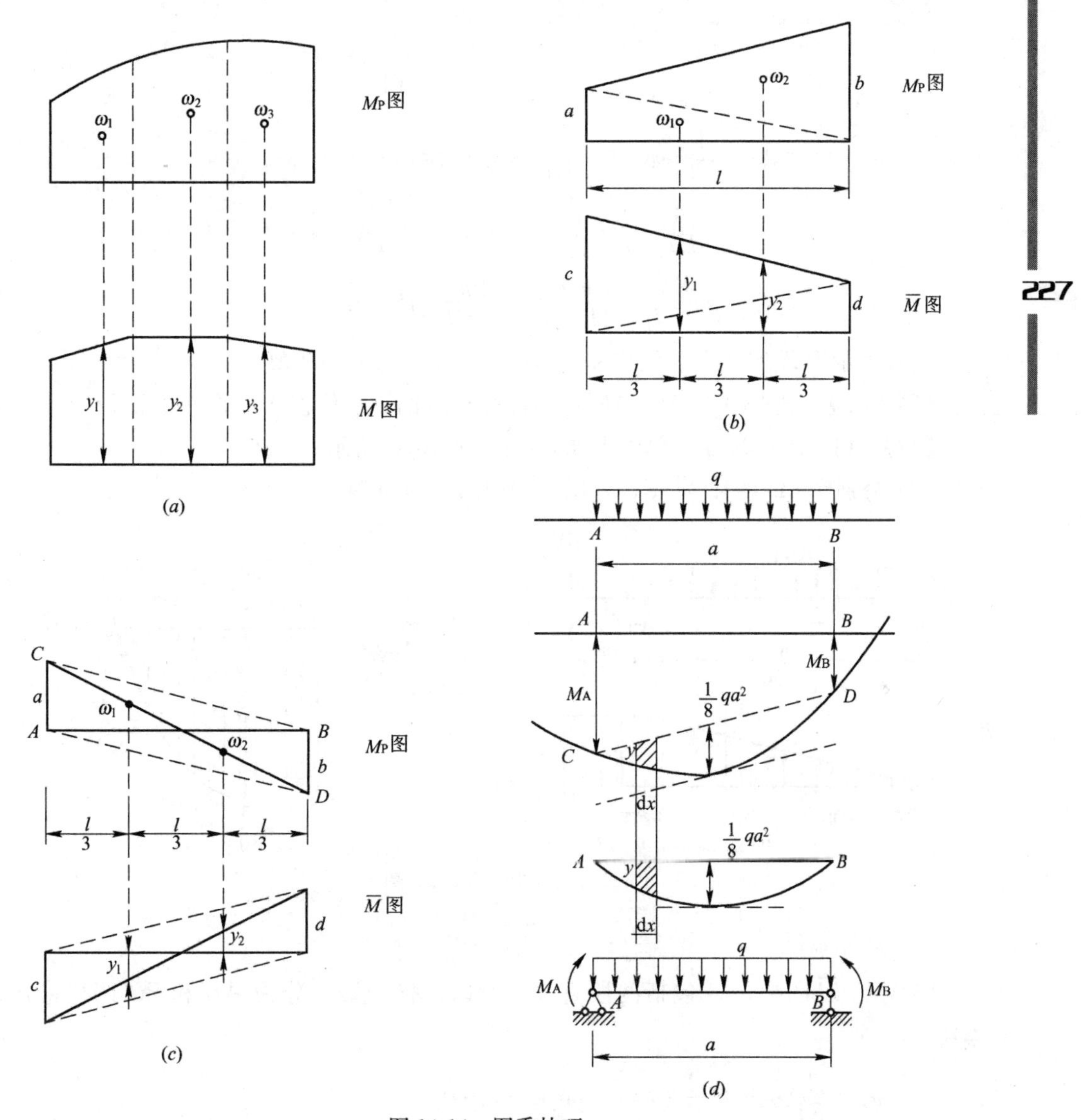

图 14-14 图乘技巧

【例 14-4】 试求图 14-15(a)所示刚架在水平力 P 作用下 B 点的水平位移 Δ_B^H。柱与横梁的截面惯性矩如图 14-15(a)所示。

【解】 (1) 在 B 端加一水平力，如图 14-15(c)所示；

(2) 分别作 M_P 与 $\overline{M}$ 图，如图 14-15(b)及图 14-15(c)所示；

(3) 计算 Δ_B^H，由式(14-11)得：

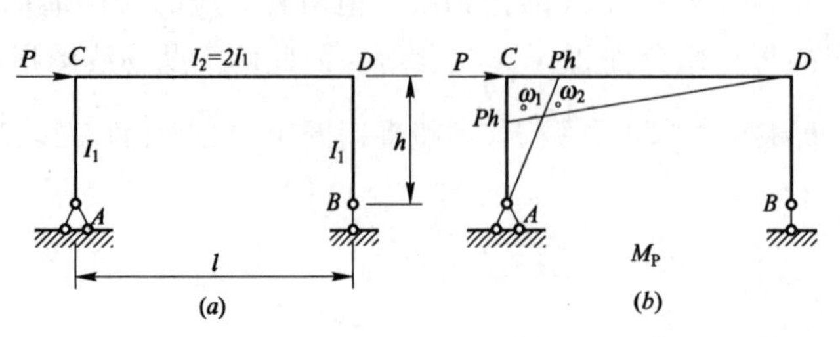

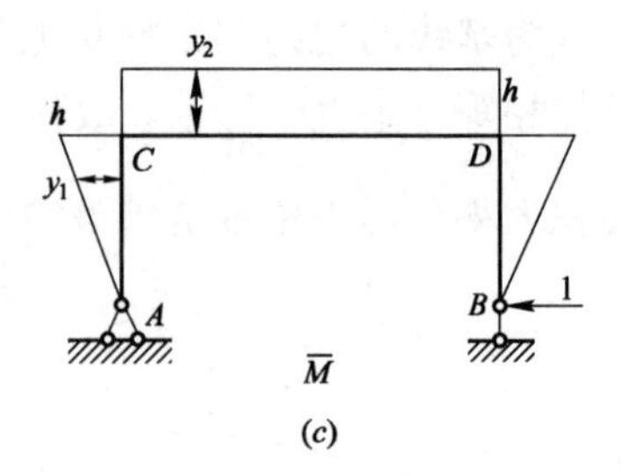

图 14-15　例 14-4 图

$$\Delta_B^H=\frac{1}{EI}\Sigma\omega y_c=-\frac{1}{EI_1}\omega_1 y_1-\frac{1}{2EI_1}\omega_2 y_2$$

$$=-\frac{1}{EI_1}\left(\frac{1}{2}\times h\times Ph\times\frac{2}{3}h\right)-\frac{1}{2EI_1}\left(\frac{1}{2}\times Ph\times l\times h\right)$$

$$=-\frac{Ph^3}{3EI_1}-\frac{Ph^2 l}{4EI_1}=-\frac{Ph^2}{12EI_1}(4h+3l)(\rightarrow)$$

负号表示 B 端实际水平位移方向与所假设单位力方向相反。

【例 14-5】 试求图 14-16(a)所示伸臂梁 C 端的转角位移 φ_c。$EI=45\text{kN}\cdot\text{m}^2$。

【解】 (1) 在 C 端加一单位力偶，如图 14-16(c)所示；

(2) 分别作 M_P 图和 $\overline{M}$ 图，如图 14-16(b)、(c)所示；

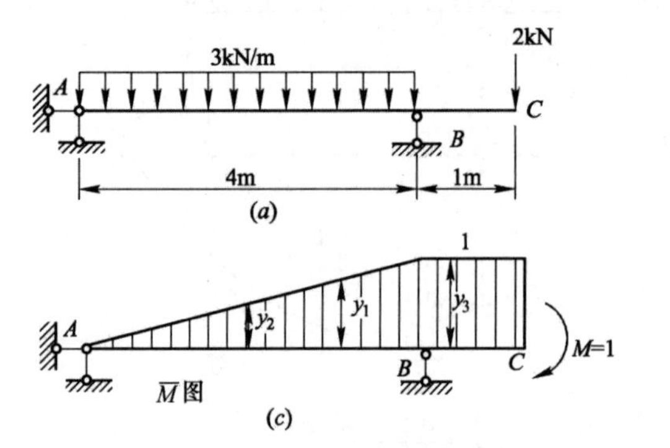

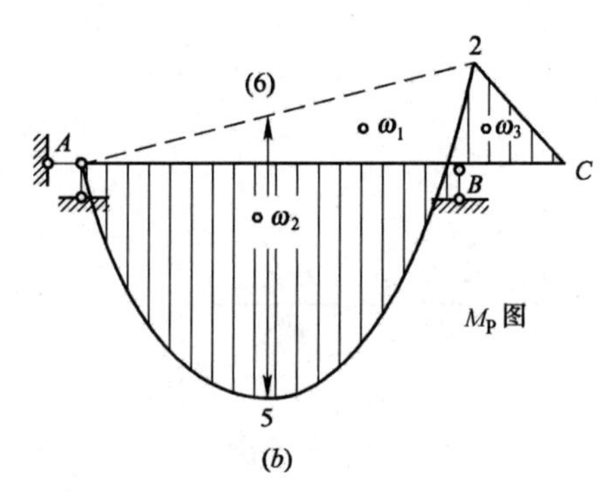

图 14-16　例 14-5 图

(3) 计算 φ_c

将 M_P、$\overline{M}$ 图乘，$\overline{M}$ 包括两段直线，所以，整个梁应分为 AB 和 BC 两段应用图乘法。

$$\varphi_c=\frac{1}{EI}\Sigma\omega y_c=\frac{1}{EI}(\omega_1 y_1-\omega_2 y_2+\omega_3 y_3)$$

$$=\frac{1}{EI}\left(\frac{1}{2}\times 4\times 2\times\frac{2}{3}\times 1-\frac{2}{3}\times 4\times 6\times\frac{1}{2}\times 1+\frac{1}{2}\times 1\times 2\times 1\right)$$

$$=\frac{1}{45}\left(4\times\frac{2}{3}-16\times\frac{1}{2}+1\right)$$

$$=-0.096(\text{rad})(\curvearrowleft)$$

负号表示 C 端转角的方向与所假设单位力偶的方向相反。

【例 14-6】　试求图 14-17(a)所示伸臂梁 A 端的转角位移 φ_A 及 C 端的竖向位 Δ_C^V。$EI=5\times10^4\text{kN}\cdot\text{m}^2$。

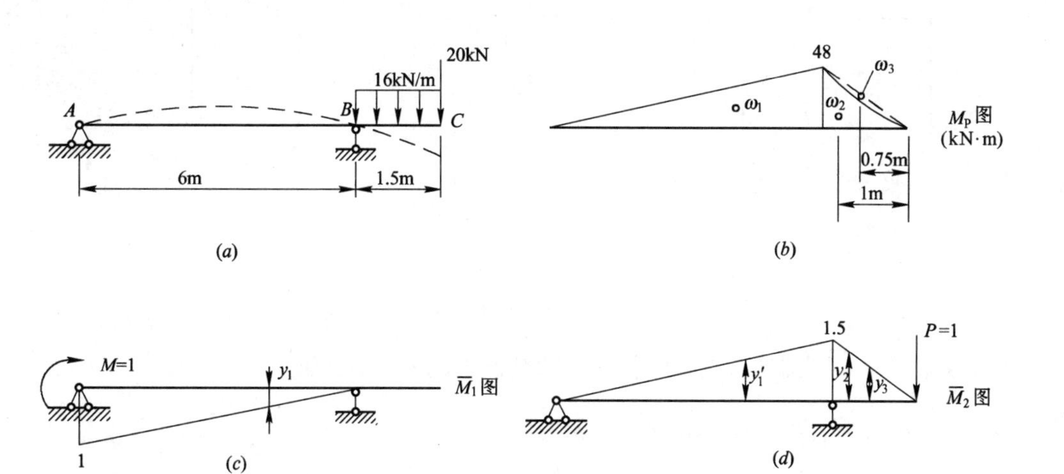

图 14-17　例 14-6 图

【解】　(1) 分别在 A 端加一单位力偶，在 C 端加一竖向单位力，如图 14-17(c)、(d)；

(2) 分别作 M_P 图及两个 $\overline{M}$ 图，如图 14-17(b)、(c)、(d)所示；

(3) 将图 M_P 与图 $\overline{M}$ 图乘，则得：

$$\varphi_A=\frac{1}{EI}\Sigma\omega y_c=-\frac{1}{EI}\omega_1 y_1$$

$$=-\frac{1}{5\times10^4}\times\frac{1}{2}\times48\times6\times\frac{1}{3}\times1=-9.6\times10^{-4}(\text{rad})(\curvearrowleft)$$

为了计算 Δ_C^V 值，需将图 14-17(b)与图 14-17(d)图乘。此时，对于 AB 段并无任何困难，而对承受均布荷载的 BC 区段，由于原结构 C 点作用一集中力，故在 M_P 图中，C 点并不是 BC 段抛物线顶点，图乘时可将 M_P 图看作是由 B、C 两端的弯矩竖标所连成的三角形图形与相应简支梁在均布荷载作用下的标准抛物线图形(图 14-17b 中的虚线与曲线之间所包含的面积)叠加而成的。将上述两种图形分别与图 14-17(d)的相应部分图乘，由此可得：

$$\Delta_C^V=\frac{1}{EI}(\omega_1 y_1'+\omega_2 y_2-\omega_3 y_3)$$

$$=\frac{1}{5\times10^4}\times\Big(\frac{1}{2}\times48\times6\times\frac{2}{3}\times1.5+\frac{1}{2}\times48\times1.5\times\frac{2}{3}$$

$$\times1.5-\frac{2}{3}\times\frac{1}{8}\times16\times(1.5)^2\times1.5\times\frac{1}{2}\times1.5\Big)$$

$$=35.3\times10^{-4}\text{m}=3.53\text{mm}(\downarrow)$$

【例 14-7】　试求图 14-18 刚架上节点 K 的转角位移 φ_K。已知各杆长 l，梁、柱刚度分别为 $4EI$、EI。

【解】　(1) 在 K 点加一单位力偶，如图 14-18(c)；

(2) 分别作 M_P、$\overline{M}$ 图，如图 14-18(b)、(c)所示；

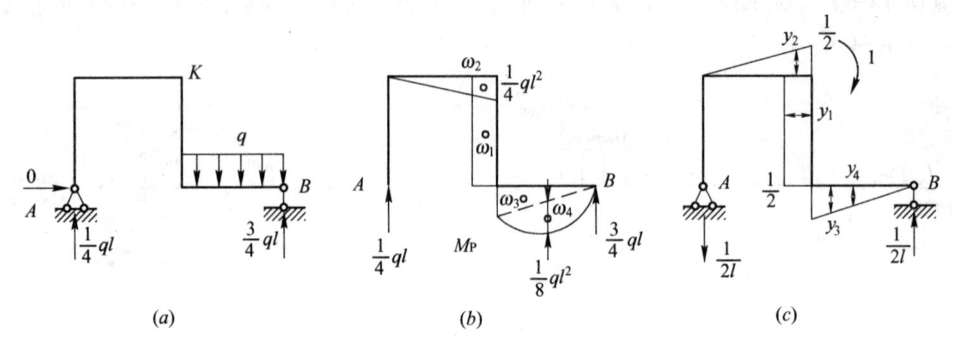

图 14-18　例 14-7 图

(3) 将 M_P、$\overline{M}$ 图乘。图乘时将均布荷载段上的 M_P 图分解。

$$\varphi_K=\frac{1}{EI}\omega_1 y_1+\frac{1}{4EI}(-\omega_2 y_2+\omega_3 y_3+\omega_4 y_4)$$

$$=\frac{1}{EI}\times\frac{ql^2}{4}\times l\times\frac{1}{2}+\frac{1}{4EI}\left(-\frac{1}{2}\times\frac{ql^2}{4}\times l\times\frac{2}{3}\times\frac{1}{2}+\frac{1}{2}\times\frac{ql^2}{4}\times l\times\frac{2}{3}\times\frac{1}{2}+\frac{2}{3}\times\frac{ql^2}{8}\times l\times\frac{1}{2}\times\frac{1}{2}\right)$$

$$=\frac{25ql^3}{192EI}(\circlearrowright)$$

上式右边第一项是立柱上 M_P、$\overline{M}$ 图的图乘，带圆括号的一项是两根横梁上弯矩图的图乘。

14.6　静定结构在支座移动时的位移计算

设图 14-19(a)所示静定结构，其支座发生了水平位移 c_1、竖向沉陷 c_2 和转角 c_3，现要求由此引起的任一点沿任一方向的位移，例如 K 点的竖向位移 Δ_K^V。

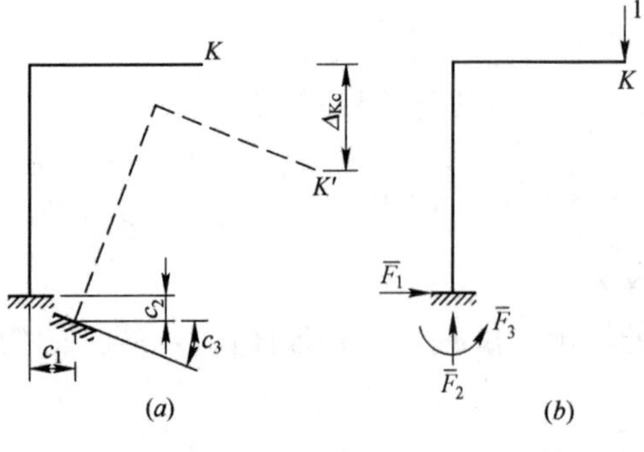

图 14-19　支座移动位移

对于静定结构，支座发生移动并不引起内力，因而材料不发生变形，故此时结构的位移纯属刚体位移，通常不难由几何关系求得，但是这里仍用虚功原理来计算这种位移。此时，位移计算的一般式(14-6)简化为：

$$\Delta_{Kc}=-\Sigma\overline{F}\cdot c \tag{14-12}$$

这就是静定结构在支座移动时的位移

计算公式。式中 $\overline{F}$ 为虚拟状态(图 14-19b)的支座反力，$\sum\overline{F}\cdot c$ 为反力虚功，当 $\overline{F}$ 与实际支座位移 c 方向一致时其乘积取正，相反时为负。此外，上式右边前面还有一负号，是原来移项时所得，不可漏掉。

【例 14-8】　图 14-20(a)所示刚架左支座移动情况。试求由此引起的 C 点水平位移 Δ_C^H。

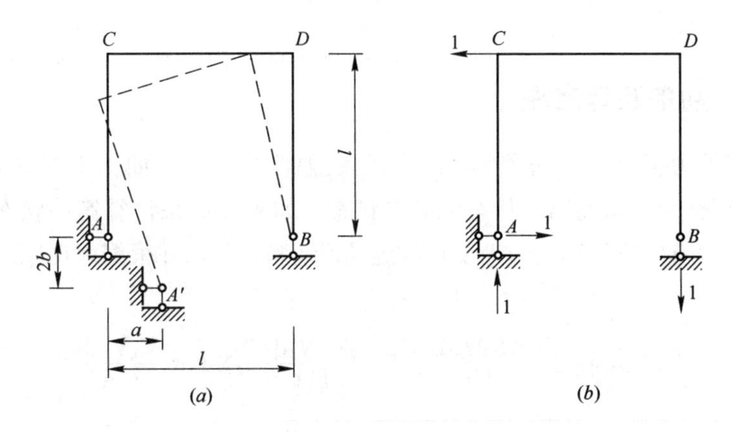

图 14-20　例 14-8 图

【解】　(1) 在 C 点加一水平单位力，即为虚拟状态(图 14-20b)；

(2) 用平衡条件求出虚拟状态下各支座反力，代入式(14-12)得：

$$\Delta_C^H=-\sum\overline{F}\cdot c=-(1\times a-1\times 2b)=2b-a$$

【例 14-9】　图 14-21(a)所示桁架右支座移动情况。求由此引起的 CB 杆的转角位移 φ_{C-B}。

【解】　(1) 在杆 CB 上加单位力偶。虚拟状态如图 14-21(b)所示；

(2) 用平衡方程 $\Sigma M_A=0$ 求得 $F_B=\frac{1}{2a}$，代入公式得：

$$\varphi_{C-B}=-\sum\overline{F}\cdot c=-\left(-\frac{1}{2a}\times b\right)=\frac{b}{2a}(\curvearrowright)$$

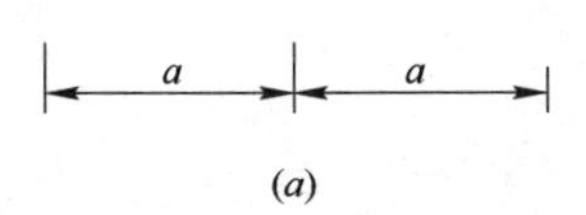

(a)　　(b)

图 14-21　例 14-9 图

14.7 互等定理

14.7.1 功的互等定理

设有两组外力 P_1 和 P_2 分别作用于同一线弹性结构上，如图 14-22(a)和图 14-22(b)所示，分别称为结构的第一状态和第二状态。如果我们来计算第一状态的外力和内力在第二状态相应的位移和变形上所作的虚功 W_{12} 和 W'_{12}，并根据虚功原理 $W_{12}=W'_{12}$，则有：

$$P_1\Delta_{12}=\Sigma\int\frac{M_1M_2\,\mathrm{d}s}{EI}+\Sigma\int\frac{N_1N_2\,\mathrm{d}s}{EA}+\Sigma\int K\frac{V_1V_2\,\mathrm{d}s}{GA} \tag{a}$$

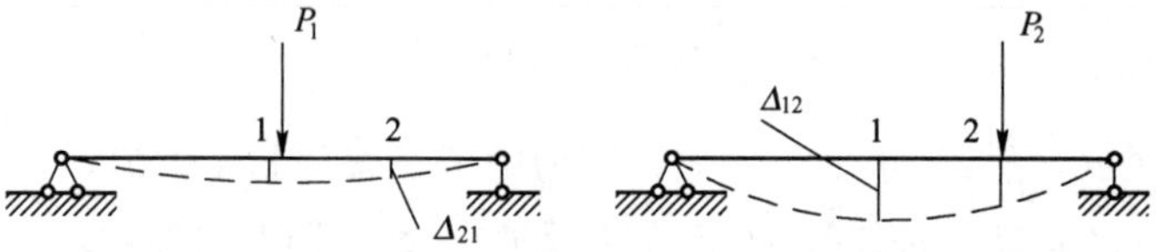

图 14-22　功的互等

(a)第一状态；(b)第二状态

这里，位移 Δ_{12} 的两个下标的含义与前相同：第一个下标“1”表示位移的地点和方向，即该位移是 P_1 作用点沿 P_1 方向上的位移；第二个下标“2”表示产生位移的原因，即该位移是由于 P_2 所引起的。

反过来，如果计算第二状态的外力和内力在第一状态相应的位移和变形上所作的虚功 W_{21} 和 W'_{21}，并根据虚功原理 $W_{21}=W'_{21}$，则有：

$$P_2\Delta_{21}=\Sigma\int\frac{M_2M_1\,\mathrm{d}s}{EI}+\Sigma\int\frac{N_2N_1\,\mathrm{d}s}{EA}+\Sigma\int K\frac{V_2V_1\,\mathrm{d}s}{GA} \tag{b}$$

上面式(a)、式(b)的右边是相等的，因此左边也应相等，故有：

$$P_1\Delta_{12}=P_2\Delta_{21} \tag{14-13}$$

或写为：

$$W_{12}=W_{21} \tag{14-14}$$

这表明：**第一状态的外力在第二状态的位移上所作的虚功，等于第二状态的外力在第一状态的位移上所作的虚功。这就是功的互等定理。**

14.7.2 位移互等定理

如图 14-23 所示，假设两个状态中的荷载都是单位力，即 $P_1=1$、$P_2=1$，则由功的互等定理即式(14-12)有：

$$1 \cdot \Delta_{12} = 1 \cdot \Delta_{21}$$

即

$$\Delta_{12} = \Delta_{21}$$

此处 Δ_{12} 和 Δ_{21} 都是由于单位力所引起的位移，为了明显起见，改用小写字母 δ_{12} 和 δ_{21} 表示，于是将上式写成：

$$\delta_{12} = \delta_{21} \tag{14-15}$$

这就是位移互等定理。它表明：**第二个单位力所引起的第一个单位力作用点沿其方向的位移，等于第一个单位力所引起的第二个单位力作用点沿其方向的位移。**这里的单位力也包括单位力偶，即可以是广义单位力。位移也包括角位移，即是相应的广义位移。例如在图 14-24 的两个状态中，根据位移互等定理，应有 $\varphi_A = f_C$。实际上，由材料力学可知：

$$\varphi_A = \frac{PL^2}{16EI}, \qquad f_C = \frac{Ml^2}{16EI}$$

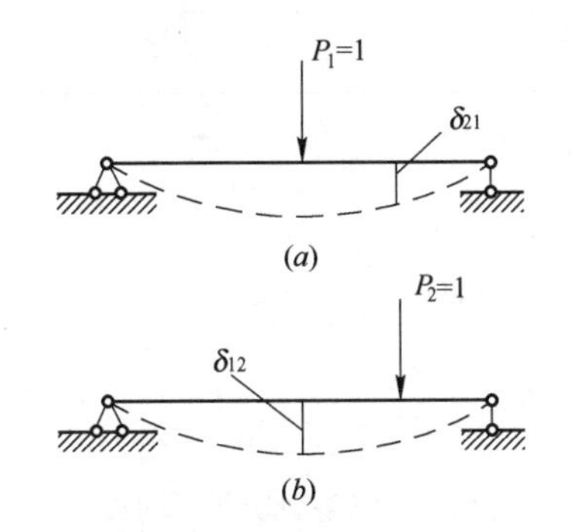

图 14-23　位移互等（一）

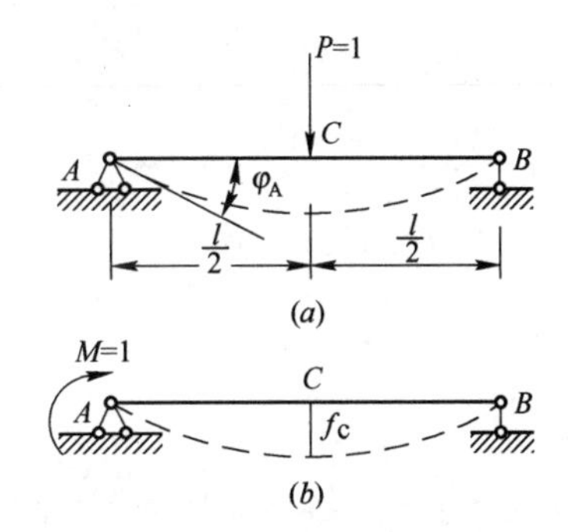

图 14-24　位移互等（二）

现在 $P=1$、$M=1$(注意，这里的 1 都是不带单位的，即都是无量纲量)，故有 $\varphi_A = f_C = \frac{l^2}{16EI}$。可见，虽然 φ_A 代表单位力引起的角位移，f_C 代表单位力偶引起的线位移，含义不同，但此时二者在数值上是相等的，量纲也相同。

复习思考题

1. 杆系位移计算的一般公式中各项的物理意义是什么?
2. 应用单位荷载法计算出结构某处的位移 Δ 在数值上是否等于该单位荷载所作的虚功?
3. 应用图乘法求位移的必要条件是什么? 什么情况要用积分求位移?
4. 图乘中为什么可以把图形分解，在数学上根据是什么?
5. 图 14-25(a)、(b)中各杆 EA 相同，则两图中 C 点的竖向位移是否相等?
6. 图 14-26 中所示斜梁 EI=常数，则截面 A 的转角 $\varphi_A = \frac{ql^3}{24EI}$(↓)，是否正确?
7. 图 14-27 图乘结果是否正确：$\frac{1}{EI}\left(\frac{1}{2}ac \times \frac{2}{3}d + \frac{2}{3}bc \times \frac{5}{8}d\right)$。
8. 对于静定结构，没有变形就没有位移。这种说法对吗?

(a)

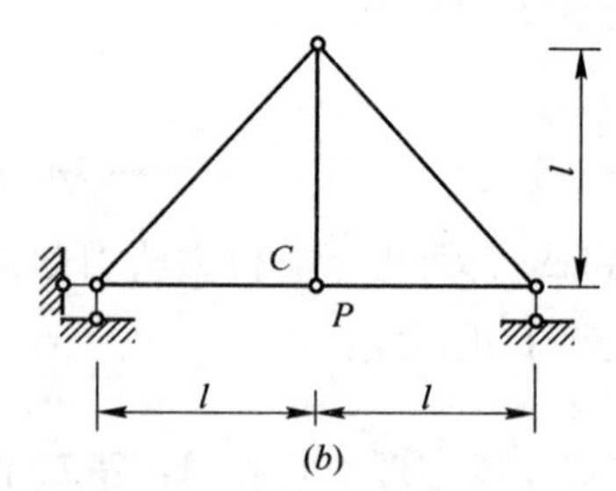

(b)

图 14-25　思考题 5 图

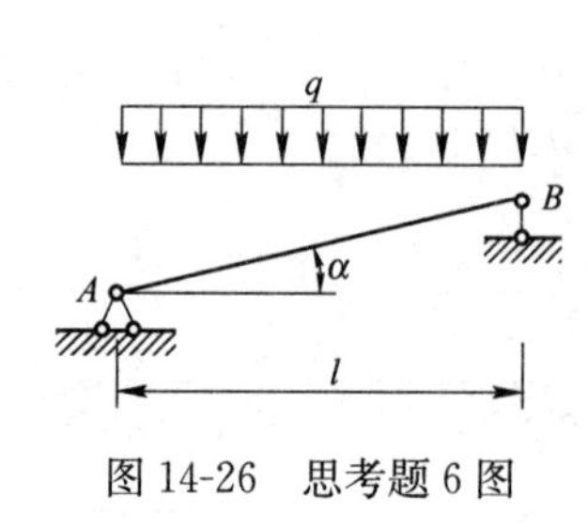

图 14-26　思考题 6 图

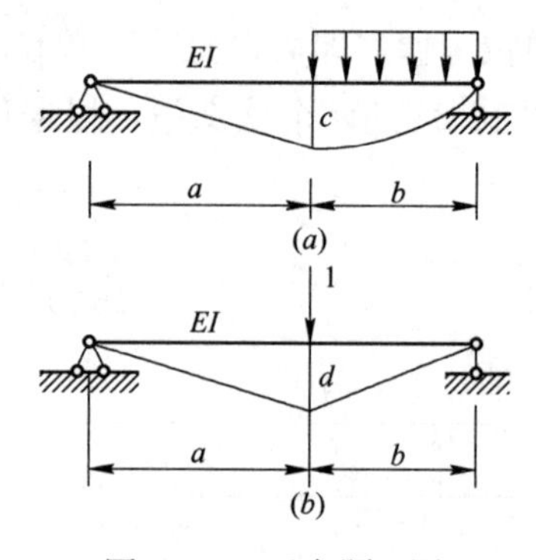

(a)

(b)

图 14-27　思考题 7 图

(a)M_P 图；(b)$\overline{M}$ 图

习　　题

14-1　用积分法求图 14-28 所示悬臂梁 A 端的竖向位移 Δ_A^V 和转角 φ_A(忽略剪切变形的影响)。

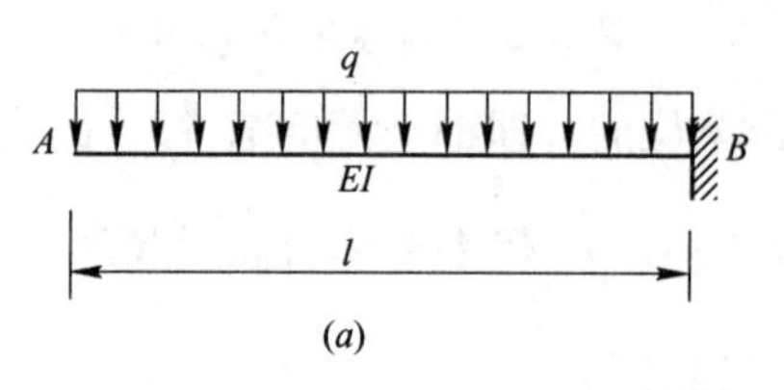

(a)

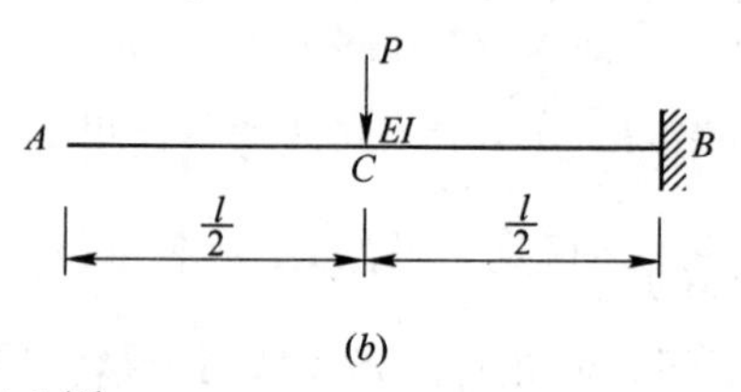

(b)

图 14-28　习题 14-1 图

14-2　图 14-29 所示桁架，各杆 EA=常数。求 C 点的水平位移 Δ_C^H。

14-3　用图乘法计算题 14-1。

14-4　试用积分法求图 14-30 所示刚架的 B 点水平位移 Δ_B^H。已知各杆 EI=常数。

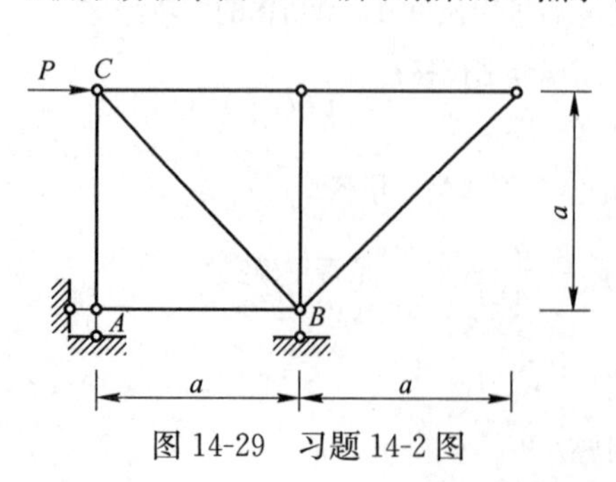

图 14-29　习题 14-2 图

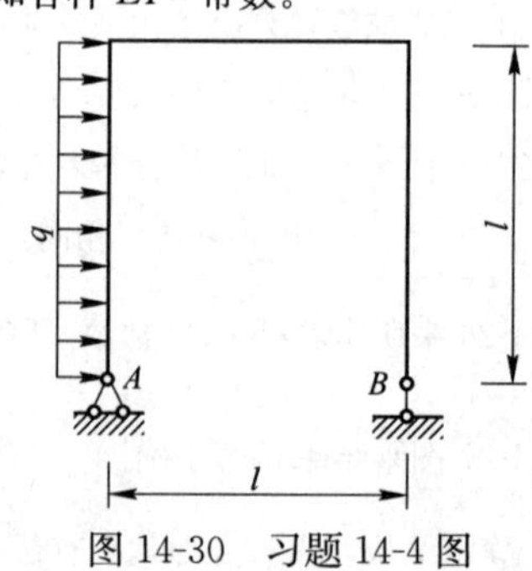

图 14-30　习题 14-4 图

14-5　如图 14-31 所示，用图乘法求结构中 B 处的转角 φ_B 和 C 点的竖向位移 Δ_C^V。EI=常数。

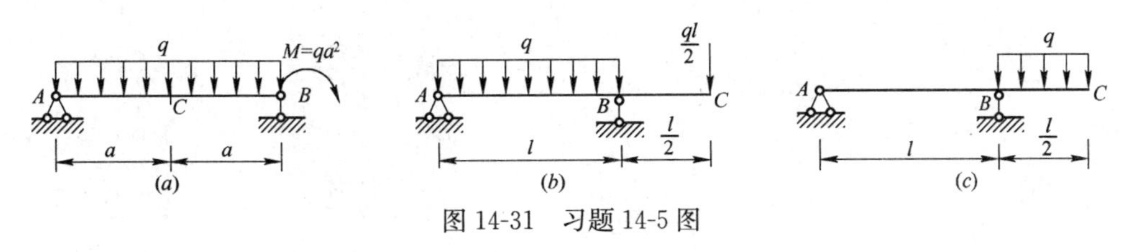

图 14-31　习题 14-5 图

14-6　如图 14-32 所示，用图乘法计算下列各题。

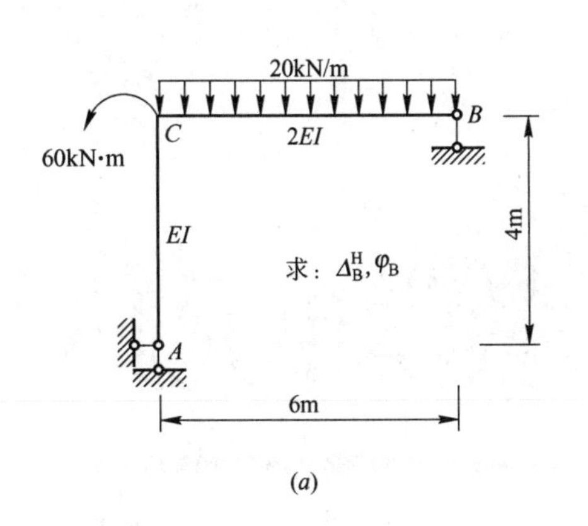

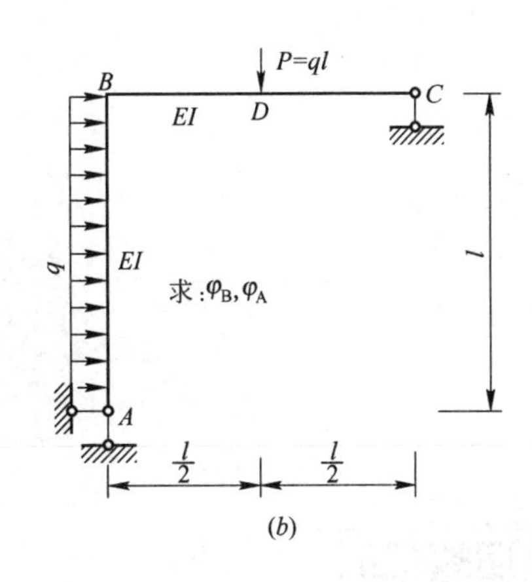

图 14-32　习题 14-6 图

14-7　图 14-33 所示简支刚架支座 B 下沉 b，试求 C 点水平位移 Δ_C^H。

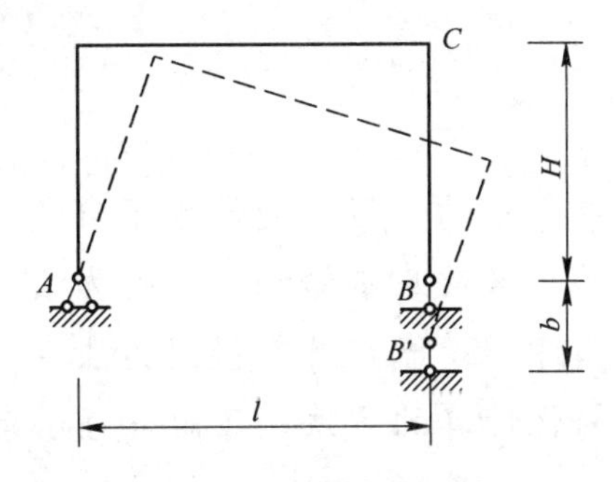

图 14-33　习题 14-7 图

14-8　图 14-34 所示梁支座 B 下移 Δ_1。求截面 E 的竖向位移 Δ_E^V。

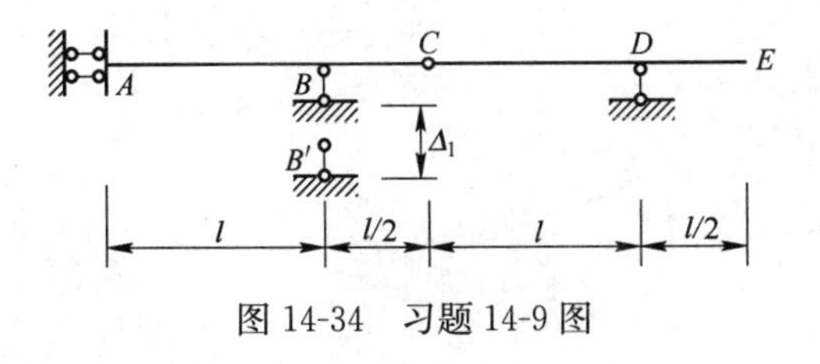

图 14-34　习题 14-9 图

教学单元15

力　　法

【教学目标】 通过本单元的学习，使学生了解超静定结构的概念，能准确地确定超静定结构的次数及基本结构；理解力法的基本原理及解题思路，能熟练写出力法典型方程；能熟练掌握用力法计算常用的简单超静定结构；了解利用对称性简化计算的方法；了解支座移动时单跨超静定梁的计算。

15.1　超静定次数的确定

我们知道，超静定结构由于有多余约束存在，约束反力未知量的数目多于平衡方程数目，仅靠平衡方程不能确定结构的支座反力。从几何组成方面来说，结构的超静定次数就是多余约束的个数；从静力平衡看，超静定次数就是运用平衡方程分析计算结构未知力时所缺少的方程个数，即多余未知力的个数。所以，要确定超静定次数，可以把原结构中的多余约束去掉，使之变成几何不变的静定结构，而去掉的约束个数就是结构的超静定次数。

超静定结构去掉多余约束有以下几种方法：

(1) 去掉一个可动铰支座或者切断一根链杆，相当于去掉一个约束，如图 15-1(a)、(b)所示。

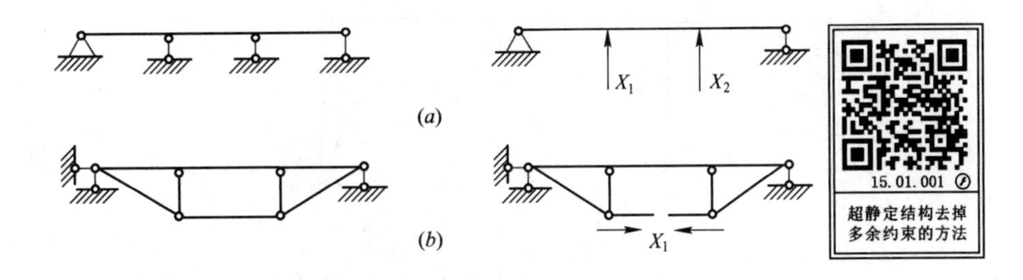

图 15-1　可动铰支座和链杆约束

(2) 去掉一个固定铰支座或者去掉一个单铰，相当于去掉两个约束，如图 15-2(a)、(b)所示。

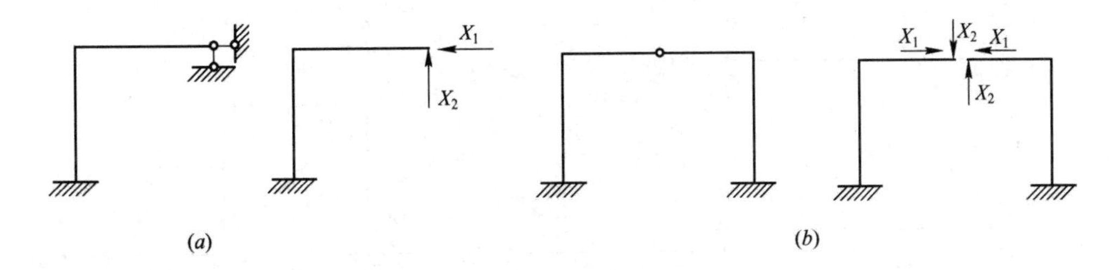

图 15-2　固定铰支座和单铰约束

(3) 去掉一个固定端支座或者切断一根刚性杆，相当于去掉三个约束，如图 15-3(a)、(b)、(c)所示。

(4) 将一个固定端支座改为铰支座或者将一刚性连接改为单铰连接，相当于去掉一个约束，如图 15-4(a)、(b)、(c)所示。

用去掉多余约束的方法可以确定任何超静定结构的次数，**去掉多余约束后的静定结**

构，称为原超静定结构的基本结构。对于同一个超静定结构来说，去掉多余约束可以有多种方法，所以基本结构也有多种形式。但不论是采用哪种形式，所去掉的多余约束的数目必然是相同的。如图 15-5(*a*)为三次超静定梁，图 15-5(*b*)、(*c*)为去掉多余约束的基本结构，一个是悬臂梁，一个是简支梁，都是原结构的基本结构，它们去掉的多余约束都是三个。

这里要强调的是，**基本结构必须是几何不变的静定结构**，如图 15-6(*a*)所示的刚架，如果去掉一个支座处的链杆，变成图 15-6(*b*)所示的瞬变体系，是不允许的。

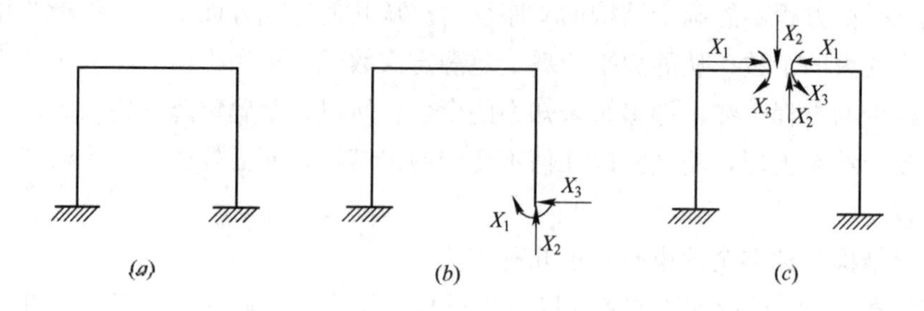

图 15-3　固定端支座和刚性杆

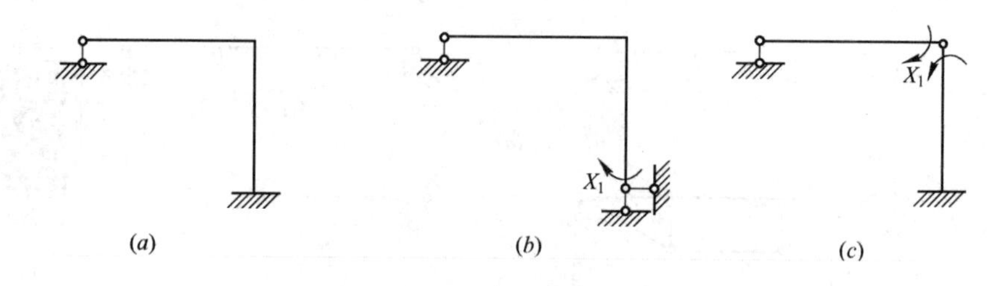

图 15-4　固定铰支座改为单铰和刚性连接改为铰接

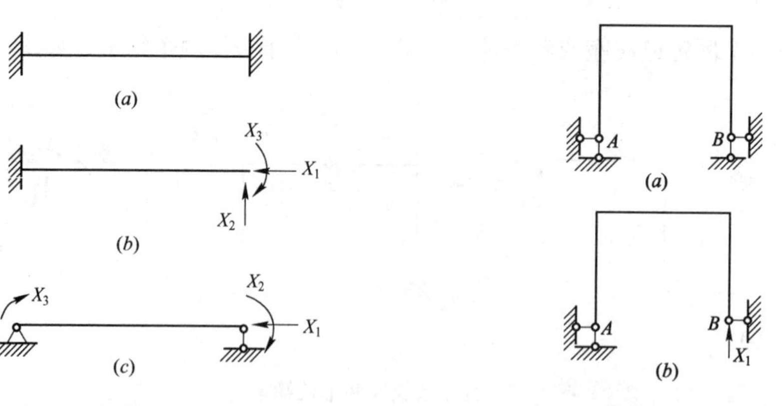

图 15-5　超静定梁的基本结构

图 15-6　超静定刚架的非基本结构

对于有封闭框架的结构，切开一个封闭框架，相当于去掉一个刚性约束，也就是去掉三个约束，多个封闭框架以此类推。如图 15-7(*a*)所示，需要切开一个刚性连接，为三次超静定结构，图 15-7(*b*)需要切开 8 个框的刚性连接，为 24 次超静定结构，图 15-7(*c*)切开 6 个框的刚性连接，加上顶部去掉两个链杆，为 20 次超静定结构。

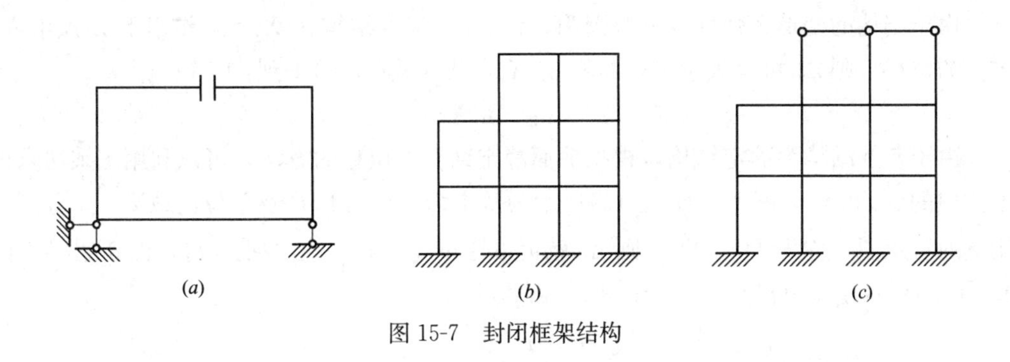

图 15-7　封闭框架结构

15.2　力法的基本原理

这里通过对图 15-8(*a*)所示一次超静定梁的分析，来说明力法的基本原理。

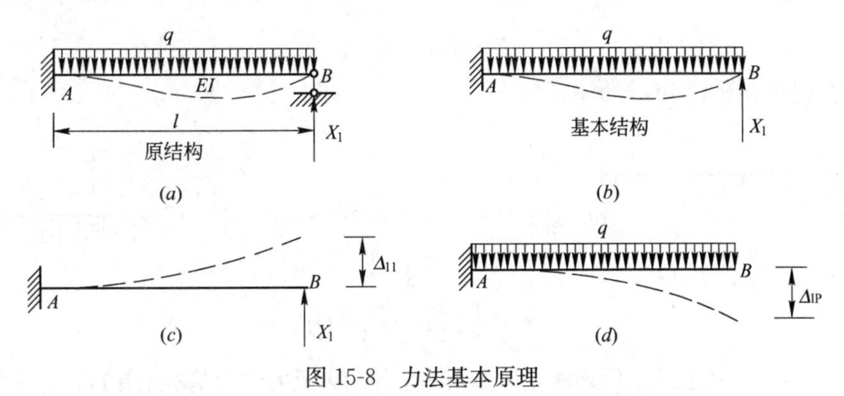

图 15-8　力法基本原理

把支座 B 链杆当多余约束去掉，选取图 15-8(*b*)所示的静定悬臂梁为基本结构。为保持基本结构受力状态和原结构的一致，B 支座处的支座反力用 X_1 代替，称为基本未知量。同时，基本结构 B 支座处的几何变形要保持和原来状态一致，即竖向位移为零：$\Delta=0$。

基本结构和原结构的受力状况是完全一致的，如果能够求出基本结构上的基本未知量，再利用静力平衡方程求出其余的支座反力，则结构的内力也就可以全部求解出，这就是力法分析的基本思路。

下面先介绍求解基本未知量的方法。

利用叠加方法，把基本结构中的竖向位移 Δ 分为荷载与 X_1 分别作用产生的两部分位移的叠加，即

$$\Delta=\Delta_{1P}+\Delta_{11}=0 \tag{15-1}$$

其中 Δ_{1P}表示基本结构在荷载作用下 B 点沿 X_1 方向的位移，Δ_{11}表示基本结构在 X_1 作用下 B 点沿 X_1 方向的位移，如图 15-8(*c*)、(*d*)所示。

由于结构的变形在弹性变形范围内，设 δ_{11} 为基本结构在 $X_1=1$ 作用下 B 点沿 X_1 方向的位移，则 Δ_{11} 可以表示为：$\Delta_{11}=\delta_{11}X_1$，代入式(15-1)得到：

$$\Delta=\Delta_{1P}+\delta_{11}X_1=0 \tag{15-2}$$

由于基本结构为静定结构，根据前面静定结构求位移的方法，可以利用图乘法求出上式中的 Δ_{1P} 和 δ_{11}，图 15-9(*a*)、(*b*)所示为基本结构在荷载 P 及单位荷载 $X_1=1$ 分别作用下的弯矩图，称为 M_P，$\overline{M}_1$，则 Δ_{1P} 就可以通过 M_P 与 $\overline{M}_1$ 图相乘求得，而 δ_{11} 由 $\overline{M}_1$ 图与 $\overline{M}_1$ 图自身相乘求得。

$$\delta_{11}=\frac{1}{EI}\times\frac{l^2}{2}\times\frac{2l}{3}=\frac{l^3}{3EI}$$

$$\Delta_{1P}=-\frac{1}{EI}\left(\frac{1}{3}\times l\times\frac{ql^2}{2}\times\frac{3l}{4}\right)=-\frac{ql^4}{8EI}$$

代入式(15-2)　　$X_1=-\frac{\Delta_{1P}}{\delta_{11}}=-\left(\frac{-ql^4}{8EI}\right)\Big/\left(\frac{l^3}{3EI}\right)=\frac{3ql}{8}(\uparrow)$

所得结果为正，说明 X_1 的实际方向与基本结构中假设的方向相同。

求得 X_1 后，原超静定结构的弯矩图 M 可利用已经绘出的 M_P 图和 $\overline{M}_1$ 图，按叠加原理绘出，即

$$M=M_P+\overline{M}_1X_1$$

原结构弯矩图如图 15-9(*c*)所示。

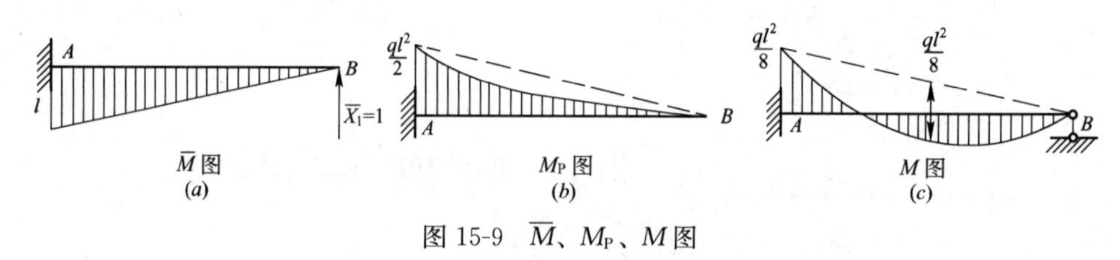

图 15-9　$\overline{M}$、M_P、M 图

综上所述，力法的基本原理就是以多余约束的约束反力作为基本未知量，以去掉多余约束的基本结构为研究对象，根据多余约束处的几何位移条件建立力法基本方程，求解出多余约束反力，然后求解出整个超静定结构的内力。用这一方法可以求解任何超静定结构。

15.3　力法典型方程

上面讨论了一次超静定结构的力法原理，下面以一个三次超静定结构来说明力法解超静定结构的典型方程。

图 15-10(*a*)所示为一个三次超静定刚架，荷载作用下结构的变形如图中虚线所示。这里我们取基本结构如图 15-10(*b*)所示，去掉固定支座 C 处的多余约束，用基本未知量 X_1、X_2、X_3 代替。

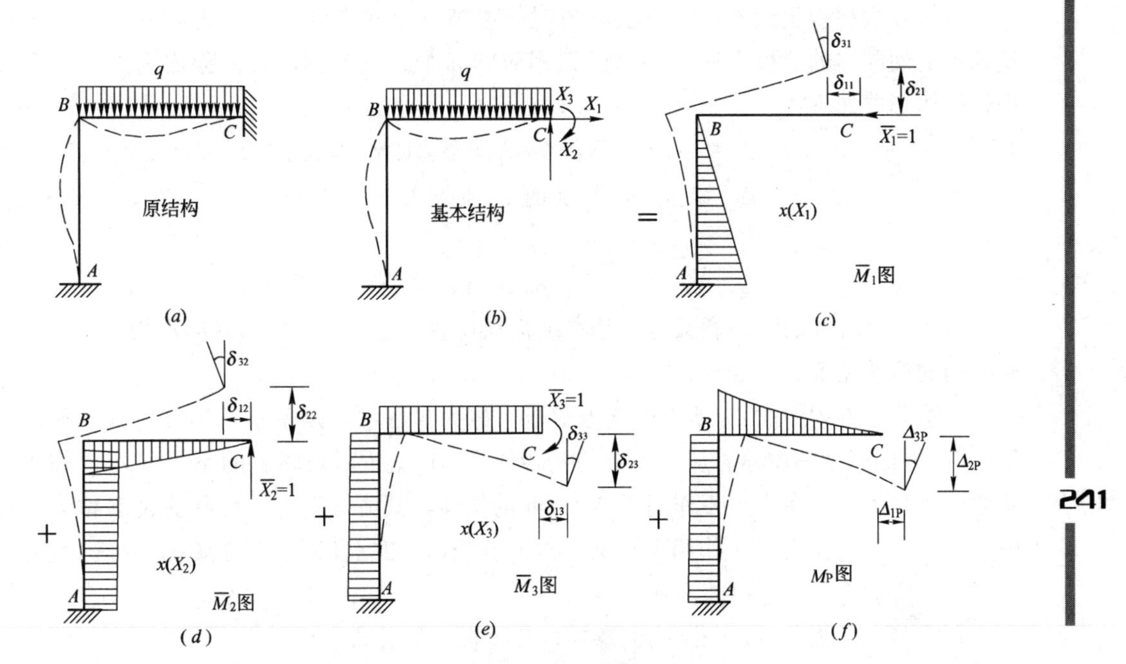

图 15-10 力法分析三次超静定刚架

由于原结构 C 为固定支座，其线位移和转角位移都为零。所以，基本结构在荷载及 X_1、X_2、X_3 共同作用下，C 点沿 X_1、X_2、X_3 方向的位移都等于零，即基本结构的几何位移条件为：

$$\Delta_1=0 \qquad \Delta_2=0 \qquad \Delta_3=0$$

根据叠加原理，上面的几何条件可以表示为：

$$\begin{aligned}\Delta_1&=\Delta_{1P}+\Delta_{11}+\Delta_{12}+\Delta_{13}=0\\ \Delta_2&=\Delta_{2P}+\Delta_{21}+\Delta_{22}+\Delta_{23}=0\\ \Delta_3&=\Delta_{3P}+\Delta_{31}+\Delta_{32}+\Delta_{33}=0\end{aligned} \qquad (15\text{-}3)$$

第一式中 Δ_{1P}、Δ_{11}、Δ_{12}、Δ_{13} 分别为荷载 P 及多余未知力 X_1、X_2、X_3 分别作用在基本结构上沿 X_1 方向产生的位移，如果用 δ_{11}、δ_{12}、δ_{13} 表示单位力 $X_1=1$、$X_2=1$、$X_3=1$ 分别作用于基本结构上产生的沿 X_1 方向的相应位移，如图 15-10(c)、(d)、(e)、(f)所示。则 Δ_{11}、Δ_{12}、Δ_{13} 可以表示为 $\Delta_{11}=\delta_{11}X_1$、$\Delta_{12}=\delta_{12}X_2$、$\Delta_{13}=\delta_{13}X_3$，上面几何条件式(15-3)中的第一式可以写为：

$$\Delta_1=\Delta_{1P}+\delta_{11}X_1+\delta_{12}X_2+\delta_{13}X_3=0$$

另外两式以此类推，则可以由式(15-3)得到以下求解多余未知力 X_1、X_2、X_3 的力法方程为：

$$\begin{aligned}\Delta_1&=\Delta_{1P}+\delta_{11}X_1+\delta_{12}X_2+\delta_{13}X_3=0\\ \Delta_2&=\Delta_{2P}+\delta_{21}X_1+\delta_{22}X_2+\delta_{23}X_3=0\\ \Delta_3&=\Delta_{3P}+\delta_{31}X_1+\delta_{32}X_2+\delta_{33}X_3=0\end{aligned} \qquad (15\text{-}4)$$

对于 n 次超静定结构，用力法分析时，去掉 n 个多余约束，代之以 n 个基本未知量，用上面同样的分析方法，可以得到相应的 n 个力法方程，我们称之为力法典型方程，具体形式如下：

$$\begin{aligned}\Delta_1=\Delta_{1P}+\delta_{11}X_1+\delta_{12}X_2+\delta_{13}X_3+\cdots+\delta_{1n}X_n=0\\ \Delta_2=\Delta_{2P}+\delta_{21}X_1+\delta_{22}X_2+\delta_{23}X_3+\cdots+\delta_{2n}X_n=0\\ \cdots\cdots\\ \Delta_n=\Delta_{nP}+\delta_{n1}X_1+\delta_{n2}X_2+\delta_{n3}X_3+\cdots+\delta_{nn}X_n=0\end{aligned} \tag{15-5}$$

力法典型方程的物理意义是：基本结构在荷载和多余约束反力共同作用下的位移和原结构的位移相等。

力法典型方程中的 Δ_{iP} 项不包含未知量，称为自由项，是基本结构在荷载单独作用下沿 X_i 方向产生的位移。从左上方的 δ_{11} 到右下方 δ_{nn} 主对角线上的系数项 δ_{ii}，称为主系数，是基本结构在 $X_i=1$ 作用下 X_i 方向的位移，其值恒为正。其余系数 δ_{ij} 称为副系数，是基本结构在 $X_j=1$ 作用下沿 X_i 方向的位移，根据互等定理可知 $\delta_{ij}=\delta_{ji}$。其值可能为正，可能为负，也可能为零。

求得基本未知量后，原结构的弯矩可按下面叠加公式求出：

$$M=M_P+\overline{M}_1X_1+\overline{M}_2X_2+\cdots+\overline{M}_nX_n \tag{15-6}$$

15.4 用力法计算超静定结构

根据以上力法原理，用力法求解超静定结构的一般步骤为：

(1) 去掉多余约束，选取基本结构。

(2) 根据式(15-5)建立力法典型方程。

(3) 分别作出基本结构在荷载 P 及单位未知力 X_i 作用下的弯矩图 M_P、$\overline{M}_i$。

(4) 利用图乘法求方程中的自由项 Δ_{iP} 和系数项 δ_{ij}。

(5) 解力法方程，求出多余未知力 X_i。

(6) 根据式(15-6)用叠加方法画出弯矩图，由基本结构画剪力图和轴力图。

【例 15-1】 用力法求图 15-11(a)所示超静定梁，作出内力图。EI 为常数。

【解】 (1) 确定基本未知量，选取基本结构如图 15-11(b)所示。

(2) 建立力法典型方程

$$\delta_{11}X_1+\Delta_{1P}=0$$

(3) 作出基本结构的 $\overline{M}$ 和 M_P 图，如图 15-11(c)、图 15-11(d)所示。

(4) 用图乘法求力法方程中的系数和自由项

$$\delta_{11}=\frac{1}{EI}\left(\frac{l^2}{2}\times\frac{2l}{3}\right)=\frac{l^3}{3EI}$$

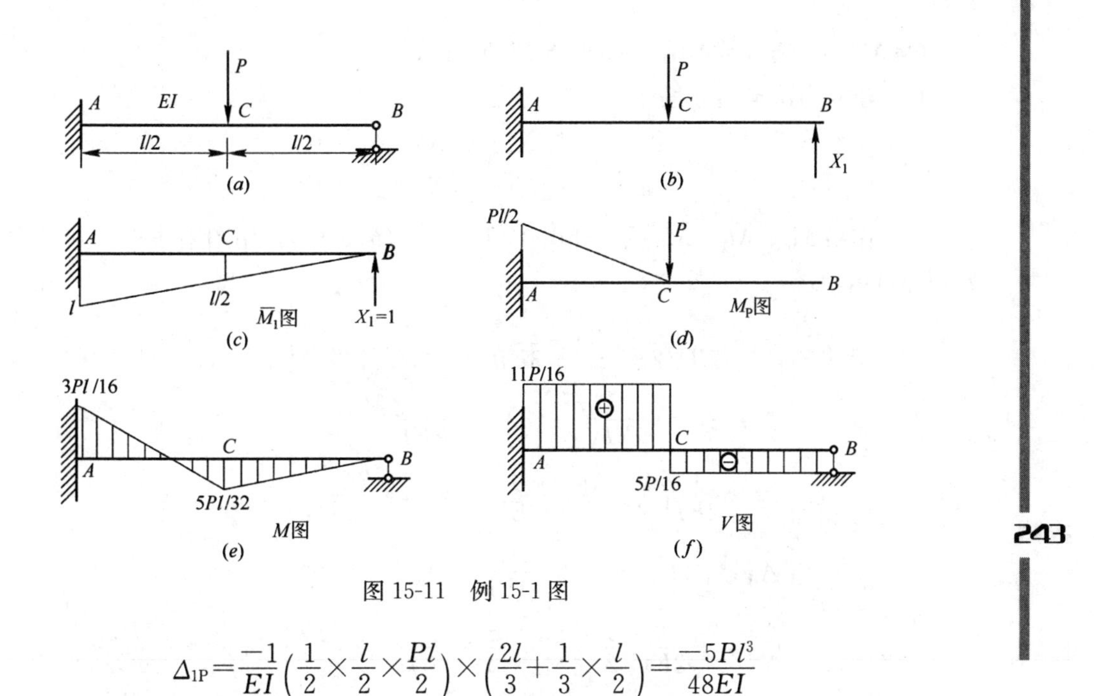

图 15-11 例 15-1 图

$$\Delta_{1P}=\frac{-1}{EI}\left(\frac{1}{2}\times\frac{l}{2}\times\frac{Pl}{2}\right)\times\left(\frac{2l}{3}+\frac{1}{3}\times\frac{l}{2}\right)=\frac{-5Pl^3}{48EI}$$

(5) 解力法方程，求出多余未知力 X_1。

(6) 用叠加法作出原超静定梁的内力图，如图 15-11(e)、图 15-11(f)所示。

$$M=\overline{M}_1X_1+M_P$$

$$M_{AB}=l\times\frac{5P}{16}-\frac{Pl}{2}=-\frac{3Pl}{16}\quad（上侧受拉）$$

$$M_C=\frac{l}{2}\times\frac{5P}{16}=\frac{5Pl}{32}\quad（下侧受拉）$$

$$V_{AB}=P-\frac{5P}{16}=\frac{11P}{16}$$

$$V_{BA}=-\frac{5P}{16}$$

【例 15-2】 用力法求图 15-12(a)所示超静定刚架，作出弯矩图、剪力图、轴力图。刚度 EI 为常数。

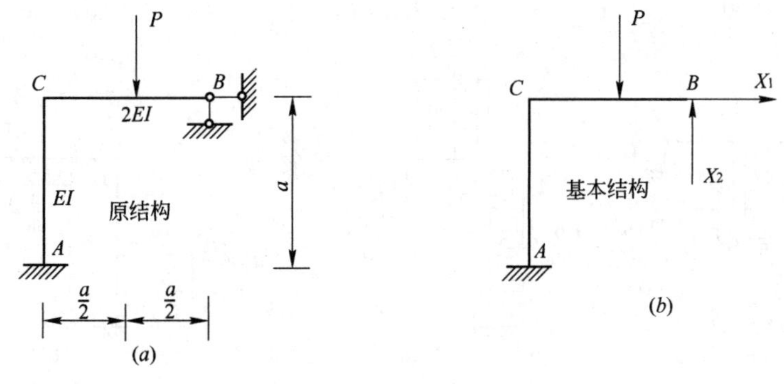

图 15-12 例 15-2 图（一）

【解】 (1) 选取基本结构如图 15-12(b)所示。

(2) 建立力法典型方程

$$\delta_{11}X_1+\delta_{12}X_2+\Delta_{1P}=0$$
$$\delta_{21}X_1+\delta_{22}X_2+\Delta_{2P}=0$$

(3) 作出 M_P、$\overline{M}_1$、$\overline{M}_2$ 图，如图 15-13(a)、(b)、(c)，用图乘法求出方程中各系数项和自由项：

$$\delta_{11}=\frac{1}{EI}\left(\frac{a^2}{2}\times\frac{2a}{3}\right)=\frac{a^3}{3EI}$$

$$\delta_{12}=\delta_{21}=-\frac{1}{EI}\left(\frac{a^2}{2}\times a\right)=-\frac{a^3}{2EI}$$

$$\delta_{22}=\frac{1}{2EI}\left(\frac{a^2}{2}\times\frac{2a}{3}\right)+\frac{1}{EI}(a^2\times a)=\frac{7a^3}{6EI}$$

$$\Delta_{1P}=\frac{1}{EI}\left(\frac{a^2}{2}\times\frac{Pa}{2}\right)=\frac{Pa^3}{4EI}$$

$$\Delta_{2P}=-\frac{1}{2EI}\left(\frac{1}{2}\times\frac{Pa}{2}\times\frac{a}{2}\times\frac{5a}{6}\right)-\frac{1}{EI}\left(\frac{Pa^2}{2}\times a\right)=-\frac{53Pa^3}{96EI}$$

(4) 代入力法典型方程化简得：

$$\frac{1}{3}X_1-\frac{1}{2}X_2+\frac{P}{4}=0$$

$$-\frac{1}{2}X_1+\frac{7}{6}X_2-\frac{53P}{96}=0$$

解得 $X_1=\frac{-9}{80}P$ (←) $X_2=\frac{17}{40}P$ (↑)

(5) 作出弯矩图、剪力图、轴力图如图 15-13(d)、(e)、(f)所示。

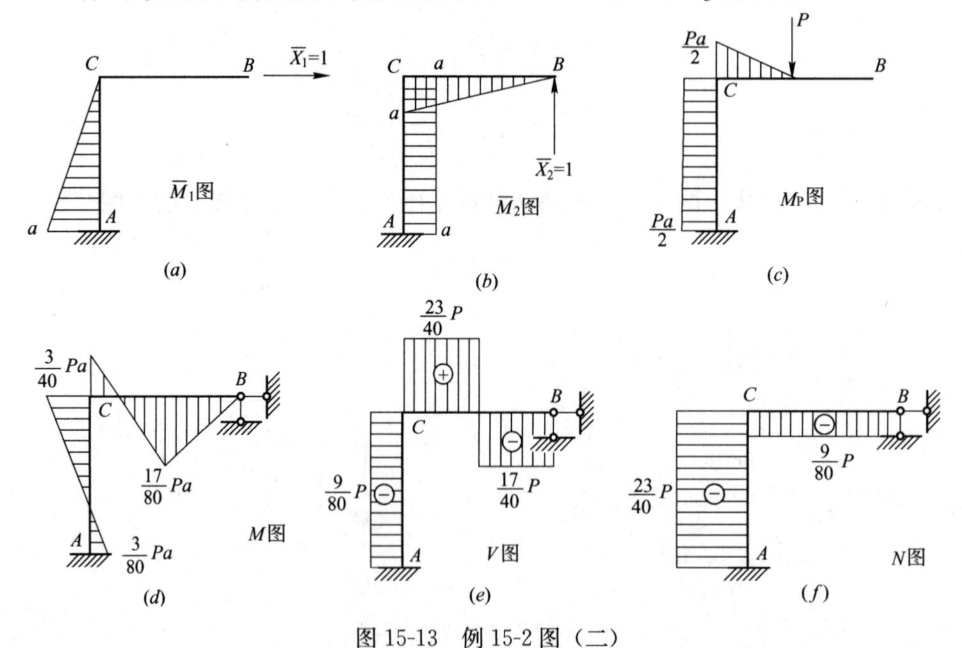

图 15-13 例 15-2 图（二）

【例 15-3】 求图 15-14(a)所示超静定桁架各杆的内力。已知各杆 EA 相同。

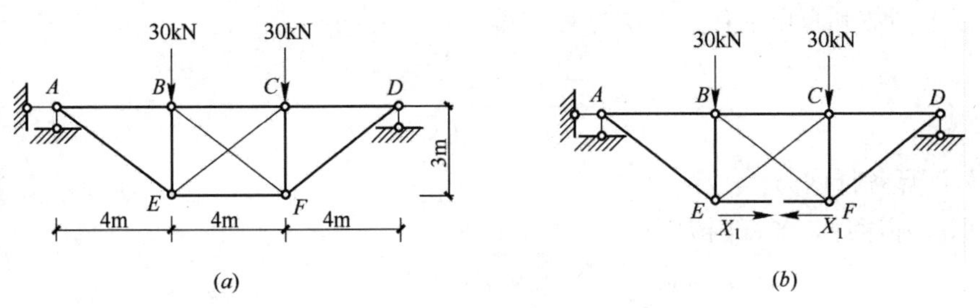

图 15-14　例 15-3 图

【解】 (1) 选取基本结构

结构为一次超静定桁架，切断下弦杆 EF 代之以相应的多余未知力 X_1，得到图 15-14(b)所示静定桁架作为基本结构。

(2) 建立力法方程

按照原结构变形连续的条件，基本结构上与 X_1 相应的位移，即切口处两侧截面沿杆轴方向的相对位移应为零，力法方程为：

$$\delta_{11}X_1+\Delta_{1P}=0$$

(3) 计算系数和自由项

基本结构分别受单位力 $X_1=1$ 和荷载作用引起的各杆内力列入表 15-1，δ_{11}、Δ_{1P}的计算已在该表中列出。由表 15-1 得

$$\delta_{11}=\frac{1}{EA}\Sigma\overline{N}_1^2l=\frac{27}{EA}$$

$$\Delta_{1P}=\frac{1}{EA}\Sigma\overline{N}_1N_Pl=-\frac{1215}{EA}$$

系数和自由项计算　　**表 15-1**

杆　件	$\overline{N}_1$	N_P(kN)	l(m)	$\overline{N}_1N_Pl$	$\overline{N}_1^2l$	N(kN)
AE	0	50	5	0	0	50
AB	0	−40	4	0	0	−40
BE	0.75	−60	3	−135	1.6875	−26.25
BC	1	−80	4	−320	4	−35
BF	−1.25	50	5	−312.5	7.8125	−6.25
EF	1	0	4	0	4	45
CF	0.75	−60	3	−135	1.6875	−26.25
CD	0	−40	4	0	0	−40
DF	0	50	5	0	0	50
CE	−1.25	50	5	−312.5	7.8125	−6.25
Σ				−1215	27	

(4) 求多余未知力

将以上系数和自由项代入力法方程，得

$$\frac{27}{EA}X_1-\frac{1215}{EA}=0$$

解得

$$X_1=45\text{kN}$$

(5) 计算各杆内力

根据叠加原理，各杆内力为

$$N=\overline{N}_1X_1+N_P$$

由此式计算得到各杆轴力，结果列入表 15-1 的最后一栏。

对于单层工业厂房往往采用铰接排架结构如图 15-15(a)。它是由屋架(或屋面大梁)、柱和基础组成，柱和基础刚性连接，可看作固定支座，屋架与柱项的连接看做铰接。计算中，由于屋架横向变形很微小，通常近似将屋架看作一轴向刚度 EA 为无限大的杆件，其作用类似一横梁，结构计算简图如图 15-15(b)所示。

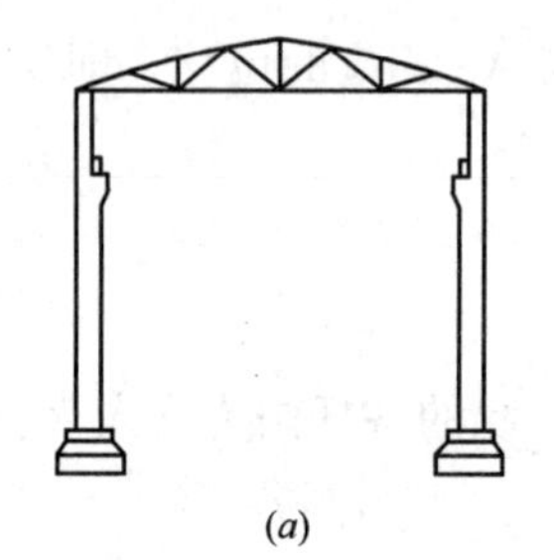

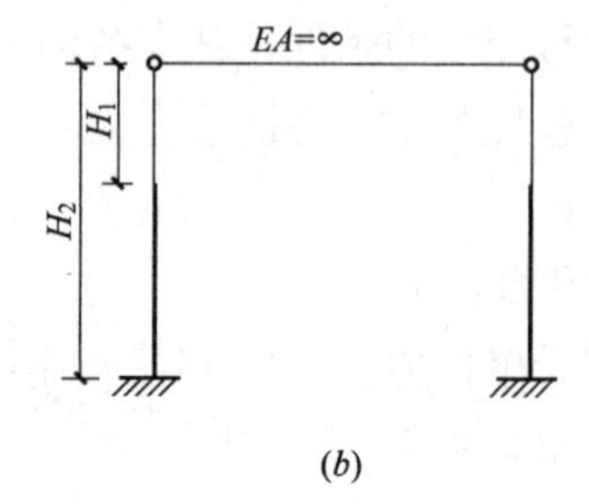

(a) (b)

图 15-15 铰接排架

铰接排架结构由于柱上常放置吊车梁，因此柱截面按分段直线变化，做成阶梯形。

用力法计算排架时，一般把横梁作为多余约束而切断其轴向约束，代以多余未知力，利用切口两侧相对轴向位移为零(由于横梁 $EA\rightarrow\infty$，故柱顶相对位移为零)的条件建立力法方程求解。

【例 15-4】 计算图 15-16(a)所示排架柱的内力，并作出弯矩图。

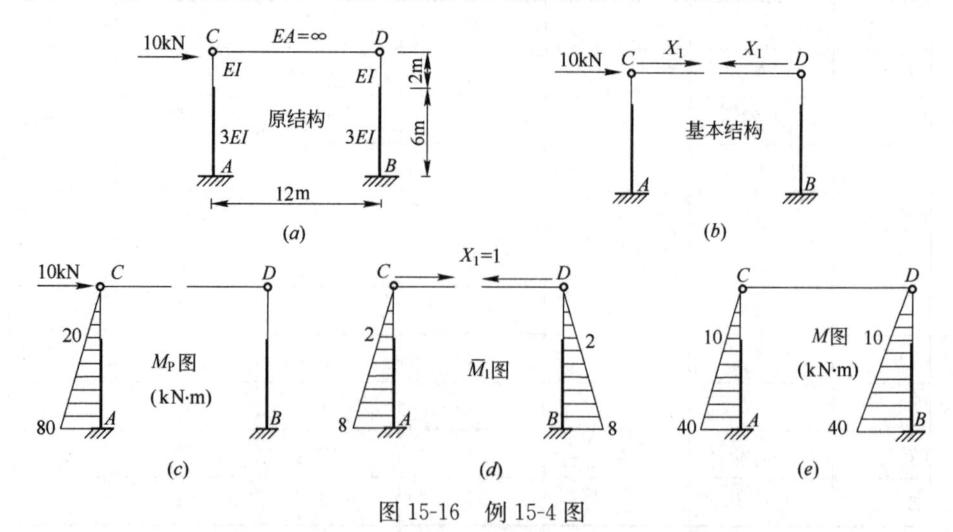

图 15-16 例 15-4 图

【解】 (1) 选取基本结构如图 15-16(b)所示。

(2) 建立力法方程

$$\delta_{11}X_1+\Delta_{1P}=0$$

(3) 计算系数和自由项

分别作基本结构的 M_P 图和 $\overline{M}_1$ 图，如图 15-16(c)、图 15-16(d)所示。

利用图乘法计算系数和自由项分别如下：

$$\delta_{11}=\frac{2}{EI}\left(\frac{1}{2}\times2\times2\times\frac{2}{3}\times2\right)+\frac{2}{3EI}\left[\frac{6}{6}\times(2\times2\times2+2\times8\times8+2\times8+2\times8)\right]$$
$$=\frac{16}{3EI}+\frac{336}{3EI}=\frac{352}{3EI}$$

$$\Delta_{1P}=\frac{1}{EI}\left(\frac{1}{2}\times2\times20\times\frac{2}{3}\times2\right)+\frac{1}{3EI}\left[\frac{6}{6}\times(2\times20\times2+2\times80\times8+20\times8+80\times2)\right]$$
$$=\frac{80}{3EI}+\frac{1680}{3EI}=\frac{1760}{3EI}$$

(4) 计算多余未知力

将系数和自由项代入力法方程，得

$$\frac{352}{3EI}X_1+\frac{1760}{3EI}=0$$

解得

$$X_1=-5\text{kN}$$

(5) 作弯矩图

按公式 $M=\overline{M}_1X_1+M_P$ 即可作出排架最后弯矩图，如图 15-16(e)所示。

15.5　利用对称性简化计算

建筑工程中有很多结构是对称的。所谓对称结构即：①结构的几何形状和支承情况对称于某一几何轴线；②杆件截面形状、尺寸和材料的物理性质(弹性模量等)也关于此轴对称。若将结构沿这个轴对折后，结构在轴线的两侧对应部分将完全重合，该轴线称为结构的对称轴。图 15-17 所示结构都是对称结构。利用结构的对称性可使计算大为简化。

如图 15-18(a)三次超静定刚架，沿对称轴截面 E 切断，可得到图 15-18(b)所示的对称基本结构。三个多余未知力中，轴力 X_1、弯矩 X_2 为正对称内力(即沿对称轴对折后，力作用线方向相同)，而剪力 X_3 是反对称内力(即沿对称轴对折后，力作用线方向相反)。

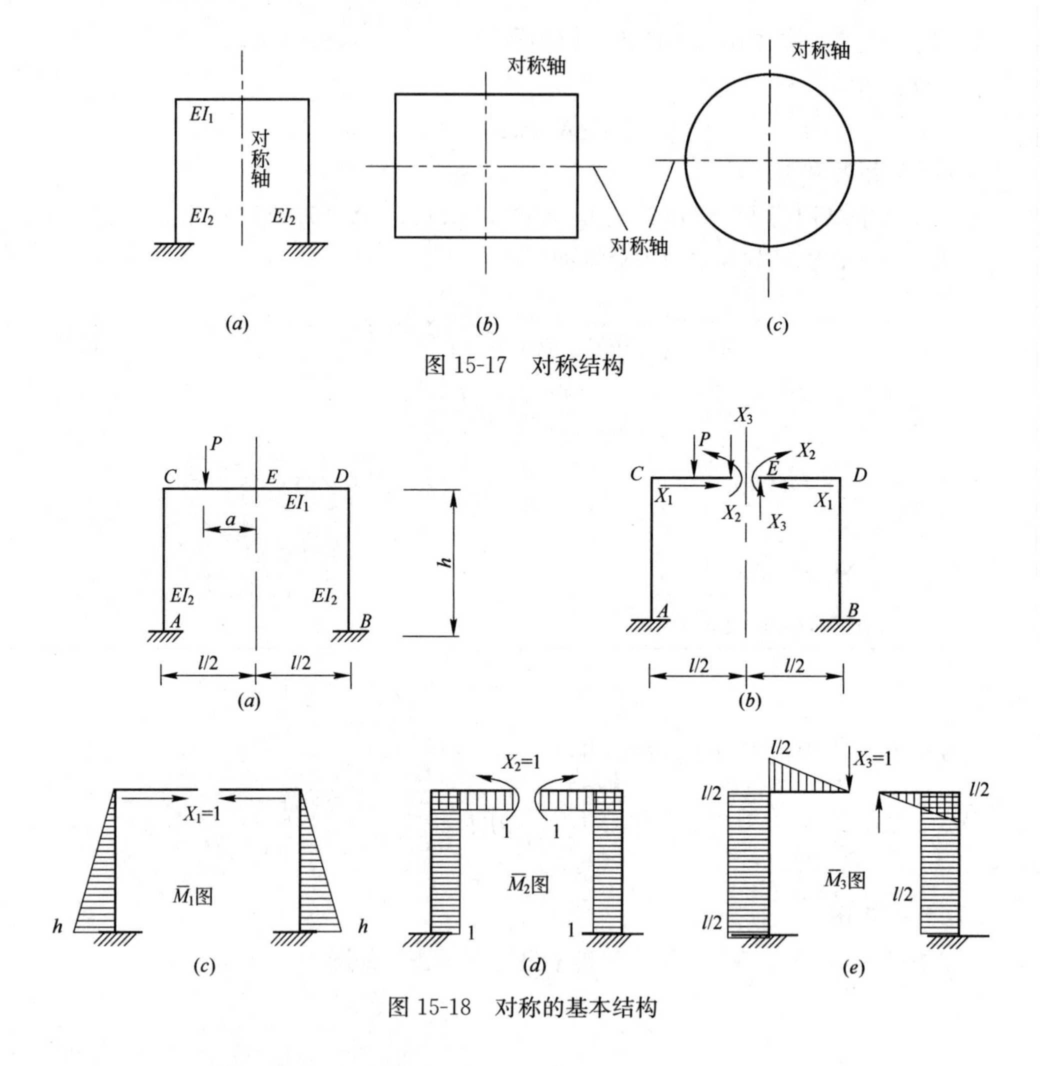

图 15-17　对称结构

图 15-18　对称的基本结构

15.5.1　对称基本结构的选取

力法典型方程为：

$$\left.\begin{aligned}\delta_{11}X_1+\delta_{12}X_2+\delta_{13}X_3+\Delta_{1P}=0\\ \delta_{21}X_1+\delta_{22}X_2+\delta_{23}X_3+\Delta_{2P}=0\\ \delta_{31}X_1+\delta_{32}X_2+\delta_{33}X_3+\Delta_{3P}=0\end{aligned}\right\}\qquad(a)$$

作单位弯矩图如图 15-18(c)、图 15-18(d)、图 15-18(e)所示。由图可见，正对称多余未知力下的单位弯矩图 $\overline{M}_1$ 和 $\overline{M}_2$ 是对称的，而反对称多余未知力下的单位弯矩图 $\overline{M}_3$ 是反对称的。用图乘法计算力法方程中的系数时，正对称弯矩图 $\overline{M}_1$ 和 $\overline{M}_2$ 分别与反对称弯矩图 $\overline{M}_3$ 之间图乘的结果必然为零，即

$$\delta_{13}=\delta_{31}=0$$

$$\delta_{23}=\delta_{32}=0$$

这样力法方程(a)可简化为

$$\left.\begin{aligned}\delta_{11}X_1+\delta_{12}X_2+\Delta_{1P}=0\\ \delta_{21}X_1+\delta_{22}X_2+\Delta_{2P}=0\\ \delta_{33}X_3+\Delta_{3P}=0\end{aligned}\right\}\qquad(b)$$

力法方程分为相互独立的两组：一组只含对称多余未知力，另一组只含反对称多余未知力。由于选用对称基本结构，使力法方程阶次降低，从而使计算得到简化。

15.5.2　半刚架法

对称结构承受对称荷载作用时，经过简化，可以取一半刚架进行计算，这个方法即称为半刚架法。

根据荷载正对称和反对称特点，我们分为以下两种情况来研究：

1. 对称结构承受正对称荷载作用

图 15-19(a)所示结构，基本结构在正对称荷载作用下，弯矩图 M_P 也是正对称的，如图 15-19(b)所示。对称截面 E 上三个未知力 X_1、X_2、X_3 对应的单位弯矩图为 $\overline{M}_1$、$\overline{M}_2$ 和 $\overline{M}_3$(可参考图 15-18)，其中 $\overline{M}_1$ 和 $\overline{M}_3$ 图正对称，$\overline{M}_3$ 图反对称。由于正对称图与反对称图相乘为零，则方程组(b)中自由项 $\Delta_{3P}=0$，而 $\delta_{33}\neq0$，于是得到 $X_3=0$。

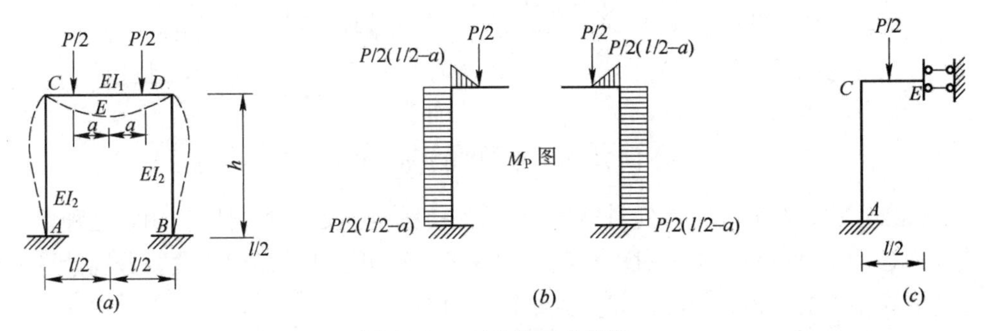

图 15-19　对称荷载的简化

综上所述，**对称结构在正对称荷载作用下，在对称基本结构的对称轴截面上，只存在对称未知力，而反对称未知力为零。**

由于正对称荷载作用下结构的内力和变形是对称的。对于图 15-19(a)所示单跨对称刚架，在对称轴上的截面 E 处，不会发生水平位移和角位移，仅有竖向位移，同时，截面 E 处将只有轴力和弯矩，而没有剪力。因此，可将结构从对称轴 E 处截开，并在截面 E 处用两根平行链杆代替原有联系，取其中的半刚架进行计算，得到如图 15-19(c)所示计算简图，这个半刚架在力的作用效应上完全等同于原结构的左半部分结构，这种由两根平行链杆构成的支座称滑动支座或双链杆支座。显然，只要求得半边刚架的内力和位移，另外半边刚架的内力和位移可以利用对称性求得，这就是半边刚架法的计算原理。

2. 对称结构承受反对称荷载作用。

图 15-20(a)所示，为对称结构受反对称荷载作用。对称基本结构在反对称荷载作用下，弯矩图 M_P 为反对称，如图 15-20(b)所示，而 $\overline{M}_1$、$\overline{M}_2$ 如图 15-18(c)、图 15-18(d)所示为正对称，图乘后得到 $\Delta_{1P}=0$、$\Delta_{2P}=0$，于是力法方程(b)可简化为

$$\left.\begin{aligned}\delta_{11}X_1+\delta_{12}X_2=0\\ \delta_{21}X_1+\delta_{22}X_2=0\\ \delta_{33}X_3+\Delta_{3P}=0\end{aligned}\right\}\tag{c}$$

由方程式(c)第一、第二式可知，$X_1=X_2=0$，直接由方程式(c)的第三式可解得 X_3。

综上所述，**对称结构在反对称荷载作用下，在对称基本结构的对称轴截面上，只存在反对称未知力，而对称多余未知力为零。**

反对称荷载作用下结构的内力和变形是反对称的。可见，位于对称轴上的截面 E 有水平位移和转角位移，但没有竖向位移。同时，在该截面上只有剪力，而没有轴力和弯矩。因此，可将结构从对称轴 E 处截开，并在截面 E 处用可动铰支座代替原有联系，取半刚架进行计算，如图 15-20(c)所示。

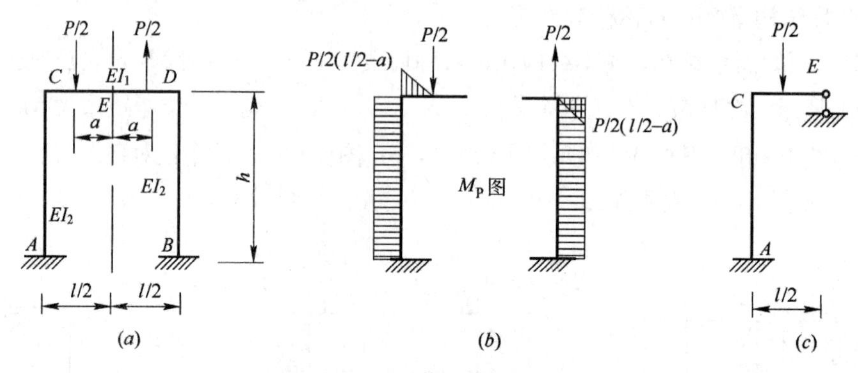

图 15-20　反对称荷载的简化

实际工程中，我们经常遇到对称结构承受一般荷载(没有对称性)作用，这种情况根据叠加原理，可将荷载分解成对称和反对称两组，利用上述的简化方法，分别计算上述两组荷载作用下的内力，叠加后即为原结构的内力。

【例 15-5】 利用对称性作图 15-21(a)所示单跨超静定梁的内力图。梁的 EI 为常数。

【解】 (1) 取半结构及其基本结构如图 15-21(b)所示。

由于两端固定的梁，在垂直于梁轴的荷载作用下轴力为零，于是得到图15-21(c)所示基本结构，在 C 处只有一个未知量 X_1。

(2) 建立力法方程

$$\delta_{11}X_1+\Delta_{1P}=0$$

(3) 计算系数和自由项

M_P、$\overline{M}_1$ 如图 15-21(d)、图 15-21(e)所示。

$$\delta_{11}=\frac{1}{EI}\left(1\times\frac{l}{2}\times1\right)=\frac{l}{2EI}$$

$$\Delta_{1P}=-\frac{1}{EI}\left(\frac{1}{3}\times\frac{1}{8}ql^2\times\frac{l}{2}\right)\times1=-\frac{ql^3}{48EI}$$

(4) 求多余未知力　将以上系数和自由项代入力法方程得

$$\frac{l}{2EI}X_1-\frac{ql^3}{48EI}=0$$

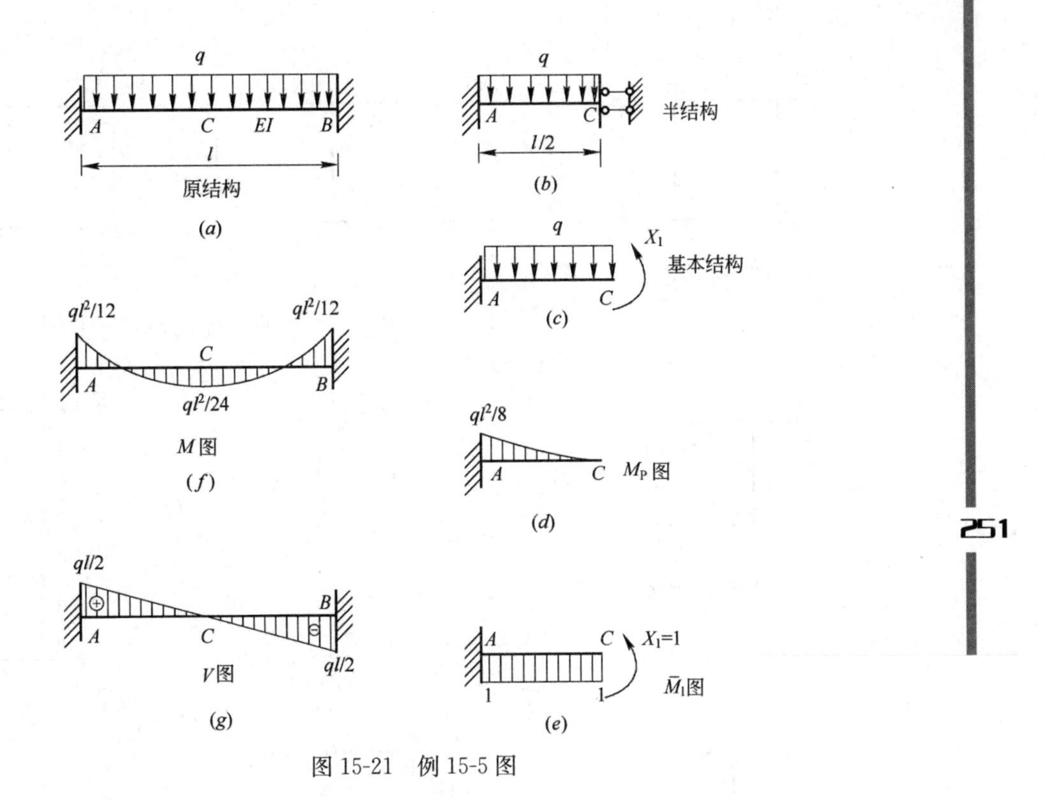

图 15-21　例 15-5 图

解得
$$X_1=\frac{ql^2}{24}$$

(5) 作弯矩图和剪力图分别如图 15-21(f)、(g)所示。

【例 15-6】 作图 15-22(a)所示三次超静定刚架的弯矩图。已知各杆 EI 均为常数。

【解】 (1) 为简化计算，首先将图 15-22(a)所示荷载分解为对称荷载和反对称荷载的叠加，分别如图 15-22(b)、图 15-22(c)所示。其中在图 15-22(b)所示对称荷载作用下，由于荷载通过 CD 杆轴线，因而只 CD 杆有轴力，杆均无弯矩和剪力，故只作反对称荷载作用下的弯矩图即可。

由于图 15-22(c)是对称结构在反对称荷载作用下，故从对称轴截面切开，应加可动铰支座得半结构如图 15-22(d)所示。

该半刚架为一次超静定结构，去掉可动铰支座并代之以多余未知力 X_1，取图 15-22(e)所示悬臂刚架作为基本结构。

(2) 建立力法方程

由图 15-22(d)所示半结构可见，E 支座处无竖向位移，于是可得力法方程为

$$\delta_{11}X_1+\Delta_{1P}=0$$

(3) 计算系数和自由项

M_P、$\overline{M}_1$ 分别如图 15-22(f)、图 15-22(g)所示。利用图乘法计算系数和自由项分别为

$$\delta_{11}=\frac{1}{EI}\left(\frac{1}{2}\times2\times2\times\frac{2}{3}\times2+2\times4\times2\right)=\frac{56}{3EI}$$

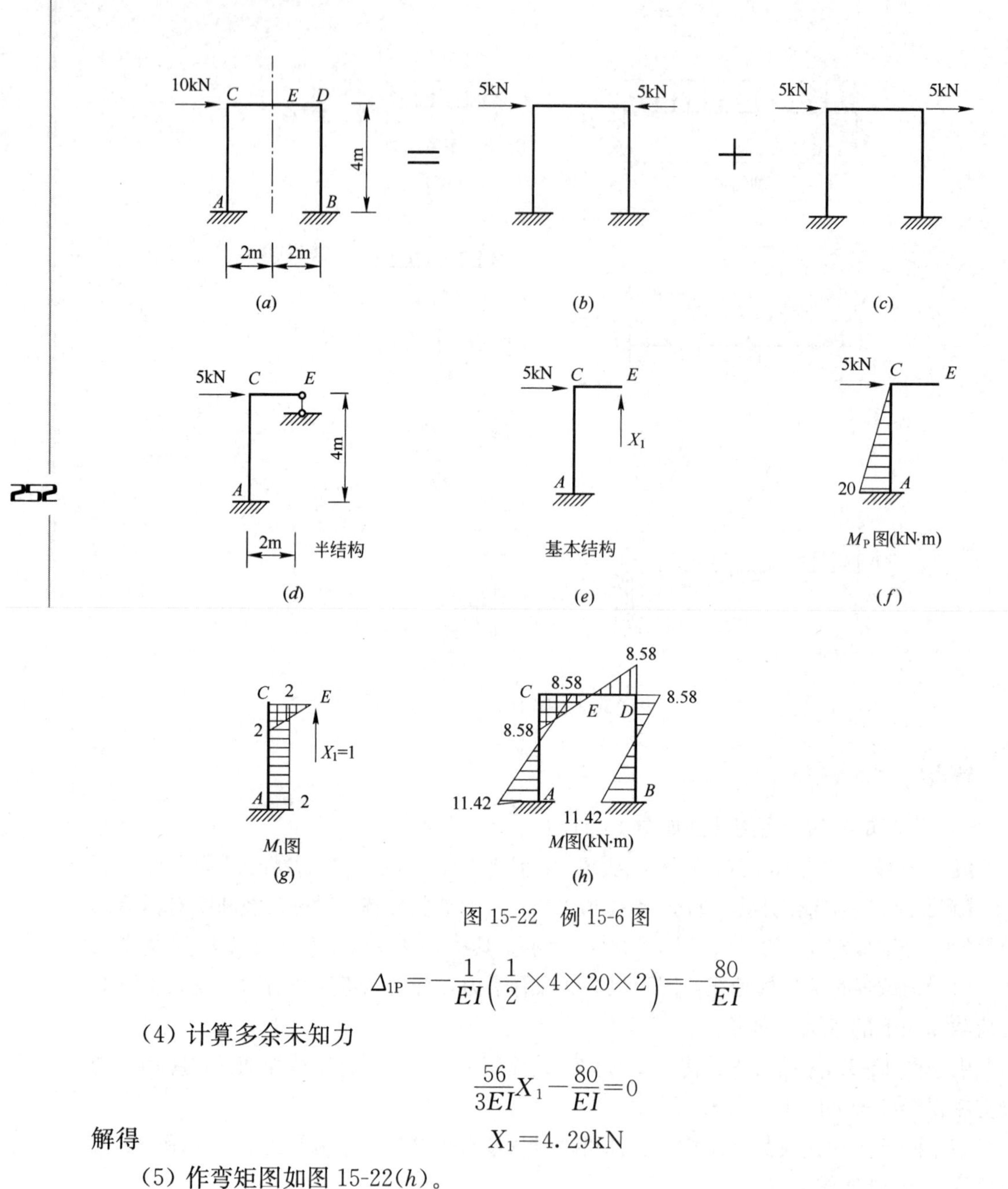

图 15-22　例 15-6 图

$$\Delta_{1P}=-\frac{1}{EI}\left(\frac{1}{2}\times4\times20\times2\right)=-\frac{80}{EI}$$

（4）计算多余未知力

$$\frac{56}{3EI}X_1-\frac{80}{EI}=0$$

解得

$$X_1=4.29\text{kN}$$

（5）作弯矩图如图 15-22(h)。

15.6　支座移动时超静定结构的计算

实际工程中的结构除了承受直接荷载作用外，还受支座移动、温度改变、制造误差及材料的收缩膨胀等因素影响。由于超静定结构有多余约束，因此使结构产生变形的因素都将导致结构产生内力。这是超静定结构的重要特征之一。这一节我们将研究支座移动时超静定结构的计算问题。

用力法计算超静定结构在支座移动所引起的内力时，其基本原理和解题步骤与荷载作用的情况相同，只是力法方程中自由项的计算有所不同，它表示基本结构由于支座移动在多余约束处沿多余未知力方向所引起的位移 Δ_{ic}。

【例 15-7】 图 15-23(a)所示超静定梁，设支座 A 发生转角 θ，求作梁的弯矩图。已知梁的 EI 为常数。

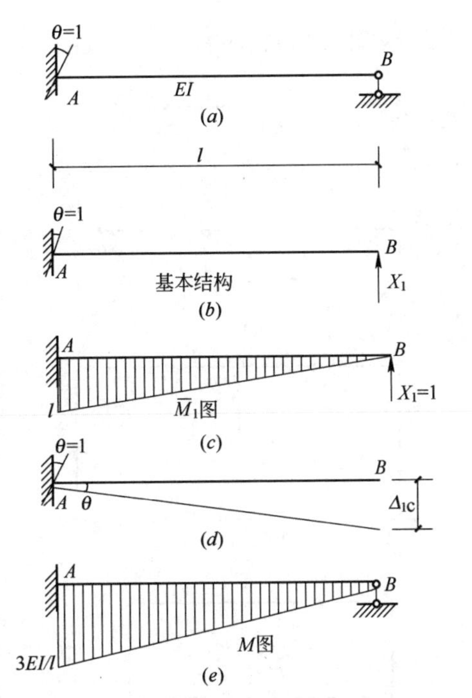

图 15-23　例 15-7 图

【解】 (1) 选取基本结构，如图 15-23(b)所示。

(2) 建立力法方程　原结构在 B 处无竖向位移，可建立力法方程如下

$$\delta_{11}X_1+\Delta_{1c}=0$$

(3) 计算系数和自由项

作单位弯矩图 $\overline{M}_1$ 如图 15-23(c)所示，可由图乘法求得

$$\delta_{11}=\frac{1}{EI}\left(\frac{1}{2}\times l\times l\times\frac{2}{3}l\right)=\frac{l^3}{3EI}$$

$$\Delta_{1c}=-\Sigma\overline{F}\cdot c=-(l\cdot\theta)=-l\cdot\theta$$

(4) 求多余未知力

$$\frac{l^3}{3EI}X_1-l\cdot\theta=0$$

解得：

$$X_1=\frac{3EI\theta}{l^2}$$

(5) 作弯矩图

由于支座移动在静定的基本结构中不引起内力，故只需将 $\overline{M}_1$ 图乘以 X_1 值即可。

$$M=\overline{M}_1X_1$$

$$M_{AB}=l\times\frac{3EI\theta}{l^2}=\frac{3EI\theta}{l}$$

所以

$$M_{BA}=0$$

作 M 图如图 15-23(d)所示。

由弯矩图可以看出，超静定结构由于支座移动引起的内力，其大小与杆件的刚度 EI 成正比，与杆长 l 成反比。如图 15-23 所示。

复习思考题

1. 什么是力法的基本未知量？什么是力法的基本结构？一个超静定结构是否只有唯一形式的基本结构？

2. 基本结构受力状态是否和原超静定结构一样?

3. 力法典型方程的物理意义是什么? 是根据什么条件建立的? 有什么规律?

4. 为什么静定结构的内力与 EI 无关? 而超静定结构的内力与各杆 EI 的相对比值有关?

5. 基本未知量求出以后，怎样求原结构的其余支座反力绘制内力图?

习　题

15-1　试确定图 15-24 所示超静定结构的超静定次数。

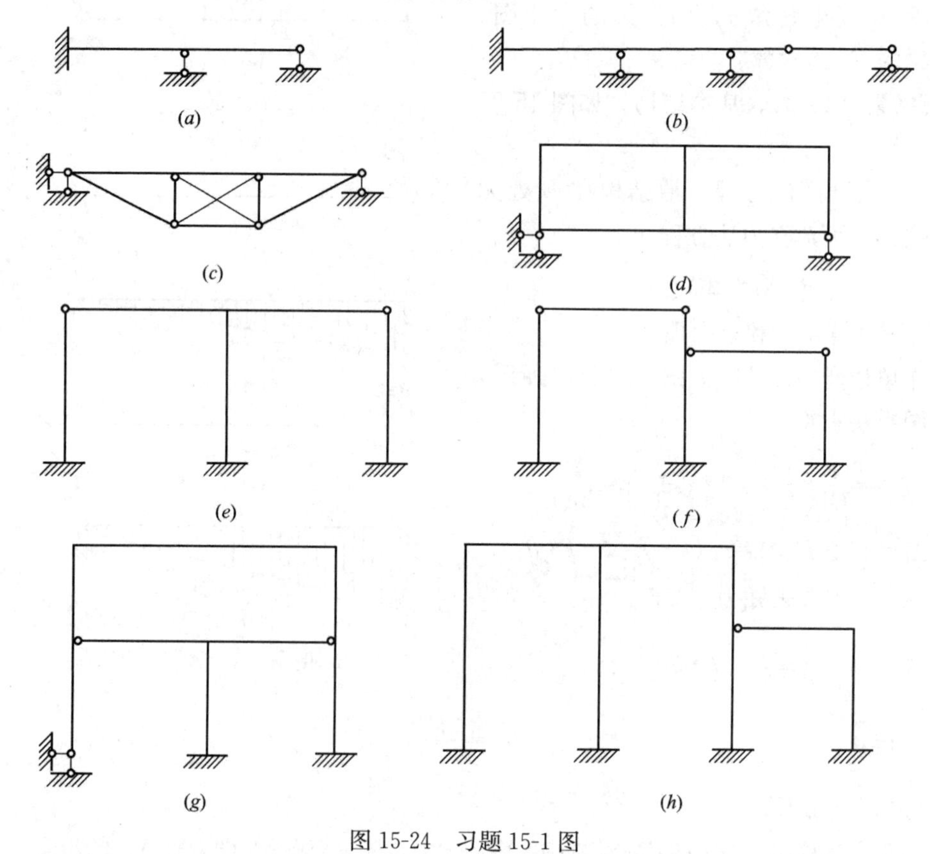

图 15-24　习题 15-1 图

15-2　如图 15-25 所示，用力法求解超静定梁。

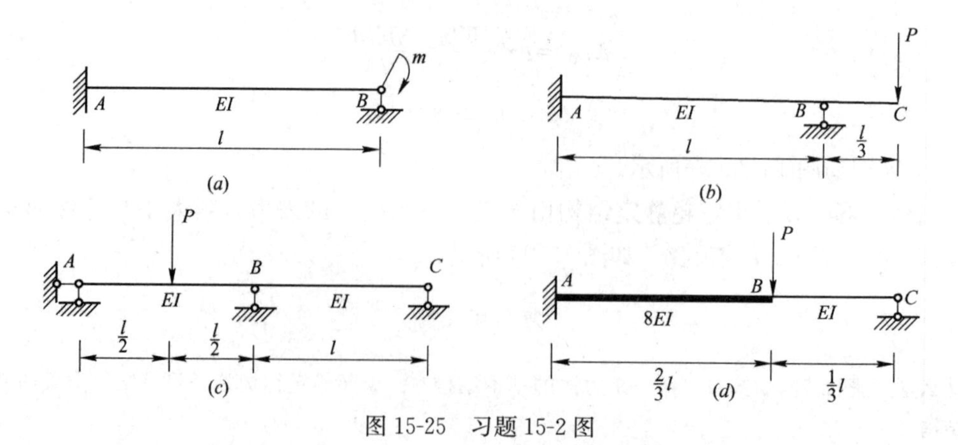

图 15-25　习题 15-2 图

15-3　如图 15-26 所示，用力法计算下列超静定刚架，作出内力图。

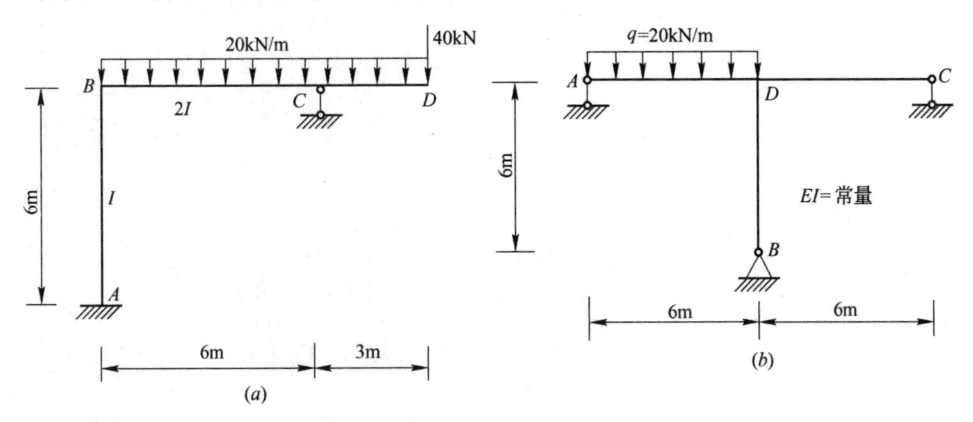

图 15-26　习题 15-3 图

15-4　用力法计算图 15-27 所示排架，绘出弯矩图。

15-5　用力法计算图 15-28 所示超静梁的内力，作出内力图。

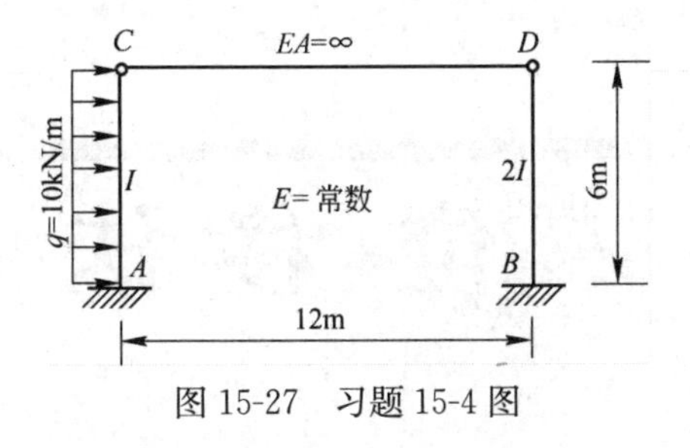

图 15-27　习题 15-4 图

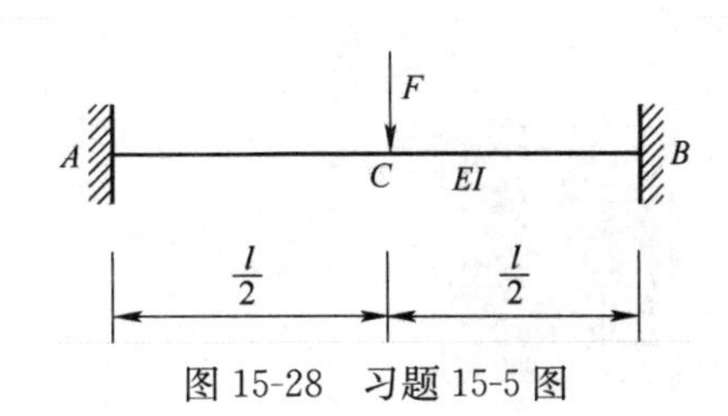

图 15-28　习题 15-5 图

15-6　用力法计算图 15-29 所示超静定梁，作出内力图。

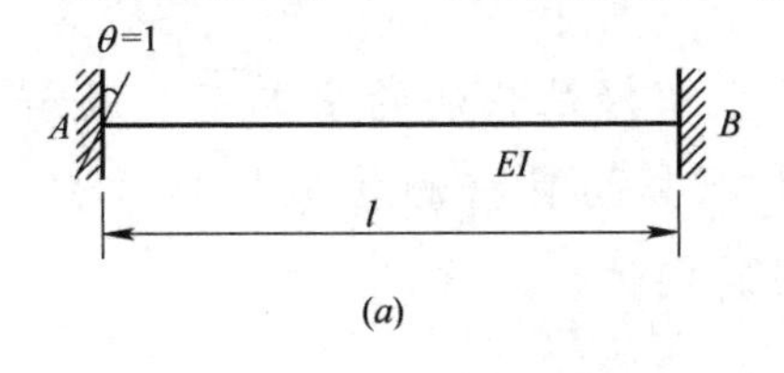

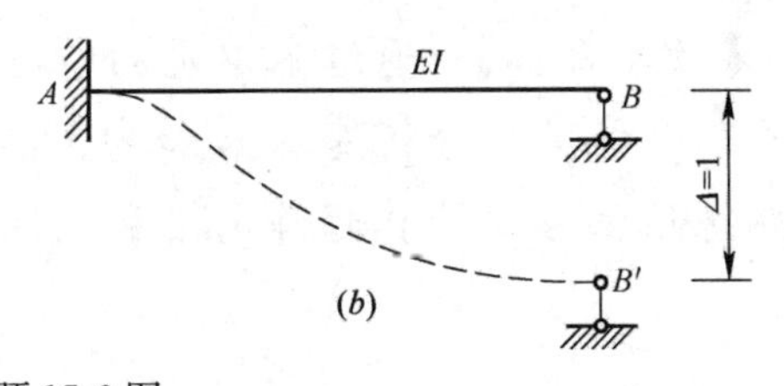

图 15-29　习题 15-6 图

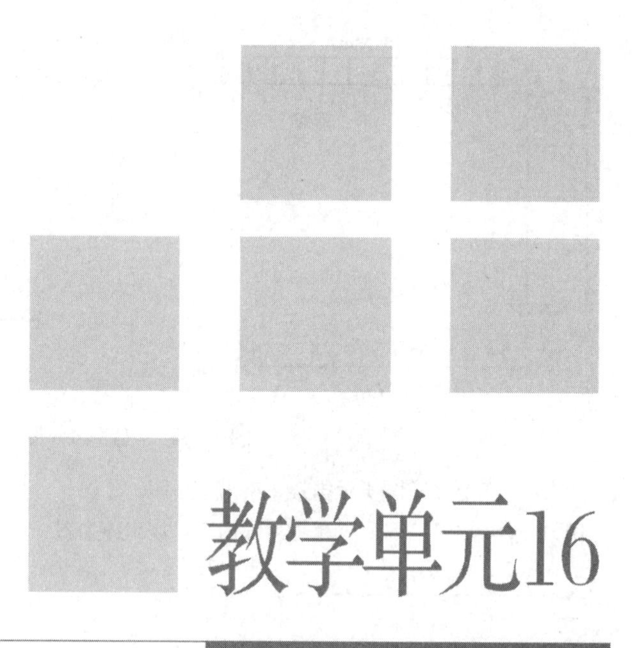

教学单元16

位 移 法

【教学目标】 通过本单元的学习，使学生掌握位移法的基本概念及解题思路；能准确分析基本未知量、熟练写出等截面直杆的转角位移方程；能熟练用位移法计算超静定梁和无侧移刚架的内力。

工程实际中，当超静定结构的超静定次数较高时，应用力法计算就很繁琐。这里我们介绍另外一种计算超静定结构的基本方法，即位移法。与力法相比，位移法适用于超静定次数较高的结构，利用这种方法既可以计算超静定结构，也可以计算静定结构。同时，学习位移法也帮助我们加强对结构位移概念的理解，为以后各种结构的设计计算打下基础。

16.1　位移法的基本概念

16.1.1　位移法基本变形假定及内力的符号规定

这里我们主要分析由等截面直杆组成的刚架和连续梁，为了使计算得到简化并且不会引起太大的误差，通常作如下几点假设：

1. 结构的变形是微小的。

2. 忽略杆件的轴向变形和剪切变形，各杆端之间的轴向长度尺寸在变形后保持不变。

3. 节点线位移的弧线可用垂直于杆件的切线来代替。

在位移法中规定：**杆端弯矩绕杆件顺时针转向为正，逆时针转向为负**（对于节点就变成逆时针转向为正），如图 16-1 所示；剪力、轴力的正负号规定与前面的规定相同。

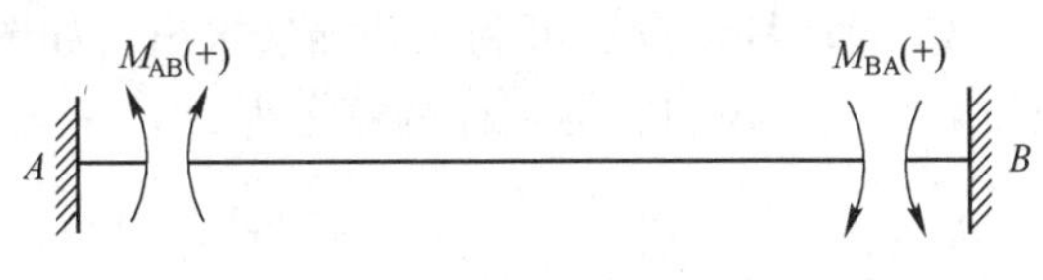

图 16-1　弯矩正负号规定

16.1.2　位移法的基本思路

如图 16-2（*a*）所示超静定刚架，在荷载作用下，其变形如图中虚线所示。此刚架没有节点线位移，只有刚节点 *A* 处的转角位移。根据变形连续条件可知，*AB*、*AC* 杆端在 *A* 点发生相同的转角 θ_A，θ_A 顺时针转。

在节点 *A* 假设加上一个只限制刚节点转动但不限制移动的刚臂约束，如图 16-2（*b*）所示，同时，为了保持两段杆件受力状态不改变，让刚臂发生一个顺时针转角 θ_A，这样一来，两段杆件可以分开成为两个独立的单跨超静定梁进行分析，如图 16-2（*d*）、（*c*）所示。

AB 为两端固定的单跨超静定梁，*A* 端发生转角位移 θ_A；*AC* 为 *C* 端铰支 *A* 端固定的单跨超静定梁，*A* 端发生转角位移 θ_A，同时梁上作用有集中荷载 *P*。对于单跨超静定梁来说，由于支座移动会产生内力，可以用上一章学习的力法进行计算。表 16-1 列出了常用的单跨超静定梁，发生不同支座位移以及承受不同荷载作用时的杆端内力，查表 16-1 得到 *AB* 杆端的弯矩为：

$$M_{AB}=4i\theta_A$$

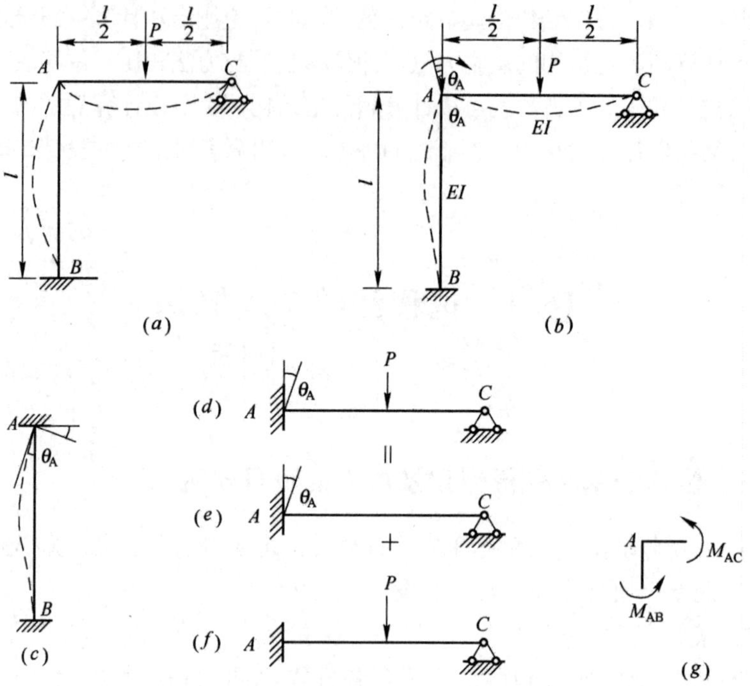

图 16-2　位移法的基本思路

$$M_{BA}=2i\theta_A$$

AC 段的杆端弯矩可利用叠加法求出，如图 16-2(e)、(f)所示，查表 16-1 中的第 3 项和第 9 项，叠加后得到杆端弯矩为：

$$M_{AC}=3i\theta_A-\frac{3}{16}Pl$$

为了求出位移未知量，我们来研究结点 A 的平衡，取隔离体如图 16-2(g)所示：根据 $\Sigma M_A=0$

$$M_{AB}+M_{AC}=0$$

把上面 M_{AB}、M_{AC}的表达式代入：

$$4i\theta_A+3i\theta_A-\frac{3}{16}Pl=0$$

解得：$\theta_A=\frac{3}{112i}Pl$（得数为正，说明转向和原来假设的顺时针方向一样）

再把 θ_A 代回各杆端弯矩式得到：

$$M_{AB}=\frac{6}{56}Pl\text{（左侧受拉）}$$

$$M_{BA}=\frac{3}{56}Pl\text{（右侧受拉）}$$

$$M_{AC}=-\frac{6}{56}Pl\text{（上边受拉）}$$

$$M_{CA}=0$$

根据杆端弯矩，作出弯矩图、剪力图和轴力图，如图 16-3 所示。

单跨超静定梁杆端弯矩和杆端剪力

表 16-1

编号	梁的简图	弯矩图	杆端弯矩		杆端剪力	
			M_{AB}	M_{BA}	V_{AB}	V_{BA}
1	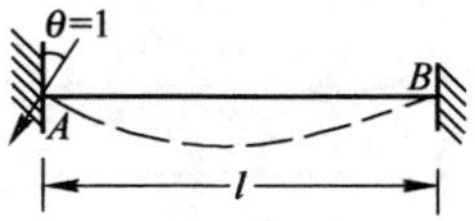	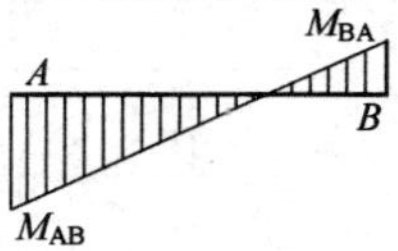	$\frac{4EI}{l}=4i$	$2i$ $\left(i=\frac{EI}{l}\text{以下同}\right)$	$-\frac{6i}{l}$	$-\frac{6i}{l}$
2	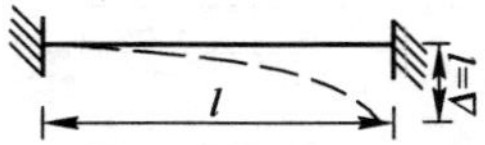	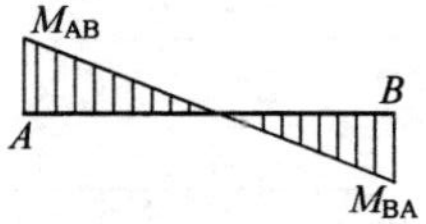	$-\frac{6i}{l}$	$-\frac{6i}{l}$	$\frac{12i}{l^2}$	$\frac{12i}{l^2}$
3	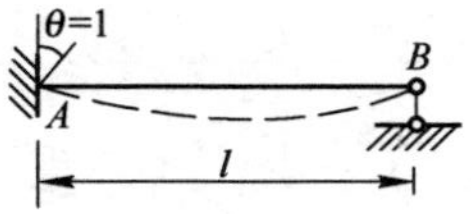	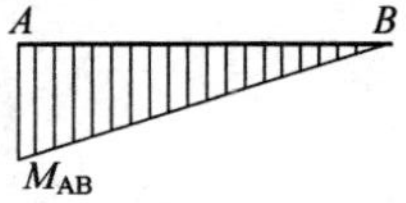	$3i$	0	$-\frac{3i}{l}$	$-\frac{3i}{l}$
4	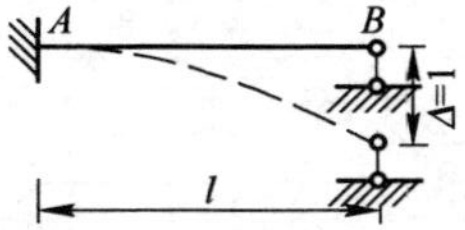	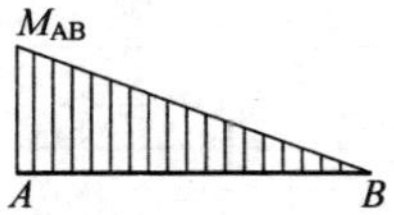	$-\frac{3i}{l}$	0	$\frac{3i}{l^2}$	$\frac{3i}{l^2}$
5	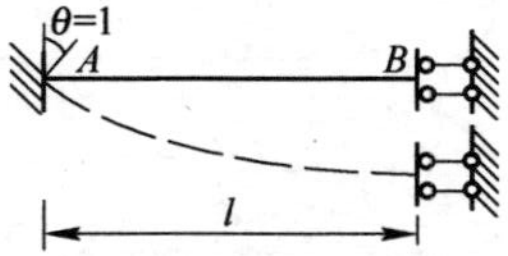	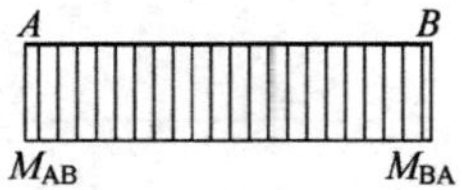	i	$-i$	0	0
6	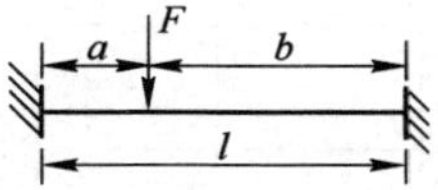	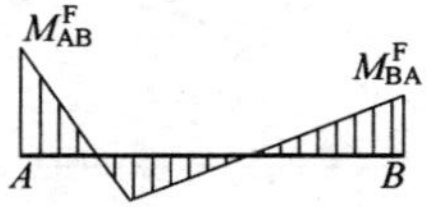	$-\frac{Fab^2}{l^2}$ 当 $a=b$ 时 $-Fl/8$	$\frac{Fa^2b}{l^2}$ $\frac{Fl}{8}$	$\frac{Fb^2}{l^2}\left(1+\frac{2a}{l}\right)$ $\frac{F}{2}$	$-\frac{Fa^2}{l^2}\left(1+\frac{2b}{l}\right)$ $-\frac{F}{2}$
7	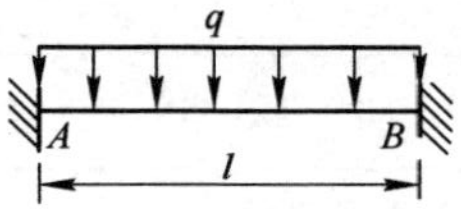	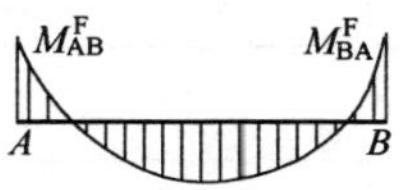	$-\frac{ql^2}{12}$	$\frac{ql^2}{12}$	$\frac{ql}{2}$	$-\frac{ql}{2}$

续表

编号	梁的简图	弯矩图	杆端弯矩		杆端剪力	
			M_{AB}	M_{BA}	V_{AB}	V_{BA}
8			$\frac{Mb(3a-l)}{l^2}$	$\frac{Ma(3b-l)}{l^2}$	$-\frac{6ab}{l^2}M$	$-\frac{6ab}{l^2}M$
9			$-\frac{Fab(l+b)}{2l^2}$ 当$a=b=\frac{l}{2}$时 $-3Fl/16$	0	$\frac{Fb(3l^2-b^2)}{2l^3}$ $\frac{11}{16}F$	$-\frac{Fa^2(2l+b)}{2l^3}$ $-\frac{5}{16}F$
10			$-\frac{ql^2}{8}$	0	$\frac{5}{8}ql$	$-\frac{3}{8}ql$
11			$\frac{M(l^2-3b^2)}{2l^2}$	0	$-\frac{3M(l^2-b^2)}{2l^3}$	$-\frac{3M(l^2-b^2)}{2l^3}$
12			$-\frac{Fl}{2}$	$-\frac{Fl}{2}$	F	F
13			$-\frac{Fa(l+b)}{2l}$ 当$a=b$时$\frac{-3Fl}{8}$	$-\frac{F}{2l}a^2$ $-\frac{Fl}{8}$	F	0
14			$-\frac{ql^2}{3}$	$-\frac{ql^2}{6}$	ql	0

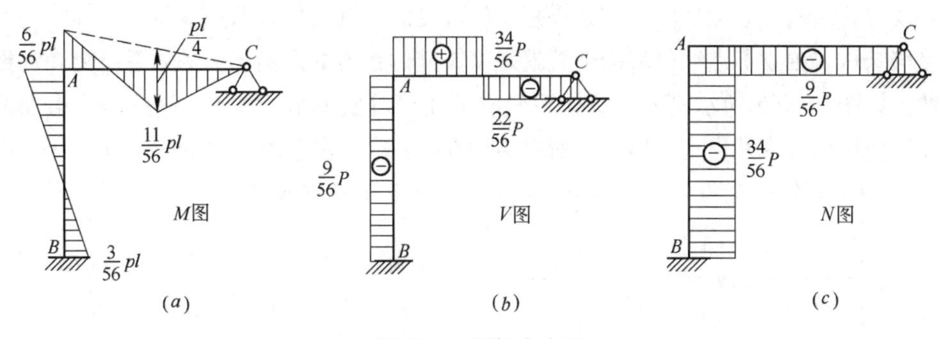

图 16-3　刚架内力图

通过以上分析可见，**位移法的基本思路是**：选取节点位移为基本未知量，在节点位移处假设相应的约束，把每段杆件视为独立的单跨超静定梁，然后根据其位移以及荷载叠加作用写出各杆端弯矩的表达式，再利用静力平衡条件求解出位移未知量，进而求解出各杆端弯矩。

该方法正是采用了位移作为未知量，故取名为**位移法**。而力法则以多余未知力为基本未知量，故取名为**力法**。在建立方程的时候，位移法是根据静力平衡条件来建立，而力法则是根据位移几何条件来建立，这是两个方法的相互对应之处。

16.2　位移法的基本未知量

位移法是以刚节点的转角位移和独立节点线位移作为基本未知量的。

刚节点的转角位移数目等于独立的刚节点数，即每一个刚节点有一个转角位移。这里要注意的是一些节点的连接构造，比如图 16-4(a)中的 A、B 两点，是刚节点和铰节点的联合节点。AB 杆两端铰接，两个转角位移不影响其受力，结构一共有 6 个刚节点转角位移。图 16-4(b)中 A 点是两个刚节点和一个铰节点的联合，所以在 A 点有两个转角位移，结构共有 3 个转角位移。

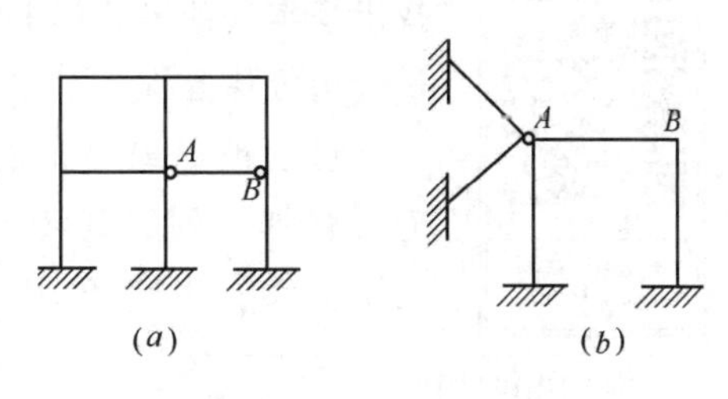

图 16-4　转角位移数

对于独立节点线位移，由于忽略杆件的轴向变形，位移都是垂直于杆轴的，简单结构可以直接观察。比如图 16-5(a)所示的刚架，由于 AC、BD 发生弯曲变形，A、B 会产生水平线位移，而 AB 杆长度不变，故两个线位移相等，所以结构有一个 A 点的转角位移 θ_A 和 A、B 点的水平线位移 Δ，一共两个基本未知量。对于复杂的结构来说，基本未知量一般可采用铰化节点的方法来判断。所谓铰化节点，就是把所有刚节点改变成铰节点，固定端支座改为固定铰支座，铰化以后的结构如果是几何不变的，则结构没有线位移，称为无节点线位移结构；铰化后的结构如果是几何可变的，则结构有节点线位移，称之为有节点线位移结构。**独立节点线位移的个数就是将铰接体系变成几何不变的体系所需增加链杆的个数**。如图 16-5(*b*)所示刚架，铰化后变成了几何可变体系，在 *F*、*D* 处需要增加两个链杆才能使结构成为几何不变体系，所以结构在 *C*、*D* 有水平线位移 Δ_1，在 *E*、*F* 点有水平线位移 Δ_2，另外还有四个节点转角位移，总共有 6 个基本未知量。

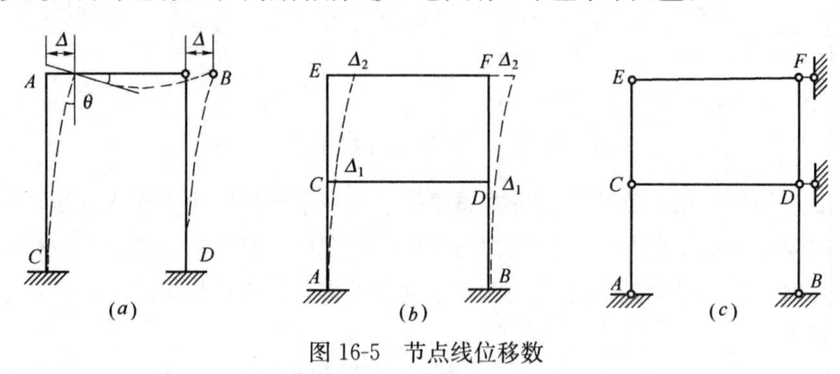

图 16-5　节点线位移数

基本未知量确定以后，在相应的节点位移处增设相应的约束(刚节点处增加刚臂，线位移处增加相应的链杆)，所得的结构称为**位移法基本结构**。

16.3　等截面直杆的转角位移方程

位移法中，确定基本未知量和基本结构以后，就可以把各杆段单独隔离出来分析，找出基本未知量和杆上的荷载与杆端内力的关系式，这样的关系式就是转角位移方程。

对于被隔离出来的单跨杆件，可以从表 16-1 中查到相应的项进行叠加，列出其转角位移方程。例如图 16-6(*a*)所示杆件，两端固定，*A* 发生转角 θ_A，*B* 发生转角 θ_B，两端还发生有相对线位移

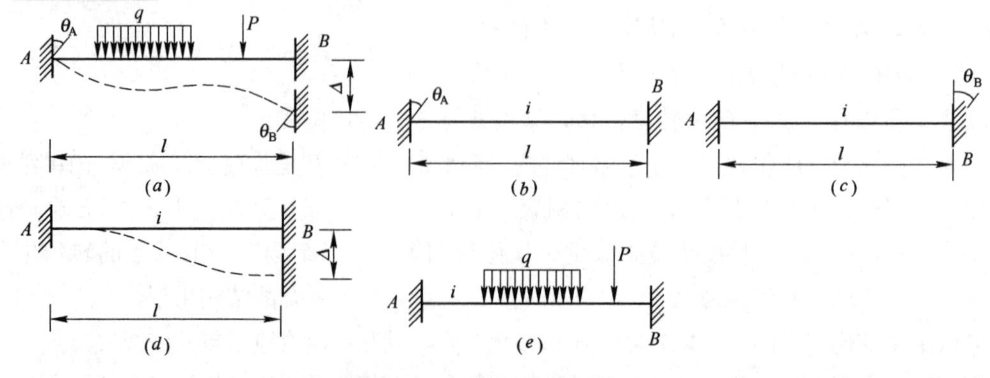

图 16-6　两端固定梁的位移

Δ，同时杆上作用有荷载。根据叠加原理，其杆端弯矩可分为图 16-6(b)、(c)、(d)、(e)四种情况叠加，查表 16-1 得到：

$$\left.\begin{aligned}
M_{AB}&=4i\,\theta_A+2i\,\theta_B-\frac{6i}{l}\Delta+M_{AB}^F\\
M_{BA}&=2i\,\theta_A+4i\,\theta_B-\frac{6i}{l}\Delta+M_{BA}^F\\
V_{AB}&=-\frac{6i}{l}\theta_A-\frac{6i}{l}\theta_B+\frac{12i}{l^2}\Delta+V_{AB}^F\\
V_{BA}&=-\frac{6i}{l}\theta_A-\frac{6i}{l}\theta_B+\frac{12i}{l^2}\Delta+V_{BA}^F
\end{aligned}\right\}\tag{16-1}$$

式(16-1)就是两端固定的等截面单跨超静定梁的转角位移方程。式中最后一项(M_{AB}^F、M_{BA}^F、V_{AB}^F、V_{BA}^F)是梁在荷载作用下引起的杆端弯矩和杆端剪力，称为固端弯矩和固端剪力。

图 16-7(a)所示杆件，一端固定，一端铰支，A 发生转角 θ_A，两端有相对线位移 Δ，同时杆上作用有荷载。可以把杆件分为图 16-7(b)、(c)、(d)三种情况叠加，查表 16-1 得到：

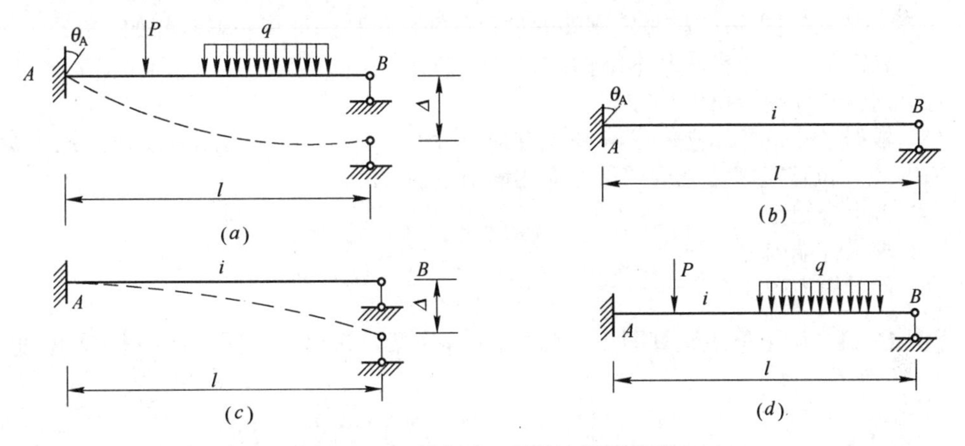

图 16-7　一端固定一端铰支梁的位移

$$\left.\begin{aligned}
M_{AB}&=3i\,\theta_A-\frac{3i}{l}\Delta+M_{AB}^F\\
M_{BA}&=0\\
V_{AB}&=-\frac{3i}{l}\theta_A+\frac{3i}{l^2}\Delta+V_{AB}^F\\
V_{BA}&=-\frac{3i}{l}\theta_A+\frac{3i}{l^2}\Delta+V_{BA}^F
\end{aligned}\right\}\tag{16-2}$$

式(16-2)为一端固定，一端铰支的等截面单跨超静定梁的转角位移方程。

对于一端固定一端滑动的杆件(图 16-8)，参考以上方法查表 16-1，同样可以写出其转角位移方程为

$$\left.\begin{aligned}M_{AB}&=i\,\theta_A+M_{AB}^F\\M_{BA}&=-i\,\theta_A+M_{BA}^F\end{aligned}\right\}\tag{16-3}$$

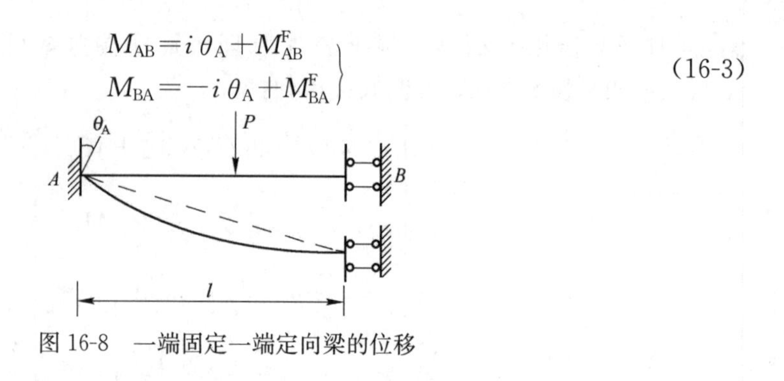

图 16-8　一端固定一端定向梁的位移

16.4　用位移法计算无节点线位移结构

由第一节求解图 16-2 超静定刚架的过程可知，位移法计算一般步骤如下：

(1) 确定基本未知量和基本结构。

(2) 列出各杆端转角位移方程。

(3) 根据平衡条件建立位移法基本方程(一般对有转角位移的刚节点取力矩平衡方程，有节点线位移时则考虑线位移方向的静力平衡方程)。

(4) 解出未知量。

(5) 求出杆端内力。

(6) 作出内力图。

【例 16-1】 用位移法计算图 16-9(a)所示连续梁，作出内力图，$P=\frac{3}{2}ql$，刚度 EI

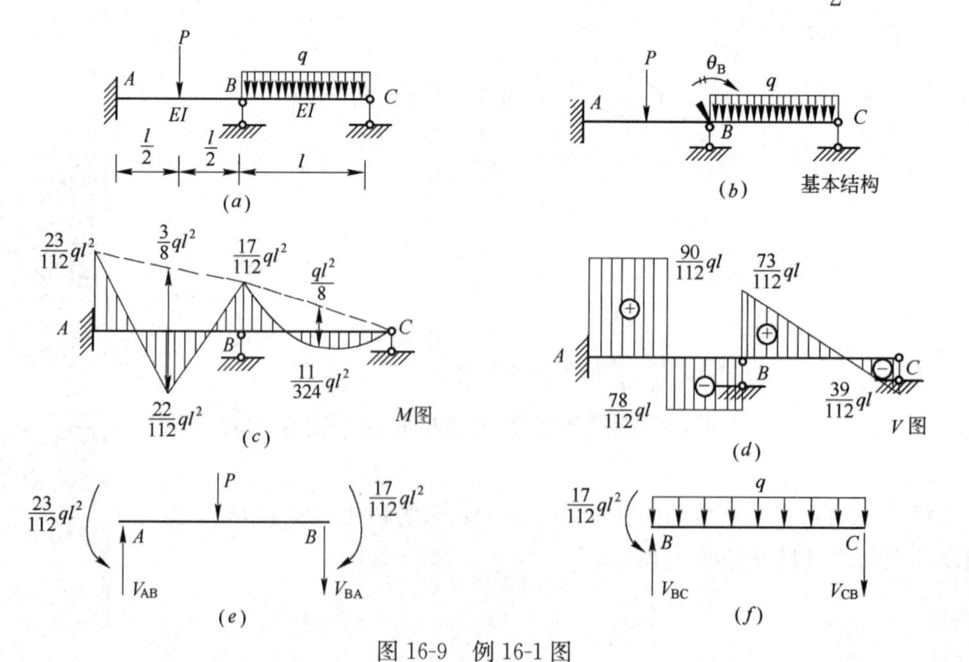

图 16-9　例 16-1 图

为常数。

【解】（1）确定基本未知量

此连续梁只有一个刚节点 B 的转角位移 θ_B，如图 16-9(b)所示。

（2）写出转角位移方程

$$M_{AB}=2i\,\theta_B-\frac{1}{8}Pl$$

$$M_{BA}=4i\,\theta_B+\frac{1}{8}Pl$$

$$M_{BC}=3i\,\theta_B-\frac{1}{8}ql^2$$

$$M_{CB}=0$$

（3）对刚节点 B 取力矩平衡：

$$\Sigma M_B=0 \qquad M_{BA}+M_{BC}=0$$

$$4i\,\theta_B+3i\,\theta_B+\frac{1}{8}Pl-\frac{1}{8}ql^2=0$$

（4）解得：$\theta_B=\frac{-1}{56i}(Pl-ql^2)=\frac{-1}{112i}ql^2$（负号说明 θ_B 逆时针转）

（5）将 $\theta_B=-\frac{ql^2}{112i}$代回转角位移方程求出各杆端弯矩：

$$M_{AB}=2i\,\theta_B-\frac{1}{8}Pl=-\frac{23}{112}ql^2$$

$$M_{BA}=4i\,\theta_B+\frac{1}{8}Pl=\frac{17}{112}ql^2$$

$$M_{BC}=3i\,\theta_B-\frac{1}{8}ql^2=-\frac{17}{112}ql^2$$

（6）作出弯矩图和剪力图，如图 16-9(c)、(d)所示（由图 16-9（e）、（f）求出各杆端剪力）。

【例 16-2】 用位移法计算图 16-10(a)所示超静定刚架，作出内力图。

【解】（1）确定基本未知量

此刚架有两个刚节点转角位移 θ_B、θ_C，如图 16-10(b)所示。

（2）写出转角位移方程

$$M_{AB}=2i\,\theta_B$$

$$M_{BA}=4i\,\theta_B$$

$$M_{BC}=4i\,\theta_B+2i\,\theta_C-\frac{1}{12}ql^2$$

$$M_{CB}=2i\,\theta_B+4i\,\theta_C+\frac{1}{12}ql^2$$

$$M_{CD}=4i\,\theta_C$$

$$M_{DC}=2i\,\theta_C$$

$$M_{CE}=3i\,\theta_C$$

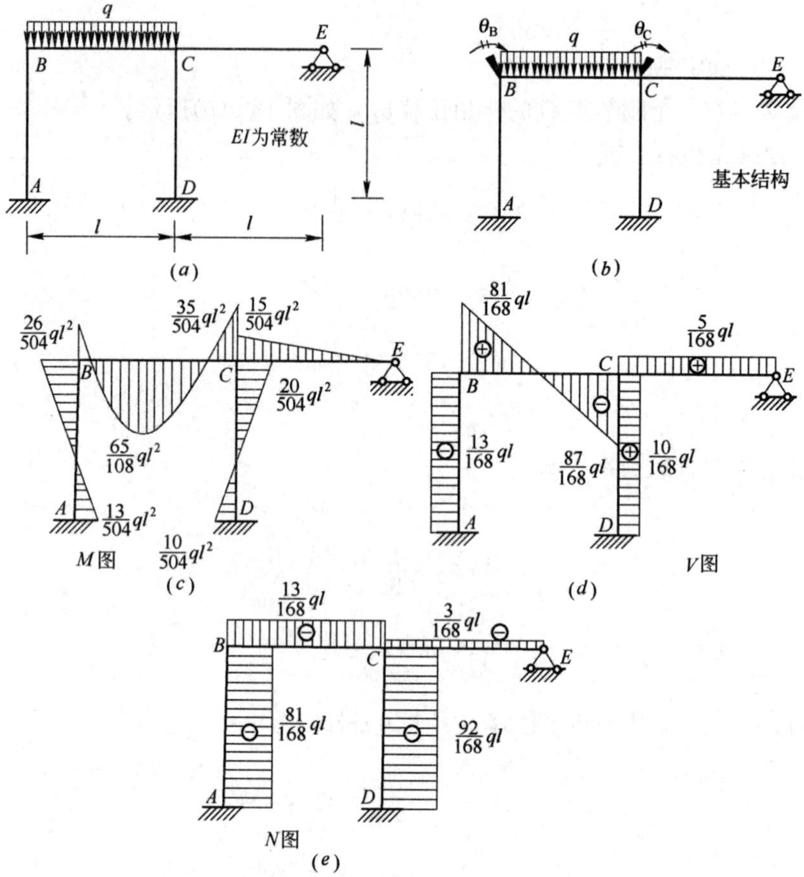

图 16-10　例 16-2 图

(3) 对刚节点 B、C 取力矩平衡：

$$\Sigma M_B = 0 \qquad M_{BA} + M_{BC} = 0$$

$$\Sigma M_C = 0 \qquad M_{CB} + M_{CD} + M_{CE} = 0$$

$$8i\,\theta_B + 2i\,\theta_C - \frac{1}{12}ql^2 = 0$$

$$2i\,\theta_B + 11i\,\theta_C + \frac{1}{12}ql^2 = 0$$

(4) 解得：$\theta_B = \frac{13}{1008i}ql^2 \qquad \theta_C = -\frac{10}{1008i}ql^2$（负号说明 θ_C 是逆时针转）

(5) 将 θ_B、θ_C 代回转角位移方程求出各杆端弯矩：

$$M_{AB} = 2i\,\theta_B = \frac{13}{504}ql^2$$

$$M_{BA} = 4i\,\theta_B = \frac{26}{504}ql^2$$

$$M_{BC} = 4i\,\theta_B + 2i\,\theta_C - \frac{1}{12}ql^2 = -\frac{26}{504}ql^2$$

$$M_{CB} = 2i\,\theta_B + 4i\,\theta_C + \frac{1}{12}ql^2 = \frac{35}{504}ql^2$$

$$M_{CD}=4i\,\theta_C=-\frac{20}{504}ql^2$$

$$M_{DC}=2i\,\theta_C=-\frac{10}{504}ql^2$$

$$M_{CE}=3i\,\theta_C=-\frac{15}{504}ql^2$$

(6) 作出弯矩图、剪力图和轴力图，如图 16-10(*c*)、(*d*)、(*e*)所示。

16.5　用位移法计算有节点线位移刚架

对于有节点线位移的刚架来说，一般要考虑杆端剪力，建立线位移方向的静力平衡方程和刚节点处的力矩平衡方程，才能解出未知量，下面举例说明。

【例 16-3】 用位移法计算图 16-11(*a*)所示超静定刚架，作出弯矩图。

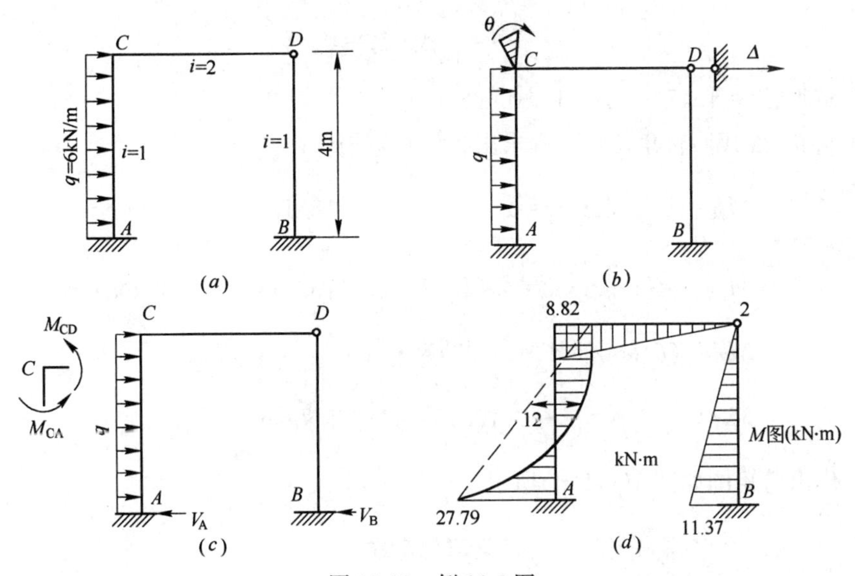

图 16-11　例 16-3 图

【解】 (1) 确定基本未知量

此刚架有一个刚节点 C 转角位移 θ，一个线位移 Δ，如图 16-11(*b*)所示。

(2) 写出转角位移方程

$$M_{AC}=2i\theta-\frac{6i}{l}\Delta-\frac{1}{12}ql^2=2\theta-\frac{6}{4}\Delta-\frac{1}{12}\times6\times4^2=2\theta-\frac{3}{2}\Delta-8$$

$$M_{CA}=4i\theta-\frac{6i}{l}\Delta+\frac{1}{12}ql^2=4\theta-\frac{3}{2}\Delta+8$$

$$M_{CD}=3i\theta=3\times2\times\theta=6\theta$$

$$M_{BD}=-\frac{3i}{l}\Delta=-\frac{3}{4}\Delta$$

$$V_{CA}=-\frac{6i}{l}\theta+\frac{12i}{l^2}\Delta-\frac{ql}{2}=-\frac{3}{2}\theta+\frac{3}{4}\Delta-12$$

$$V_{AC}=-\frac{6i}{l}\theta+\frac{12i}{l^2}\Delta+\frac{ql}{2}=-\frac{3}{2}\theta+\frac{3}{4}\Delta+12$$

$$V_{DB}=\frac{3i}{l^2}\Delta=\frac{3}{16}\Delta$$

$$V_{BD}=\frac{3i}{l^2}\Delta=\frac{3}{16}\Delta$$

(3) 对刚节点 C 取力矩平衡，如图 16-11(c)所示：

$$\Sigma M_C=0 \qquad M_{CA}+M_{CD}=0$$

取整体结构水平合力投影方程，如图 16-11(c)：

$$\Sigma F_x=0 \qquad ql-V_{AC}-V_{BD}=0$$

代入杆端转角位移方程化简得：

$$10\theta-\frac{3}{2}\Delta+8=0$$

$$\frac{3}{2}\theta-\frac{15}{16}\Delta+12=0$$

(4) 解得：$\theta=1.47 \qquad \Delta=15.16$

(5) 将 θ、Δ 代回转角位移方程求出各杆端弯矩：

$$M_{AC}=2\theta-\frac{3}{2}\Delta-8=2\times1.47-\frac{3}{2}\times15.16-8=27.79\text{kN}\cdot\text{m}$$

$$M_{CA}=4\theta-\frac{3}{2}\Delta+8=4\times1.47-\frac{3}{2}\times15.61+8=8.82\text{kN}\cdot\text{m}$$

$$M_{CD}=6\theta=6\times1.47=8.82\text{kN}\cdot\text{m}$$

$$M_{BD}=-\frac{3}{4}\Delta=-\frac{3}{4}\times15.16=11.37\text{kN}\cdot\text{m}$$

(6) 作出弯矩图如图 16-11(d)所示。

复习思考题

1. 位移法的基本未知量是什么？如何确定？
2. 杆端弯矩的正负号如何规定？如果从节点看是什么转向为正？
3. 位移法求解未知量的方程是如何建立的？
4. 位移法适合解什么类型的超静定结构？试比较力法和位移法的优缺点。

习　题

16-1　确定用位移法解图 16-12 的超静定结构的基本未知量。

16-2　用位移法求图 16-13 梁的弯矩图，E 为常数。

16-3　用位移法计算图 16-14 所示刚架，作出内力图。

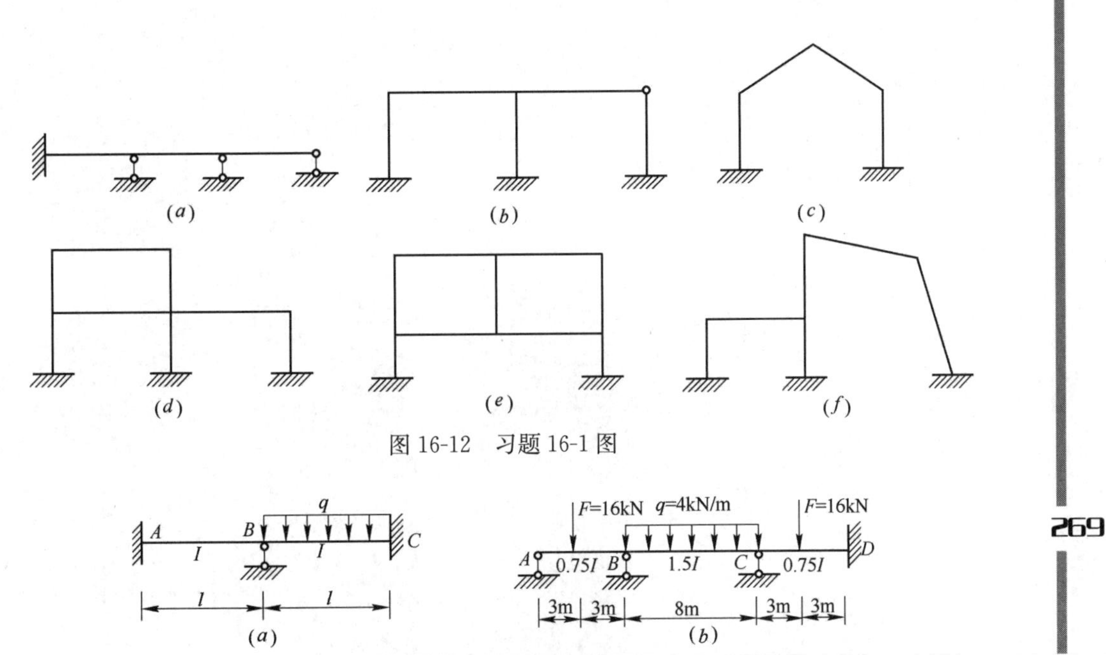

图 16-12　习题 16-1 图

图 16-13　习题 16-2 图

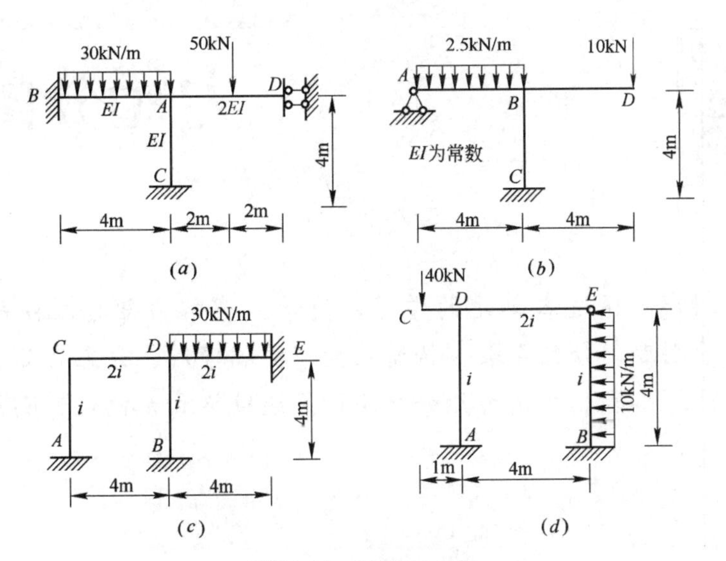

图 16-14　习题 16-3 图

教学单元17

力矩分配法

【教学目标】 通过本单元的学习，使学生理解力矩分配法的基本原理；掌握转动刚度、分配系数、传递系数、固端弯矩、分配弯矩、传递弯矩的概念及计算；能熟练用力矩分配法计算连续梁和无侧位移刚架。

17.1　力矩分配法的基本原理及基本概念

力矩分配法是在位移法基础上发展起来的一种渐进方法，它不必计算节点位移，也无须求解联立方程，可以直接通过代数运算得到杆端弯矩。与力法、位移法相比，计算过程较为简单直观，计算过程不容易出错，适用于求解连续梁和无节点线位移刚架。在力矩分配法中，内力正负号的规定与位移法的规定一致。

17.01.001
力矩分配法的基本原理

17.1.1　力矩分配法的基本原理

这里我们以图 17-1（a）所示刚架为例，来说明力矩分配法的基本思路。

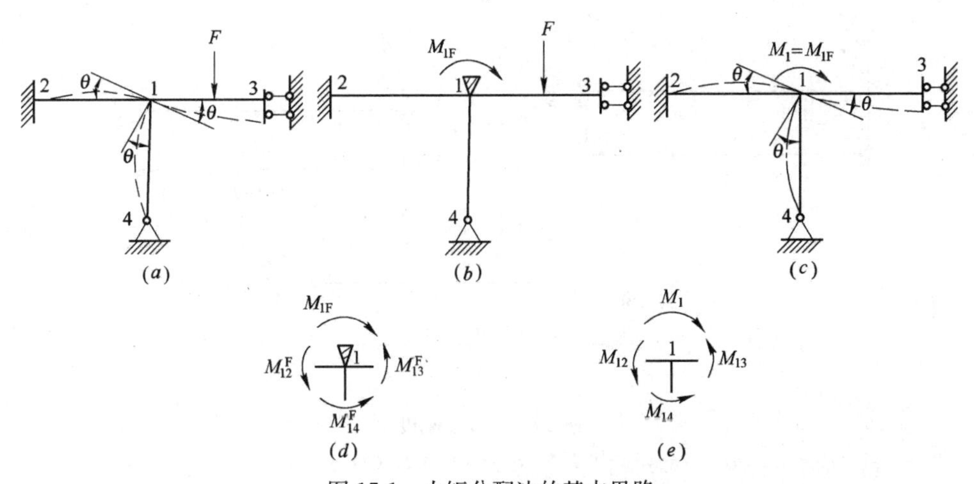

图 17-1　力矩分配法的基本思路

根据位移法的分析，在荷载作用下，刚节点 1 产生一个转角位移 θ。假设我们在 1 点增加一个刚臂约束，这时刚节点 1 被附加约束固定，不能发生转动，我们把这一状态称为固定状态，如图 17-1（b）所示。固定状态下，由于各杆段被约束隔离，可以独立的分离出来研究，其内力可以直接查表 16-1 得到，称为固端弯矩，用 M^F 表示。同时，节点 1 满足平衡条件，如图 17-1（d），据此可以求得附加刚臂的约束力矩 M_{1F}：

$$M_{1F}=M_{12}^F+M_{13}^F+M_{14}^F=\Sigma M^F$$

上式表明，约束力矩等于各杆端固端弯矩之和。以顺时针转向为正。

为了保持结构受力状态不改变，我们在节点 1 施加一个和 M_{1F}转向相反、大小相等的力矩 $M_1=-M_{1F}$作用，并把这个状态称为放松状态，如图 17-1（c）所示。这样，固定状态和放松状态两种情况的叠加就是结构的原始状态，分别对固定状态和放松状态进行计算，并将算得的各杆端弯矩值对应叠加，即得到原结构的杆端弯矩，这就是力矩分配法的基本原理。

17.1.2 力矩分配法的基本概念

1. 转动刚度

为了使杆件 AB 某一端（例如 A 端）转动单位角度（不移动），A 端所需要施加的力矩称为该杆的**转动刚度**，以 S_{AB}表示。其中产生转角的一端（A 端）称为**近端**，另一端（B 端）称为**远端**。等截面直杆远端为不同约束时的转动刚度可以根据表16-1查得，如图 17-2 所示：

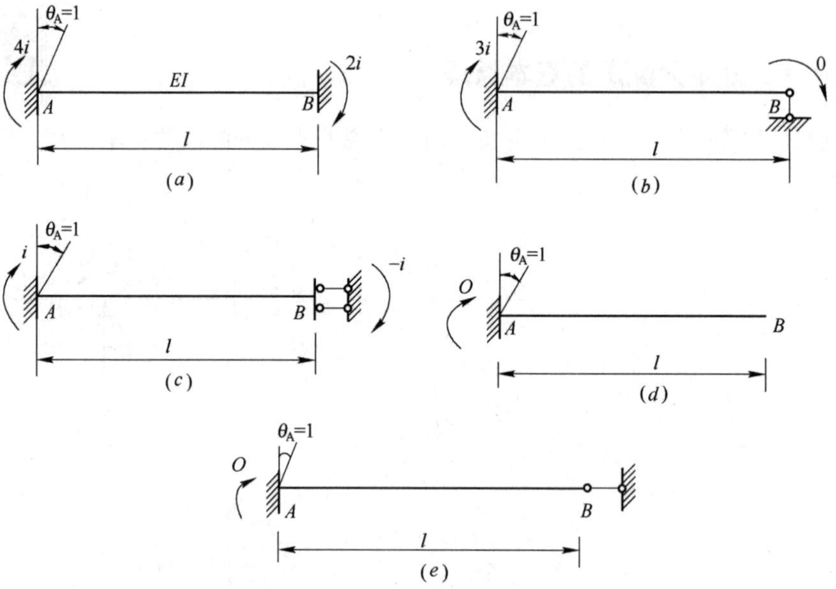

图 17-2 转动刚度

(a) $S_{AB}=M_{AB}=4i$；(b) $S_{AB}=M_{AB}=3i$；(c) $S_{AB}=M_{AB}=i$；(d) $S_{AB}=M_{AB}=0$；(e) $S_{AB}=M_{AB}=0$

远端固定： $S=4i$

远端铰支： $S=3i$

远端定向支座： $S=i$

远端自由（或轴向支杆）$S=0$

2. 分配系数

在图 17-1（c）所示刚架的放松状态，刚节点发生转角位移 θ，相当于 1 点各杆端都发生转角位移 θ，各杆端弯矩可以用转动刚度来表示：

$$M_{12}=S_{12}\theta=4i_{12}\theta$$

$$M_{13}=S_{13}\theta=i_{13}\theta$$

$$M_{14}=S_{14}\theta=3i_{14}\theta$$

根据放松状态下 1 节点平衡，如图 17-1（e）：

$$\Sigma M_1=0 \qquad M_{12}+M_{13}+M_{14}-M_1=0$$

将式（a）代入：

$$S_{12}\theta+S_{13}\theta+S_{14}\theta=M_1$$

$$\theta=\frac{M_1}{S_{12}+S_{13}+S_{14}}=\frac{M_1}{\Sigma S_1}$$

式中 $\Sigma S_1=0$ 表示相交于刚节点 1 的所有杆端转动刚度之和，代回式（a）得到：

$$M_{12}=S_{12}\theta=\frac{S_{12}}{\Sigma S_1}M_1$$

$$M_{13}=S_{13}\theta=\frac{S_{13}}{\Sigma S_1}M_1$$

$$M_{14}=S_{14}\theta=\frac{S_{14}}{\Sigma S_1}M_1$$

从上式可以看出，在放松状态下，1 点各杆端的转动刚度在所有 1 点转动刚度之和中占有一个比例，1 点各杆端正是按这个比例来分配附加力矩 M_1。我们把这个比例 $\frac{S_{12}}{\Sigma S_1}$、$\frac{S_{13}}{\Sigma S_1}$、$\frac{S_{14}}{\Sigma S_1}$ 称为**分配系数**，分别用 μ_{12}、μ_{13}、μ_{14} 表示，上面 1 节点各杆端所分配到的弯矩改用 M_{12}^{μ}、M_{13}^{μ}、M_{14}^{μ} 表示，称为**分配弯矩**，上式可写为：

$$M_{12}^{\mu}=\mu_{12}M_1=\mu_{12}\ (-M_{1F})$$

$$M_{13}^{\mu}=\mu_{13}M_1=\mu_{13}\ (-M_{1F})$$

$$M_{14}^{\mu}=\mu_{14}M_1=\mu_{14}\ (-M_{1F})$$

对于任意刚节点 i，以此类推，可以得到其分配系数和分配弯矩的表示为：

$$\mu_{ij}=\frac{S_{ij}}{\Sigma S_i} \tag{17-1}$$

$$M_{ij}^{\mu}=\mu_{ij}\ (-M_{iF}) \tag{17-2}$$

i 表示杆件的转动端（近端），j 表示远端。

显然，对于同一个刚接点，各杆分配系数的和为 1：

$$\Sigma\mu_{ij}=1$$

利用式（17-2）计算分配弯矩的过程，就称为**力矩分配**。

3. 传递系数

图 17-2 所示为远端不同约束的直杆。当近端 i 转动产生弯矩，远端 j 也会产生弯矩，远端弯矩和近端弯矩的比就称为**传递系数**，用 C_{ij} 表示。

传递系数可以理解为近端分配弯矩传递到远端的一个系数，近端弯矩乘以这个系数就是远端弯矩。正因为这种传递特性，远端弯矩也称为**传递弯矩**，用 M_{ji}^{c} 表示：

$$C_{ij}=\frac{M_{ji}^{c}}{M_{ij}^{\mu}}$$

$$M_{ji}^{c}=C_{ij}M_{ij}^{\mu} \tag{17-3}$$

根据表 16-1，可以得出图 17-2 所示远端不同约束杆件的传递系数为：

远端固定：　　　$C=0.5$

远端铰支：　　　$C=0$

远端定向支座：　$C=-1$

17.2　用力矩分配法计算连续梁和无侧移刚架

17.2.1　单节点的力矩分配法

单节点力矩分配法的计算步骤如下：

（1）根据式（17-1）确定刚节点处各杆的分配系数，并用 $\Sigma\mu_{ij}=1$ 验算。

（2）以附加刚臂固定刚节点，得到固定状态，查表 16-1 得到各杆端的固端弯矩 M^{F}。

（3）利用式（17-2）计算各杆近端分配弯矩。

（4）根据式（17-3）计算各杆远端传递弯矩。

（5）叠加计算出最后的各杆端弯矩。对于近端，用固端弯矩叠加分配弯矩；对于远端，固端弯矩叠加传递弯矩。

【例 17-1】 用力矩分配法计算图 17-3（a）所示两跨连续梁，绘出弯矩图和剪力图。

【解】（1）确定刚节点处各杆的分配系数：

$$S_{BA}=4i_{AB}=\frac{4\times EI}{4}=EI$$

$$S_{BC}=3i_{AB}=\frac{3\times 2EI}{4}=1.5EI$$

$$\mu_{BA}=\frac{S_{BA}}{S_{BA}+S_{BC}}=0.4$$

$$\mu_{BC}=\frac{S_{BC}}{S_{BA}+S_{BC}}=0.6$$

（2）计算固端弯矩：

$$M_{AB}^{F}=-\frac{Pl}{8}=-\frac{120\times 4}{8}=-60\text{kN}\cdot\text{m}$$

$$M_{BA}^{F}=\frac{Pl}{8}=\frac{120\times 4}{8}=60\text{kN}\cdot\text{m}$$

$$M_{BC}^{F}=-\frac{ql^{2}}{8}=-\frac{15\times 4^{2}}{8}=-30\text{kN}\cdot\text{m}$$

（3）计算分配弯矩：

$$M_{B}=\Sigma M^{F}=(M_{BA}^{F}+M_{BC}^{F})=30\text{kN}\cdot\text{m}$$

$$M_{BA}^{\mu}=\mu_{BA}(-M_{BF})=0.4\times(-30)=-12\text{kN}\cdot\text{m}$$

$$M_{BC}^{\mu}=\mu_{BC}(-M_{BF})=0.6\times(-30)=-18\text{kN}\cdot\text{m}$$

（4）计算传递弯矩：

$$M_{AB}^{C}=C_{BA}M_{BA}^{\mu}=0.5\times(-12)=-6\text{kN}\cdot\text{m}$$

$$M_{CB}^{C}=C_{BC}M_{BC}^{\mu}=0$$

（5）叠加计算得出最后的杆端弯矩，作弯矩图、剪力图 17-3（b）、（c）。

$$M_{AB}=M_{AB}^{F}+M_{AB}^{C}=-60-6=-66\text{kN}\cdot\text{m}$$

$$M_{BA}=M_{BA}^{F}+M_{BA}^{\mu}=60-12=48\text{kN}\cdot\text{m}$$

$$M_{BC}=M_{BC}^{F}+M_{BC}^{\mu}=-30-18=-48\text{kN}\cdot\text{m}$$

$$M_{CB}=0$$

杆端剪力的计算方法参见［例 16-1］题解。

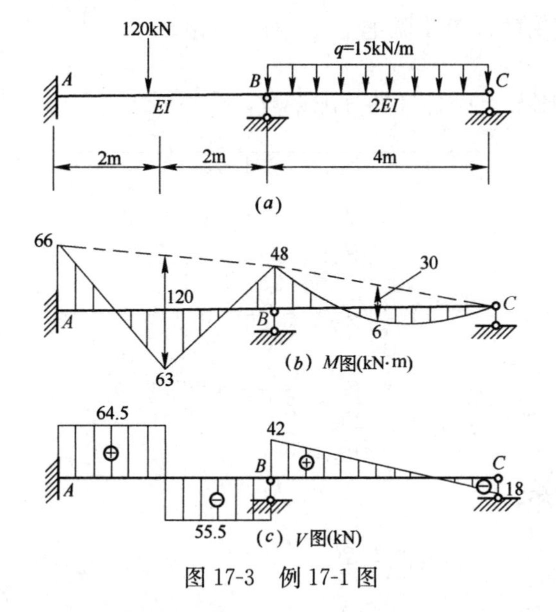

图 17-3　例 17-1 图

以上（3）、（4）、（5）步骤可以用下面的计算表格完成，这样计算过程简单清晰，叠加求最后弯矩的时线路清晰简便，只要叠加上下对齐的各项即可。

表格中节点方框里为分配系数，分配弯矩下画一横线，传递弯矩用箭头指示，最后叠加得到的弯矩下画两道横线。

		AB		BA	BC		CB
分配系数	μ			0.4	0.6		
固端弯矩	M^{F}	−60		60	−30		0
分配传递弯矩	M^{μ}、M^{C}	−6	← 0.5	−12	−18	0 →	0
最后的弯矩	M	−66		48	−48		0

显然，刚节点 B 满足节点平衡条件：$\Sigma M_{B}=0$，这一条件以后也可以用来验证分配计算是否正确。

【例 17-2】 用力矩分配法计算图 17-4（a）所示无节点线位移刚架，绘出弯矩图。EI 为常数。

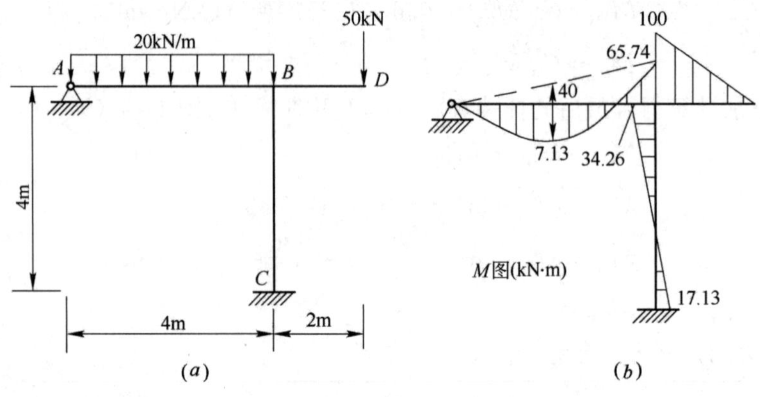

图 17-4　例 17-2 图

【解】（1）确定刚节点处各杆的分配系数，令$\frac{EI}{4}=1$

$$S_{BA}=3\times1=3$$

$$S_{BC}=4\times1=4$$

$$S_{BD}=0$$

$$\mu_{BA}=\frac{3}{3+4}=0.429$$

$$\mu_{BC}=\frac{4}{3+4}=0.571$$

$$\mu_{BD}=0$$

（2）计算固端弯矩：

$$M_{BA}^{F}=\frac{ql^2}{8}=\frac{20\times4^2}{8}=40\text{kN}\cdot\text{m}$$

$$M_{BD}^{F}=-50\times2=-100\text{kN}\cdot\text{m}$$

$$M_{BC}^{F}=0$$

（3）力矩分配计算见下表：

		AB		BA	BC	BD		DB
分配系数	μ			0.429	0.571	0		
固端弯矩	M^F	0		40	0	−100		0
分配传递弯矩	M^μ、M^C	0	← 0	25.74	34.26	0	0 →	0
最后的弯矩	M	0		65.74	34.26	−100		0
					CB			
					0			
					17.13			
					17.13			

显然，刚节点 B 满足节点平衡条件：$\Sigma M_{\mathrm{B}}=0$。弯矩图见图 17-4（b）。

17.2.2　多节点的力矩分配法

对于多节点的情况，需要在多个刚节点处分配传递计算，由于节点之间相互有传递弯矩的影响，一次分配计算就不能保证所有节点的平衡，而需要多次重复计算，将相互间的传递弯矩再进行分配计算。在多次力矩分配计算中，传递弯矩会越来越小，最后趋近于零，此时节点就接近于平衡，如果把此时各杆端每次分配计算得到的分配弯矩、传递弯矩叠加，再加上原先的固端弯矩，就是最后的杆端弯矩。这一分配传递计算过程，就是多节点力矩分配法。

我们以一个三跨连续梁为例来说明这个过程，如图 17-5（a）所示，图中虚线为梁的变形线。

（1）我们先分析梁的固定状态，如图 17-5（b），在节点 B、C 分别增加刚臂将节点锁住，在刚臂上必有附加约束力矩 M_{BF}、M_{CF}。

（2）先放松节点 B，在 B 点施加 $-M_{\mathrm{BF}}$，C 仍然固定。$-M_{\mathrm{BF}}$ 分配后传递弯矩到 C，因此 C 节点约束力矩增加了 M_{CF}^{1}，如图 17-5（c）。

（3）放松 C 点，在 C 点施加 $-(M_{\mathrm{CF}}+M_{\mathrm{CF}}^{1})$，$B$ 重新被固定。$-(M_{\mathrm{CF}}+M_{\mathrm{CF}}^{1})$ 分配后传递弯矩到 B，节点 B 重新增加了附加约束 M_{BF}^{1}，如图 17-5（d）所示。

（4）再次放松节点 B，在 B 点施加 $-M_{\mathrm{BF}}^{1}$，C 固定，$-M_{\mathrm{BF}}^{1}$ 分配后传递弯矩到 C，C 节点约束力矩重新增加了 M_{CF}^{2}，如图 17-5（e）。

（5）再次放松节点 C，在 C 点施加 $-M_{\mathrm{CF}}^{2}$，B 固定，$-M_{\mathrm{CF}}^{2}$ 分配后传递弯矩到 B，B 节点约束力矩又增加 M_{BF}^{2}，如图 17-5（f）。

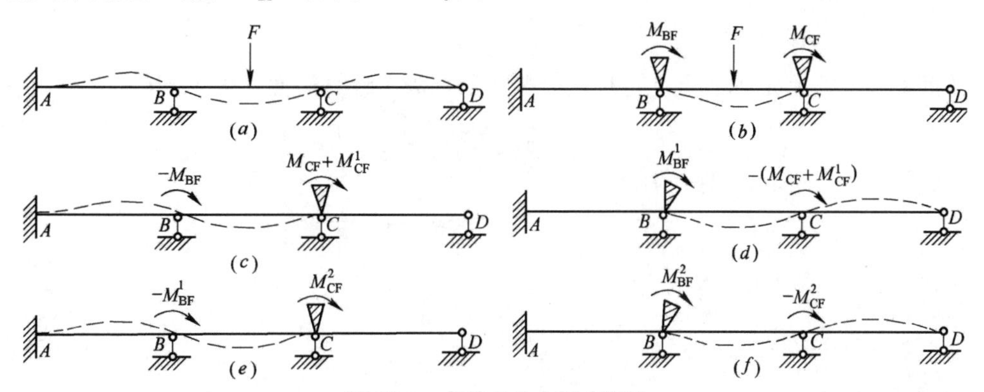

图 17-5　多节点的力矩分配法

重复以上步骤，轮流放松 B、C 节点，我们发现节点 B、C 相互间的传递弯矩会越来越小，最后趋近于零。此时停止分配计算，把以上固定状态和所有放松状态叠加起来，就是梁原始的受力状态，所以把以上固定状态和各放松状态的弯矩叠加，就可以得到原结构的杆端弯矩。

这种不需要解联立方程，直接从开始的近似状态逐步计算修正，最后收敛于真实解的方法就称为渐进法，力矩分配法是一种渐进解法。

【例 17-3】 用力矩分配法计算图 17-6（a）所示三跨连续梁，绘出弯矩图和剪力图。EI 为常数。

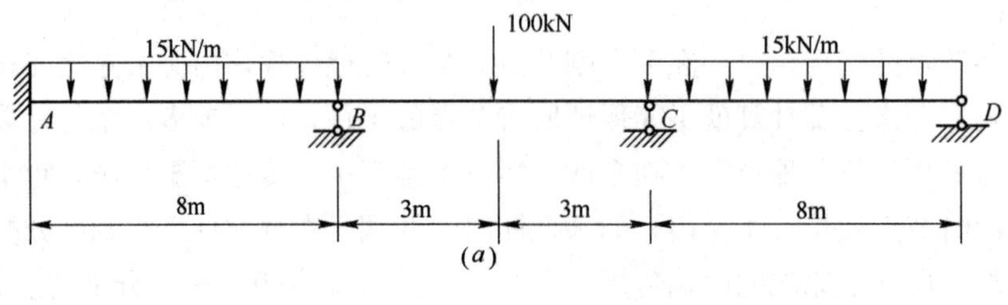

(a)

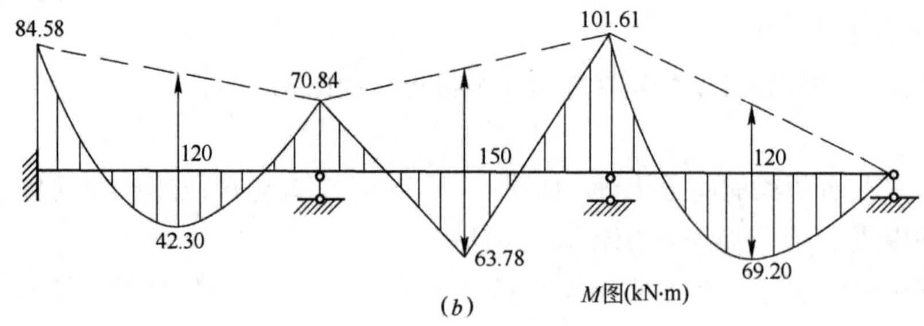

(b)

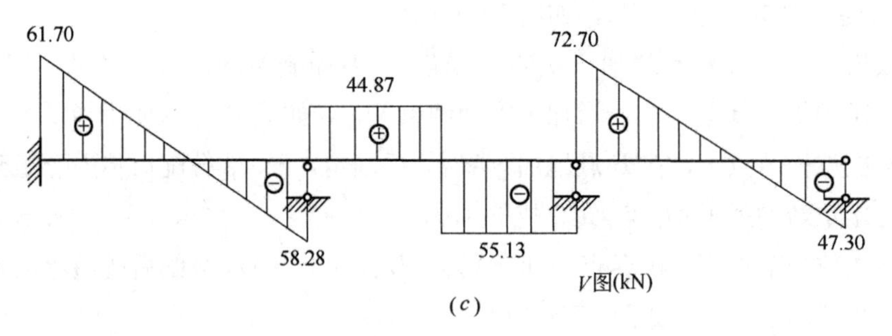

(c)

图 17-6　例 17-3 图

【解】　(1) 确定刚节点处各杆的分配系数，为了计算简便，可令 $EI=1$。

节点 B：

$$S_{BA}=4i_{AB}=4\times\frac{1}{8}=\frac{1}{2}$$

$$S_{BC}=4i_{BC}=4\times\frac{1}{6}=\frac{2}{3}$$

$$\mu_{BA}=\frac{\frac{1}{2}}{\frac{1}{2}+\frac{2}{3}}=0.429$$

$$\mu_{BC}=\frac{\frac{2}{3}}{\frac{1}{2}+\frac{2}{3}}=0.571$$

节点 C：

$$S_{CB}=4i_{BC}=4\times\frac{1}{6}=\frac{2}{3}$$

$$S_{CD}=3i_{CD}=3\times\frac{1}{8}=\frac{3}{8}$$

$$\mu_{CB}=\frac{\frac{2}{3}}{\frac{2}{3}+\frac{3}{8}}=0.64$$

$$\mu_{CD}=\frac{\frac{3}{8}}{\frac{2}{3}+\frac{3}{8}}=0.36$$

（2）计算固端弯矩

$$M_{AB}^{F}=-\frac{ql^2}{12}=-\frac{15\times8^2}{12}=-80\text{kN}\cdot\text{m}$$

$$M_{BA}^{F}=\frac{ql^2}{12}=\frac{15\times8^2}{12}=80\text{kN}\cdot\text{m}$$

$$M_{BC}^{F}=-\frac{Fl}{8}=-\frac{100\times6}{8}=-75\text{kN}\cdot\text{m}$$

$$M_{CB}^{F}=\frac{Fl}{8}=75\text{kN}\cdot\text{m}$$

$$M_{CD}^{F}=-\frac{ql^2}{8}=-\frac{15\times8^2}{8}=-120\text{kN}\cdot\text{m}$$

（3）分配弯矩、传递弯矩计算及最后弯矩的叠加见下表

	AB		*BA*	*BC*		*CB*	*CD*		*DC*
分配系数　μ			0.429	0.571		0.64	0.36		
固端弯矩　M^F	−80		80	−75		75	−120		0
				14.4	←	28.8	16.2	→	0
	−4.16	←	−8.32	−11.08	→	−5.54			
分配传递弯矩				1.78	←	3.55	1.99	→	0
M^μ、M^C	−0.38	←	−0.76	−1.02	→	−0.51			
				0.17	←	0.33	0.18	→	0
	−0.04	←	−0.07	−0.10	→	−0.05			
				0.02	←	0.03	0.20	→	0
			−0.01	−0.01					
最后的弯矩　M	−84.58		70.84	−70.84		101.61	−101.61		0

显然，刚节点 B 满足节点平衡条件：$\Sigma M_B=0$，刚节点 C 满足节点平衡条件：$\Sigma M_C=0$。弯矩图、剪力图如图 17-6（b）、（c）。

【例 17-4】 用力矩分配法计算图 17-7（a）所示刚架，绘出弯矩图。E 为常数。

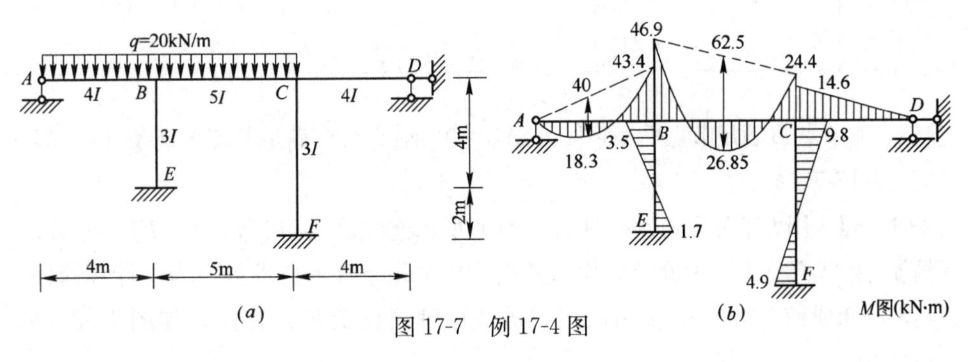

图 17-7　例 17-4 图

【解】（1）确定刚节点处各杆的分配系数，为了计算简便，令 $EI=1$。

节点 B：

$$S_{BA}=3i_{BA}=3\times\frac{4EI}{4}=3 \qquad \mu_{BA}=\frac{3}{3+4+3}=0.3$$

$$S_{BC}=4i_{BC}=4\times\frac{5EI}{5}=4 \qquad \mu_{BC}=\frac{4}{3+4+3}=0.4$$

$$S_{BE}=4i_{BE}=4\times\frac{3EI}{4}=3 \qquad \mu_{BE}=\frac{3}{3+4+3}=0.3$$

节点 C：

$$S_{CB}=4 \qquad \mu_{CB}=\frac{4}{4+3+2}=0.445$$

$$S_{CD}=3i_{CD}=3\times\frac{4EI}{4}=3 \qquad \mu_{CD}=\frac{3}{4+3+2}=0.333$$

$$S_{CF}=4i_{CF}=4\times\frac{3EI}{6}=2 \qquad \mu_{CF}=\frac{2}{4+3+2}=0.222$$

（2）计算固端弯矩

$$M_{BA}^{F}=\frac{ql^2}{8}=\frac{20\times4^2}{8}=40\text{kN}\cdot\text{m}$$

$$M_{BC}^{F}=-\frac{ql^2}{12}=-\frac{20\times5^2}{12}=-41.7\text{kN}\cdot\text{m}$$

$$M_{CB}^{F}=\frac{ql^2}{12}=\frac{20\times5^2}{12}=41.7\text{kN}\cdot\text{m}$$

（3）分配弯矩、传递弯矩计算及最后弯矩的叠加见下表

	AB		BA	BE	BC		CB	CF	CD		DC
分配系数 μ			0.3	0.3	0.4		0.445	0.222	0.333		
固端弯矩 M^F	0		40	0	−41.7		41.7	0	0		0
					−9.3	←	−18.5	−9.3	−13.9	→	0
	0	←	3.3	3.3	4.4	→	2.2				
分配传递弯矩					−0.5	←	−1.0	−0.5	−0.7	→	0
M^{μ}、M^C	0	←	0.15	0.15	0.2						
最后的弯矩 M	0		43.4	3.5	−46.9		24.4	−9.8	−14.6		0
				EB				FC			
				0				0			
				1.6				−4.7			
				0.1				−0.2			
				1.7				−4.9			

显然，刚节点 B 满足节点平衡条件：$\Sigma M_B=0$，刚节点 C 满足节点平衡条件：$\Sigma M_C=0$。弯矩图见图 17-7（b）。

【例 17-5】 用力矩分配法计算图 17-8（a）所示连续梁，绘出弯矩图。EI 为常数。

【解】 悬臂部分 EF 为静定结构，其内力由平衡条件即可求得。为了计算简便，可以将支座 E 变成铰，力 F 的作用根据力等效原理简化到 E 点作用，如图 17-8（b）所

示，这里就根据简化后的结构进行计算。

（1）确定刚接点处各杆的分配系数，令$\frac{EI}{4}=1$。

节点 B：

$$S_{BA}=3i_{AB}=3 \qquad \mu_{BA}=\frac{3}{3+4}=\frac{3}{7}$$

$$S_{BC}=4i_{BC}=4 \qquad \mu_{BC}=\frac{4}{3+4}=\frac{4}{7}$$

节点 C：

$$S_{CB}=4i_{BC}=4 \qquad \mu_{CB}=\frac{4}{4+4}=\frac{1}{2}$$

$$S_{CD}=4i_{CD}=4 \qquad \mu_{CD}=\frac{4}{4+4}=\frac{1}{2}$$

节点 D：

$$S_{DC}=4i_{BC}=4 \qquad \mu_{CB}=\frac{4}{4+3}=\frac{4}{7}$$

$$S_{DE}=3i_{CD}=3 \qquad \mu_{CD}=\frac{3}{4+3}=\frac{3}{7}$$

（2）计算固定弯矩

$$M_{BA}^{F}=\frac{ql^2}{8}=\frac{20\times4^2}{8}=40\text{kN}\cdot\text{m}$$

$$M_{CD}^{F}=-\frac{Fl}{8}=-\frac{60\times4}{8}=-30\text{kN}\cdot\text{m}$$

$$M_{DC}^{F}=\frac{Fl}{8}=\frac{60\times4}{8}=30\text{kN}\cdot\text{m}$$

$$M_{DE}^{F}=\frac{M}{2}=\frac{60}{2}=30\text{kN}\cdot\text{m}$$

$$M_{ED}^{F}=M=60\text{kN}\cdot\text{m}$$

（3）分配弯矩、传递弯矩计算及最后弯矩的叠加见下表

	AB		BA	BC		CB	CD		DC	DE		ED
分配系数 μ			$\frac{3}{7}$	$\frac{4}{7}$		$\frac{1}{2}$	$\frac{1}{2}$		$\frac{4}{7}$	$\frac{3}{7}$		
固端弯矩 M^F	0		40	0		0	−30		30	30		60
分配传递弯矩 M^{μ}、M^{C}	0	←	−17.14	−22.86	→	−11.43	−17.5	←	−34.29	−25.71	→	0
				14.65	←	29.29	29.29	→	14.65			
	0	←	−6.28	−8.37	→	−4.19	−4.19	←	−8.37	−6.28	→	0
				2.09	←	4.19	4.19	→	2.09			
	0	←	−0.9	−1.19	→	−0.60	−0.60	←	−1.19	−0.9	→	0
				0.3	←	0.60	0.06	→	0.3			
	0	←	−0.13	−0.17	→	−0.09	−0.09	←	−0.17	−0.13	→	0
				0.05	←	0.09	0.09	→	0.05			
			−0.02	−0.03					−0.03	−0.02		
最后的弯矩 M	0		15.53	−15.53		17.86	−17.86		3.04	−3.04		60

显然，刚节点 B、C、D 均满足节点平衡条件。弯矩图如图 17-8（c）所示。

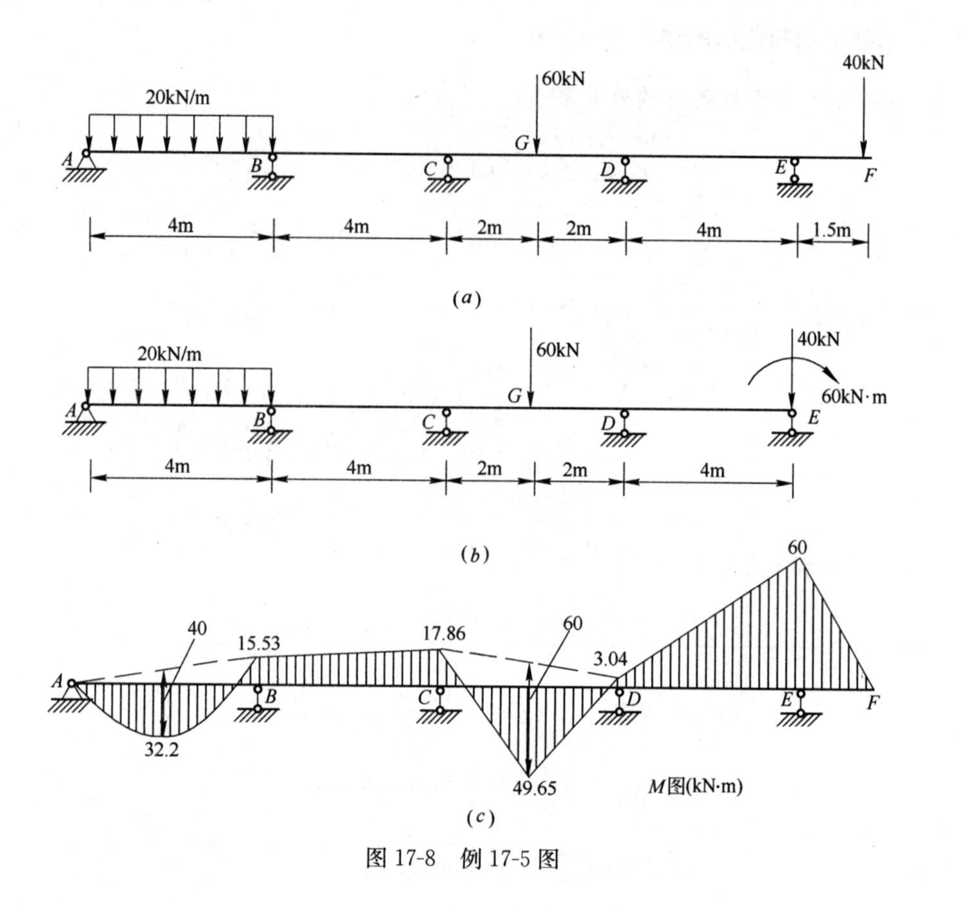

图 17-8　例 17-5 图

复习思考题

1. 力矩分配法主要适用于什么结构?
2. 什么是转动刚度？分配系数与转动刚度有什么关系？为什么每一个节点的分配系数之和等于 1?
3. 什么是固定状态？什么是放松状态?
4. 力矩分配的含义是什么？近端弯矩、远端弯矩，分配弯矩、传递弯矩的含义又是什么?
5. 多节点分配计算过程中，为什么不平衡力矩会趋于 0?
6. 力矩分配法和力法、位移法比较有什么优缺点?

习　　题

17-1　试用力矩分配法计算图 17-9 所示超静定梁，作出弯矩图、剪力图。

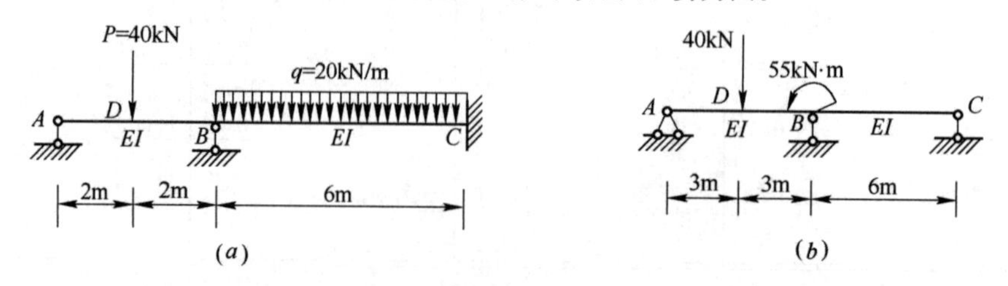

图 17-9　习题 17-1 图(一)

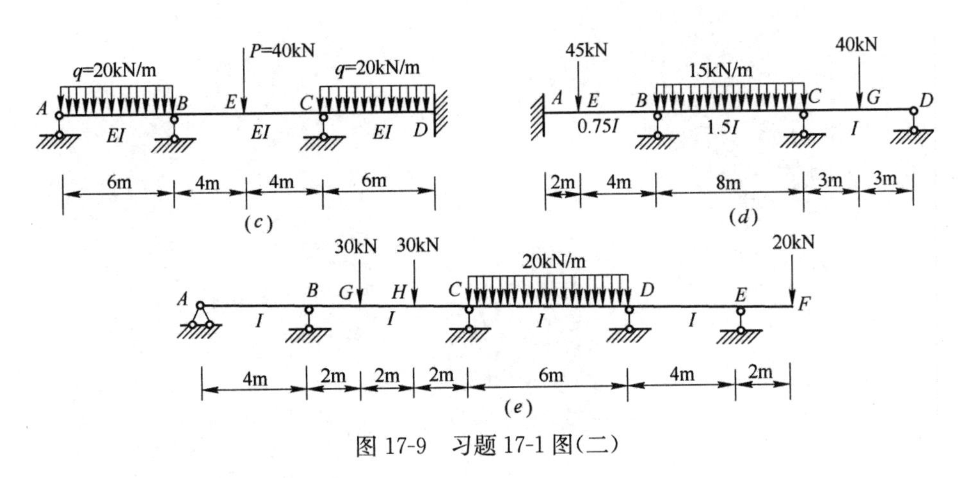

图 17-9　习题 17-1 图(二)

17-2　试用力矩分配法计算图 17-10 所示刚架，作出弯矩图。

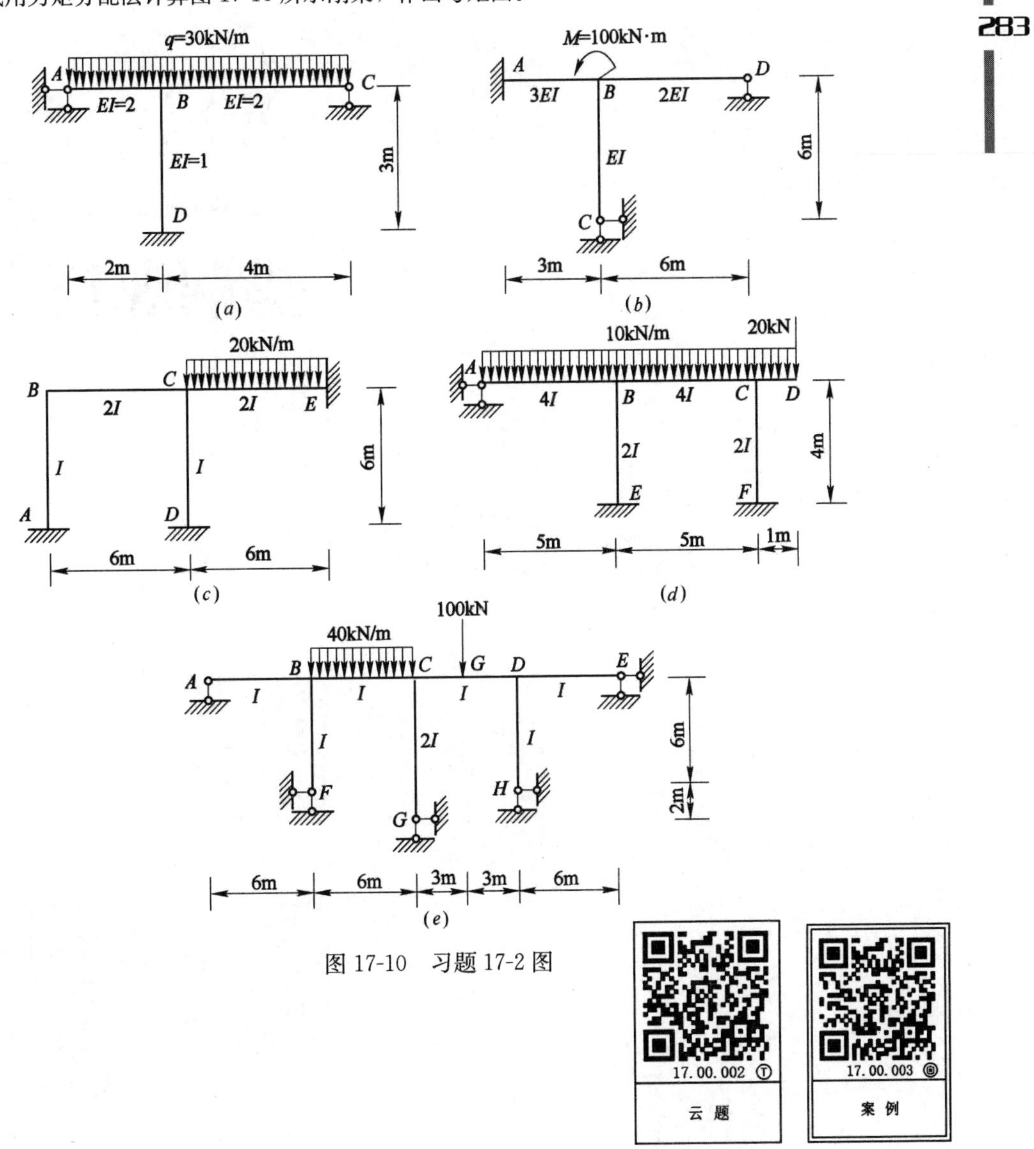

图 17-10　习题 17-2 图

17.00.002 Ⓣ
云 题

17.00.003 ⓐ
案 例

附　录

型钢规格表

表 1　热轧等边角钢(GB 9787—88)

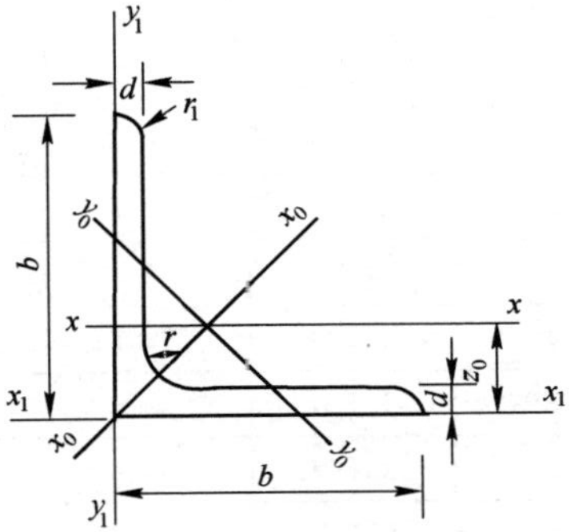

符号意义：

b——边宽度；
d——边厚度；
r——内圆弧半径；
r_1——边端内圆弧半径；
I——惯性矩；
i——惯性半径；
W——截面系数；
z_0——重心距离

角钢号数	尺寸 mm			截面面积	理论重量	外表面积	参考数值										z_0
							$x—x$			$x_0—x_0$			$y_0—y_0$			$x_1—x_1$	
	b	d	r	cm^2	kg/m	m^2/m	I_x cm^4	i_x cm	W_x cm^3	I_{x_0} cm^4	i_{x_0} cm	W_{x_0} cm^3	I_{y_0} cm^4	i_{y_0} cm	W_{y_0} cm^3	I_{x_1} cm^4	cm
2	20	3	3.5	1.132	0.889	0.078	0.40	0.59	0.29	0.63	0.75	0.45	0.17	0.39	0.20	0.81	0.60
		4		1.459	1.145	0.077	0.50	0.58	0.36	0.78	0.73	0.55	0.22	0.38	0.24	1.09	0.64
2.5	25	3		1.432	1.124	0.098	0.82	0.76	0.46	1.29	0.95	0.73	0.34	0.49	0.33	1.57	0.73
		4		1.859	1.459	0.097	1.03	0.74	0.59	1.62	0.93	0.92	0.43	0.48	0.40	2.11	0.76

续表

角钢号数	尺寸 mm			截面面积 cm^2	理论重量 kg/m	外表面积 m^2/m	参考数值										z_0 cm
							$x-x$			x_0-x_0			y_0-y_0			x_1-x_1	
	b	d	r				I_x cm^4	i_x cm	W_x cm^3	I_{x_0} cm^4	i_{x_0} cm	W_{x_0} cm^3	I_{y_0} cm^4	i_{y_0} cm	W_{y_0} cm^3	I_{x_1} cm^4	
3.0	30	3	4.5	1.749	1.373	0.117	1.46	0.91	0.68	2.31	1.15	1.09	0.61	0.59	0.51	2.71	0.85
		4		2.276	1.786	0.117	1.84	0.90	0.87	2.92	1.13	1.37	0.77	0.58	0.62	3.63	0.89
3.6	36	3		2.109	1.656	0.141	2.58	1.11	0.99	4.09	1.39	1.61	1.07	0.71	0.76	4.68	1.00
		4		2.756	2.163	0.141	3.29	1.09	1.28	5.22	1.38	2.05	1.37	0.70	0.93	6.25	1.04
		5		3.382	2.654	0.141	3.95	1.08	1.56	6.24	1.36	2.45	1.65	0.70	1.09	7.84	1.07
4.0	40	3	5	2.359	1.852	0.157	3.59	1.23	1.23	5.69	1.55	2.01	1.49	0.79	0.96	6.41	1.09
		4		3.086	2.422	0.157	4.60	1.22	1.60	7.29	1.54	2.58	1.91	0.79	1.19	8.56	1.13
		5		3.791	2.976	0.156	5.53	1.21	1.96	8.76	1.52	3.01	2.30	0.78	1.39	10.74	1.17
4.5	45	3		2.659	2.088	0.177	5.17	1.40	1.58	8.20	1.76	2.58	2.14	0.90	1.24	9.12	1.22
		4		3.486	2.736	0.177	6.65	1.38	2.05	10.56	1.74	3.32	2.75	0.89	1.54	12.18	1.26
		5		4.292	3.369	0.176	8.04	1.37	2.51	12.74	1.72	4.00	3.33	0.88	1.81	15.25	1.30
		6		5.076	3.985	0.176	9.33	1.36	2.95	14.76	1.70	4.64	3.89	0.88	2.06	18.36	1.33
5	50	3	5.5	2.971	2.332	0.197	7.18	1.55	1.96	11.7	1.96	3.22	2.98	1.00	1.57	12.50	1.34
		4		3.897	3.059	0.197	9.26	1.54	2.56	14.70	1.94	4.16	3.82	0.99	1.96	16.69	1.38
		5		4.803	3.770	0.196	11.21	1.53	3.13	17.79	1.92	5.03	4.64	0.98	2.31	20.90	1.42
		6		5.688	4.465	0.196	13.05	1.52	3.68	20.68	1.91	5.85	5.42	0.98	2.63	25.14	1.46
5.6	56	3	6	3.343	2.624	0.221	10.19	1.75	2.48	16.14	2.20	4.08	4.24	1.13	2.02	17.56	1.48
		4		4.390	3.446	0.220	13.18	1.73	3.24	20.92	2.18	5.28	5.46	1.11	2.52	23.43	1.53
		5		5.415	4.251	0.220	16.02	1.72	3.97	25.42	2.17	6.42	6.61	1.10	2.98	29.33	1.57
		8		8.367	6.568	0.219	23.63	1.68	6.03	37.37	2.11	9.44	9.89	1.09	4.16	47.24	1.68

续表

角钢号数	尺寸 mm			截面面积 cm^2	理论重量 kg/m	外表面积 m^2/m	参考数值										z_0 cm
							$x-x$			x_0-x_0			y_0-y_0			x_1-x_1	
	b	d	r				I_x cm^4	i_x cm	W_x cm^3	I_{x_0} cm^4	i_{x_0} cm	W_{x_0} cm^3	I_{y_0} cm^4	i_{y_0} cm	W_{y_0} cm^3	I_{x_1} cm^4	
6.3	63	4	7	4.978	3.907	0.248	19.03	1.96	4.13	30.17	2.46	6.78	7.89	1.26	3.29	33.35	1.70
		5		6.143	4.822	0.248	23.17	1.94	5.08	36.77	2.45	8.25	9.57	1.25	3.90	41.73	1.74
		6		7.288	5.721	0.247	27.12	1.93	6.00	43.03	2.43	9.66	11.20	1.24	4.46	50.14	1.78
		8		9.515	7.469	0.247	34.46	1.90	7.75	54.56	2.40	12.25	14.33	1.23	5.47	67.11	1.85
		10		11.657	9.151	0.246	41.09	1.86	9.39	64.85	2.36	14.56	17.33	1.22	6.36	84.31	1.93
7	70	4	8	5.570	4.372	0.275	26.39	2.18	5.14	41.80	2.74	8.44	10.99	1.40	4.17	45.74	1.86
		5		6.875	5.397	0.275	32.21	2.16	6.32	51.08	2.73	10.32	13.34	1.39	4.96	57.21	1.91
		6		8.160	6.406	0.275	37.77	2.15	7.48	59.93	2.71	12.11	15.61	1.38	5.67	68.73	1.95
		7		9.424	7.398	0.275	43.09	2.14	8.59	68.35	2.69	13.81	17.82	1.38	6.34	80.29	1.99
		8		10.667	8.373	0.274	48.17	2.12	9.68	76.37	2.68	15.43	19.98	1.37	6.98	91.92	2.03
(7.5)	75	5	9	7.367	5.818	0.295	39.97	2.33	7.32	63.30	2.92	11.94	16.63	1.50	5.77	70.56	2.04
		6		8.797	6.905	0.294	46.95	2.31	8.64	74.38	2.90	14.02	19.51	1.49	6.67	84.55	2.07
		7		10.160	7.976	0.294	53.57	2.30	9.93	84.96	2.89	16.02	22.18	1.48	7.44	98.71	2.11
		8		11.503	9.030	0.294	59.96	2.28	11.20	95.07	2.88	17.93	24.86	1.47	8.19	112.97	2.15
		10		14.126	11.089	0.293	71.98	2.26	13.64	113.92	2.84	21.48	30.05	1.46	9.56	141.71	2.22
8	80	5	9	7.912	6.211	0.315	48.79	2.48	8.34	77.33	3.13	13.67	20.25	1.60	6.66	85.36	2.15
		6		9.397	7.376	0.314	57.35	2.47	9.87	90.98	3.11	16.08	23.72	1.59	7.65	102.50	2.19
		7		10.860	8.525	0.314	65.58	2.46	11.37	104.07	3.10	18.40	27.09	1.58	8.58	119.70	2.23
		8		12.303	9.658	0.314	73.49	2.44	12.83	116.60	3.08	20.61	30.39	1.57	9.46	136.97	2.27
		10		15.126	11.874	0.313	88.43	2.42	15.64	140.09	3.04	24.76	36.77	1.56	11.08	171.74	2.35

续表

角钢号数	尺寸 mm			截面面积 cm^2	理论重量 kg/m	外表面积 m^2/m	参考数值										z_0 cm
							$x-x$			x_0-x_0			y_0-y_0			x_1-x_1	
	b	d	r				I_x cm^4	i_x cm	W_x cm^3	I_{x_0} cm^4	i_{x_0} cm	W_{x_0} cm^3	I_{y_0} cm^4	i_{y_0} cm	W_{y_0} cm^3	I_{x_1} cm^4	
9	90	6	10	10.637	8.350	0.354	82.77	2.79	12.61	131.26	3.51	20.63	34.28	1.80	9.95	145.87	2.44
		7		12.301	9.656	0.354	94.83	2.78	14.54	150.47	3.50	23.64	39.18	1.78	11.19	170.30	2.48
		8		13.944	10.946	0.353	106.47	2.76	16.42	168.97	3.48	26.55	43.97	1.78	12.35	194.80	2.52
		10		17.167	13.476	0.353	128.58	2.74	20.07	203.90	3.45	32.04	53.26	1.76	14.52	244.07	2.59
		12		20.306	15.940	0.352	149.22	2.71	23.57	236.21	3.41	37.12	62.22	1.75	16.49	293.76	2.67
10	100	6	12	11.932	9.366	0.393	114.95	3.01	15.68	181.98	3.90	25.74	47.92	2.00	12.69	200.07	2.67
		7		13.796	10.830	0.393	131.86	3.09	18.10	208.97	3.89	29.55	54.74	1.99	14.26	233.54	2.71
		8		15.638	12.276	0.393	148.24	3.08	20.47	235.07	3.88	33.24	61.41	1.98	15.75	267.09	2.76
		10		19.261	15.120	0.392	179.51	3.05	25.06	284.68	3.84	40.26	74.35	1.96	18.54	334.48	2.84
		12		22.800	17.898	0.391	208.90	3.03	29.48	330.95	3.81	46.80	86.84	1.95	21.08	402.34	2.91
		14		26.256	20.611	0.391	236.53	3.00	33.73	374.06	3.77	52.90	99.00	1.94	23.44	470.75	2.99
		16		29.627	23.257	0.390	262.53	2.98	37.82	414.16	3.74	58.57	110.89	1.94	25.63	539.80	3.06
11	110	7	12	15.196	11.928	0.433	177.16	3.41	22.05	280.94	4.30	36.12	73.38	2.20	17.51	310.64	2.96
		8		17.238	13.532	0.433	199.46	3.40	24.95	316.49	4.28	40.69	82.42	2.19	19.39	355.20	3.01
		10		21.261	16.690	0.432	242.19	3.38	30.60	384.39	4.25	49.42	99.98	2.17	22.91	444.65	3.09
		12		25.200	19.782	0.431	282.55	3.35	36.05	448.17	4.22	57.62	116.93	2.15	26.15	534.60	3.16
		14		29.056	22.809	0.431	320.71	3.32	41.31	508.01	4.18	65.31	133.40	2.14	29.14	625.16	3.24
12.5	125	8	14	19.750	15.504	0.492	297.03	3.88	32.52	470.89	4.88	43.28	123.16	2.50	25.86	521.01	3.37
		10		24.373	19.133	0.491	361.67	3.85	39.97	573.89	4.85	64.93	149.46	2.48	30.62	651.93	3.45
		12		28.912	22.696	0.491	423.16	3.83	41.17	671.44	4.82	75.96	174.88	2.46	35.03	783.42	3.53

续表

角钢号数	尺寸 mm			截面面积 cm^2	理论重量 kg/m	外表面积 m^2/m	参考数值										z_0 cm
							$x-x$			x_0-x_0			y_0-y_0			x_1-x_1	
	b	d	r				I_x cm^4	i_x cm	W_x cm^3	I_{x_0} cm^4	i_{x_0} cm	W_{x_0} cm^3	I_{y_0} cm^4	i_{y_0} cm	W_{y_0} cm^3	I_{x_1} cm^4	
12.5	125	14	14	33.367	26.193	0.490	481.65	3.80	54.16	763.73	4.78	86.41	199.57	2.45	39.13	915.61	3.61
14	140	10	14	27.373	21.488	0.551	514.65	4.34	50.58	817.27	5.46	82.56	212.04	2.78	39.20	915.11	3.82
		12		32.512	25.522	0.551	603.68	4.31	59.80	958.79	5.43	96.85	248.57	2.76	45.02	1099.28	3.90
		14		37.567	29.490	0.550	688.81	4.28	68.75	1093.56	5.40	110.47	284.06	2.75	50.45	1284.22	3.98
		16		42.539	33.393	0.549	770.24	4.26	77.46	1221.81	5.36	123.42	318.67	2.74	55.55	1470.07	4.06
16	160	10	16	31.502	24.729	0.630	779.53	4.98	66.70	1237.30	6.27	109.36	321.76	3.20	52.76	1365.33	4.31
		12		37.441	29.391	0.630	916.58	4.95	78.98	1455.68	6.24	128.67	377.49	3.18	60.74	1639.57	4.39
		14		43.296	33.987	0.629	1048.36	4.92	90.95	1665.02	6.20	147.17	431.70	3.16	68.244	1914.68	4.47
		16		49.067	38.518	0.629	1175.08	4.89	102.63	1865.57	6.17	164.89	484.59	3.14	75.31	2190.82	4.55
18	180	12		42.241	33.159	0.710	1321.35	5.59	100.82	2100.10	7.05	165.00	542.61	3.58	78.41	2332.80	4.89
		14		48.896	38.388	0.709	1514.48	5.56	116.25	2407.42	7.02	189.14	625.53	3.56	88.38	2723.48	4.97
		16		55.467	43.542	0.709	1700.99	5.54	131.13	2703.37	6.98	212.40	698.60	3.55	97.83	3115.29	5.05
		18		61.955	48.634	0.708	1875.12	5.50	145.64	2988.24	6.94	234.78	762.01	3.51	105.14	3502.43	5.13
20	200	14	18	54.642	42.894	0.788	2103.55	6.20	144.70	3343.26	7.82	236.40	863.83	3.98	111.82	3734.10	5.46
		16		62.013	48.680	0.788	2366.15	6.18	163.65	3760.89	7.79	265.93	971.41	3.96	123.96	4270.39	5.54
		18		69.301	54.401	0.787	2620.64	6.15	182.22	4164.54	7.75	294.48	1076.74	3.94	135.52	4808.13	5.62
		20		76.505	60.056	0.787	2867.30	6.12	200.42	4554.55	7.72	322.06	1180.04	3.93	146.55	5347.51	5.69
		24		90.661	71.168	0.785	3338.25	6.07	236.17	5294.97	7.64	374.41	1381.53	3.90	166.55	6457.16	5.87

注：截面图中的 $r_1=\frac{1}{3}d$ 及表中 r 值的数据用于孔型设计，不做交货条件。

表 2　热轧不等边角钢(GB 9788—88)

符号意义：

B——长边宽度；　b——短边宽度；

d——边厚度；　r——内圆弧半径；

r_1——边端内圆弧半径；　I——惯性矩；

i——惯性半径；　W——截面系数；

x_0——重心距离；　y_0——重心距离

角钢号数	尺寸 mm				截面面积 cm²	理论重量 kg/m	外表面积 m²/m	参考数值													
								$x—x$			$y—y$			$x_1—x_1$		$y_1—y_1$		$u—u$			
	B	b	d	r				I_x cm⁴	i_x cm	W_x cm³	I_y cm⁴	i_y cm	W_y cm³	I_{x_1} cm⁴	y_0 cm	I_{y_1} cm⁴	x_0 cm	I_u cm⁴	i_u cm	W_u cm³	$\tan\alpha$
2.5/1.6	25	16	3	3.5	1.162	0.912	0.080	0.70	0.78	0.43	0.22	0.44	0.19	1.56	0.86	0.43	0.42	0.14	0.34	0.16	0.392
			4		1.499	1.176	0.079	0.88	0.77	0.55	0.27	0.43	0.24	2.09	0.90	0.59	0.46	0.17	0.34	0.20	0.381
3.2/2	32	20	3		1.492	1.171	0.102	1.53	1.01	0.72	0.46	0.55	0.30	3.27	1.08	0.82	0.49	0.28	0.43	0.25	0.382
			4		1.939	1.522	0.101	1.93	1.00	0.93	0.57	0.54	0.39	4.37	1.12	1.12	0.53	0.35	0.42	0.32	0.374
4/2.5	40	25	3	4	1.890	1.484	0.127	3.08	1.28	1.15	0.93	0.70	0.49	6.39	1.32	1.59	0.59	0.56	0.54	0.40	0.386
			4		2.467	1.936	0.127	3.93	1.26	1.49	1.18	0.69	0.63	8.53	1.37	2.14	0.63	0.71	0.54	0.52	0.381
4.5/2.8	45	28	3	5	2.149	1.687	0.143	4.45	1.44	1.47	1.34	0.79	0.62	9.10	1.47	2.23	0.64	0.80	0.61	0.51	0.383
			4		2.806	2.203	0.143	5.69	1.42	1.91	1.70	0.78	0.80	12.13	1.51	3.00	0.68	1.02	0.60	0.66	0.380

续表

角钢号数	尺寸 mm				截面面积 cm^2	理论重量 kg/m	外表面积 m^2/m	参考数值													
								$x-x$			$y-y$			x_1-x_1		y_1-y_1		$u-u$			
	B	b	d	r				I_x cm^4	i_x cm	W_x cm^3	I_y cm^4	i_y cm	W_y cm^3	I_{x_1} cm^4	y_0 cm	I_{y_1} cm^4	x_0 cm	I_u cm^4	i_u cm	W_u cm^3	$\tan\alpha$
5/3.2	50	32	3	5.5	2.431	1.908	0.161	6.24	1.60	1.84	2.02	0.91	0.82	12.49	1.60	3.31	0.73	1.20	0.70	0.68	0.404
			4		3.177	2.494	0.160	8.02	1.59	2.39	2.58	0.90	1.06	16.65	1.65	4.45	0.77	1.53	0.69	0.87	0.402
5.6/3.6	56	36	3	6	2.743	2.153	0.181	8.88	1.80	2.32	2.92	1.03	1.05	17.54	1.78	4.70	0.80	1.73	0.79	0.87	0.408
			4		3.590	2.818	0.180	11.45	1.79	3.03	3.76	1.02	1.37	23.39	1.82	6.33	0.85	2.23	0.79	1.13	0.408
			5		4.415	3.466	0.180	13.86	1.77	3.71	4.49	1.01	1.65	29.25	1.87	7.94	0.88	2.67	0.78	1.36	0.404
6.3/4	63	40	4	7	4.058	3.185	0.202	16.49	2.02	3.87	5.23	1.14	1.70	33.30	2.04	8.63	0.92	3.12	0.88	1.40	0.398
			5		4.993	3.920	0.202	20.02	2.00	4.74	6.31	1.12	2.71	41.63	2.08	10.86	0.95	3.76	0.87	1.71	0.396
			6		5.908	4.638	0.201	23.36	1.96	5.59	7.29	1.11	2.43	49.98	2.12	13.12	0.99	4.34	0.86	1.99	0.393
			7		6.802	5.339	0.201	26.53	1.98	6.40	8.24	1.10	2.78	58.07	2.15	15.47	1.03	4.97	0.86	2.29	0.389
7/4.5	70	45	4	7.5	4.547	3.570	0.226	23.17	2.26	4.86	7.55	1.29	2.17	45.92	2.24	12.26	1.02	4.40	0.98	1.77	0.410
			5		5.609	4.403	0.225	27.95	2.23	5.92	9.13	1.28	2.65	57.10	2.28	15.39	1.06	5.40	0.98	2.19	0.407
			6		6.647	5.218	0.225	32.54	2.21	6.95	10.62	1.26	3.12	68.35	2.32	18.58	1.09	6.35	0.98	2.59	0.404
			7		7.657	6.011	0.225	37.22	2.20	8.03	12.01	1.25	3.57	79.99	2.36	21.84	1.13	7.16	0.97	2.94	0.402
(7.5/5)	75	50	5	8	6.125	4.808	0.245	34.86	2.39	6.83	12.61	1.44	3.30	70.00	2.40	21.04	1.17	7.41	1.10	2.74	0.435
			6		7.260	5.699	0.245	41.12	2.38	8.12	14.70	1.42	3.88	84.30	2.44	25.37	1.21	8.54	1.08	3.19	0.435
			8		9.467	7.431	0.244	52.39	2.35	10.52	18.53	1.40	4.99	112.50	2.52	34.23	1.29	10.87	1.07	4.10	0.429
			10		11.590	9.098	0.244	62.71	2.33	12.79	21.96	1.38	6.04	140.80	2.60	43.43	1.36	13.10	1.06	4.99	0.423
8/5	80	50	5	8	6.375	5.005	0.255	41.96	2.56	7.78	12.82	1.42	3.32	85.21	2.60	21.06	1.14	7.66	1.10	2.74	0.388
			6		7.560	5.935	0.255	49.49	2.56	9.25	14.95	1.41	3.91	102.53	2.65	25.41	1.18	8.85	1.08	3.20	0.387
			7		8.724	6.848	0.255	56.16	2.54	10.58	16.96	1.39	4.48	119.33	2.69	29.82	1.21	10.18	1.08	3.70	0.384

续表

角钢号数	尺寸 mm				截面面积 cm^2	理论重量 kg/m	外表面积 m^2/m	参考数值													
								$x-x$			$y-y$			x_1-x_1		y_1-y_1		$u-u$			
	B	b	d	r				I_x cm^4	i_x cm	W_x cm^3	I_y cm^4	i_y cm	W_y cm^3	I_{x_1} cm^4	y_0 cm	I_{y_1} cm^4	x_0 cm	I_u cm^4	i_u cm	W_u cm^3	$\tan\alpha$
8/5	80	50	8	8	9.867	7.745	0.254	62.83	2.52	11.92	18.85	1.38	5.03	136.41	2.73	34.32	1.25	11.38	1.07	4.16	0.381
9/5.6	90	56	5	9	7.212	5.661	0.287	60.45	2.90	9.92	18.32	1.59	4.21	121.32	2.91	29.53	1.25	10.98	1.23	3.49	0.385
			6		8.557	6.717	0.286	71.03	2.88	11.74	21.42	1.58	4.96	145.59	2.95	35.58	1.29	12.90	1.23	4.18	0.384
			7		9.880	7.756	0.286	81.01	2.86	13.49	24.36	1.57	5.70	169.66	3.00	41.71	1.33	14.67	1.22	4.72	0.382
			8		11.183	8.779	0.286	91.03	2.85	15.27	27.15	1.56	6.41	194.17	3.04	47.93	1.36	16.34	1.21	5.29	0.380
10/6.3	100	63	6	10	9.617	7.550	0.320	99.06	3.21	14.64	30.94	1.79	6.35	199.71	3.24	50.50	1.43	18.42	1.38	5.25	0.394
			7		11.111	8.722	0.320	113.45	3.29	16.88	35.26	1.78	7.29	233.00	3.28	59.14	1.47	21.00	1.38	6.02	0.393
			8		12.584	9.878	0.319	127.37	3.18	19.08	39.39	1.77	8.21	266.32	3.32	67.88	1.50	23.50	1.37	6.78	0.391
			10		15.467	12.142	0.310	153.81	3.15	23.32	47.12	1.74	9.98	333.06	3.40	85.73	1.58	28.33	1.35	8.24	0.387
10/8	100	80	6	10	10.637	8.350	0.354	107.04	3.17	15.19	61.24	2.40	10.16	199.83	2.95	102.68	1.97	31.65	1.72	8.37	0.627
			7		12.301	9.656	0.354	122.73	3.16	17.52	70.08	2.39	11.71	233.20	3.00	119.98	2.01	36.17	1.72	9.60	0.626
			8		13.944	10.946	0.353	137.92	3.14	19.81	78.58	2.37	13.21	266.61	3.04	137.37	2.05	40.58	1.71	10.80	0.625
			10		17.167	13.476	0.353	166.87	3.12	24.24	94.65	2.35	16.12	333.63	3.12	172.48	2.13	49.10	1.69	13.12	0.622
11/7	110	70	6	10	10.673	8.350	0.354	133.37	3.54	17.85	42.92	2.01	7.90	265.78	3.53	69.08	1.57	25.36	1.54	6.53	0.403
			7		12.301	9.656	0.354	153.00	3.53	20.60	49.01	2.00	9.09	310.07	3.57	80.82	1.61	28.95	1.53	7.50	0.402
			8		13.944	10.946	0.353	172.04	3.51	23.30	54.87	1.98	10.25	354.39	3.62	92.70	1.65	32.45	1.53	8.45	0.401
			10		17.167	13.476	0.353	208.39	3.48	28.54	65.88	1.96	12.48	443.13	3.70	116.83	1.72	39.20	1.51	10.29	0.397
12.5/8	125	80	7	11	14.096	11.066	0.403	227.98	4.02	26.86	74.42	2.30	12.01	454.99	4.01	120.32	1.80	43.81	1.76	9.92	0.408
			8		15.989	12.551	0.403	256.77	4.01	30.41	83.49	2.28	13.56	519.99	4.06	137.85	1.84	49.15	1.75	11.18	0.407
			10		19.712	15.474	0.402	312.04	3.98	37.33	100.67	2.26	16.56	650.09	4.14	173.40	1.92	59.45	1.74	13.64	0.404

续表

角钢号数	尺寸 mm				截面面积 cm^2	理论重量 kg/m	外表面积 m^2/m	参考数值													
								$x-x$			$y-y$			x_1-x_1		y_1-y_1		$u-u$			
	B	b	d	r				I_x cm^4	i_x cm	W_x cm^3	I_y cm^4	i_y cm	W_y cm^3	I_{x_1} cm^4	y_0 cm	I_{y_1} cm^4	x_0 cm	I_u cm^4	i_u cm	W_u cm^3	$\tan\alpha$
12.5/8	125	80	12	11	23.351	18.330	0.402	364.41	3.95	44.01	116.67	2.24	19.43	780.39	4.22	209.67	2.00	69.35	1.72	16.01	0.400
14/9	140	90	8	12	18.038	14.160	0.453	365.64	4.50	38.48	120.69	2.59	17.34	730.53	4.50	195.79	2.04	70.83	1.98	14.1	0.411
			10		22.261	17.475	0.452	445.50	4.47	47.31	146.03	2.56	21.22	913.20	4.58	245.92	2.12	85.82	1.96	17.48	0.409
			12		26.400	20.724	0.451	521.59	4.44	55.87	169.79	2.54	24.95	1096.09	4.66	296.89	2.19	100.21	1.95	20.54	0.406
			14		30.456	23.908	0.451	594.10	4.42	64.18	192.10	2.51	28.54	1279.26	4.74	348.82	2.27	114.13	1.94	23.52	0.403
16/10	160	100	10	13	25.315	19.872	0.512	668.69	5.14	62.13	205.03	2.85	26.56	1362.89	5.24	336.59	2.28	121.74	2.19	21.92	0.390
			12		30.054	23.592	0.511	784.91	5.11	73.49	239.06	2.82	31.28	1635.56	5.32	405.94	2.36	142.33	2.17	25.79	0.388
			14		34.709	27.247	0.510	896.30	5.08	84.56	271.20	2.80	35.83	1908.50	5.40	476.42	2.43	162.2	2.16	29.56	0.385
			16		39.281	30.835	0.510	1003.04	5.05	95.33	301.60	2.77	40.24	2181.79	5.48	548.22	2.51	182.57	2.16	33.44	0.382
18/11	180	110	10	14	28.373	22.273	0.571	956.25	5.80	78.96	278.11	3.13	32.49	1940.40	5.89	447.22	2.44	166.50	2.42	26.88	0.376
			12		33.712	26.464	0.571	1124.72	5.78	93.53	325.03	3.10	38.32	2328.38	5.98	538.94	2.52	194.87	2.40	31.66	0.374
			14		38.967	30.589	0.570	1286.91	5.75	107.76	369.55	3.08	43.97	2716.60	6.06	631.92	2.59	222.30	2.39	36.32	0.372
			16		44.139	34.649	0.569	1443.06	5.72	121.64	411.85	3.06	49.44	3105.15	6.14	726.46	2.67	248.94	2.38	40.87	0.369
20/12.5	200	125	12		37.912	29.761	0.641	1570.90	6.44	116.73	483.16	3.57	49.99	3193.85	6.54	787.74	2.83	285.79	2.74	41.23	0.392
			14		43.867	34.436	0.640	1800.97	6.41	134.65	550.83	3.54	57.44	3726.17	6.62	922.47	2.91	326.58	2.73	47.34	0.390
			16		49.739	39.045	0.639	2023.35	6.38	152.18	615.44	3.52	64.69	4258.86	6.70	1058.86	2.99	366.21	2.71	53.32	0.388
			18		55.526	43.588	0.639	2238.30	6.35	169.33	677.19	3.49	71.74	4792.00	6.78	1197.13	3.06	404.83	2.70	59.18	0.385

注：1. 括号内型号不推荐使用。

2. 截面图中的 $r_1=\frac{1}{3}d$ 及表中 r 的数据用于孔型设计，不做交货条件。

表 3　热轧槽钢(GB 707—88)

符号意义：

h——高度；

b——腿宽度；

d——腰厚度；

t——平均腿厚度；

r——内圆弧半径；

r_1——腿端圆弧半径；

I——惯性矩；

W——截面系数；

i——惯性半径；

z_0——$y-y$ 轴与 y_1-y_1 轴间距

型号	尺寸 mm						截面面积	理论重量	参考数值							
									$x-x$			$y-y$			y_0-y_0	z_0
	h	b	d	t	r	r_1	cm^2	kg/m	W_x cm^3	I_x cm^4	i_x cm	W_y cm^3	I_y cm^4	i_y cm	I_{y_0} cm^4	cm
5	50	37	4.5	7	7	3.5	6.93	5.44	10.4	26	1.94	3.55	8.3	1.1	20.9	1.35
6.3	63	40	4.8	7.5	7.5	3.75	8.444	6.63	16.123	50.786	2.453		11.872	1.185	28.38	1.36
8	80	43	5	8	8	4	10.24	8.04	25.3	101.3	3.15	5.79	16.6	1.27	37.4	1.43
10	100	48	5.3	8.5	8.5	4.25	12.74	10	39.7	198.3	3.95	7.8	25.6	1.41	54.9	1.52
12.6	126	53	5.5	9	9	4.5	15.69	12.37	62.137	391.466	4.953	10.242	37.99	1.567	77.09	1.59
14a	140	58	6	9.5	9.5	4.75	18.51	14.53	80.5	563.7	5.52	13.01	53.2	1.7	107.1	1.71
14	140	60	8	9.5	9.5	4.75	21.31	16.73	87.1	609.4	5.35	14.12	61.1	1.69	120.6	1.67
16a	160	63	6.5	10	10	5	21.95	17.23	108.3	866.2	6.28	16.3	73.3	1.83	144.1	1.8
16	160	65	8.5	10	10	5	25.15	19.74	116.8	934.5	6.1	17.55	83.4	1.82	160.8	1.75
18a	180	68	7	10.5	10.5	5.25	25.69	20.17	141.4	1272.7	7.04	20.03	98.6	1.96	189.7	1.88

续表

型号	尺寸 mm						截面面积 cm^2	理论重量 kg/m	参考数值							
									$x-x$			$y-y$			y_0-y_0	z_0
	h	b	d	t	r	r_1			W_x cm^3	I_x cm^4	i_x cm	W_y cm^3	I_y cm^4	i_y cm	I_{y_0} cm^4	cm
18	180	70	9	10.5	10.5	5.25	29.29	22.99	152.2	1369.9	6.84	21.52	111	1.95	210.1	1.84
20a	200	73	7	11	11	5.5	28.83	22.63	178	1780.4	7.86	24.2	128	2.11	244	2.01
20	200	75	9	11	11	5.5	32.83	25.77	191.4	1913.7	7.64	25.88	143.6	2.09	268.4	1.95
22a	220	77	7	11.5	11.5	5.75	31.84	24.99	217.6	2393.9	8.67	28.17	157.8	2.23	298.2	2.1
22	220	79	9	11.5	11.5	5.75	36.24	28.45	233.8	2571.4	8.42	30.05	176.4	2.21	326.3	2.03
a	250	78	7	12	12	6	34.91	27.47	269.597	3369.62	9.823	30.607	175.529	2.243	322.256	2.065
25b	250	80	9	12	12	6	39.91	31.39	282.402	3530.04	9.405	32.657	196.421	2.218	353.187	1.982
c	250	82	11	12	12	6	44.91	35.32	295.236	3690.45	9.065	35.926	218.415	2.206	384.133	1.921
a	280	82	7.5	12.5	12.5	6.25	40.02	31.42	340.328	4764.59	10.91	35.718	217.989	2.333	387.566	2.097
28b	280	84	9.5	12.5	12.5	6.25	45.62	35.81	366.46	5130.45	10.6	37.929	242.144	2.304	427.589	2.016
c	280	86	11.5	12.5	12.5	6.25	51.22	40.21	392.594	5496.32	10.35	40.301	267.602	2.286	426.597	1.951
a	320	88	8	14	14	7	48.7	38.22	474.879	7598.06	12.49	46.473	304.787	2.502	552.31	2.242
32b	320	90	10	14	14	7	55.1	43.25	509.012	8144.2	12.15	49.157	336.332	2.471	592.933	2.158
c	320	92	12	14	14	7	61.5	48.28	543.145	8690.33	11.88	52.642	374.175	2.467	643.299	2.092
a	360	96	9	16	16	8	60.89	47.8	659.7	11874.2	13.97	63.54	455	2.73	818.4	2.44
36b	360	98	11	16	16	8	68.09	53.45	702.9	12651.8	13.63	66.85	496.7	2.7	880.4	2.37
c	360	100	13	16	16	8	75.29	50.1	746.1	13429.4	13.36	70.02	536.4	2.67	947.9	2.34
a	400	100	10.5	18	18	9	75.05	58.91	878.9	17577.9	15.30	78.83	592	2.81	1067.6	2.49
40b	400	102	12.5	18	18	9	83.05	65.19	932.2	18644.5	14.98	82.52	640	2.78	1135.6	2.44
c	400	104	14.5	18	18	9	91.05	71.47	985.6	19711.2	14.71	86.19	687.8	2.75	1220.7	2.42

注：截面图和表中标注的圆弧半径 r、r_1 的数据用于孔型设计，不做交货条件。

表 4　热轧工字钢(GB 706—88)

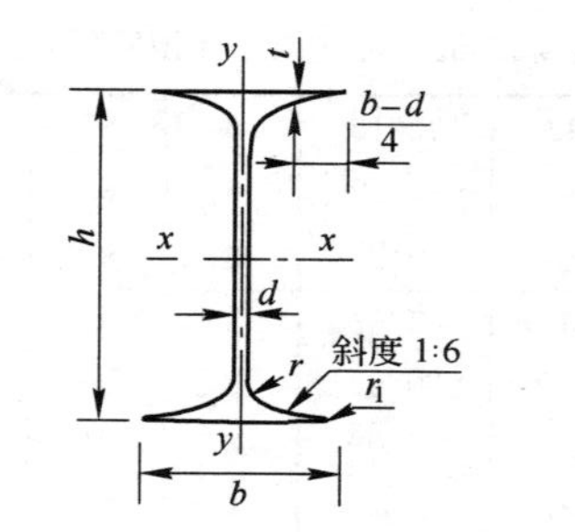

符号意义：

h——高度；
b——腿宽度；
d——腰厚度；
t——平均腿厚度；
r——内圆弧半径；
r_1——腿端圆弧半径；
I——惯性矩；
W——截面系数；
i——惯性半径；
S——半截面的静矩

型号	尺寸 mm						截面面积 cm^2	理论重量 kg/m	参考数值						
									x—x				y—y		
	h	b	d	t	r	r_1			I_x cm^4	W_x cm^3	i_x cm	$I_x : S_x$ cm	I_y cm^4	W_y cm^3	i_y cm
10	100	68	4.5	7.6	6.5	3.3	14.3	11.2	245	49	4.14	8.59	33	9.72	1.52
12.6	126	74	5	8.4	7	3.5	18.1	14.2	488.43	77.529	5.195	10.58	46.906	12.677	1.609
14	140	80	5.5	9.1	7.5	3.8	21.5	16.9	712	102	5.76	12	64.4	16.1	1.73
16	160	88	6	9.9	8	4	26.1	20.5	1130	141	6.58	13.8	93.1	21.2	1.89
18	180	94	6.5	10.7	8.5	4.3	30.6	24.1	1660	185	7.36	15.4	122	26	2
20a	200	100	7	11.4	9	4.5	35.5	27.9	2370	237	8.15	17.2	158	31.5	2.12
20b	200	102	9	11.4	9	4.5	39.5	31.1	2500	250	7.96	16.9	169	33.1	2.06
22a	220	110	7.5	12.3	9.5	4.8	42	33	3400	309	8.99	18.9	225	40.9	2.31
22b	220	112	9.5	12.3	9.5	4.8	46.4	36.4	3570	325	8.78	18.7	239	42.7	2.27
25a	250	116	8	13	10	5	48.5	38.1	5023.54	401.88	10.8	21.58	280.046	47.283	2.403
25b	250	118	10	13	10	5	53.5	42	5283.96	422.72	9.938	21.27	309.297	52.423	2.404
28a	280	122	8.5	13.7	10.5	5.3	55.45	43.4	7114.14	508.15	11.32	24.62	345.051	56.565	2.495
28b	280	124	10.5	13.7	10.5	5.3	61.05	47.9	7480	534.29	11.08	24.24	379.496	61.209	2.493

续表

型号	尺寸 mm						截面面积 cm^2	理论重量 kg/m	参考数值						
									$x—x$				$y—y$		
	h	b	d	t	r	r_1			I_x cm^4	W_x cm^3	i_x cm	$I_x:S_x$ cm	I_y cm^4	W_y cm^3	i_y cm
32a	320	130	9.5	15	11.5	5.8	67.05	52.7	11075.5	692.2	12.84	27.46	459.93	70.758	2.619
32b	320	132	11.5	15	11.5	5.8	73.45	57.7	11621.4	726.33	12.58	27.09	501.53	75.989	2.614
32c	320	134	13.5	15	11.5	5.8	79.95	62.8	12167.5	760.47	12.34	26.77	543.81	81.166	2.608
36a	360	136	10	15.8	12	6	76.3	59.9	15760	875	14.4	30.7	552	81.2	2.69
36b	360	138	12	15.8	12	6	83.5	65.6	16530	919	14.1	30.3	582	84.3	2.64
36c	360	140	14	15.8	12	6	90.7	71.2	17310	962	13.8	29.9	612	87.4	2.6
40a	400	142	10.5	16.5	12.5	6.3	86.1	67.6	21720	1090	15.9	34.1	660	93.2	2.77
40b	400	144	12.5	16.5	12.5	6.3	94.1	73.8	22780	1140	15.6	33.6	692	96.2	2.71
40c	400	146	14.5	16.5	12.5	6.3	102	80.1	23850	1190	15.2	33.2	727	99.6	2.65
45a	450	150	11.5	18	13.5	6.8	102	80.4	32240	1430	17.7	38.6	855	144	2.89
45b	450	152	13.5	18	13.5	6.8	111	87.4	33760	1500	17.4	38	894	118	2.84
45c	450	154	15.5	18	13.5	6.8	120	94.5	35280	1570	17.1	37.6	938	122	2.79
50a	500	158	12	20	14	7	119	93.6	46470	1860	19.7	42.8	1120	142	3.07
50b	500	160	14	20	14	7	129	101	48560	1940	19.4	42.4	1170	146	3.01
50c	500	162	16	20	14	7	139	109	50640	2080	19	41.8	1220	151	2.96
56a	560	166	12.5	21	14.5	7.3	135.25	106.2	65585.6	2342.31	22.02	47.73	1370.16	165.08	3.182
56b	560	168	14.5	21	14.5	7.3	146.45	115	68512.5	2446.69	21.63	47.17	1486.75	174.25	3.162
56c	560	170	16.5	21	14.5	7.3	157.85	123.9	71439.4	2551.41	21.27	46.66	1558.39	183.34	3.158
63a	630	176	13	22	15	7.5	154.9	121.6	93916.2	2981.47	24.62	54.17	1700.55	193.24	3.314
63b	630	178	15	22	15	7.5	167.5	131.5	98083.6	3163.98	24.2	53.51	1812.07	203.6	3.289
63c	630	180	17	22	15	7.5	180.1	141	102251.1	3298.42	23.82	52.92	1924.91	213.88	3.268

注：截面图和表中标注的圆弧半径 r、r_1 的数据用于孔型设计，不做交货条件。

习题参考答案

教学单元 1　略

教学单元 2

2-1　$F_R=73.44N$，$\alpha=81°37'22''$，第Ⅳ象限

2-2　(1) $F_1=3.263kN$，$F_2=2.232kN$

2-3　(*a*) $F_{AB}=\frac{1}{2}W$，受拉；(*b*) $F_{AB}=\frac{\sqrt{3}}{3}W$，受拉

2-4　(*a*) $F_{AC}=157.3N$，受压；$F_{AB}=20.7N$，受压

(*b*) $F_{AC}=197.1N$，受压；$F_{AB}=27.85N$，受拉

教学单元 3

3-1　(*a*) $M_O(F)=0$　(*b*) $M_O(F)=Fl\sin\alpha$

(*c*) $M_O(F)=Fl\sin(\theta-\alpha)$　(*d*) $M_O(F)=-Fa$

(*e*) $M_O(F)=F(l+r)$　(*f*) $M_O(F)=F\sqrt{l^2+b^2}\sin\theta$

3-2　(*a*) $M_O(q)=2.67kN\cdot m$　(*b*) $M_O(q)=72kN\cdot m$

(*c*) $M_O(q)=60kN\cdot m$

3-3　(*a*) $F_A=F_B=1.67kN$　(*b*) $F_A=F_B=10kN$

3-4　$M_A(F)=-219kN\cdot m$(↻)，不会倾覆

3-5　$F=183.3N$

教学单元 4

4-1　$F=32800kN$　$\alpha=72.03°$　$d=18.97m$

4-2　(*a*) $F_{Ax}=20kN$(→)　$F_{Ay}=28.78kN$(↑)　$F_B=25.86kN$

(*b*) $F_{Ax}=7.07kN$(→)　$F_{Ay}=12.07kN$(↑)　$m_A=38.3kN\cdot m$(↙)

(*c*) $F_{Ax}=3kN$(→)　$F_{Ay}=1.875kN$(↑)　$F_B=0.125kN$(↑)

4-3　(*a*) $F_{Ax}=0$　$F_{Ay}=3.75kN$(↑)　$F_B=0.25kN$(↓)

(*b*) $F_{Ax}=0$　$F_{Ay}=25kN$(↑)　$F_B=20kN$(↑)

(*c*) $F_{Ax}=0$　$F_{Ay}=132kN$(↑)　$F_B=168kN$(↑)

4-4　(*a*) $F_{Ax}=5.63kN$(→)　$F_{Ay}=16.9kN$(↑)　$F_B=12.6kN$(↖)

4-5　(*a*) $F_{Ax}=20kN$(←)　$F_{Ay}=13.33kN$(↑)　$F_B=26.67kN$(↑)

(*b*) $F_{Ax}=0$　$F_{Ay}=6kN$(↑)　$m_A=5kN\cdot m$(↙)

4-6 （a）$F_{Ax}=10kN$（←）　$F_{Ay}=18.9kN$（↓）　$F_B=48.9kN$（↑）

（b）$F_{Ax}=40kN$（←）　$F_{Ay}=40kN$（↑）　$F_B=40kN$（→）

4-7 $F_{Ax}=16.5kN$（←）　$F_{Ay}=50kN$（↑）　$m_A=46.25kN \cdot m$（↙）

4-8 $Q_{min}=333.3kN$　$x_{max}=6.75m$

4-9 （a）$F_A=10kN$（↑）　$F_{Cy}=42kN$（↑）　$m_C=164kN \cdot m$（↲）

（b）$F_{Ay}=4.83kN$（↓）　$F_B=17.5kN$（↓）　$F_D=5.33kN$（↑）

$F_{Cy}=12.67kN$

4-10 $F_{Ax}=30kN$（→）　$F_{Ay}=45kN$（↑）　$F_B=30kN$（↑）　$F=15kN$（↑）

4-11 $P=343N$

教学单元 5　略

教学单元 6

6-1 （a）$N_{BC}=F$

（b）$N_{BA}=40kN$　$N_{BC}=10kN$　$N_{CD}=-10kN$

（c）$N_{CD}=2F$　$N_{BA}=-2F$

（d）$N_{CB}=-30kN$　$N_{BA}=-10kN$　$N_{CD}=10kN$

6-2 $\sigma_1=-50MPa$　$\sigma_2=-200MPa$　$\sigma_3=-100MPa$

6-3 $\sigma_1=-0.32MPa$

6-4 $\alpha=0°$时　$\sigma_\alpha=100MPa$　$\tau_\alpha=0$

$\alpha=30°$时　$\sigma_\alpha=75MPa$　$\tau_\alpha=43.3MPa$

$\alpha=60°$时　$\sigma_\alpha=25MPa$　$\tau_\alpha=43.3MPa$

$\alpha=90°$时　$\sigma_\alpha=0$　$\tau_\alpha=0$

6-5 （1）略　（2）$\sigma_{AB}=-0.69MPa$　$\sigma_{BC}=-0.88MPa$

（3）$\varepsilon_{AB}=3.47\times10^{-6}$　$\varepsilon_{BC}=4.38\times10^{-6}$

（4）$\Delta_A=0.028mm$　$\Delta_B=0.018mm$

6-6 $E\approx210GPa$　$\mu=0.24$

6-7 （1）$\Delta=1.35mm$　（2）$\sigma_1=38.3MPa$　$\sigma_2=28.6MPa$

6-8 $\sigma=111.5MPa$ 安全

6-9 不安全

6-10 $d=26mm$　$a=95mm$

6-11 取 $d=17mm$

6-12 安全

6-13 $A_{AD}=1060mm^2$　$A_{AC}=125mm^2$　$A_{ED}=300mm^2$

6-14 $[P]=33.49kN$　$d=27mm$

教学单元 7

7-1 $\delta=80\text{mm}$

7-2 $d=15\text{mm}$（取 $d=16\text{mm}$）

7-3 （1）$M_{n1}=2\text{kN}\cdot\text{m}$，　$M_{n2}=5\text{kN}\cdot\text{m}$

（2）$M_{n1}=-3\text{kN}\cdot\text{m}$，　$M_{n2}=4\text{kN}\cdot\text{m}$

7-4 $\tau_{max}=53.6\text{MPa}$，安全

教学单元 8

8-1 （*a*）距底边 $y_c=86.7\text{mm}$，$I_{zC}=78.72\times10^6\text{mm}^4$，$I_{yc}=14.72\times10^6\text{mm}^4$

（*b*）距底边 $y_c=145\text{mm}$，$I_{zC}=141.01\times10^6\text{mm}^4$，$I_{yc}=208.21\times10^6\text{mm}^4$

（*c*）距底边 $y_c=90\text{mm}$，$I_{zC}=56.75\times10^6\text{mm}^4$，$I_{yc}=8.11\times10^6\text{mm}^4$

8-2 $a=77\text{mm}$

教学单元 9

9-1 （1）$V_n=\frac{F}{2}$，$M_n=-\frac{Fl}{4}$

（2）$V_n=14\text{kN}$，$M_n=-26\text{kN}\cdot\text{m}$

（3）$V_n=7\text{kN}$，$M_n=2\text{kN}\cdot\text{m}$

（4）$V_n=-2\text{kN}$，$M_n=4\text{kN}\cdot\text{m}$

9-2 （1）$V_n=0$，$M_n=\frac{Fl}{3}$

（2）$V_n=-7\text{kN}$，$M_n=17\text{kN}\cdot\text{m}$

9-3 （1）$|V|_{max}=\frac{M_e}{l}$，$|M|_{max}=M_e$

（2）$|V|_{max}=\frac{ql}{2}$，$M_{max}=\frac{ql^2}{8}$

9-4 （1）$|V|_{max}=10\text{kN}$，$|M|_{max}=12\text{kN}\cdot\text{m}$

（2）$|V|_{max}=16\text{kN}$，$|M|_{max}=30\text{kN}\cdot\text{m}$

（3）$|V|_{max}=6.5\text{kN}$，$|M|_{max}=5.28\text{kN}\cdot\text{m}$

（4）$|V|_{max}=19\text{kN}$，$|M|_{max}=18\text{kN}\cdot\text{m}$

9-5 （1）$|M|_{max}=12\text{kN}\cdot\text{m}$

（2）$|M|_{max}=18\text{kN}\cdot\text{m}$

（3）$|M|_{max}=\frac{ql^2}{8}$

（4）$|M|_{max}=\frac{ql^2}{8}$

9-6 （1）$M_{max}=4.41\text{kN}\cdot\text{m}$

（2）$M_{max}=37.125\text{kN}\cdot\text{m}$

(3) $M_A = -6\text{kN}\cdot\text{m}$，$M_{max} = 2\text{kN}\cdot\text{m}$

(4) $M_{BC} = -6\text{kN}\cdot\text{m}$，$M_{max} = 0.25\text{kN}\cdot\text{m}$

9-7 $\sigma_{max} = 126.6\text{MPa}$，$\tau_{max} = 8.3\text{MPa}$

9-8 $\sigma_{max}^{+} = 15.1\text{MPa}$，$\sigma_{max}^{-} = 9.6\text{MPa}$

9-9 $F_{max} = 6.48\text{kN}$

9-10 $F_{max} = 18.4\text{kN}$

9-11 $d = 145\text{mm}$

9-12 No25a

9-13 $\sigma_{max} = 169.24\text{MPa}$，$\tau_{max} = 35.36\text{MPa}$，满足强度条件

9-14 $y_c = \dfrac{7Fa^3}{2EI}$（↓），$\theta_c = \dfrac{5Fa^2}{2EI}$（↻）

9-15 $\dfrac{f_c}{l} = \dfrac{1}{266.7}$，不满足刚度条件

教学单元 10

10-1 $\sigma_{max} = 156\text{MPa}$，安全。

10-2 $\sigma_a = 0.2\text{MPa}$，$\sigma_b = 10.2\text{MPa}$

10-3 $\sigma_{max} = -21.1\text{MPa}$

10-4 $\sigma_{max} = 6.37\text{MPa}$，$\sigma_{min} = -6.62\text{MPa}$

10-5 （1）$\sigma = 119.7\text{MPa}$；（2）$\sigma = 122.2\text{MPa}$，受压

10-6 安全

10-7 （1）$\sigma_{c,max} = \dfrac{8F}{3a^2}$；（2）$\sigma_c = \dfrac{2F}{a^2} = 2\sigma_0$

10-8

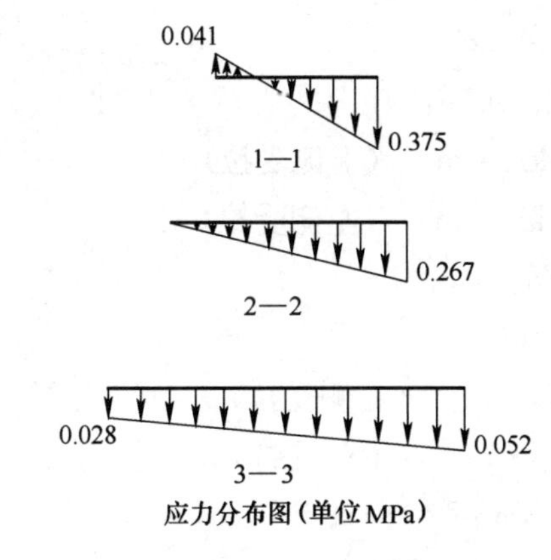

应力分布图（单位 MPa）

教学单元 11

11-1 $F_{cr} = 2536\text{kN}$，$F_{cr} = 2540\text{kN}$，$F_{cr} = 3130\text{kN}$

11-2 $F_{cr} = 38\text{kN}$，$F_{cr} = 53\text{kN}$，$F_{cr} = 459\text{kN}$

11-3 $N_{max} \leqslant 748\text{kN}$，$\sigma_{cr} = 170\text{MPa}$

11-4　稳定

11-5　稳定

11-6　$n=3.3$

11-7　$\sigma_{BD}=32.49$，$[\sigma_{cr}]=52.79$，压杆稳定

11-8　$\sigma=60.34\text{MPa}<\varphi[\sigma]=104.48\text{MPa}$，压杆稳定

11-9　$[F]=680\text{kN}$

教学单元 12

（1）、（2）、（3）、（4）、（7）、（8）、（9）、（11）、（12）、（13）、（18）几何不变并无多余约束。

（16）几何不变多一个约束。

（6）、（10）几何不变多两个约束。

（15）几何不变多八个约束。

（14）、（17）可变体系。

（5）瞬变体系。

教学单元 13

13-1　$M_B=-120\text{kN}\cdot\text{m}$

13-2　$M_A=m$

13-3　$M_B=4\text{kN}\cdot\text{m}$，$M_H=-8\text{kN}\cdot\text{m}$

13-4　（a）$M_{DB}=120\text{kN}\cdot\text{m}$　（下侧受拉）

（b）$M_{BC}=25\text{kN}\cdot\text{m}$　（下侧受拉）

$M_{BA}=20\text{kN}\cdot\text{m}$　（右侧受拉）

$V_{BC}=0$，$V_{BA}=5\text{kN}$

$N_{BC}=0$，$N_{BA}=0$

（c）$M_{CB}=-340\text{kN}\cdot\text{m}$　（上侧受拉）

$M_{BA}=-120\text{kN}\cdot\text{m}$　（左侧受拉）

$V_{BA}=-40\text{kN}$

$N_{BA}=-36.7\text{kN}$

（d）$M_{BA}=504\text{kN}\cdot\text{m}$　（右侧受拉）

$M_{CB}=544\text{kN}\cdot\text{m}$　（下侧受拉）

$V_{AB}=168\text{kN}$，$V_{DC}=-120\text{kN}$

$N_{BC}=168\text{kN}$，$N_{CE}=48\text{kN}$

13-5　（a）$M_{BA}=-\frac{P}{2}l$　（左侧受拉）

（b）$M_{AB}=30\text{kN}\cdot\text{m}$　（左侧受拉）

（c）$M_{BC}=3Pa$　（左侧受拉）

(*d*) $M_{BA}=-qa^2$ （左侧受拉）
$M_{CD}=-2qa^2$ （右侧受拉）

(*e*) $M_{BA}=\frac{ql^2}{2}$ （左侧受拉）

$M_{BD}=-\frac{ql^2}{4}$ （上侧受拉）

13-6 (*a*) $M_{中}=\frac{qa^2}{2\cos\alpha}$

(*b*) $M_{中}=\frac{5}{8}qa^2$

13-7 (*a*) $N_a=-1.8P$ （压）， $N_b=2P$ （拉）

(*b*) $N_a=0$， $N_b=0$， $N_c=-\frac{5}{3}P$ （压）

(*c*) $N_a=120\text{kN}$ （拉）， $N_b=-169.7\text{kN}$ （压）， $N_c=0$

13-8 $N_{BF}=0$， $N_{BC}=0$
$M_{EF}=\text{Pa}$ （上侧受拉）， $M_{CA}=Pa$ （下侧受拉） $M_{AC}=0$

教学单元 14

14-1 (*a*) $\Delta_A^V=\frac{ql^4}{8EI}$ （↓）， $\varphi_A=\frac{ql^2}{6EI}$ （↘）

(*b*) $\Delta_A^V=\frac{5Pl^3}{48EI}$ （↓）， $\varphi_A=\frac{Pl^3}{8EI}$ （↘）

14-2 $\Delta_C^H=\frac{4.83}{EA}Pa$ （→）

14-3 同 14-1

14-4 $\Delta_B^H=\frac{11ql^4}{24EI}$ （→）

14-5 (*a*) $\varphi_B=\frac{qa^3}{3EI}$ （↘）， $\Delta_D^V=\frac{qa^4}{24EI}$ （↑）

(*b*) $\varphi_B=\frac{ql^3}{24EI}$ （↘）， $\Delta_C^V=\frac{ql^4}{24EI}$ （↓）

(*c*) $\varphi_B=\frac{ql^3}{24EI}$ （↘）， $\Delta_C^V=\frac{11ql^4}{384EI}$ （↓）

14-6 (*a*) $\varphi_B=-\frac{60}{EI}$ （↰）， $\Delta_B^H=\frac{120}{EI}$ （→）

(*b*) $\varphi_A=\frac{9ql^3}{16EI}$ （↘）， $\varphi_B=\frac{11ql^3}{48EI}$ （↘）

14-7 $\frac{Hb}{l}$ （→）

14-8 $\Delta_E^V=\frac{1}{2}\Delta_1$ （↑）

教学单元 15

15-1 略

15-2 （a）$M_{AB}=\frac{m}{2}$ （下侧受拉）

（b）$M_{AB}=\frac{Pl}{6}$ （下部受拉）

（c）$M_{BA}=\frac{3Pl}{32}$ （上侧受拉）

（d）$V_{CB}=-\frac{7P}{17}$，$M_{AB}=\frac{13Pl}{51}$ （上侧受拉），$M_{BC}=\frac{7Pl}{51}$ （下侧受拉）

15-3 （a）$M_{BC}=2.143\text{kN}\cdot\text{m}$ （下侧受拉） $V_{BC}=24.6\text{kN}$

（b）$M_{DA}=45\text{kN}\cdot\text{m}$ （上侧受拉） $M_{DB}=0$

15-4 $M_{BD}=90\text{kN}\cdot\text{m}$

15-5 $M_{AB}=\frac{-Fl}{8}$（上侧受拉）

15-6 （a）$M_{AB}=\frac{4EI}{l}$（下侧受拉），$M_{BA}=\frac{2EI}{l}$（上侧受拉）

（b）$M_{AB}=-\frac{3EI}{l^2}$（上侧受拉）

教学单元 16

16-1 略

16-2 （a）$M_{CB}=\frac{5ql^2}{48}$

（b）$M_{BC}=-20.67\text{kN}\cdot\text{m}$

16-3 （a）$M_{AB}=54\text{kN}\cdot\text{m}$ $M_{AC}=14\text{kN}\cdot\text{m}$ $M_{AD}=-68\text{kN}\cdot\text{m}$

$M_{BA}=-33\text{kN}\cdot\text{m}$ $M_{DA}=-32\text{kN}\cdot\text{m}$

（b）$M_{BA}=20\text{kN}\cdot\text{m}$ $M_{BC}=20\text{kN}\cdot\text{m}$

（c）$M_{AC}=-1.43\text{kN}\cdot\text{m}$ $M_{BD}=4.29\text{kN}\cdot\text{m}$ $M_{DE}=-22.88\text{kN}\cdot\text{m}$

（d）$M_{DA}=10.53\text{kN}\cdot\text{m}$ $M_{BE}=42.11\text{kN}\cdot\text{m}$

教学单元 17

17-1 （a）$M_{BA}=45.87\text{kN}\cdot\text{m}$

（b）$M_{BA}=-5\text{kN}\cdot\text{m}$ $M_{BC}=-50\text{kN}\cdot\text{m}$

（c）$M_{BA}=61.31\text{kN}\cdot\text{m}$ $M_{DC}=69.76\text{kN}\cdot\text{m}$ $M_{CD}=-40.42\text{kN}\cdot\text{m}$

（d）$M_{BA}=50.98\text{kN}\cdot\text{m}$ $M_{CB}=68.3\text{kN}\cdot\text{m}$

（e）$M_{CD}=-64.1\text{kN}\cdot\text{m}$ $M_{BA}=16.78\text{kN}\cdot\text{m}$ $M_{DE}=-26.82\text{kN}\cdot\text{m}$

17-2 （a）$M_{BA}=38.14\text{kN}\cdot\text{m}$ $M_{BD}=10.29\text{kN}\cdot\text{m}$ $M_{BC}=-48.43\text{kN}\cdot\text{m}$

（b）$M_{BA}=-72.7\text{kN}\cdot\text{m}$ $M_{BC}=-9.1\text{kN}\cdot\text{m}$

（c）$M_{BC}=4.29\text{kN}\cdot\text{m}$ $M_{CD}=12.85\text{kN}\cdot\text{m}$ $M_{CB}=34.29\text{kN}\cdot\text{m}$

（d）$M_{BA}=27.03\text{kN}\cdot\text{m}$ $M_{BC}=-24.01\text{kN}\cdot\text{m}$ $M_{CB}=22.38\text{kN}\cdot\text{m}$

（e）$M_{BA}=38.77\text{kN}\cdot\text{m}$ $M_{BF}=38.77\text{kN}\cdot\text{m}$ $M_{CD}=-106.62\text{kN}\cdot\text{m}$

多媒体知识点索引

续表

序号	章	节	码号	资源名称	类型	页码
24	教学单元 2	2.2	02.02.002	解析法计算平面汇交力系的合力	f	29
25			02.02.003	解析法计算平面汇交力系平衡时的约束力		30
26		—	02.00.002	云题	T	32
27		—	02.00.003	案例		32
28	教学单元 3	—	03.00.001	MOOC 教学视频		33
29		3.1	03.01.001	力对点之矩	f	34
30			03.01.002	合力矩定理		35
31		3.2	03.02.001	力偶的基本性质	f	36
32		3.3	03.03.001	平面力偶系的合成与平衡		38
33		—	03.00.002	云题	T	40
34		—	03.00.003	案例		40
35	教学单元 4	—	04.00.001	MOOC 教学视频		41
36		4.1	04.01.001	平面一般力系的工程实例	f	42
37			04.01.002	力的平移定理	f	43
38		4.2	04.02.001	平面一般力系向作用面内任一点简化方法	f	43
39			04.02.002	挡土墙力系简化	f	46
40		4.3	04.03.001	求解悬臂梁约束反力		49
41			04.03.002	求解简支刚架约束反力		50
42			04.03.003	求解悬臂式起重机约束反力		51
43		4.4	04.04.001	组合梁和三铰刚架的平衡问题	f	55
44		—	04.00.002	云题	T	59
45		—	04.00.003	案例		59
46	教学单元 5	—	05.00.001	MOOC 教学视频		60
47		5.1	05.01.001	弹性和塑性	f	61

续表

序号	章	节	码号	资源名称	类型	页码
48	教学单元5	5.2	05.02.001	杆件变形的基本形式	f	62
49		5.3	05.03.001	截面法和应力	f	63
50		5.4	05.04.001	变形和位移	f	64
51		—	05.00.002	云题	T	65
52		—	05.00.003	案例		65
53	教学单元6	—	06.00.001	MOOC教学视频		66
54		6.1	06.01.001	桁架	f	67
55			06.01.002	拉压杆轴力计算及轴力图绘制	▶	68
56		6.2	06.02.001	轴向拉压杆横截面上的应力	f	69
57			06.02.002	轴向拉压杆斜截面上的应力	f	71
58		6.3	06.03.001	轴向拉压杆的变形和泊松比	f	72
59			06.03.002	胡克定律	▶	74
60		6.4	06.04.001	应力—应变曲线	▶	77
61			06.04.002	延伸率和截面收缩率	▶	78
62			06.04.003	冷作硬化	f	78
63		6.5	06.05.001	轴向拉(压)杆件强度校核	▶	84
64			06.05.002	轴向拉(压)杆件截面设计	▶	84
65			06.05.003	轴向拉(压)杆件许用荷载确定	▶	84
66		6.6	06.06.001	应力集中的概念	3D	86
67		—	06.00.002	云题	T	90
68		—	06.00.003	案例		90
69	教学单元7	—	07.00.001	MOOC教学视频		91
70		7.2	07.02.001	剪切的实用计算	3D	93
71			07.02.002	挤压的实用计算	3D	94

续表

序号	章	节	码号	资源名称	类型	页码
72	教学单元7	7.3	07.03.001	剪应力互等定理	f	96
73		—	07.00.002	云题	T	102
74		—	07.00.003	案例		102
75	教学单元8	—	08.00.001	MOOC教学视频		103
76		8.1	08.01.001	计算平面图形的形心坐标		105
77		8.2	08.02.001	计算组合截面的惯性矩		110
78		—	08.00.002	云题	T	112
79		—	08.00.003	案例		112
80	教学单元9	—	09.00.001	MOOC教学视频		113
81		9.1	09.01.001	平面弯曲工程实例及纵向对称平面	f	114
82		9.2	09.02.001	截面法计算梁的剪力和弯矩	f	115
83		9.3	09.03.001	简支梁在均布荷载作用下的剪力图和弯矩图		119
84			09.03.002	简支梁在集中荷载作用下的剪力图和弯矩图		120
85			09.03.003	简支梁在力偶作用下的剪力图和弯矩图		121
86		9.4	09.04.001	微分关系绘制梁的剪力图和弯矩图		123
87		9.5	09.05.001	叠加原理	f	127
88			09.05.002	叠加法绘制简支梁的弯矩图		127
89			09.05.003	区段叠加法绘制梁的弯矩图	f	129
90		9.6	09.06.001	梁横截面上的正应力分布规律及计算公式	f	131
91			09.06.002	梁横截面上的剪应力分布规律及计算公式	f	133
92			09.06.003	梁的合理截面		138
93		9.7	09.07.001	挠度和转角	f	139
94			09.07.002	提高梁刚度的措施	f	142
95		—	09.00.002	云题	T	146
96		—	09.00.003	案例		146

续表

续表

序号	章	节	码号	资源名称	类型	页码
121	教学单元13	13.2	13.02.002	静定平面刚架的内力计算及内力图绘制		192
122		13.3	13.03.001	静定平面桁架计算简图及其分类		199
123		13.4	13.04.001	三铰拱		206
124		—	13.00.002	云题	T	214
125		—	13.00.003	案例		214
126	教学单元14	—	14.00.001	MOOC 教学视频		215
127		14.1	14.01.001	结构位移		216
128		14.2	14.02.001	实功与虚功		218
129		14.3	14.03.001	单位荷载的设置		221
130		—	14.00.002	云题	T	235
131		—	14.00.003	案例		235
132	教学单元15	—	15.00.001	MOOC 教学视频		236
133		15.1	15.01.001	超静定结构去掉多余约束的方法		237
134		—	15.00.002	云题	T	255
135		—	15.00.003	案例		255
136	教学单元16	—	16.00.001	MOOC 教学视频		256
137		16.3	16.03.001	两端固定梁的转角位移方程		262
138			16.03.002	一端固定一端铰支梁的转角位移方程		263
139			16.03.003	一端固定一端定向梁的转角位移方程		263
140		—	16.00.002	云题	T	269
141		—	16.00.003	案例		269
142	学单元17	—	17.00.001	MOOC 教学视频		270
143		17.1	17.01.001	力矩分配法的基本原理		271
144		—	17.00.002	云题	T	283
145		—	17.00.003	案例		283

参 考 文 献

1. 祁皑. 结构力学 [M]. 北京：中国建筑工业出版社，2012
2. 于英. 建筑工程力学 [M]. 北京：高等教育出版社，2014
3. 范钦珊. 材料力学 [M]. 北京：清华大学出版社，2014
4. 张如三. 材料力学 [M]. 北京：中国建筑工业出版社，2007
5. 曲淑英. 材料力学 [M]. 北京：中国建筑工业出版社，2011
6. 于英. 工程力学（第二版）[M]. 北京：中国建筑工业出版社，2013
7. 郭仁俊. 结构力学 [M]. 北京：中国建筑工业出版社，2007
8. 陈长征. 工程力学 [M]. 北京：科学出版社，2004
9. 郭战胜. 材料力学 [M]. 上海：同济大学出版社，2015
10. 吕令毅. 建筑力学（第二版）[M]. 北京：中国建筑工业出版社，2010
11. 沈养中. 建筑力学（第四版）[M]. 北京：科学出版社，2016
12. 翟振东. 材料力学（第二版）[M]. 北京：中国建筑工业出版社，2004
13. 包世华. 结构力学（上、下册）、（第二版）[M]. 武汉：武汉工业大学出版社，2003